教育部高等学校电工电子基础课程教学指导分委员会推荐教材
国家一流大学立项建设教材
国家一流学科教材
新工科电工电子基础双一流精品教材

电子技术实验教程
（第2版）

◎ 张　亮　主编
◎ 廖灵志　蔡立群　程江华　马路华　邓　斌　库锡树　刘菊荣　编
◎ 高吉祥　主审

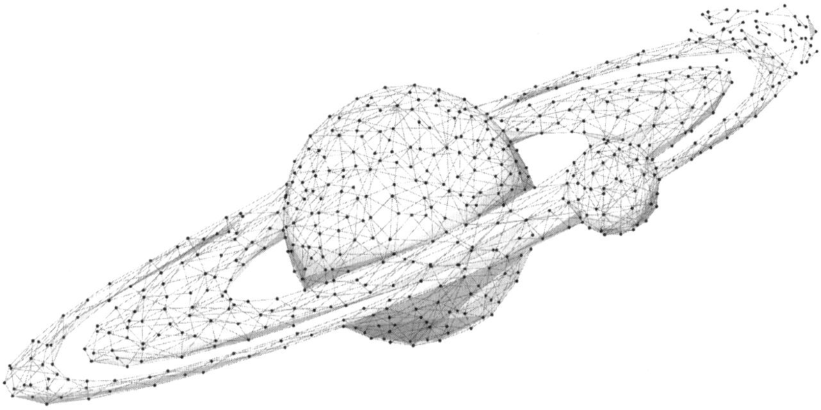

電子工業出版社
Publishing House of Electronics Industry
北京 · BEIJING

内 容 简 介

本书是为高等学校电类和非电类专业本科生编写的实践性教材。本书共 4 篇：第 1 篇简要介绍电子技术实验基础知识；第 2 篇主要介绍电路基础、模拟电子技术基础、数字电子技术基础单元电路的实验内容及方法；第 3 篇主要介绍高频电子线路、单片机系统设计、EDA 技术实验内容及方法；第 4 篇介绍电子技术课程设计的实验内容和方法；附录详细列出常用实验元器件引脚图及功能表、仿真软件使用介绍，以及实验板介绍等。

本书可作为高等院校电类和非电类专业本科生的电路、模拟电子技术、数字电子技术、高频电子技术、单片机系统设计、EDA 技术等课程实验和课程设计的实验指导教材，也可作为大学生参加各类电子设计与制作、工程实践、毕业设计等的参考资料。

图书在版编目（CIP）数据

电子技术实验教程 / 张亮主编. —2 版. —北京：电子工业出版社，2022.6（2026. 1重印）.

ISBN 978-7-121-43487-7

Ⅰ. ①电… Ⅱ. ①张… Ⅲ. ①电子技术—实验—高等学校—教材 Ⅳ. ①TN-33

中国版本图书馆 CIP 数据核字（2022）第 085023 号

责任编辑：王羽佳　　特约编辑：武瑞敏
印　　刷：三河市鑫金马印装有限公司
装　　订：三河市鑫金马印装有限公司
出版发行：电子工业出版社
　　　　　北京市海淀区万寿路 173 信箱　邮编　100036
开　　本：787×1 092　1/16　印张：18.75　字数：540 千字
版　　次：2013 年 1 月第 1 版
　　　　　2022 年 6 月第 2 版
印　　次：2026 年 1 月第 9 次印刷
定　　价：79.00 元

凡所购买电子工业出版社图书有缺损问题，请向购买书店调换。若书店售缺，请与本社发行部联系，联系及邮购电话：（010）88254888，88258888。

质量投诉请发邮件至 zlts@phei.com.cn，盗版侵权举报请发邮件至 dbqq@phei.com.cn。

本书咨询联系方式：（010）88254535，wyj@phei.com.cn。

前　言

本书紧贴电子技术最新发展动态，结合课程数十年教学改革成果，突出课程的“基础性、实践性、先进性”的特点，在内容的组织、知识的剖析、资源的配置上符合“高阶性、创新性、挑战度”的要求。同时，秉承“以战领教，为战育人，理技融合，技战一体”的军队高校教学需求和特色，将经典内容与实际应用，理论知识和思政元素有机融合，凸显以下特色。

1. 教材内容全面、层次分明。涉及电子技术实验基础知识、电路基础、模拟电子技术基础实验、数字电子技术基础实验、高频电子线路、单片机、EDA 技术、模拟电子技术课程设计、数字电子技术课程设计、高频电路课程设计、电子技术综合设计等实验内容和方法，可根据专业及学时的不同，对实验内容进行不同的组合，以满足不同专业、不同学时对电子技术基础课程实验教学的需要。

2. 重视对学生实验技能和理论知识的相互促进和相互吸收。本书在“第 2 篇 电子技术基础实验”的实验项目中，配套相应的预习题和测试题，促进学生理论与实践相结合，也给实验课程的量化考核提供了一定的参考依据。

3. 重视对学生基本实验技能的培训。根据电子技术的发展，更新了部分陈旧的元器件和集成电路，详细更新了仪器使用介绍，更新了 EDA 技术内容、软件版本，加强了 EDA 技术在课程实验中的应用，并提供了大量的仿真实验介绍，可作为自学参考书。

4. 重视经典实验，并引入许多来源于科研成果、军事装备和电子设计竞赛等创新活动的实践内容，例如电容测试仪、自动增益控制放大器的设计等项目来源于科研成果和军事装备，信号产生、放大、滤波和开关电源等则是近年来电子设计竞赛中常用的项目。此外，一些项目贴近学生生活，例如声光控制节电开关电路、智能节水控制电路等，培养学生动手实践能力的同时有机融合环保和生态文明理念，实现润物细无声的思政教育。

5. 系列化教材一体化建设，能力进阶，融合贯通。本系列教材以培养初级（电路分析能力）、中级（电路理解能力）和高阶（电路设计能力）三个能力层次为目标，一体化贯通式设计，注重教材之间概念、方法和应用的衔接，全系列教材贯穿“电路概念方法的理解、电路单元的抽象和建模、电路应用的解析和映射、复杂问题的科学辩证思维”主线，强化关联，去除冗余，循序渐进，层层深入，塑造学习者的电子电路素养。

本书共分 4 篇。第 1 篇简要介绍电子技术实验基础知识和方法；第 2 篇主要介绍电路分析基础、模拟电子技术基础、数字电子技术基础单元电路的实验内容和方法；第 3 篇主要介绍高频电路、单片机系统设计、EDA 技术实验内容和方法；第 4 篇介绍电子技术课程设计的实验技术和方法，既包括单一课程的课程设计内容和方法，也包括综合运用模拟电子技术、数字电子技术、高频电子技术进行系统设计的实验内容和方法；附录详细列出了常用实验元器件引脚图及功能表、仿真软件使用介绍，以及实验板介绍等。

本书由张亮提出编写思路及撰写大纲，并完成本书的策划、统稿、定稿工作，高吉祥教授担任主审。参加本书编写工作的有刘菊荣（第 1、2 章）、库锡树（第 3 章）、张亮（第 4、6、11 章、附录 B）、廖灵志（第 10、12、13、14 章、附录 A）、蔡立群（第 5、8 章）、程江华（第 9 章、附录 C）、马路华（第 7 章）、邓斌（附录 B）。

此外，唐朝京、关永峰、李贵林、刘恋、涂瑞斌、丁文霞、谢晓霞、胡名成、杜湘瑜、高广珠、刘安芝、翟庆林、罗笑冰、于红旗、陆珉、朱畅、王宁、何智勇、杨筱等同志参加了本书部分材料组织和审阅工作，张凤莲、张玉梅、张晓雪参与了电路图绘制工作。同时，本书在编写的过程中得到国防科技大学电子科学学院领导的关心与大力支持，以及电子工业出版社王羽佳副编审的热情帮助，在此一并致以衷心的感谢。

由于编者水平有限，难免会有不妥之处，热忱欢迎读者批评指正，以便进一步改进。

编　者

2022年1月于长沙 国防科技大学

目　　录

第 1 篇　电子技术实验基础知识

第2篇 电子技术基础实验

第 3 篇　高频电路、单片机、EDA 实验

第 4 篇　电子技术课程设计

第 1 篇　电子技术实验基础知识

第 1 章　电子技术实验须知

1.1　电子技术基础实验的目的和意义

大家知道，科学技术的发展离不开实验，实验是促进科技发展的重要手段。我国著名科学家张文裕在为《著名物理学实验及其在物理学发展中的作用》一书所写的序言中，精辟地论述了科学实验的重要地位。他说："科学实验是科学理论的源泉，是自然科学的根本，也是工程技术的基础。"

对于电子技术基础这样一门工程性和实践性很强的课程，加强工程训练，特别是技能的培养，对于培养工程技术人员的素质和能力具有十分重要的作用。

为培养知识面宽、工程实践能力强、具有创新意识和创新能力的综合型科技人才，电子技术实验项目一般要符合"三性"＋"三型"的要求，"三性"指的是实验内容符合基础性、系统性和应用性，"三型"指的是实验项目符合验证型、综合设计型、创新型。

验证型实验主要在电子技术学科范围为理论论证和实际技能的培养奠定基础。这类实验除了巩固加深重要的基础理论，还帮助学生认识现象，洞悉事物的本质，掌握基本实验知识、基本实验方法和基本实验技能。

综合设计型实验属于应用性实验，实验内容侧重于理论知识和基本技术的综合应用，其目的是培养学生综合运用所学理论知识解决较复杂的实际问题的能力。

创新型实验对于学生来说既有综合性又有探索性，它主要侧重于理论知识和技术的灵活运用。例如，进行新型功能的电子电路、创新项目、科技小发明等的项目设计、安装和调试等，要求学生在教师指导下独立开展查阅资料、设计方案与组织实验等工作，并写出报告。这类实验对于提高学生的工程素质和科学实验能力非常有益。

自 20 世纪 90 年代以来，电子技术发展呈现出系统集成化、设计自动化、用户专业化和测试智能化的趋势。为了培养电子技术人才，适应电子信息时代的要求，除了完成常规的硬件实验，在电子技术实验中引入电子电路计算机辅助分析与设计的内容是很有必要的。

总之，电子技术实验应兼顾基础共性技能、综合实践能力、工程应用能力和创新能力的培养，以适应人才培养新的要求。

1.2　电子技术基础实验的一般程序

怎样做实验？如何做好实验？这是学生关心的共同问题，也是必须了解和掌握的问题。无论是什么实验，都必须遵循一定的程序。

实验的一般程序为：实验预习→实验设计→实验操作→实验总结。

1. 实验预习

为避免实验的盲目性，实验者应对实验内容进行预习。要明确实验目的和要求，掌握有关电路的基本原理（课程设计则要完成设计任务），拟出实验方法和步骤，设计实验表格，对思考题做出解答，初步估算（或分析）实验结果（包括参数和波形），最后做出预习报告。

预习类似战前准备。在每次实验前，学生必须认真阅读实验教材，做好实验预习报告。预习报告一般包括如下内容。

（1）弄清实验的目的、内容、方法及有关的知识、技术，解决实验要做什么和怎么做的问题。

（2）做好实验前的准备工作。

① 对初次实验，要熟悉仪器仪表的使用，阅读指导书及课件，熟悉实验内容。

② 对验证型实验，对照电路原理图，计算出电路元器件参数和各项指标理论值，或估算出结果，并进行误差分析。

③ 对设计型实验，应进行电路设计，完成必要的理论计算。

④ 对创新型实验，要综合学习和分析同类产品或作品设计的优缺点，提出多种解决方案，通过分析与比较，最后设计出一个合理的方案。

⑤ 列出实验操作的具体步骤。

⑥ 画出记录数据所需要的表格。

⑦ 标出实验中应注意的问题，以便实验时给出必要的提示。

（3）能进行电路仿真的实验项目、单元或部件，就应进行仿真实验。根据电路原理图，选择合理的电路仿真软件，进行仿真分析，直至仿真结果正确为止。大多数情况下，要在草稿纸上画出电路原理图和实物引脚接线图。

（4）认真准备实验课所要讨论的问题，回答思考题，理解和牢记注意事项。

2. 实验操作

在实验过程中，应遵守实验室规章制度，牢记教师反复强调的问题和注意事项，严谨细致地进行实验设计和实验操作。在实验时应做到如下几点。

（1）检查元器件：检查实验用的元器件、连接线是否齐全，并对其进行检测，判断是否正常。

（2）熟悉设备：熟悉实验（箱）板中有关元器件的位置、仪器的使用方法，防止不当操作。

（3）组装电路：在通用板或 PCB 板上正确焊接，在面包板或实验箱上正确接线，完毕后检查是否正确。

（4）检查电路：仔细检查电源连接是否正确，地线是否接好，系统是否共地。

（5）测试电路：检查电路无误后，必须确认电源电压符合设定值，极性连接无误后才可通电进行实验，实验时要按正确的实验方法和步骤进行，细心观察实验现象，如实记录实验数据或波形。

（6）电路调试：实验中若出现问题，应先排查问题，检查电路设计正确与否，连线是否有误等。需要更换元器件时，应先切断电源再进行更换，切忌带电操作。当遇疑难问题时，应检索电子答疑系统，若还解决不了问题，应请求教师指导。

（7）结果分析：对实验结果进行分析，若发现与理论值偏差太大，或结果完全不对，应仔细查找原因，找出问题所在，并重新测试。

（8）实验整理：实验结束后，首先切断仪器仪表电源，整理好仪器设备并将其摆放整齐，清理连接线、电源线等，将实验台收拾干净，填写仪器设备使用登记本。

3. 实验总结

实验结束后，需认真撰写实验报告。实验报告是以书面形式对实验结果的全面总结，是对实验人员综合分析能力、文字表达能力和工程素质的基本训练，是培养学生分析现象、总结问题、解决问题能力的重要环节。总结报告的质量好坏将体现实验者对实验项目的理解能力、动手能力和实验态度。

（1）实验总结。实验总结主要包括如下内容。

① 将原始实验数据进行整理、分析。

② 进行误差计算，并进行具体分析。

③ 对实验中遇到的问题和现象进行记录和分析。

④ 实验结论。

最后把预习报告与总结报告综合成一本完整的实验报告。

（2）实验报告要求。

① 书写在规定的实验报告纸上。

② 简明扼要，文理通顺，书写工整。

③ 图表清楚、规范（作图用直尺，数据以表格形式填写，曲线和表格应注明名称、物理量和单位）。

④ 实验数据整理，对自己实验所得数据和观察到的现象要实事求是地填写，原始数据的记录要按要求精确到某位有效数字，以表格形式填写，标明单位。实验波形以实际测量为准，与理论波形相对比，并能分析出与理论值相差的原因。

（3）实验报告基本格式。

① 封面。应写明实验名称、实验教室、实验者姓名、实验日期等。

② 实验预习。实验目的、实验原理、实验仪器、实验步骤和测量方法（含实验电路、实验步骤、测试数据表等），思考题解答。

③ 实验总结。数据分析及实验结论，心得体会或建议。

1.3　电子技术实验基本技能提高方法

1. 提高实验技能的常用方法

（1）认真进行实验预习，复习相关理论知识，理解实验原理，掌握实验方法，拟定实验步骤，了解操作注意事项。

（2）理论联系实际，实验过程中注意用理论指导实践操作，加强理论与实践的相互渗透。

（3）在实验过程中，多观察、多思考、多探讨，认真分析实验现象，做好记录，培养严谨的学习作风和实事求是的科学精神。

（4）认真处理实验数据，及时按要求完成实验报告。

（5）结合专业学习培养兴趣，适当订阅、涉猎一些电工电子方面的书籍杂志，浏览网络相关网站，尝试组装、维修一些简易的小电器，自己动手设计并制作小电路或小电器等。

（6）认真研究元器件手册。

2. 元器件获取方法

课内实验的元器件由实验室统一配备。学生应按要求使用元器件，使用完后应及时归位。

课外实验需要使用的元器件可采取以下方法获得。

（1）免费领用。实验内已备好的基本元器件可以免费领用。

（2）自行购买。直接从当地电子市场购买需要的元器件。

（3）网上邮购。网上有来自全国的许多卖家销售器件，学生可上网搜索到需要的器件后直接网上付款，卖家会通过邮寄将买好的器件寄出。网购器件时间较长（一般 2～5 天），但器件种类丰富，较易买到合适的器件。

（4）教师代购。将需要购买的器件列好详细的元件清单，包括元件名称、型号、功能、封装、可替代型号等，交实验室老师代购。

（5）样片申请。登录各大芯片制造厂商的主页，某些厂商（如美信等）只需按要求填表后就能免费申请到样片。样片一般采用邮寄的方式，器件免费。

1.4 电子技术实验基本规则

对于电子电气专业的学生来说，培养其良好的工程素养远比灌输知识重要。大部分学生在进入电子技术实验室前，已具有较系统的数理化知识，智力得到了较充分的开发，具有基本的做人做事准则和动手实践的潜力，但少数学生情商较低，学习、生活态度和道德风范受社会不良风气影响较大，诚实守信、认真细致、团结协作、勤于思考、艰苦奋斗、勇于实践、百折不挠、勤俭节约的作风未得到充分发扬，不具备基本的工程素养。这些素养的提高在理论教学中体现得不够充分，但在电子技术实验室里能得到充分体现。开展科学的电子技术实验需要具备紧密的合作精神、良好的操作习惯、规范的操作流程和真实的数据记录等素养，这对于培养一个人科学的态度、诚实的作风、良好的素养十分有利。因此，希望学生在实验过程中严格要求自己，将上述理念贯穿于实验教和学的各个环节。

习惯是事业成败的关键因素，人们往往只注重结果，却忽视了良好习惯的养成。不良习惯一旦养成，就会伴随人的一生，进而影响其工作和生活质量。因此，在实验中培养良好的工程实践习惯是很重要的。

在电子技术实验中应注意培养学生养成良好的实验习惯，认真做到如下几点。

（1）重视实验，做好实验预习，按时到达实验室。

（2）按时上课，未完成实验者不得早退，因事、因病不能上实验课应请假，由负责人向教师交请假单。

（3）上课带齐所需用品（书、报告纸、坐标纸、尺子等）。

（4）进实验室后按指定桌号就位。

（5）就位后检查实验台仪器设备器件是否完好齐全。

（6）遵守学生实验守则及实验室规章制度，遵守课堂纪律，保持肃静、整洁，严禁大声喧哗、打闹、调位、吃东西、丢弃杂物等。

（7）爱护仪器设备，严格遵守仪器操作规程、正确使用仪器，不野蛮操作设备，不随意挪动设备，不操作无关设备。

（8）注意人身和设备安全，切勿带电操作。若发现异常现象，应立即切断电源，及时报告教员，不得自行处理。

（9）按规范流程进行实验操作，实验完毕，按要求填写仪器使用登记本。保持实验工位整洁，将仪器设备、凳子摆放整齐，方可离开。

（10）实验报告应按要求及时提交。

1.5 实验常见问题及处理

失败乃成功之母，人是在不断改正错误的过程中成长的。实验中出错或失败属于正常现象，如赫兹在验证电磁波存在实验时就经历了成千上万次的失败。实验中出错并不可怕，可怕的是不积极思考、主动分析问题、查找错误，而是一有问题就问老师或怨天尤人，只求尽快得到实验结果，敷衍了事，没有想到实验的真正目的是要培养分析问题、解决问题的能力。对于实验中出现的问题，需要有一种积极应对的态度，这种态度就是认真细致、不厌其烦地去查找和解决问题。即使没有达到预期的实验结果，也会有一定的收获，同样能获得较好的实验成绩；反之，即使实验结果正确，也体会不到实验的真正目的。

为提高实验效率，避免出现不必要的问题或走太多的弯路，根据作者多年从事实验教学的经验，总结出一些应引起重视的问题。

（1）电源加电错误。

① 由于不理解电路地和保护地的含义，误将电路参考地接至稳压电源的保护地（机壳或大地），没有形成供电回路。

② 由于粗心大意，未将稳压电源的正负极接至实验电路，或未打开稳压电源的开关，或将电源正负极性接反，或稳压电源电压值设置错误，或未加去耦电容导致电路不稳定。

③ 由于不熟悉稳压电源使用方法，导致稳压电源恒压/恒流模式设置错误，或导致电源串/并联组合模式设置错误。

（2）导线连接错误。由于粗心大意，或不讲究连线方法，或看错元器件、芯片引脚，导致接线错误。

（3）导线断裂不通。实验中导线使用频率较高，有些学生操作不当或用力过猛，致使绝缘外皮看似完好的导线内部铜芯断裂。因此，应在使用前用三用表对导线进行测试。

（4）看错器件型号。由于粗心大意，不仔细辨认芯片型号，导致器件用错。

（5）器件内部损坏。实验中电位器使用频率较高，易造成绕线电阻丝断裂或碳膜损坏，应在使用前用三用表进行测试。

（6）预习不够充分。

① 由于对原理理解不透，导致电路设计错误。

② 由于事先未画出实际引脚连线图，导致浪费大量的时间排除低级的连线错误。

③ 由于仪器使用不熟练，导致实验中仪器操作不当，实验测量结果不正确。

④ 由于课前未进行虚拟仿真实验，对实验过程、测量方法等不熟悉，导致不能在规定时间内完成实验。

（7）设备老化问题。由于实验箱、仪器设备等使用频率高或时间长，造成设备器件老化损坏，导致正确搭建的实验电路却得不到正确的实验结果，学生应敢于怀疑和分析此类问题。

第2章　电路设计基础知识

电子技术基础课程设计包括实验项目选择、参数计算、电路设计、部件组装、元件焊接、电路调试和报告撰写等实验环节。

2.1　电子电路的设计方法

设计一个电子系统时，首先要明确系统的设计任务，根据任务进行方案选择，然后对方案中的各部分进行单元电路设计、参数计算和器件选择，最后将各单元或部件有机连接在一起，画出一个符合设计要求的完整的电路图。

1. 明确任务

对系统的设计任务进行具体分析，充分了解系统的功能、指标、内容及要求，以便了解系统应完成的任务。

2. 方案选择

这一步的工作要求是把系统要完成的任务分配给若干单元电路，并画出一个能表示各单元功能的系统原理框图。

方案选择的重要任务是根据掌握的知识、技术和资料，针对系统提出的任务、要求和条件，完成系统的功能设计。在这个过程中要敢于探索，勇于创新，力争做到设计方案合理、可靠、经济、功能齐全、技术先进。并且要对方案不断地进行可行性和优缺点的分析，最后设计出一个系统框图。框图必须正确反映系统应完成的任务和各组成部分的功能，清楚表示系统的组成部分和相互连接关系。

3. 单元电路的设计、参数计算和元器件选择

根据系统的指标和功能框图，明确各部分任务，进行各单元电路的设计、参数计算和元器件选择。

（1）单元电路设计。单元电路是系统的一部分，只有把各单元电路设计好，才能提高整体设计水平。

每个单元电路设计前都需明确本单元电路的任务，详细拟定单元电路的性能指标、与前后级之间的关系，分析电路的组成形式。具体设计时，可以模仿成熟的电路，也可以进行创新或改进，但都必须保证性能要求。不仅单元电路本身要设计合理，各单元电路间也要互相配合，注意各部分之间输入、输出信号和接口关系。

（2）参数计算及估计。为保证单元电路达到功能指标要求，需要用相关的电路原理对参数进行计算。例如，放大电路中静态工作点、各电阻值、放大倍数的计算，振荡器中电阻、电容、振荡频率等参数的计算。只有理解电路的工作原理，正确利用计算方法，算出的参数才能满足设计要求。

参数计算时，同一个电路可能有几组数据，注意选择一组能完成电路设计指标的要求及在工程中可行的参数。计算电路参数时应注意下列问题。

① 元器件的工作电流、电压、频率和功耗等参数应能满足电路指标的要求。

② 元器件的极限参数必须留有足够裕量，一般应大于额定值的1.5倍。

③ 电阻和电容的参数应选计算值附近的标称值。

（3）元器件选择。

① 阻容元件的选择。电阻和电容制作材料种类很多，正确选择电阻和电容是很重要的。不同

的电路对电阻和电容的性能要求也不同，有些电路对电容的漏电要求很严，还有些电路对电阻、电容的性能和容量要求很高。例如，滤波电路中常用大容量（100～3000μF）铝电解电容，为滤掉高频通常，还需并联小容量（0.01～0.1μF）瓷片电容。设计时要根据电路的要求选择性能和参数合适的阻容元件，并要注意功耗、容量、频率和耐压范围是否满足要求。

② 分立元件的选择。分立元件包括二极管、晶体三极管、场效应管、光电二（三）极管、晶闸管等，根据其用途分别进行选择。

选择的器件种类不同，注意事项也不同。例如，选择晶体三极管时，首先注意选择 NPN 型还是 PNP 型管，高频管还是低频管，大功率管还是小功率管，并注意晶体管的参数 P_{CM}、I_{CM}、βV_{CEO}、I_{CBO}、β、f_T 和 f_β 是否满足电路设计指标的要求；高频工作时，要求 f_T＝（5～10）f，f 为工作频率。

③ 集成电路的选择。由于集成电路可以实现很多单元电路甚至部件或系统的功能，因此选用集成电路来设计单元电路和系统既方便又灵活，它不仅使电子产品体积缩小，而且性能可靠，便于调试，在设计电路时颇受欢迎。

集成电路有模拟集成电路、数字集成电路和数模混合电路。国内外已生产出大量集成电路，其器件的型号、原理、功能、参数可查阅有关手册。选择的集成电路不仅要在功能和指标上满足设计要求，而且要满足功耗、电压、速度、价格等多方面的要求。

4. 电路图的绘制

为详细表示设计的整机电路及各单元电路的连接关系，设计时需绘制完整的电路图。

电路图通常是在系统框图、单元电路设计、参数计算和器件选择的基础上绘制的，它是组装、调试和维修的依据。绘制电路图时要注意以下几点。

（1）布局合理、排列均匀、图面清晰、便于看图、有利于对图的理解和阅读。有时一个总电路由几部分组成，绘图时应尽量把总电路画在一张图纸上。如果电路比较复杂，需绘制几张图，那么应把主电路画在同一张图纸上，而把一些比较独立或次要的部分画在另外的图纸上，并在图的端口两端做上标记，标出信号从一张图到另一张图的引出点和引入点，以此说明各图纸在电路连线之间的关系。

有时为了强调并便于看清各单元电路的功能关系，每个功能单元电路的元件应集中布置在一起，并尽可能按信号工作顺序排列。

（2）注意信号的流向，一般从输入端或信号源画起，由左至右或由上至下按信号的流向依次画出各单元电路，而反馈通路的信号流向则与此相反。

（3）图形符号要标准，图中应加适当的标注。图形符号表示器件的项目或概念。电路图中的中、大规模集成电路器件一般用方框表示，在方框中标出它的型号，在方框的边线两侧标出每根线的功能名称和引脚号。除中、大规模器件外，其余元器件符号应当按标准画出。

（4）连接线应为直线，并且交叉和折弯应最少。连线通常可以水平布置或垂直布置，一般不画斜线，互相连通的交叉处用画实的圆点表示，根据需要，可以在连接线上加注信号名或其他标记，表示其功能或其去向。有的连线可用符号表示，例如，器件的电源一般标电源电压的数值，地线用地线符号表示。

设计的电路能否满足设计要求，还必须通过安装、调试进行验证。

2.2　电子电路的组装

电子电路设计好后，便可进行安装和调试。

电子技术基础实验中组装电路通常采用焊接和插接两种方式。焊接组装可提高学生焊接的能力，但器件可重复利用率低。在面包板或实验箱上组装，元器件和导线便于插接，且电路便于调试，并可提高器件的重复利用率，但连接的可靠性降低。

1. 在实验箱上用插接方式组装电路的方法

（1）集成电路的插装。插装集成电路时首先应认清方向，不要倒装，所有集成电路的插口方向保持一致，注意引脚不能弯曲。

（2）元器件的插装。根据电路图确定元器件在实验箱的位置，并按信号的流向将元器件顺序地安装，以易于调试。

（3）导线的选用和连接。导线直径应和插接板的插孔直径相一致，过粗会损坏插孔，过细则与插孔接触不良。

为方便检查电路，应根据不同用途，确定导线颜色。一般正电源用红线，负电源用蓝线，地线用黑线，信号线用其他颜色。

导线要求紧贴在插接板上，避免接触不良。较长的连线不允许跨在集成电路上，一般从集成电路周围通过，尽量做到横平竖直，这样便于查线和更换器件，但高频电路部分的连线应尽量短，且遵守分布参数等相关规则。

2. 电路板布线的一般原则

（1）按电路图顺序成直线排列。它的优点是电路结构清楚，便于布设、检查，也便于各级电路的屏蔽和隔离；电路的输入级和输出级距离较远，使级间寄生反馈及寄生耦合减小；各级电路之间衔接较好，使连接线较短，减小电路的分布参数。

（2）交流、直流线路分开布线。

（3）高压、低压电路分开走线。

（4）强、弱信号分开布线。

（5）在布线时，一般对地线做如下处理：接地线应短而粗，增大地线截面积，以减小地阻抗；低频电路中采用一点接地的方法，高频电路中采用多点接地和特殊布线的方法（参考相关的高频、射频布线资料）；数字地和模拟地分开布线。

组装电路时应注意，各电路单元之间要共地。正确的组装方法和合理的布局，不仅能使电路整齐美观，而且能提高电路工作的性能和可靠性，便于检查和排除故障。

2.3 手工焊接基础知识

任何组成电子系统的部件、电子仪器、仪表或电子产品，都是由各种元器件、电子模块、接插件、线缆，采用一定的工艺方法，按电路工艺文件连接组装而成的。电子产品的制作包括 PCB 设计制作、元器件焊接、接插件焊接、线缆连接、机械安装等环节，其中焊接是电子制作中的重要环节，也是工程技术人员必须掌握的一种技能。焊接质量的好坏会直接影响电路的性能和可靠性。

焊接是将两个或两个以上的焊件，在外界某种能量（加热或其他的方法）的作用下，借助于各焊件接触部位的原子间的相互结合力，连接成一个不可拆卸的整体的加工方法。

2.3.1 手工焊接技术

1. 电烙铁及其使用

电烙铁是焊接的主要工具，其作用是把电能转换成热能，对焊点部位进行加热，同时熔化焊锡，使熔化的焊锡润湿被焊金属形成合金，冷却后，被焊元器件通过焊点牢固地连接。常用电烙铁分外热式和内热式两种，除此之外，还有恒温电烙铁、吸锡电烙铁和气焊烙铁等。按电烙铁功率大小又可分为 15W、20W、30W、45W、75W、100W 和 300W 等几种，应根据所焊接元器件的大小和导线粗细来选用。一般焊接晶体管、集成电路和小型元件时，选用 15W 或 20W 即可。

电烙铁使用时的注意事项：

① 使用前，应认真检查烙铁电源插头、电源线有无损坏，并检查烙铁头是否松动。

② 使用新烙铁前，应用细砂纸将烙铁头打光亮，通电烧热，用烙铁头刃面接触含松香的焊锡丝，使烙铁头上均匀地镀上一层薄锡，这样做可以便于焊接和防止烙铁头表面氧化。

③ 使用旧烙铁时，如烙铁头严重氧化而发黑，可以用钢锉刀锉掉表层氧化物，使其露出金属光泽后，重新镀锡，才能使用。

④ 对于表面镀有合金层的烙铁头，不能采用上述方法，可以用湿的棉布等擦去烙铁头表面的氧化物。

⑤ 电烙铁在使用中，不能用力敲击，要防止烙铁头跌落。

⑥ 烙铁头上焊锡过多时，可用布擦掉，不可乱甩，以免伤到皮肤和眼睛及烫伤他人。

⑦ 电烙铁通电后温度高达 250℃以上，不用时应放在烙铁架上。如果较长时间不用应切断电源，防止高温“烧死”烙铁头（被氧化）。

⑧ 防止电烙铁烫坏其他元器件，尤其是电源线，若其绝缘层被烙铁烧坏，则容易引发安全事故。

2. 焊料

焊料是一种易熔金属，它能使元器件引线与印制电路板的连接点连接在一起。目前主要使用锡铅焊料，也称焊锡。它的特点是熔点低，抗腐蚀能力强，凝固快，成本低，导电性好。

3. 焊剂

在焊接过程中，由于金属在加热的情况下会产生一薄层氧化膜，这将阻碍焊锡的浸润，影响焊接点合金的形成，容易出现虚焊、假焊现象。焊剂用来增加润湿，以帮助和加速焊接的进程，故焊剂又称助焊剂。使用助焊剂，可以帮助清除金属表面的氧化物，利于焊接，又可保护烙铁头。焊剂的配方较多，常用的是将 20%的松香、78%的酒精和 2%的三乙醇胺配成松香酒精溶液。酸性焊油具有腐蚀性，在装配电子设备时不能使用。

2.3.2　手工焊接操作方法

1. 电烙铁的握法

电烙铁的握法分为 3 种，如图 2-3-1 所示。

反握法：此法动作稳定，长时间操作不易疲劳，适用于大功率电烙铁、焊接散热量大的被焊件。

正握法：此法适用于中等功率电烙铁，使用弯形烙铁头的电烙铁一般也用此方法。

握笔法：此法适用于小功率电烙铁、焊接散热量小的被焊件，如焊接收音机、电视机的印制电路板及其维修等。

2. 焊锡丝的拿法

焊锡丝的拿法有两种，如图 2-3-2 所示。连续焊接时应将焊锡丝抓在左手中，焊接时用左手拇指和食指捏住送向烙铁头，如图 2-3-2（a）所示；断续焊接时，焊锡丝也用左手拇指和食指送往烙铁头，但焊锡丝不在手掌之中，如图 2-3-2（b）所示。

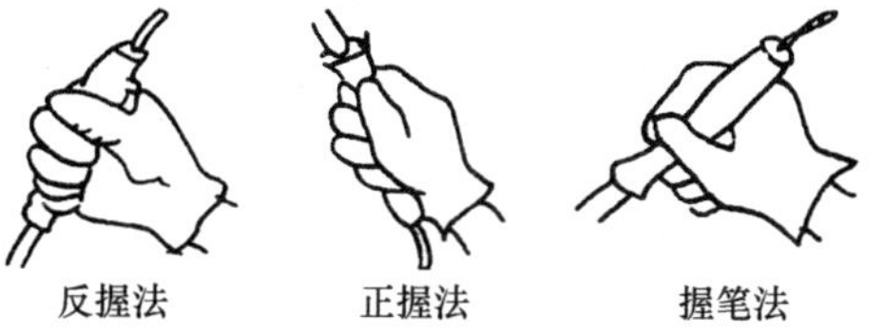

图 2-3-1　电烙铁的握法

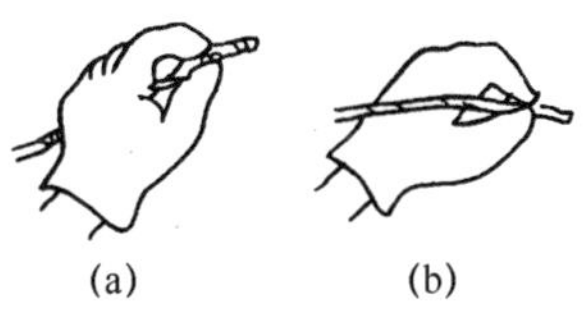

图 2-3-2　焊锡丝的拿法

使用烙铁时，通常要配备烙铁架，烙铁不用时一定要稳妥地插放在烙铁架上，注意烙铁头不要触碰到导线或其他器件，以免烫伤导线，造成漏电等事故。

3. 焊接准备工作

在焊接电路板前，做好充分的准备工作是非常有必要的。首先，要熟悉所焊印制电路板的装配图，把每个元件检测一遍，看是否合格（包括型号、数值、耐压值和极性等），不符合要求的要及时更换。把每只元件的引线用砂纸或小刀刮干净，露出金属光泽，涂上助焊剂进行上锡；然后按电路板的设计要求将元件引线做形；接着，根据安装图进行元器件的安装。元器件的安装方式有卧式安装和立式安装两种。如图2-3-3所示，卧式安装机械稳定性好，排列整齐，元器件跨距大，一般用于有足够空间的元件排布情况。立式安装元器件占地面积小，一般用于元器件排列密集的情况。

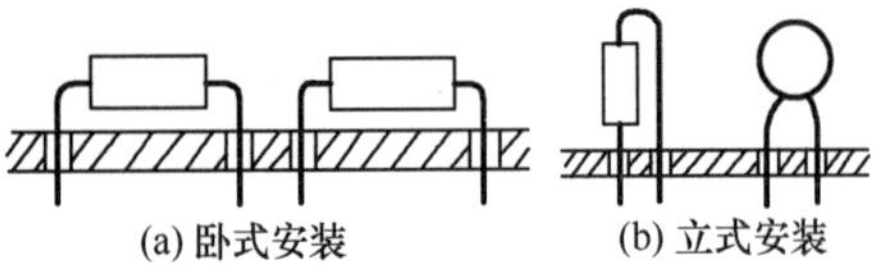

图2-3-3 元器件的安装方式

安装顺序一般是先装大元件，再把电阻电容等小元件插入焊点孔中，要求元件排列整齐美观，元件型号数值朝外容易看到，便于检查维修，最后把测试好的晶体管或集成电路插入焊孔后，就可以进行焊接。理想的焊接，在结构上必须具有一层比较严格的合金层，如图2-3-4所示，若焊接方法不正确，将会出现虚焊、假焊现象，如图2-3-5所示。

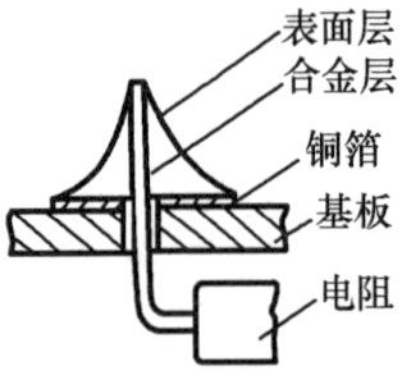

图2-3-4 理想的焊接

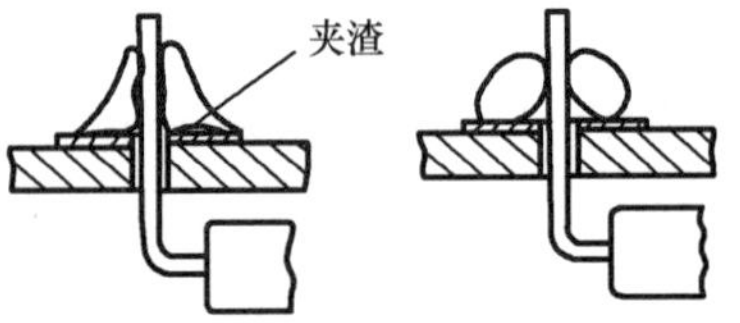

图2-3-5 虚焊、假焊现象

4. 手工焊接操作步骤

焊接操作方法有三工序法和五工序法。

（1）五工序法如图2-3-6所示，具体步骤如下。

① 准备施焊：右手拿烙铁（烙铁头应保持干净，并上锡），处于随时可施焊状态。

② 加热焊件：应注意加热整个焊接体，元器件的引线和焊盘都要均匀受热。

③ 送入焊锡丝：加热焊件达到一定温度后，焊锡丝从烙铁对面接触焊件，注意不能直接接触电烙铁头。

④ 移开焊锡丝：当焊锡丝熔化一定量后，立即移开焊锡丝。

⑤ 移开电烙铁头：焊锡浸润焊盘或焊件的施焊部位后，移开烙铁。

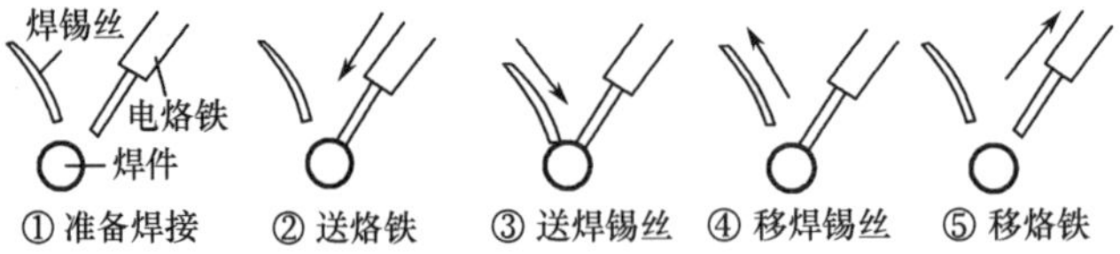

图2-3-6 五工序法

（2）三工序法如图2-3-7所示，焊接分为准备焊接、送烙铁和焊锡丝、同时移开烙铁和焊锡丝3个工序进行。

对于小热容量焊件而言，上述整个过程不过2～4s时间，一般采用三工序法操作。而在实际的焊接操作中，可能由于烙铁功率、焊点热容量的差别等因素，应实际掌握焊接火候，没有定章可循，应该具体情况具体对待，通过不断的实践、用心体会，使得动作协调熟练。

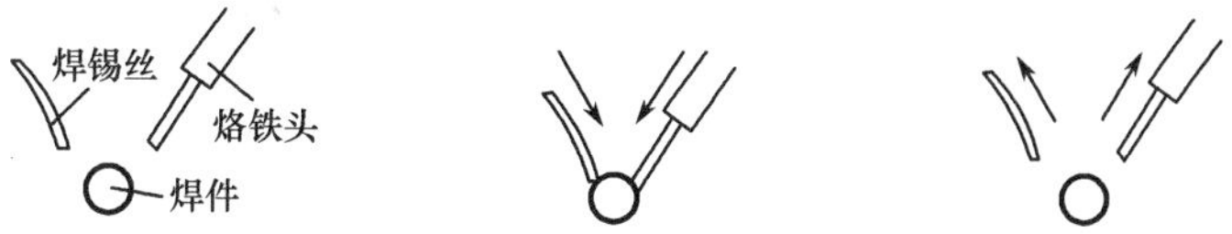

①准备焊接　　②送烙铁和焊锡丝　　③同时移开烙铁和焊锡丝

图 2-3-7　三工序法

（3）贴片元件的手工焊接。焊接贴片元件时，应先在焊盘上涂上助焊剂，然后在焊点上上一点焊锡，用镊子夹住被焊元件，将其放在焊点上，放正后用烙铁将其焊上一个引脚，焊好后再看看是否放正，如果已放正，就再焊上其他引脚。

5. 焊点的质量检查

为了保证焊点处电气接触良好、机械结合牢固和美观，就要避免不合格焊点。常见的焊点缺陷及原因分析如表 2-3-1 所示。

表 2-3-1　常见的焊点缺陷及原因分析

焊点缺陷	外观特点	危害	原因分析
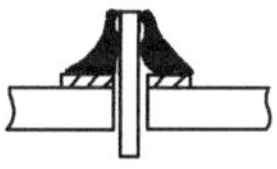 虚焊	焊锡与元件引线或铜箔间有明显黑色界线，焊锡向界线凹陷，润湿不良	不能正常工作	元器件引线、印制板未清洁干净；焊剂质量不好
 焊锡量过多	焊料面呈现凸形	浪费焊料，而且可能包藏缺陷	焊锡丝撤离过迟
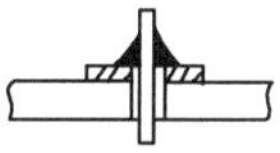 焊锡量过少	焊料面积小于焊盘的 80%，焊料未形成平滑面	机械强度不足	焊锡丝撤离过早或焊锡流动性差；焊剂不足或质量差
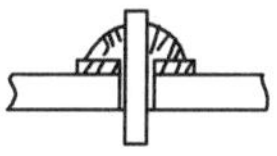 过热	焊点发白，无金属光泽，表面较粗糙	焊盘容易剥落，强度降低	烙铁功率过大，加热时间过长
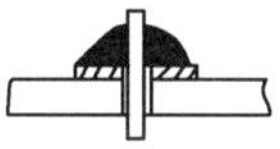 冷焊	表面呈豆腐渣状颗粒，有时可能有裂纹	强度低，导电性能不好	焊料未凝固前焊料抖动
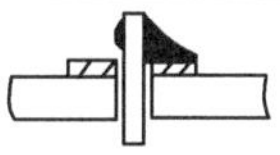 空洞	焊锡未流满焊盘	强度不足	元器件引线、焊盘部分未清洁干净；焊料流动性不好；焊剂不足或质量差；加热不足
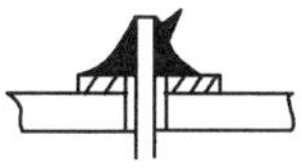 拉尖	出现尖端毛刺	外观不佳，绝缘距离变小，高压电路会造成打火现象	焊料过多，焊剂过少，加热时间过长，使焊锡黏性增加
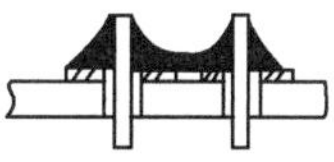 桥接	相邻的铜箔被连接起来	造成电气短路	焊料过多；焊接技术不良，烙铁离开焊点时角度过小
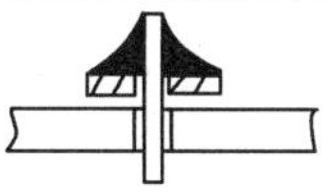 剥离	铜箔从印制板上剥离	印制板被损坏	焊接温度过高，焊接时间过长

6. 焊接注意事项

（1）保持焊接处和焊接物的清洁。

（2）烙铁头的温度和焊接时间应适当。

（3）焊点上的焊锡量要适中。

（4）烙铁头应以45°的方向撤离。

（5）焊锡凝固之前不要使焊件移动或振动。

2.4 电路的调试

实践表明，一个电子装置，即使按照设计的电路参数进行安装，往往也难以达到预期的效果。这是由于人们在设计时，不可能周密地考虑各种复杂的客观因素（如元件值的误差、器件参数的分散性、分布参数的影响、各单元之间的相互干扰等），必须通过安装后的测试和调整，来发现和纠正设计方案的不足和安装的不合理，然后采取措施加以改进，使装置达到预定的技术指标，因此掌握电子电路的调试技能，对于每个从事电子技术及其有关领域工作的人员来说，是非常重要的。

电路的调试除目视观察法之外，大多数情况还要借助仪器设备。调试的常用仪器有万用表、稳压电源、示波器、信号发生器和扫频仪等。

1. 调试前的目视检查

电路安装完毕，通常不宜急于通电，先要认真检查一下。具体查验的项目如下。

（1）连线是否正确。检查电路连线是否正确，包括错误连线、少线和多线。查线的方法通常有两种。

① 按照电路图检查安装的线路。这种方法的特点是根据电路图连线，按一定顺序逐一检查安装好的线路。由此，可以比较容易查出错线和少线。

② 按照实际线路来对照原理电路进行查线。这是一种以元件为中心进行查线的方法。把每个元件（包括器件）引脚的连线一次查清，检查每个引脚的所有连线在电路图上是否存在，这种方法不但可以查出错线和少线，还容易查出多线。

为了防止出错，对于已查过的线通常应在电路图上做出标记。查线时最好用数字式万用表电阻挡或“⊳|挡”的蜂鸣器来测量，而且直接测量元、器件引脚，这样可以同时发现接触不良的地方。

（2）元、器件安装情况。检查元、器件引脚之间有无短路，连接处有无接触不良，二极管、三极管、集成电路和电解电容极性等是否连接有误。

（3）电源供电（包括极性）、信号源连线是否正确。检查电源极性是否正确，信号线是否连接正确。

（4）电源端对地是否存在短路。在通电前，断开一根电源线，用万用表检查电源端对地是否存在短路。检查直流稳压电源对地是否短路。

电路经过上述检查，并确认无误后，可转入调试。

2. 借助仪器的调试检查

调试包括测试和调整两个方面。所谓电子电路的调试，是指以达到电路设计指标为目的而进行的一系列的“测量→判断→调整→再测量”的反复过程。

为了使调试顺利进行，设计的电路图上应当标明各点的电位值、相应的波形图，以及其他主要参数值。调试方法通常采用先分调后联调（总调）。

大家知道，任何复杂电路都是由一些基本单元电路组成的，因此调试时可以遵循信号的流向，逐级调整各单元电路，使其参数基本符合设计指标。这种调试方法一般是把组成电路的各功能块（或基本单元电路）先调试好，并在此基础上逐步扩大调试范围，最后完成整机联调。采用先分调后联调的优点是能及时发现问题和解决问题，新设计的电路一般采用此方法。对于包括模拟电路、数字电路和微机系统的电子装置，更应采用这种方法进行调试。只有把三部分分开调试，分别达到设计指标，并经过信号及电平转换电路后才能实现整机联调。否则，如果各电路要求的输入、输出指标不符合要求，盲目进行联调，就可能造成器件损坏和浪费时间。

按照上述原则，具体调试步骤如下。

（1）通电观察。把经过准确检测并设好的电源接入电路，观察有无异常现象，包括有无冒烟，是否有异常气味，元器件是否发烫，电源是否有短路现象等。如果出现异常，应立即切断电源，待排除故障后才能再通电。然后测量各路总电源电压和各器件的引脚的电源电压，以保证元器件正常工作。

通过通电观察，认为电路初步工作正常，就可转入调试阶段。

这里需要指出的是，一般实验室中使用的稳压电源是一台仪器，它不仅有一个“＋”端，一个“－”端，还有一个“地”接在机壳上，称为“机壳地”。当电源与实验板（箱）连接时，为了能形成一个完整的屏蔽系统，实验板的“地”一般要与电源的“机壳地”连起来，而实验板上用的电源可能是正电压，也可能是负电压，还可能正、负电压都有，所以电源是“＋”端接“机壳地”还是“－”端接“机壳地”，使用时应先考虑清楚。如果要求电路浮地，那么电源的“＋”与“－”端都不与“机壳地”相连。

另外，应注意，电源在开与关的瞬间往往会出现瞬态电压上冲的现象，集成电路最怕过电压的冲击，所以一定要养成先开启电源，后接电路的习惯，在实验中途也不要随意将电源关掉。

（2）静态调试。交流、直流并存是电子电路工作的一个重要特点。一般情况下，直流为交流服务，直流是电路工作的基础。因此，电子电路的调试有静态调试和动态调试之分。静态调试一般是指在没有外加信号的条件下所进行的直流测试和调整过程。例如，通过静态测试模拟电路的静态工作点、数字电路的各输入端和输出端的高、低电平值及逻辑关系等，可以及时发现已经损坏的元器件，判断电路工作情况，并及时调整电路参数，使电路工作状态符合设计要求。

对于运算放大器，静态检查除测量正、负电源是否接上之外，主要检查在输入为零时，输出端是否接近零电位，调零电路是否起作用。当运放输出直流电位始终接近正电源电压值或负电源电压值时，说明运放处于阻塞状态，可能是外电路没有接好，也可能是运放已经损坏。如果通过调零电位器不能使输出为零，除了运放内部对称性差，也可能运放处于振荡状态，所以实验板直流工作状态的调试，最好接上示波器进行监视。

（3）动态调试。动态调试是在静态调试的基础上进行的。调试的方法是在电路的输入端接入适当频率和幅值的信号，并循着信号的流向逐级检测各有关点的波形、参数和性能指标。应采取不同的方法缩小故障范围，发现故障现象，最后设法排除故障。

在测试过程中不能凭感觉和印象，要始终借助仪器观察。使用示波器时，最好把示波器的信号输入方式置于“DC”挡，通过直流耦合方式，可同时观察被测信号的交、直流成分。

通过调试，最后检查单元电路和整机的各项指标（如信号的幅值、波形形状、相位关系、增益、输入阻抗和输出阻抗等）是否满足设计要求，如有必要，再进一步对电路参数进行合理的修正。

3. 调试中的注意事项

调试结果是否正确，很大程度上受测量方法正确与否和测量精度的影响。为了保证调试的效果，必须减小测量误差，提高测量精度。为此，需注意以下几点。

（1）正确使用测量仪器的接地端。凡是使用地端接机壳的电子仪器进行测量，仪器的接地端应和放大器的接地端连接在一起，否则仪器机壳引入的干扰不仅会使放大器的工作状态发生变化，而且将使测量结果出现误差。根据这一原则，调试发射极偏置电路时，若需测量 V_{CE}，不应把仪器的两端直接接在集电极和发射极上，而应分别测出 V_C、V_E，然后将两者相减得到 V_{CE}。若使用干电池供电的万用表进行测量，由于电表的两个输入端是浮动的，因此允许直接接到测量点之间。

（2）在信号比较弱的输入端，尽可能用屏蔽线连接。屏蔽线的外屏蔽层要接到公共地线上。在频率比较高时要设法隔离连接线分布电容的影响，如用示波器测量时应该使用有探头的测量线，以减小分布电容的影响。

（3）测量电压所用仪器的输入阻抗必须远大于被测处的等效阻抗。因为，若测量仪器输入阻抗小，则在测量时会引起分流，给测量结果带来很大的误差。

（4）测量仪器的带宽必须大于被测电路的带宽。例如，MF-20 型万用表的工作频率为 20～20 000Hz。如果放大器的f_H＝100kHz，就不能用 MF-20 型万用表来测试放大器的幅频特性；否则，测试结果就不能反映放大器的真实情况。

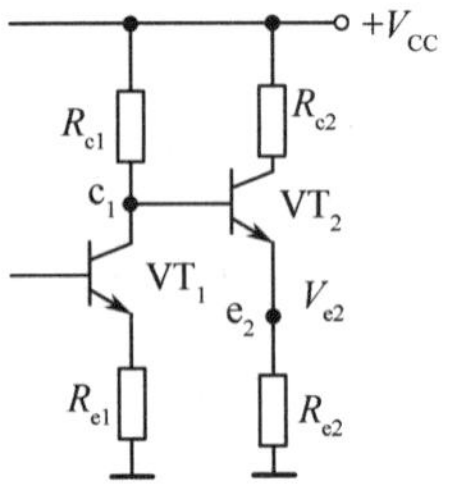

图 2-4-1　被测电路

（5）要正确选择测量点。用同一台测量仪进行测量时，测量点不同，仪器内阻引进的误差大小将不同。例如，对于图 2-4-1 所示电路，测 c_1 点电压 V_{c1} 时，若选择 e_2 为测量点，测得 V_{e2}，根据 $V_{c1}=V_{e2}+V_{be2}$ 求得的结果，可能比直接测 c_1 点得到的 V_{c1} 的误差要小得多。之所以出现这种情况，是因为 R_{e2} 较小，仪器内阻引入的测量误差小。

（6）测量方法要方便可行。需要测量某电路的电流时，一般尽可能测电压而不测电流，因为测电压不必改动被测电路，测量方便。若需知道某一支路的电流值，可以通过测取该支路上电阻两端的电压，经过换算而得到。

（7）在调试过程中，不但要认真观察和测量，还要善于记录。记录的内容包括实验条件，观察的现象，测量的数据、波形和相位关系等。只有得到了大量可靠的实验记录，并与理论结果加以比较，才能发现电路设计上的问题，完善设计方案。

（8）调试时出现故障，要认真查找故障原因。切不可一遇故障解决不了就拆掉线路重新安装。因为重新安装的线路仍可能存在各种问题，如果是原理上的问题，即使重新安装也解决不了问题。应当把查找故障并分析故障原因看成一次好的学习机会，通过它来不断提高自己分析问题和解决问题的能力。

2.5　检查故障的一般方法

故障是我们不希望出现的，但电路异常又是不可避免的。分析、寻找和排除故障是电气工程师必备的技能。

对于一个复杂的系统来说，要在大量的元器件和线路中迅速、准确地找出故障是不容易的。一般故障诊断过程就是从故障现象出发，通过反复测试，做出分析判断，逐步找出故障的过程。

1. 故障现象和产生故障的原因

（1）常见的故障现象。

① 放大电路没有输入信号，而有输出波形。

② 放大电路有输入信号，但没有输出波形，或波形异常。

③ 串联稳压电源无电压输出，或输出电压过高且不能调整，或输出稳压性能变坏、输出电压不稳定等。

④ 振荡电路不产生振荡。

⑤ 计数器输出波形不稳，或不能正确计数。

⑥ 收音机中出现“嗡嗡”交流声、“啪啪”的汽船声和炒豆声等。

⑦ 发射机中出现频率不稳，或输出功率小甚至无输出，或反射大、作用距离小等。

以上是最常见的一些故障现象，还有很多奇怪的现象，在这里就不一一列举了。

（2）产生故障的原因。

故障产生的原因很多，情况也很复杂，有的是一种原因引起的简单故障，有的是多种原因相互作用引起的复杂故障。因此，引起故障的原因很难简单分类，这里只能进行一些粗略的分析。

① 对于定型产品使用一段时间后出现的故障，其原因可能是元器件损坏，连线发生短路或断路（如焊点虚焊，接插件接触不良，可变电阻器、电位器、半可变电阻等接触不良，接触面表面镀层氧化等），或使用条件发生变化（如电网电压波动，过冷或过热的工作环境等）影响电子设备的正常运行。

② 对于新设计安装的电路来说，故障原因可能为：实际电路与设计的功能不相符；元件使用不当或损坏；设计的电路本身就存在某些严重缺陷，不满足技术要求；连线发生短路或断路等。

③ 仪器使用不正确引起的故障，如示波器使用不正确而造成的波形异常或无波形、共地问题处理不当而引入的干扰等。

④ 各种干扰引起的故障。

2. 检查故障的一般方法

查找故障的顺序可以从输入到输出，也可以从输出到输入，具体方法有以下几种。

（1）观察法。观察法是指不用任何仪器，利用人的视、听、嗅、触等手段来发现问题，寻找和分析故障。观察法分为静态观察法和动态观察法。

静态观察法也称断电观察法，是在不通电的情况下，通过目测，用直观的方法和使用万用表来排除故障，如有无脱焊、短路、断线等外在故障，检查电解电容的极性是否正确，二极管和三极管的引脚、集成电路的引脚有无错接、漏接、互碰等情况，布线是否合理，印制板有无断线等。

动态观察法也称通电观察法，即设备通电后，观察电路各种现象排除故障的方法。如电路有无发烫、冒烟，有无异常声音，有无烧焦异味，触摸一些集成电路是否有发烫等现象。如果观察到有异常情况，应立刻断电，再分析其原因，进行故障的排除。

此法简单，也很有效，可在做初步检查时用，但对比较隐蔽的故障无能为力。

（2）测量法。根据测量的电参数特性可分为电阻测量法、电压测量法、电流测量法、逻辑状态测量法和波形测量法等。

① 电阻测量法。利用万用表的欧姆挡测量元器件或电路各点之间的电阻值来排除故障的方法称为电阻测量法。这种方法对确定开关、接插件、导线、印制板导电的通断及电位器的好坏、电容是否短路、电感线圈是否断路等故障的排查很有效。

② 电压测量法。当电子设备正常工作时，线路各点间都有一个确定的工作电压，通过测量电压来排查故障的方法称为电压测量法。根据电源的不同可分为交流和直流两种测量方法。

交流电压测量法一般是对 50/60Hz 的电压而言的，只需使用普通万用表选择合适的 AC 量程挡即可测量；对于非 50/60Hz 的电源，应根据电压频率值合理选用不同频率特性的电压表。测高压时注意安全操作。

直流电压测量法可分为三步：测量稳压电路输出端是否正常；测量各单元电路及关键点的电压是否正常；测量电路各主要元器件（如晶体管、集成电路等）各引脚电压是否正常，对集成电路首先要测量电源端。然后对比正常工作的同种电路测得的各点电压，偏离正常电压较多的部位或元器件，通常就是故障所在的部位。

③ 电流测量法。电子设备正常工作时，各部分工作电流是稳定的，根据电路原理图，可以测量电路各点工作电流是否正常，偏离正常值较大的部位通常就是故障的所在位置。电流测量法有直接测量和间接测量两种。直接测量是将电流表直接串接在检测电路中，测得电流值的方法。间接测量是用测量电压的方法测得采样电阻上的电压值，再换算成电流的方法。

④ 逻辑状态测量法。这是对数字电路而言的，数字逻辑主要有高电平、低电平两种状态，只需判断电路各部分的逻辑状态，即可确定电路是否正常工作。

⑤ 波形测量法。对交变信号而言，采用示波器观察信号通路各点的波形是最直观有效的排除故障的方法，利于排除寄生振荡、寄生调制或外界干扰、噪声等引起的故障。

（3）信号寻迹法。对于各种较复杂的电路，可在输入端接入一个一定幅值、适当频率的信号（如对于多级放大器，可在其输入端接入f=1000Hz的正弦信号），用示波器由前级到后级（或相反），逐级观察波形及幅值的变化情况，若哪一级异常，则故障就在该级。这是深入检查电路的方法。

（4）对比法。怀疑某一电路存在问题时，可将此电路的参数与工作状态与相同的正常电路中的参数（如理论分析的电流、电压、波形等）进行一一对比，从中找出电路中的不正常情况，进而分析故障原因，判断故障点。

（5）部件替换法。有时故障比较隐蔽，不能一眼看出，如果此时有与故障产品同型号的产品，可以将工作正常产品中的部件、元器件、插件板等替换有故障产品中的相应部件，以便于缩小故障范围，进一步查找故障。

（6）旁路法。当有寄生振荡现象，可以利用适当容量的电容器，选择适当的检查点，将电容临时跨接在检查点与参考接地点之间，如果振荡消失，就表明振荡是产生在此附近或前级电路中。否则就在后面，移动检查点寻找它。

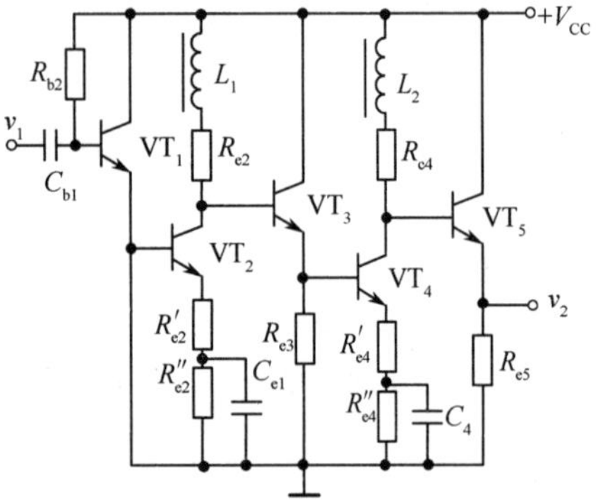

图2-5-1　用于分析短路法的放大电路

应该指出的是，旁路电容要适当，不宜过大，只要能较好地消除有害信号即可。

（7）短路法。短路法就是采取临时性短接一部分电路来寻找故障的方法。如图2-5-1所示的放大电路，若用万用表测量VT$_2$的集电极对地无电压时，我们怀疑L_1断路，则可以将L_1两端短路，如果此时有正常的V_{c2}值，就说明故障发生在L_1上。

（8）断路法。断路法用于检查短路故障最有效。断路法也是一种使故障怀疑点逐步缩小范围的方法。例如，某稳压电源接入一个带有故障的电路，使输出电流过大，我们采取依次断开电路的某一支路的办法来检查故障。如果断开该支路后，电流恢复正常，那么故障就发生在此支路。

（9）暴露法。有时故障不明显，或时有时无，一时很难确定，此时可采用暴露法。检查虚焊时对电路进行敲击就是暴露法的一种。另外，还可以让电路长时间工作一段时间，如几小时，然后来检查电路是否正常。这种情况下往往有些临界状态的元器件经不住长时间工作，就会暴露出问题，然后对症处理。

实际调试时，寻找故障原因的方法多种多样，以上仅列举了几种常用的方法。这些方法的使用可根据设备条件、故障情况灵活掌握。对于简单的故障用一种方法即可查找出故障点，但对于较复杂的故障，则需采取多种方法互相补充、互相配合，才能找出故障点。在一般情况下，寻找故障的常规做法如下。

① 采用直接观察法，排除明显的故障。

② 再用万用表（或示波器）检查静态工作点。

③ 信号寻迹法是对各种电路普遍适用而且简单直观的方法，在动态调试中广为应用。

应当指出，对于反馈环内的故障诊断是比较困难的。在这个闭环回路中，只要有一个元器件（或功能块）出故障，整个回路中就会都存在故障现象。寻找故障的方法是先把反馈回路断开，使系统成为一个开环系统，再接入一适当的输入信号，利用信号寻迹法逐一寻找发生故障的元、器件（或功能块）。例如，图2-5-2是一个带有反馈的方波和锯齿波电压产生器电路，A$_1$的输出信号u_{o1}作为A$_2$的输入信号，A$_2$的输出信号u_{o2}作为A$_1$的输入信号。也就是说，不论A$_1$组成的过零比较器，还是A$_2$组成的积分器发生故障，都将导致u_{o1}、u_{o2}无输出波形。寻找故障的方法是，断开反馈回路中的一点（如 B_1 点或 B_2 点），假设断开 B_2 点，并从 B_2 点与 R_7 连线端输入一适当幅值的锯齿波（正常工作时的输出波形），用示波器观测 u_{o1} 输出波形应为方波，u_{o2} 输出波形应为锯齿波，如果 u_{o1} 没有波形或 u_{o2} 波形出现异常，那么故障就发生在 A_1 组成的过零比较器（或 A_2 组成的积分器）电路上。

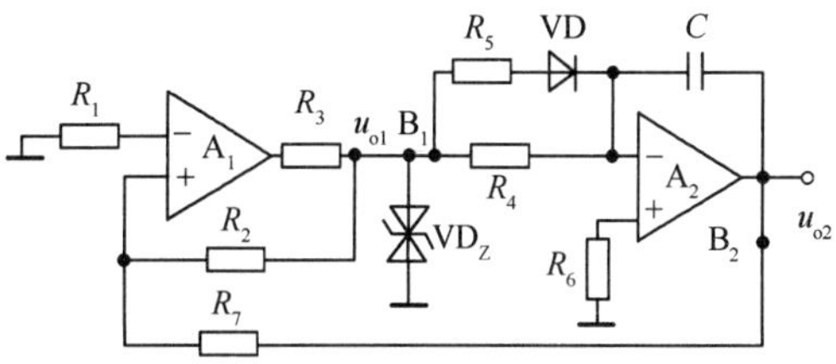

图 2-5-2　方波和锯齿波电压产生器电路

2.6　电路设计总结报告

编写课程设计总结报告是对学生撰写科学论文和科研报告的能力训练。通过写报告，不仅能把设计、安装、调试的内容进行全面总结，而且能把实践内容上升到理论高度。一个高质量的总结报告应包括以下几点。

① 课题名称。

② 内容摘要。

③ 设计内容及要求。

④ 比较和选取设计的系统方案，画出系统框图。

⑤ 单元电路设计、参数计算和器件选择。

⑥ 画出完整的电路图，并说明电路的工作原理。

⑦ 组装调试的内容，包括使用的主要仪器和仪表、调试电路的方法和技巧、测试的数据和波形、结果比较分析，以及调试中出现的故障、原因及排除方法。

⑧ 总结设计电路的特点和方案的优缺点，指出课题的核心及实用价值，提出改进意见和展望。

⑨ 列出系统需要的元器件清单。

⑩ 列出参考文献。

⑪ 收获、体会。

第3章　常用电子元件识别

3.1　电阻器

电阻器是限制电流的元件，它由电阻率较大的材料制成，在电路中起限流、分压、分流、耦合、阻抗匹配、负载等作用。电阻器一般用符号 R 表示，电阻值的单位为欧姆（Ω），常用的单位还有千欧（kΩ）和兆欧（MΩ）。

3.1.1　电阻器的分类和符号

按用途分类，电阻器一般可分为固定电阻器、可变电阻器和特种电阻器三大类。

1. 固定电阻器

固定电阻器一般简称“电阻”，其阻值固定且不可调节，常用电阻器外形及符号如图 3-1-1 所示。

电阻器也可分为线绕型和非线绕型，非线绕型又有合成型和薄膜型之分，薄膜型又细分为碳膜、金属膜和金属氧化膜。按用途可分为通用型、高阻型、高压型和高频无感型；按结构形状可分为圆柱形、管形、圆盘形、平面片状形和方形；按引出线可分为轴向引线、径向引线、同向引线和无引线。

（a）外形　　　　（b）符号

图 3-1-1　常用电阻器外形及符号

固定电阻器有很多种类，应根据应用电路的具体要求选择电阻器的材料和结构。常用的主要有 RT 型碳膜电阻、RJ 型金属膜电阻、RX 型绕线电阻和片状电阻等。高频电路应选用分布电感和分布电容小的非绕线电阻器，如碳膜电阻器、金属膜电阻器、合金电阻器、防腐蚀镀膜电阻器等。高增益小信号放大器应选用低噪声电阻器，如碳膜电阻器、金属膜电阻器和绕线电阻器，而不能使用噪声较大的有机实芯电阻器。

2. 可变电阻器

可变电阻器是阻值可以调整的电阻器，用于需要改变电路阻值或者需要调节电路电流的场合。可变电阻器分为滑线式变阻器和电位器，其中应用最广泛的是电位器。电位器对外有 3 个引出端，其中两端的两个为固定端，另一个是中心抽头。转动和调节电位器转动轴，其中心抽头与固定端之间的电阻值将发生变化。

电位器的种类繁多，按电阻体材料可分为薄膜型、合成型及合金型；按结构特点可分为单联、多联、带开关、锁紧型及非锁紧型等；按调节方式可分为直滑式和旋转式等；按用途可分为普通型、精密型、微调型、功率型及专用型等；按接触方式可分为接触式和非接触式两大类。

3. 特种电阻器

特种电阻器是指具有特殊性能的电阻器，如熔断电阻器、水泥电阻器、光敏电阻器、湿敏电阻器、热敏电阻器、压敏电阻器等，如光敏电阻器的阻值会随外界光线而改变。

3.1.2　电阻器的型号命名

电阻器的型号命名法如表 3-1-1 所示。

例如，RJ61-0.125-4.7kI 型的电阻表示普通精密金属膜电阻器，其额定功率为 1/8W，标称阻值为 4.7kΩ，允许误差为±5%。

表 3-1-1　电阻器的型号命名法

第一部分		第二部分		第三部分		第四部分
用字母表示主称		用字母表示材料		用数字或字母表示特征		用数字表示序号
符号	意义	符号	意义	符号	意义	
		T	碳膜	1、2	普通	
		P	硼碳膜	3	超高频	
		U	硅碳膜	4	高阻	
		C	沉积膜	5	高温	
		H	合成膜	6、7	精密	
		I	玻璃釉膜	8	电阻器：高压	
R	电阻器	J	金属膜		电位器：特殊函数	包括额定功率、阻值、允许误差、精度等级
RP	电位器	Y	氧化膜	9	特殊	
		S	有机实芯	G	高功率	
		N	无机实芯	T	可调	
		X	绕线	X	电阻器：小型	
		R	热敏	L	电阻器：测量用	
		C	光敏	W	电位器：微调	
		M	压敏	D	电位器：多圈	

3.1.3　电阻器的主要技术参数

电阻器的主要技术参数如下。

1. 额定功率

额定功率是指在正常条件下，电阻器长时间工作而不损坏或阻值不发生显著变化时，所允许消耗的最大功率。当超过额定功率时，电阻器的阻值将发生变化，甚至会烧毁电阻器。对于同一类电阻器，额定功率的大小取决于它的几何尺寸和表面面积。选用电阻器时，一般选其额定功率比它在电路中消耗的功率高 1～2 倍的电阻。

额定功率分 19 个等级，常用的有 1/8W、1/4W、1/2W、1W 等，表示电阻器额定功率的通用符号如图 3-1-2 所示。

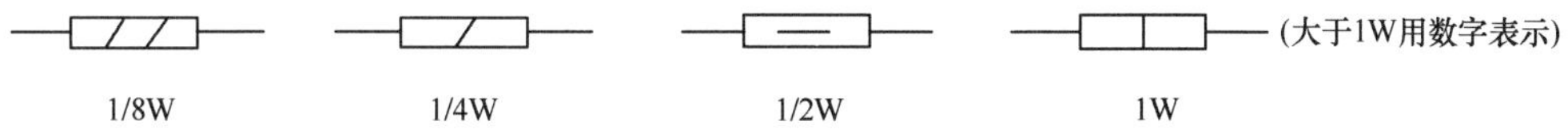

图 3-1-2　电阻器额定功率的通用符号

对于额定功率较大的电阻器，一般都将额定功率直接印在电阻器的表面上，而额定功率较小的电阻器，因为体积较小，并没有标出功率参数，实际使用中可根据电阻器的尺寸估计其功率大小，如果电路中对电阻器的功率没有特别要求，一般选用 1/8W 电阻。

2. 标称阻值和允许误差

标注在电阻器上的阻值称为标称阻值。电阻的实际阻值往往与标称阻值不完全相符，存在一定的误差。

$$\delta=\frac{R-R_{\rm R}}{R_{\rm R}}\times 100\%$$

式中，δ 为允许误差；R 为实际阻值；$R_{\rm R}$ 为标称阻值。

普通电阻器标称阻值系列如表 3-1-2 所示。表中 E24 系列中有 24 个数值等级，E12 系列中有 12 个数值等级，E6 系列中有 6 个数值等级。表中数值乘以 10^n，单位为 Ω，n 为整数。例如，4.7 这个数值，就有 0.47Ω、4.7Ω、47Ω、470Ω、4.7kΩ 等。

精密电阻器的标称值有 E48 系列、E96 系列和 E192 系列，其中 E48 系列中有 48 个数值等级，E96 系列中有 96 个数值等级，E192 系列中有 192 个数值等级。

表 3-1-2　普通电阻器标称阻值系列

允许误差	系列代号	标称阻值系列
±5%	E24	1.1　1.2　1.3　1.5　1.6　1.8　2.0　2.2　2.4　2.7　3.0 3.3　3.6　3.9　4.3　4.7　5.1　5.6　6.2　6.8　7.5　8.2　9.1
±10%	E12	1.0　1.2　1.5　1.8　2.2　2.7　3.3　3.9　4.7　5.6　6.8　8.2
±20%	E6	1.0　1.5　2.2　3.3　4.7　6.8

电阻器的允许误差等级（精度等级）如表 3-1-3 所示。

表 3-1-3　电阻器的允许误差等级

级别	005	01	02	I	II	III
允许误差	±0.5%	±1%	±2%	±5%	±10%	±20%

市场上成品电阻的精度大部分为 I 级、II 级，很少采用III级。005、01、02 精度等级的电阻器仅供精密仪器或特殊电子设备使用，它们的标称阻值属于 E48、E96、E192 系列。

实际使用电阻器应选择接近计算值的一个标称阻值，一般的电路对精度没有要求，选 I 级、II 级的允许误差就可满足要求。若有精度要求，则可根据需要从规定的高精度系列中选取。

3. 最高工作电压

最高工作电压是电阻器、电位器最大电流密度、电阻体击穿及其结构等因素所规定的工作电压限度。对阻值较大的电阻器，当工作电压过高时，虽功率不超过规定值，但内部会发生电弧火花放电，导致电阻变质损坏。一般 1/8W 碳膜电阻器或金属膜电阻器的最高工作电压分别不能超过 150V 或 200V。

3.1.4 电阻器阻值识别

电阻器主要采用直标法或色标法来识别其阻值。

1. 直标法

电阻值用数字和文字符号直接标出。电阻器阻值标识如图 3-1-3 所示，电阻器阻值、允许误差和额定功率可直接读出。片状（贴片）电阻的阻值通常用 3 位数字表示，片状电阻阻值标识如图 3-1-4 所示。前两位数字表示阻值的有效数字，第三位表示有效数字后“0”的个数，即倍率。例如，100 表示 10Ω，102 表示 1kΩ。当阻值小于 10Ω 时，以“R”表示，将 R 看作小数点，如 8R1 表示 8.1Ω。阻值为 0Ω 的电阻器是一种用于代替连接导线的“桥接元件”，称为桥接器。

图 3-1-3　电阻器阻值标识

图 3-1-4　片状电阻阻值标识

2. 色标法

用标在电阻体上不同颜色的色环作为标称阻值和允许误差的标记。

普通精度的电阻用 4 条色环标记，如图 3-1-5 所示。第一色环（与端部距离最近）、第二色环代表阻值的第一、二位有效数字，第三色环表示第一、二位数之后“0”的个数，即倍率，第四色环代表阻值的允许误差。4 色环电阻器各色环颜色与数值对照表如表 3-1-4 所示。

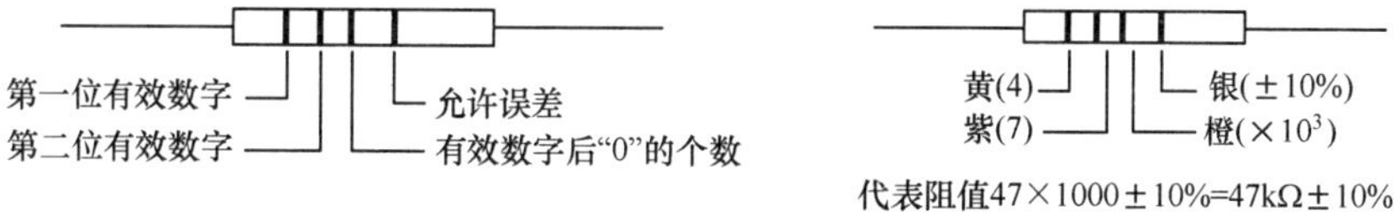

图 3-1-5　4 色环电阻器表示法及举例

精密电阻器用 5 条色环标志，如图 3-1-6 所示。第一、二、三色环代表阻值的第一、二、三位有效数字，第四色环表示有效数字之后“0”的个数，即倍率，第五色环代表阻值的允许误差。5 色环各色环颜色与数值对照表如表 3-1-4 所示。

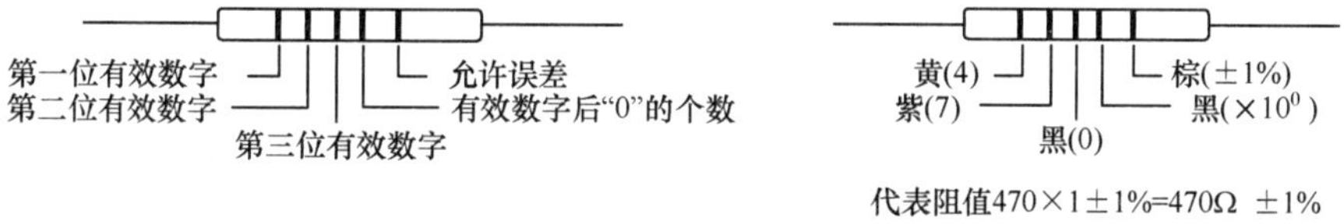

图 3-1-6　5 色环电阻器表示法及举例

表 3-1-4　电阻器各色环颜色与数值对照表

颜 色	黑	棕	红	橙	黄	绿	蓝	紫	灰	白	金	银	本色
有效数字	0	1	2	3	4	5	6	7	8	9			
倍率	10^0	10^1	10^2	10^3	10^4	10^5	10^6	10^7	10^8	10^9	10^{-1}	10^{-2}	
允许误差(4 色环)		±1%	±2%			±0.5%	±0.2%	±0.1%			±5%	±10%	±20%
允许误差(5 色环)		±1%	±2%			±0.5%	±0.25%	±0.1%					

3.1.5　电阻器的测量

测量电阻阻值有直接测量和间接测量两种方法。

1. 直接测量

普通电阻器一般使用万用表进行电阻阻值测量。测量前应根据电阻器的标称阻值，将万用表选择适当量程或者自动量程的电阻挡，然后一只手拿万用表的两个表笔，另一只手捏住电阻器的中间，用两支表笔接触电阻器的两个引出线，即可用万用表测得电阻值。对于体积较小的电阻器，可将电阻器放在绝缘物体上，用表笔直接测量。

当测量精度要求高时，应采用数字欧姆表、数字电桥等专用仪器进行电阻阻值的测量。注意，测量电阻时，不能用双手同时接触电阻两个引脚端，否则测量出的电阻值为被测电阻与人体电阻的并联值。

2. 间接测量

通过测量电阻上的电压压降 V 和流过电阻的电流 I，根据欧姆定律 $R=V/I$，间接测量电阻器的阻值。

3.2 电容器

电容器（简称电容）是一种储能元件，它由两个彼此绝缘的金属电极中间夹一层绝缘体（电介质）构成。电容器在电路中用于耦合、滤波、调谐、旁路、定时等方面。电容器在电路中的文字符号是字母 C，单位是法（F）、毫法（mF）、微法（μF）、纳法（nF）和皮法（pF），其中 $1\text{F}=10^3\text{mF}=10^6\mu\text{F}=10^9\text{nF}=10^{12}\text{pF}$。

3.2.1 电容器的分类

电容器按结构分为固定电容器、半可变电容器和可变电容器。电容器按极性分为无极性电容器和有极性电容器。

常见无极性电容器按介质材料分，有云母电容器、瓷介质电容器、独石电容器、玻璃釉电容器、纸介电容器、有机薄膜电容器等，其外形和符号如图 3-2-1（a）所示。

有极性电容最常用的是电解电容器，它是以铝、钽、铌、钛等金属氧化膜作介质的电容器。它容量大，体积小，耐压高（但耐压越高，体积越大），一般在 500V 以下，常用于交流旁路和滤波；缺点是容量误差大，且随频率而变动，绝缘电阻低。电解电容有正、负极之分。一般电容器外壳上都标有“＋”“－”，若无标记，则引线长的为“＋”端，引线短的为“－”，使用时注意极性不要接反。电容器的外形和符号如图 3-2-1（b）所示。

(a) 无极性电容　　(b) 有极性电容

图 3-2-1　电容器的外形和符号

3.2.2 电容器的型号命名法

国产电容器的型号命名法如表 3-2-1 所示。

表 3-2-1　国产电容器的型号命名法

第一部分		第二部分		第三部分		第四部分
字母表示主称		字母表示材料		字母表示特征		字母或数字表示序号
符号	意义	符号	意义	符号	意义	
C	电容器	C	瓷介	T	铁电	包括品种、尺寸代号、温度特性、直流工作电压、标称值、允许误差、标准代号
		I	玻璃釉	W	微调	
		O	玻璃膜	J	金属化	
		Y	云母	X	小型	
		V	云母纸	S	独石	
		Z	纸介	D	低压	
		J	金属化纸	M	密封	
		B	聚苯乙烯	Y	高压	
		F	聚四氟乙烯	C	穿心式	

续表

		L	涤纶（聚酯）			
		S	聚碳酸酯			
		Q	漆膜			
		H	纸膜复合			
		D	铝电解			
		A	钽电解			
		G	金属电解			
		N	铌电解 E			
		T	钛电解			
		M	压敏			
		E	其他材料电解			

示例：CJX-250-0.33-±10%电容器的命名含义（图 3-2-2）。

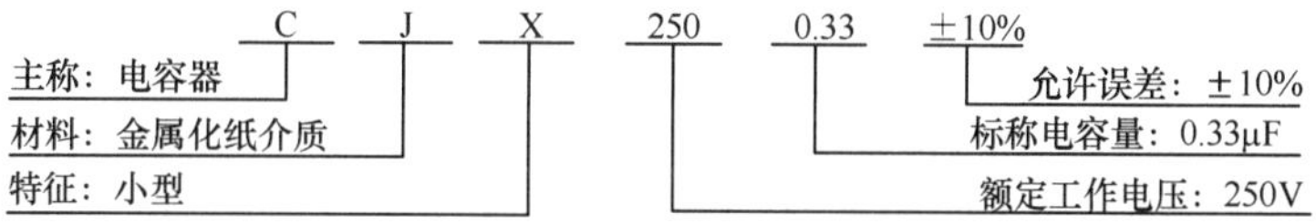

图 3-2-2　电容器的型号命名示例

3.2.3　电容器的主要技术参数

1. 标称容量和允许误差

不同材料制造的电容器，其标称容量系列也不一样。电容器基本按 E24、E12、E6、E3 系列进行生产。电容器的标称容量和允许误差一般标在电容体上。标注的方法主要有直标法、文字符号法。

（1）直标法。直标法主要用在体积较大的电容上。一般标称容量、额定电压及允许误差都会标注。当然也有体积太小的电容仅标出容量一项（往往 pF 单位也省略）。

（2）文字符号法。文字符号法采用字母或数字或者两者结合的方法来标注电容的主要参数。其中容量有两种标注法：一是用字母和数字相结合。如 10p 表示 10pF，4.7μ 表示 4.7μF，3P3 表示 3.3pF，8n2 表示 8200pF 等，其特点是省略 F 和小数点。二是用 3 位数字表示，其中左起第一、二位为有效数字位，表示容值的有效数字，第三位为倍率，表示有效数字后零的个数，电容量的单位为 pF。例如，203 表示容量为 20×10^3pF＝0.02μF；103 表示容量为 10×10^3pF＝10000pF＝10nF 等。

实际电容量与标称容量之间允许的最大偏差范围称为允许误差。误差一般分为 4 级：0 级±2%，Ⅰ级±5%，Ⅱ级±10%，Ⅲ级±20%。精密电容器的允许误差较小，而电解电容器的允许误差较大。

2. 额定电压

额定电压（也称耐压）是指在允许的环境温度范围内，电容上可连续长期施加的最大电压有效值，电容的额定电压通常是指直流工作电压。

电解电容器的直流工作电压值，是指在＋85℃条件下能长期正常工作的电压值。如果电容器用于交流电路中，那么所加的交流电压的最大值（峰值）不能超过额定直流工作电压。

电容器常用的额定电压有 6.3V、10V、16V、25V、50V、63V、100V、160V、250V、400V、630V、1000V 等。

3. 绝缘电阻

绝缘电阻是加在其上的直流电压与通过它的漏电流的比值。绝缘电阻一般应在 5000MΩ 以上，优质电容器可达 TΩ（$10^{12}\Omega$ 称为太欧）级。

4. 介质损耗

理想的电容器应没有能量损耗，但实际上电容器在电场的作用下，总有一部分电能转换成热能，所损耗的能量称为电容器损耗，包括金属极板的损耗和介质损耗两部分。小功率电容器主要是介质损耗。

5. 温度系数

温度的变化会引起电容容量微小变化，常用温度系数来表示这种变化的程度。温度系数是指在一定温度范围内，温度每变化 1℃，电容量的相对变化值。电容器的温度系数主要与电容器介质材料的温度特性及电容器的结构有关，国家标准规定用字母代号或标志颜色表示电容器的温度系数组别。

3.2.4 电容器的测量

电容器的测量用 Q 表（谐振法）和电容电桥可以得到准确的电容量。一般情况下，对电容量的精度无特殊要求，可以用数字万用表测量，下面以 SDM3055 数字万用表为例说明电容量的测量方法。

（1）将测试引线接于被测电容两端，红色测试引线接 Input-HI 端和电容的正极，黑色测试引线接 Input-LO 端和电容的负极。

（2）按前面板的【⊣⊢】键，进入电容测量界面。选择自动量程或者手动选择合适的量程，待数值稳定后显示屏会显示测得的数值和相应的单位。该万用表可测量最大 10000μF 的电容。

测量中应注意以下几点。

① 如果不知道被测电容的标称容量，应直接选择自动量程或将量程开关转到最高的挡位，然后根据显示值转换到相应的挡位上。

② 如果万用表最高位显示“overload”，表明已超过量程范围，须将量程开关转至较高的挡位上。

③ 在用大电容挡测量严重漏电或已被击穿的电容时，将显示一些数值且不稳定。

④ 测量电容容量之前，必须使电容充分放电。

3.3 电感器

电感器一般由线圈构成。为了增大电感量 L、提高品质因数 Q 和减小体积，通常在线圈中加入软磁性材料的磁芯。

3.3.1 电感器的分类和符号

根据电感器的电感量是否可调，电感器分为固定电感器、可变电感器和微调电感器。

可变电感器的电感量可利用磁芯在线圈内移动而在较大的范围内调节。它与固定电容器配合应用于谐振电路中，起调谐作用。微调电感器可以满足整机调试的需要和补偿电感器生产中的分散性，一次调好后，一般不再变动。

除此之外，还有一些小型电感器，如色码电感器、平面电感器和集成电感器，可满足电子设备小型化的需要。电感器的符号如图 3-3-1 所示。

（a）电感器线圈　（b）带磁芯、铁芯的电感器　（c）磁芯有间隙电感器　（d）带磁芯连续可调电感器　（e）有抽头电感器　（f）步进移动触点的可变电感器　（g）可变电感器

图 3-3-1　电感器的符号

3.3.2　电感器的主要技术参数

（1）电感量。电感量是指电感器通过变化电流时产生感应电动势的能力，其大小与磁导率 μ、线圈单位长度中匝数 n 以及体积 V 有关。当线圈的长度远大于直径时，电感量为

$$L=\mu n^2 V \tag{3-3-1}$$

电感量的常用单位为 H（亨利）、mH（毫亨）、μH（微亨），$1\text{H}=10^3\text{mH}=10^6\mu\text{H}$。

（2）品质因数。品质因数 Q 反映电感器传输能量的能力。Q 值越大，传输能量的能力越大，即损耗越小，一般要求 $Q=50\sim300$。

$$Q=\frac{\omega L}{R} \tag{3-3-2}$$

式中，ω 为工作角频率；L 为线圈电感量；R 为线圈电阻。

（3）额定电流。额定电流主要对高频电感器和大功率调谐电感器而言。通过电感器的电流超过额定值时，电感器将发热，严重时会烧坏。

（4）电感线圈的标注方法。为了便于生产和使用，常将小型固定电感线圈的主要参数标注在电感线圈的外壳上，标注的方法有直标法和色标法两种。

① 直标法。直标法是指在小型电感线圈的外壳上直接用文字标出电感线圈的电感量、允许偏差和最大直流工作电流等主要参数，其中最大直流工作电流常用字母标识。小型固定电感线圈的最大工作电流与标识字母如表 3-3-1 所示。

表 3-3-1　小型固定电感线圈的最大工作电流与标识字母

标识字母	A	B	C	D	E
最大工作电流/mA	50	150	300	700	1600

② 色标法。色标法指是指在电感线圈的外壳上涂有不同颜色的色环，用来表明其参数，左起第一、二条色环表示电感量的第一、二位有效数字，第三条色环表示倍率，第四条色环表示允许偏差。数字与色环颜色所对应的关系与 4 色环电阻器标注法相同，所标注的电感量单位为 μH。

3.3.3　电感器的测量

测量电感器的方法与测量电容器的方法相似，也可以用电桥法、谐振回路法测量。常用测量电感的电桥有海氏电桥和麦克斯韦电桥。

3.4　半导体分立元件（二极管和三极管）

半导体二极管和三极管是组成分立元件电子电路的核心器件。二极管具有单向导电性，可用于

整流、检波、稳压、混频电路中。三极管对信号具有放大和开关作用，它们的管壳上都印有规格和型号。国内半导体器件型号命名法如表 3-4-1 所示。

表 3-4-1 国内半导体器件型号命名法

第一部分		第二部分		第三部分		第四部分	第五部分
用数字表示器件的电极数		用字母表示器件的材料和极性		用字母表示器件的类别		用数字表示器件的序号	用字母表示规格号
符号	意义	符号	意义	符号	意义	意义	意义
2	二极管	A	N 型锗材料	P	普通管	反映了极限参数、直流参数和交流参数等的差别	反映了承受反向击穿电压的程度。如规格号为 A、B、C、D…… 其中 A 承受的反向击穿电压最低，B 次之……
		B	P 型锗材料	V	微波管		
		C	N 型硅材料	W	稳压管		
		D	P 型硅材料	C	参量管		
3	三极管	A	PNP 型锗材料	Z	整流管		
		B	NPN 型锗材料	L	整流堆		
		C	PNP 型硅材料	S	隧道管		
		D	NPN 型硅材料	N	阻尼管		
		E	化合物材料	U	光电器件		
				K	开关管		
				X	低频小功率管($f_a<3$MHz, $P_c<1$W)		
				G	高频小功率管($f_a\geqslant3$MHz, $P_c<1$W)		
				D	低频大功率管($f_a<3$MHz, $P_c>1$W)		
				A	高频大功率管($f_a\geqslant3$MHz, $P_c>1$W)		
				T	半导体闸流管（可控整流器）		
				Y	体效应器件		
				B	雪崩管		
				J	阶跃恢复管		
				CS	场效应器件		
				BT	半导体特殊器件		
				FH	复合管		
				PIN	PIN 管		
				JG	激光器件		

3.4.1 半导体二极管

半导体二极管是将一个 PN 结加上相应的电极引线和密封壳做成的半导体器件，其主要特性是单向导电。

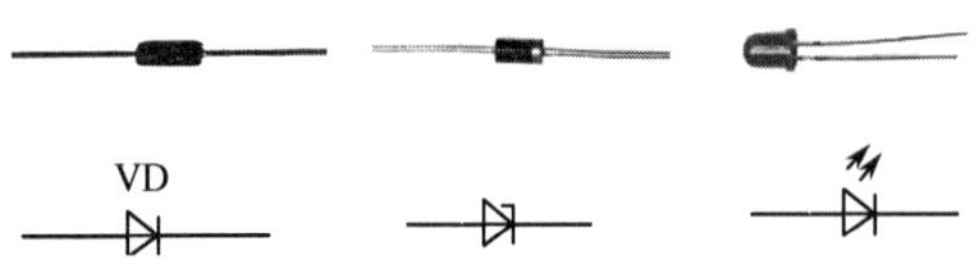

二极管 稳压二极管 发光二极管

图 3-4-1 常见的二极管外形及符号

半导体二极管种类很多，按材料分有锗、硅、砷化镓二极管等；按结构分有点接触和面接触二极管等；按用途分有检波、整流、开关、稳压、发光、光电、变容二极管等。常见的二极管外形及符号如图 3-4-1 所示。

1. 二极管的主要技术参数

不同用途的二极管，其参数要求也不相同。

（1）整流、检波二极管。主要参数有最大整流电流、最大反向电压、最大反向电流、击穿电压。

（2）稳压二极管。主要参数有最大工作电流、最大耗散功率、动态电阻和稳定电流等。

（3）发光二极管。主要参数有最大反向电流、正向工作电压、反向耐压和发光强度等。

2. 常用二极管介绍

（1）整流、检波二极管。整流和检波并没有实质上的差别，原理都是利用 PN 结的单向导电性，不同的仅是应用的场合和要求，整流一般是对低频率的市电而言的，而检波一般是对高频率的小信号来说的。

整流二极管的作用是将交流电变成脉动直流，即整流，它一般选用硅材料面接触型二极管，特点是工作频率低，允许通过的正向电流大，反向击穿电压高，允许的工作温度高。

检波二极管的作用是把原来调制在高频无线电电波中的低频信号取出来。检波也称为解调。检波一般是对高频小信号而言的，通常选用锗材料点接触型二极管。

（2）全桥和硅堆。在二极管整流电路中，桥式整流电路使用得较多，把 4 只整流二极管按桥式全波整流电路的形式连接并封装，就构成了全桥。

硅堆又称为硅柱，它是一种硅高频高压整流二极管，工作电压为几千至几万伏，常用于雷达及其他电子仪器中作高频高压整流。它的内部结构由若干硅高频二极管串联起来组合而成，其反向峰值电压取决于二极管的个数及每个二极管的反向峰值电压。

（3）稳压二极管。稳压管一般用硅材料制成，具有一般二极管的单向导电特性。其稳压原理：二极管加正向电压时，二极管导通，有较大的正向电流。二极管加反向电压时则截止，只有很小的反向电流。反向电压大到一定程度，反向电流突然增大，这时二极管进入了击穿区，当进入此区后反向电流在较大范围内变化时，二极管两端的反向电压保持基本不变。而稳压二极管正是利用反向击穿后在一定反向电流范围内反向电压不随反向电流变化这一特性进行稳压的，稳压管特性曲线如图 3-4-2 所示。当反向电流增大到一定数值时，二极管就会被彻底击穿而损坏。普通二极管是不允许使用在击穿区的。

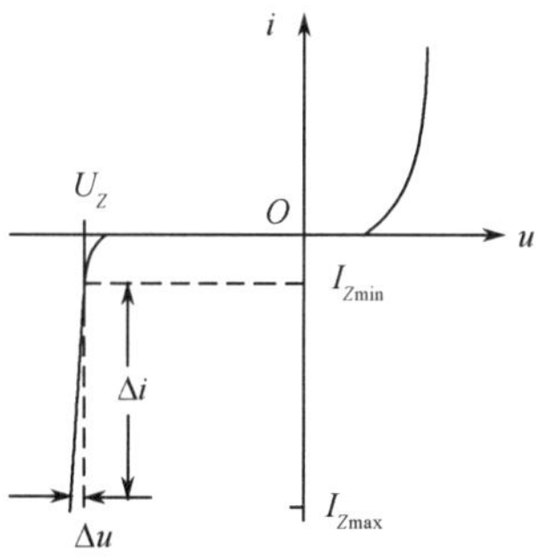

图 3-4-2 稳压管特性曲线

（4）发光二极管。发光二极管是采用磷化镓或磷砷化镓等半导体材料制成的。发光二极管和普通二极管一样，也具有单向导电性。发光二极管为正向电流驱动器件，用交流、直流和脉冲电流均可驱动，其发光亮度与驱动电流成正比，但应用时电流不可超过发光二极管所允许的极限值。在电路中限制发光二极管驱动电流的方法一般是使用限流电阻。

3. 二极管的测量

（1）整流、检波、稳压二极管。二极管正、反向电阻值的测量。测试方法：数字万用表选择电阻挡，将两支表笔任意接触二极管两端，读出电阻值；再交换红、黑表笔测量，读出电阻值。对于正常二极管，两次测量电阻值相差很大，阻值大的称为反向电阻，阻值小的称为正向电阻。通常硅二极管的正向电阻为数百至数千欧，反向电阻为 1MΩ 以上；锗二极管的正向电阻为 100～1000Ω，反向电阻则大于 100kΩ。如果实测反向电阻很小，说明二极管已经击穿；如果正、反向电阻均为无穷大，说明二极管已经断路；如果正、反向电阻相差不大或者有一个阻值偏离正常值，说明二极管性能不良。

二极管正向导通压降测量。将数字万用表拨至二极管挡，此时红表笔带正电，黑表笔带负电，用两个表笔分别接触二极管的两个电极，若显示值在 1V 以下（硅二极管 0.550～0.700V，锗二极管 0.150～0.300V），说明管子处于正向导通状态，红表笔接的是正极，黑表笔接的是负极。若显示溢出符号“overload”，说明管子处于反向截止状态，黑表笔接的是正极，红表笔接的是负极。为进一步确定二极管的质量好坏，应交换表笔，若两次测试均显示大约为 0V 的电压值，说明管子已击穿短路。两次都显示溢出符号“overload”，说明管子内部开路。

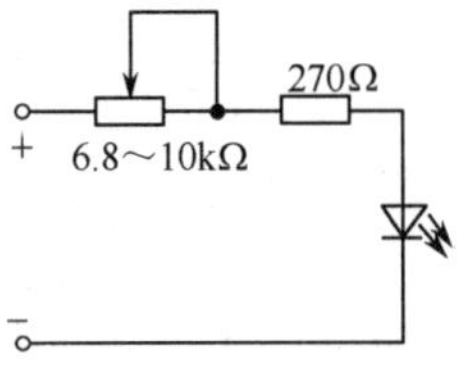

图 3-4-3 发光二极管工作电流测量

（2）发光二极管。发光二极管除低压型外，其正向导通电压都大于 1.5V。一种测试方法是用万用表测量发光二极管的正、反向电阻，判断方法与普通二极管相似；另一种测量方法如图 3-4-3 所示电路。调节电位器，可使发光二极管点亮，通过电流表可测得发光二极管的工作电流。

用数字万用表的二极管挡也可测试发光二极管。例如，测试 BT204 型发光二极管，数字万用表红表笔接发光二极管正极，黑表笔接负极，则发光二极管稍微发光，同时万用表显示 1.526V（典型值为 1.7V）。

3.4.2 半导体三极管

1. 三极管的分类

半导体三极管简称三极管，按材料分，有硅三极管、锗三极管和化合物材料三极管；按 PN 结组合分，有 NPN 三极管和 PNP 三极管；按工作频率分，有高频管和低频管；按功率分，有大功率管、中功率管、小功率管。常用的三极管符号及外形如图 3-4-4 所示。

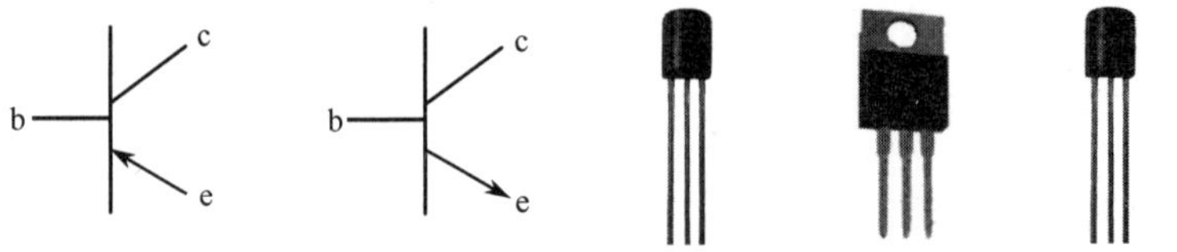

图 3-4-4 常用的三极管符号及外形

2. 三极管的主要参数

（1）电流放大系数 β 和 h_{FE}。三极管的电流放大系数分直流电流放大系数和交流电流放大系数。直流电流放大系数是指在直流状态下（无变化信号输入），三极管的集电极电流 I_c 和基极电流 I_b 之比，在共射状态下，用 h_{FE}（或 β）表示，即

$$h_{FE}=\frac{I_c}{I_b} \tag{3-4-1}$$

交流电流放大系数表示三极管对交流（变化）信号的电流放大能力，用 β 表示，β 等于集电极电流的变化量 ΔI_c 与基极电流的变化量 ΔI_b 之比，即

$$\beta=\frac{\Delta I_c}{\Delta I_b} \tag{3-4-2}$$

（2）集电极最大电流 I_{CM}。I_{CM} 为三极管集电极允许通过的最大电流，一般应用时 I_c 不能超过 I_{CM}。

（3）集电极最大允许功率 P_{CM}。P_{CM} 是指三极管参数变化不超出规定允许值时的最大集电极耗散功率。在实际电路中，实际功耗不允许超过 P_{CM}，功耗过大是三极管烧坏的主要原因。

（4）集电极—发射极击穿电压 $U_{(BR)CEO}$。$U_{(BR)CEO}$ 是指三极管基极开路时，允许加在集电极和发射极之间的最高电压。

3. 常用三极管

实验中常用的有 9012、9013、大功率三极管、对管和达林顿管。

4. 三极管引脚识别和测量

当一个三极管没有任何标记时，可以用万用表来初步确定该三极管的好坏、类型（NPN 型还是 PNP 型），以及辨别出 e、b、c3 个电极。用数字万用表测量方法：由于数字万用表电阻挡的测试电

流很小，不适合检测三极管，因此使用二极管挡。

（1）判定基极。将数字万用表拨至二极管挡，红表笔固定接三极管的某个电极，黑表笔依次接触另外两个电极，如果两次显示值基本相等（都在 1V 以下或都显示溢出符号“overload”），就证明红表笔所接的是基极。如果两次显示值中有一次在 1V 以下，另一次溢出，证明红表笔接的不是基极，应改换其他电极重新测量。

（2）鉴别 NPN 管与 PNP 管。在确定基极之后，用万用表红表笔接基极，黑表笔依次接触其他两个电极。若两次测量都显示 0.550～0.700V，则属于 NPN 型三极管；若两次测量都显示溢出符号“overload”，则属于 PNP 型。

3.4.3　场效应晶体管

1. 场效应晶体管的分类

场效应晶体管（Field Effect Transistor，FET）简称场效应管，是利用控制输入回路的电场效应来控制输出回路电流的一种半导体器件。由多数载流子参与导电，也称为单极型晶体管，它属于电压控制型半导体器件。主要有两种类型：结型场效应管（Junction FET，JFET）和金属—氧化物半导体场效应管（Metal-Oxide Semiconductor FET，MOS-FET）。结型场效应管有两种结构形式，分别是 N 沟道结型场效应管和 P 沟道结型场效应管。绝缘栅型场效应管也有两种结构形式，它们是 N 沟道型和 P 沟道型，无论是什么沟道，它们又都分为增强型和耗尽型两种。常用的场效应晶体管符号及外形如图 3-4-5 所示。

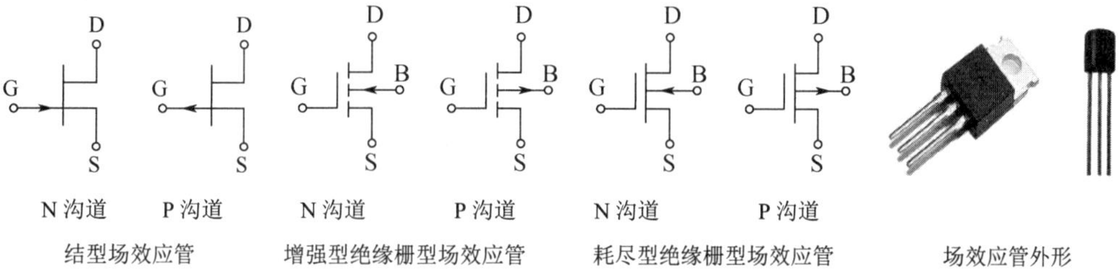

图 3-4-5　常用的场效应晶体管符号及外形

2. 场效应晶体管的主要参数

（1）饱和漏极电流。饱和漏极电流 I_{DSS} 是指结型或耗尽型绝缘栅型场效应管中，当栅极电压 U_{GS}=0 时所对应的漏极电流。

（2）夹断电压。夹断电压 U_P 是指结型或耗尽型绝缘栅型场效应管中，使漏源间刚截止时的栅极电压。

（3）开启电压。开启电压 U_T 是指增强型绝缘栅型场效应管中，使漏源间刚导通时的栅极电压。栅源电压小于开启电压的绝对值，场效应管不能导通。

（4）低频跨导。低频跨导 g_m 反映了栅压对漏极电流的控制作用，即漏极电流 I_D 变化量与栅源电压 U_{GS} 变化量的比值，这一点与电子管的控制作用相似。g_m 可以在转移特性曲线上求取，单位是 mS（毫西门子）。

（5）漏源击穿电压。漏源击穿电压 $U_{(BR)DS}$ 是指当漏极电流 I_D 急剧上升产生雪崩击穿时的 U_{DS}。

（6）漏极最大允许耗散功率。漏极最大允许耗散功率 P_{DM} 是指当场效应管性能不变坏时所允许的最大漏源耗散功率。可由 $P_{DM}= U_{DS}\times I_D$ 决定，与双极型三极管的 P_{CM} 相当。运用时场效应管实际功耗应小于 P_{DM} 并留有一定裕量。

（7）最大漏源电流。最大漏源电流 I_{DSM} 指场效应管正常工作时，漏源间所允许经过的最大电流。场效应管的工作电流不应超越 I_{DSM}。

3. 常用场效应晶体管

实验中常用的有 N 沟道的 3D01、4D01、3SK 系列等。

4 三极管引脚识别和测量

（1）判定栅极。场效应管的栅极相当于晶体管的基极，源极和漏极分别对应于晶体管的发射极和集电极。将数字万用表置于电阻挡，用两表笔分别测量每两个引脚间的正、反向电阻。当某两个引脚间的正、反向电阻相等，均为数千欧时，这两个引脚为漏极 D 和源极 S（可互换），余下的一个引脚为栅极 G。

（2）场效应管好坏的判别。通常用数字万用表测量场效应管的源极与漏极、栅极与源极、栅极与漏极之间的电阻值，并与场效应管手册标明的电阻值能否相符来判别管子的好坏。将数字万用表置于自动量程，测量源极 S 与漏极 D 之间的电阻通常为几十到几千欧，假如数字万用表显示溢出符号“overload”，可能是内部断极。再测栅极与源极、栅极与漏极之间的电阻值，若测得其各项电阻值均显示“overload”，则说明管子是正常的；若测得上述各阻值太小或为通路，则说明管子是坏的。

3.5 半导体集成电路

图 3-5-1 常用的半导体集成电路外形

集成电路就是在一块极小的硅单晶片上，制作二极管、三极管及电阻、电容等元件，并连接成能完成特定功能的电子线路。集成电路在体积、功耗、寿命、可靠性及电性能指标方面，远远优于分立元件组成的电路，常用的半导体集成电路外形如图 3-5-1 所示。

3.5.1 集成电路的分类及型号命名

1. 集成电路的分类

按集成度高低不同，可分为小规模（SSI）、中规模（MSI）、大规模（LSI）和超大规模（VLSI）集成电路，集成度就是单位面积内所包含的元件数。对于模拟集成电路，一般认为集成 50 个元器件以下为小规模集成电路，集成 50～100 个元器件为中规模集成电路，集成 100 个以上元器件为大规模集成电路；对于数字集成电路，集成 1～10 个等效门或 10～100 个元件为小规模集成电路；集成 10～100 个等效门或 100～1000 个元件为中规模集成电路；集成 1000～10000 个等效门或 10000～100000 个元件为大规模集成电路；集成 10 万个等效门或 100 万个以上元件为超大规模集成电路。

按制作工艺可分为半导体集成电路、膜集成电路和混合集成电路。

2. 集成电路的型号命名

集成电路的品种型号众多，至今国际上对集成电路型号的命名尚无统一标准。国产集成电路的命名方法按国家标准，每个型号由五部分组成。集成电路的型号命名法如表 3-5-1 所示。

表 3-5-1 集成电路的型号命名法

第零部分	第一部分	第二部分	第三部分	第四部分
用字母表示器件所符合的国家标准	用字母表示器件的类型	用阿拉伯数字和字母表示器件系列品种	用字母表示器件的工作温度范围	用字母表示器件的封装

续表

符号	意义	符号	意义		符号	意义	符号	意义
C	中国制造	T	TTL 电路					
		H	HTL 电路					
		E	ECL 电路	TTL 分为:			F	多层陶瓷扁平封装
		C	CMOS	54/74×××①			B	塑料扁平封装
		M	存储器	54/74H×××②			H	黑瓷扁平封装
		μ	微型机电器	54/74L×××③			D	多层陶瓷双列直插封装
		F	线性放大器	54/74S×××			J	黑瓷双列直插封装
		W	稳压器	54/74LS×××④	C	0~70℃⑤	P	黑瓷双列直插封装
		D	音响电视电路	54/74AS×××	G	−25~70℃	S	塑料封装
		B	非线性电路	54/74ALS×××	L	−25~85℃	T	塑料封装
		J	接口电路	54/74F×××	E	−40~85℃	K	金属圆壳封装
		AD	A/D 转换器	CMOS 为:	R	−55~125℃	C	金属菱形封装
		DA	D/A 转换器	4000 系列	M	−55~125℃⑥	E	陶瓷芯片载体封装
		SC	通信专用电路	54/74HC×××	⋮		G	塑料芯片载体封装
		SS	敏感电路	54/74HCT×××			⋮	网格针栅陈列封装
		SW	钟表电路	⋮			SOIC	小引线封装
		SJ	机电仪电路				PCC	塑料芯片载体封装
		SF	复印机电路				LCC	陶瓷芯片载体封装
		⋮						

注：①74，国际通用 74 系列（民用）、国际通用 54 系列（军用）；②H，高速；③L，低速；④LS，低功耗；⑤C，只出现在 74 系列；⑥M，只出现在 54 系列。

国外集成电路由各厂商或公司按各自的一套命名方法生产。一般情况下，型号的开始字母为公司名称缩写或公司产品代号，如美国摩托罗拉公司产品型号的开始字母为 MC。知道了产品的生产公司，进入该公司网站或按相应的集成电路手册查找即可。此外，有的产品型号的开始字母并不是公司名称缩写，对于此类集成电路，则可按集成电路芯片上的公司商标确定生产厂商，然后查找芯片手册。

集成电路的型号命名示例如图 3-5-2 所示。

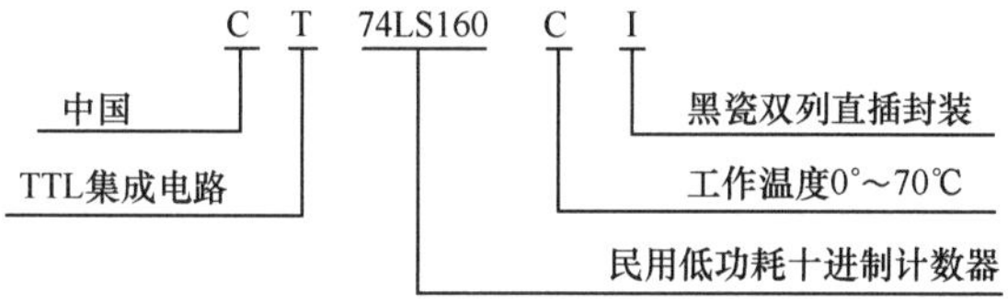

图 3-5-2 集成电路的型号命名示例

3.5.2 常用的几种集成电路

1. 三端固定稳压器

三端固定稳压器的“三端”是指集成稳压电路的引出脚只有 3 条，其输出电压固定且不能调整。集成稳压电路内部设置了过流、过热保护电路。比较常见的三端固定稳压电路是正电压输出 78××系列和负电压输出 79××系列，其型号中的 78 或 79 后面的数字代表三端集成稳压电路的输出电压数值。例如，7805 表示输出电压为正 5V；7924 表示输出电压为负 24V。78××系列和 79××系列外形封装如图 3-5-3 所示。

用三端集成稳压芯片组成的稳压电路具有外围元件少、电路简单、安全可靠等优点。

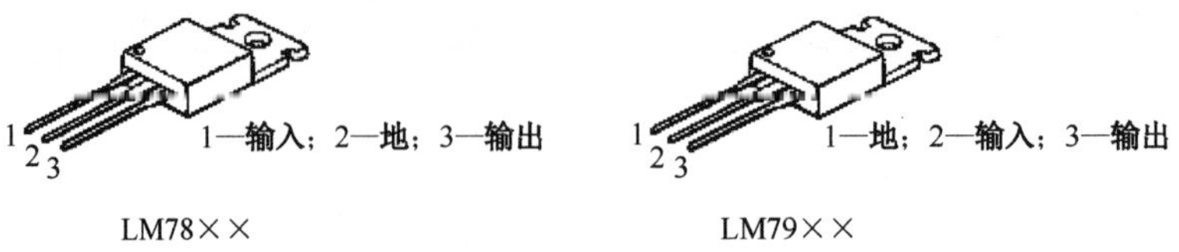

图 3-5-3　78××系列和 79××系列外形封装

2. 三端可调稳压器

LM117、LM217、LM317 是输出 1.2～37V 电压的可调集成稳压器，其外围电路仅用两只电阻便可以调整输出电压，其电压调整率和电流调整率都优于常见的固定稳压器。LM 系列内部具有过载保护和限流保护功能，使用中不易损坏。

3. 集成运算放大器

集成运算放大器（简称运放）是由多级基本放大电路直接耦合而成的高增益放大器。运放通常由高阻输入级、中间放大器、低阻输出级和偏置电路组成，其结构框图和符号如图 3-5-4 所示，图中 V_-为反相端，V_+为同相端。

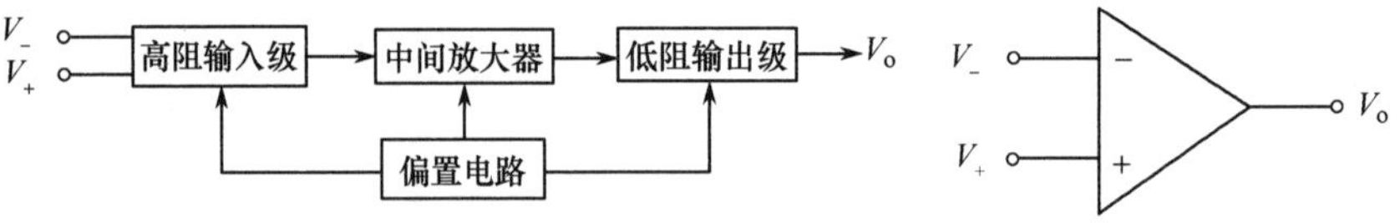

图 3-5-4　运放的结构框图和符号

一个完整的运算放大器，电路除内部电路外，还有外围电路。运算放大器特性取决于外围电路中反馈网络的参数。

根据性能的不同，集成运放可分为通用型和专用型两大类。如果无特殊要求，一般情况下选用通用型运算放大器，这类器件直流性能好，种类齐全，选择余地大。通用运放中，有单运放、双运放和四运放。如果系统对运放有特殊要求，那么应该选择专用型运放，如低功耗运放、高输入阻抗运放等。

4. 数字集成电路

数字集成电路分为双极型数字集成电路（如 TTL、ECL）和单极型数字集成电路（如 CMOS）两大类。TTL 数字集成电路内部输入级和输出级都是晶体管结构，内部电子和空穴两种载流子都参与导电，又称为双极性电路。CMOS 电路是采用 NMOS（仅用电子导电）和 PMOS（仅用空穴导电）复合组成的电路，属于微功耗型的数字集成电路。

TTL 电路主要有 54/74 系列产品，其中 54 系列为军用产品，其工作环境温度为−55～+125℃；74 系列为民用产品，其工作环境温度为 0～75℃。

CMOS 电路主要有 4000 系列、74HC（HCT）系列和 74AC（ACT）系列产品。74HC/HCT 系列与 74LS 系列的产品，只要最后 3 位数字相同，两种器件的逻辑功能、外形尺寸和引脚排列顺序就完全相同，其中的 74HCT 系列产品可与 74LS 系列直接互换使用。

3.6　元件识别练习

1. 实验目的

（1）掌握数字万用表的正确使用方法。

（2）掌握常用元件的基本特性及其基本测量方法。

（3）了解常用元器件在电路中的应用。

2. 实验条件

（1）数字万用表（如选用 SDM3055 型）。

（2）模拟电子技术实验箱。

（3）三极管（9012、9013）。

以上仪表、元件的具体型号以实验室配备为准。

3. 实验内容与步骤

1）电阻器的测量

在模拟电路实验箱中分别找出 1kΩ 和 10kΩ 的色环电阻，根据色标法读出电阻的标称阻值。用数字万用表测量电阻的阻值，计算实测阻值与标称阻值之间的误差 δ。

$$\delta=\frac{|R-R_{\mathrm{R}}|}{R_{\mathrm{R}}}\times 100\% \tag{3-6-1}$$

式中，R 为电阻的实测阻值；R_{R} 为电阻的标称阻值。

将以上各值填入表 3-6-1 中。

2）电位器的测量

在模拟电路实验箱中找出 100kΩ 的电位器，用数字万用表的电阻挡测量电位器的标称阻值，并记录 R=_____Ω。

将数字万用表的红表笔接电位器的一个固定端，黑表笔接滑动端，调节电位器中心抽头，观察电位器阻值变化范围，以及电位器阻值的变化是否均匀、连续。

将红表笔接电位器的另一固定端，黑表笔接滑动端，测量方法同上。

3）电容器的测量

在模拟电路实验箱中找出 103 瓷介电容和 10μF 电解电容，读出电容的标称容值，用数字万用表测量电容的容值，计算实测容值与标称容值的容值误差 δ。

$$\delta=\frac{|C-C_{\mathrm{R}}|}{C_{\mathrm{R}}}\times 100\% \tag{3-6-2}$$

式中，C 为电容的实测容值；C_{R} 为电容的标称容值。

将以上各值填入表 3-6-2 中。

表 3-6-1　电阻的测量

	标称阻值	实测阻值	误差 δ
电阻 R_1			
电阻 R_2			

表 3-6-2　电容的测量

	标称容值	实测容值	误差 δ
瓷介电容 103			
电解电容			

4）二极管的测量

在模拟电路实验箱中找出 1N4148 二极管，用数字万用表的电阻挡测量二极管的正、反向电阻，判断出二极管的正负极。

用数字万用表的二极管挡测量二极管的正向压降，并判定二极管是硅管还是锗管。

将以上测量值填入表 3-6-3 中。

表 3-6-3　二极管的测量

	正向电阻	反向电阻	正向压降	硅管或锗管
1N4148				

5）三极管的测量

数字式万用表的测量方法：由于数字万用表电阻挡的测试电流很小，不适合检测三极管，因此使用二极管挡。

（1）判定基极。将数字万用表调至二极管挡，红表笔固定接三极管的某个电极，黑表笔依次接触另外两个电极，如果两次显示值基本相等（都在 1V 以下或都显示溢出符号“overload”），就证明红表笔所接的是基极；如果两次显示值中有一次在 1V 以下，另一次溢出，证明红表笔接的不是基极，应改换其他电极重新测量，直到确定基极。

（2）鉴别 NPN 管与 PNP 管。在确定基极之后，用万用表红表笔接基极，黑表笔依次接触其他两个电极。若两次测量都显示 0.550～0.700V，则属于 NPN 型三极管；若两次测量都显示溢出符号“overload”，则管子属于 PNP 型。

将以上各测量情况填入表 3-6-4 中。

表 3-6-4　三极管的测量

	硅管或锗管	NPN 或 PNP
9012		
9013		

4. 实验预习要求

（1）熟悉常用电子元件的名称及作用等。

（2）了解各种常用电子元件的测量方法及使用注意事项。

（3）实验预习题。

① 电阻、无极性电容、电解电容、二极管、三极管、集成芯片的识别和判断。

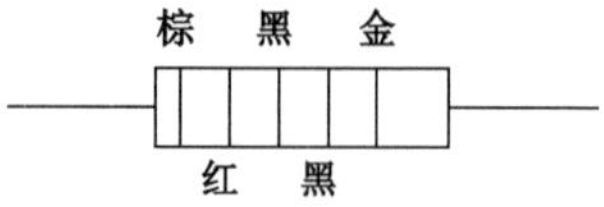

（a）R=______

（b）C=______

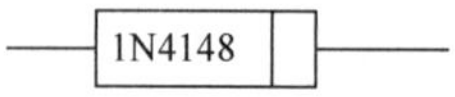

（c）标出二极管极性

（d）标出电容的正、负极性

（e）标出三极管的三个电极

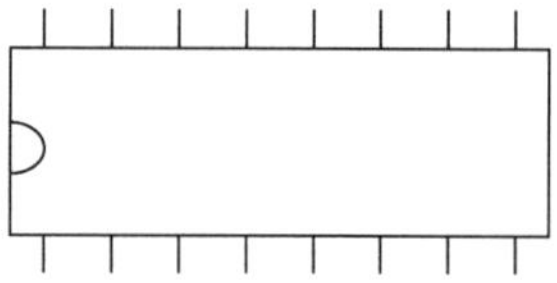

（f）标出芯片引脚号

② 请画出电阻、电位器、无极性电容、电解电容、二极管、三极管（NPN、PNP）在电路图中的符号。

5. 实验报告要求

（1）整理实验数据并对记录的数据进行误差分析等处理。

（2）实验心得（包括实验中遇到的问题、解决方法及对元件的认识等）。

第 4 章　常用电子仪器简介

4.1　数字万用表（SDM3055）

1. 概述

SDM3055 系列是一款 5½ 位双显数字万用表，可以实现基本测量功能、多种数学运算功能，电容、温度测量等功能。拥有易于操作的键盘布局和菜单软按键功能，高清晰的 480 像素×272 像素分辨率的 TFT 显示屏，还支持 USB、LAN 接口，最大限度地满足了用户的需求。

2. 技术指标

SDM3055 型万用表的技术指标如表 4-1-1 所示。

表 4-1-1　SDM3055 型万用表的技术指标

测试项目	测量范围/显示值
电阻	0～100MΩ
电容	2nF～10000μF
二极管及通断测试	显示二极管正向压降
	蜂鸣器发出一次蜂鸣，测试两点间阻值小于 70Ω±20Ω
三极管 h_{FE}	显示 h_{FE} 值 0～1000
直流电压	0～1000V
交流电压	0～750V
直流电流	0～10A
交流电流	0～10A
连通性测试	量程固定在 2kΩ
频率测量	20Hz ～ 1MHz
周期测量	1μs ～ 0.05s
温度测量	支持热电偶，热电阻温度传感器

3. SDM3055 数字万用表面板介绍

SDM3055 数字万用表的面板结构如图 4-1-1 所示，各标注点解释如下。

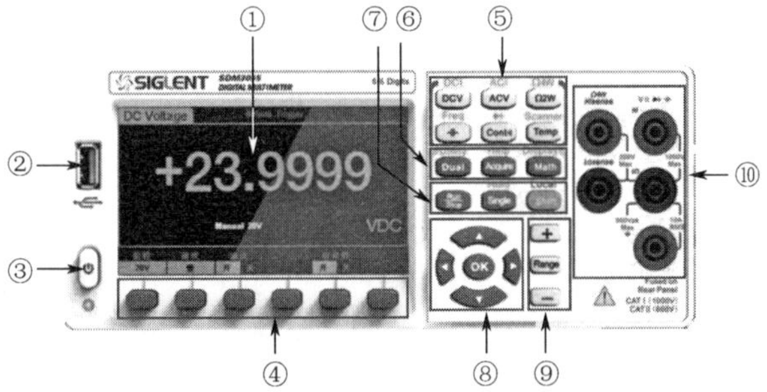

① LCD 显示屏；② USB Host；③ 电源键；④ 菜单操作键；⑤ 基本测量功能键；

⑥ 辅助测量功能键；⑦ 使能触发键；⑧ 方向键；⑨ 量程选择按键；⑩ 信号输入端

图 4-1-1　SDM3055 数字万用表的面板结构

SDM3055 数字万用表的用户界面如图 4-1-2 所示。

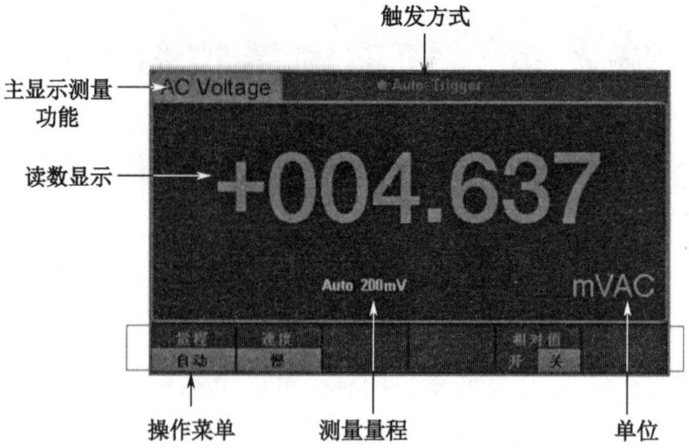

图 4-1-2　SDM3055 数字万用表的用户界面

4. 使用方法简介

（1）量程选择。量程选择的方法有以下两种。

方法 1：通过前面板的功能键选择量程，如图 4-1-3（a）所示。

方法 2：在测量主界面，使用软键菜单选择量程，如图 4-1-3（b）所示。

自动量程：按【自动】键，选择自动量程，禁用手动量程。

手动量程：按【200mV】【2V】【20V】【200V】或【1000V】键，手动设置合适的量程，此时禁用自动量程。

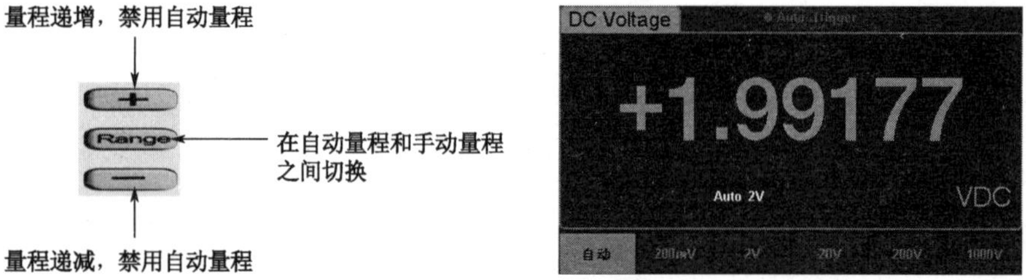

（a）　　（b）

图 4-1-3　量程选择按键

（2）电阻测量。

电阻测量分为二线电阻测量和四线电阻测量。

二线电阻测量：

①如图 4-1-4（a）所示连接测试引线和被测电阻，红色测试引线接 Input-HI 端，黑色测试引线接 Input-LO 端。

②按前面板的【Ω2W】键，进入二线电阻测量界面。

四线电阻测量：

当被测电阻阻值小于 100kΩ，且测试引线的电阻和探针与测试点的接触电阻与被测电阻相比已不能忽略不计时，若仍采用二线法测量必将导致测量误差增大，则可以使用四线法进行测量。

① 如图 4-1-4（b）所示连接测试引线，红色测试引线接 Input-HI 和 HI Sense 端，黑色测试引线接 Input-LO 和 LO Sense 端。

② 按前面板的【Shift】键，再按【Ω2W】键切换到四线电阻模式，进入四线电阻测量界面。

（3）二极管测试。

① 将红色测试引线接 Input-HI 端和二极管正极，黑色测试引线接 Input-LO 端和二极管负极。

② 按前面板的【Shift】键，再按【Cont】键，进入二极管检测界面。

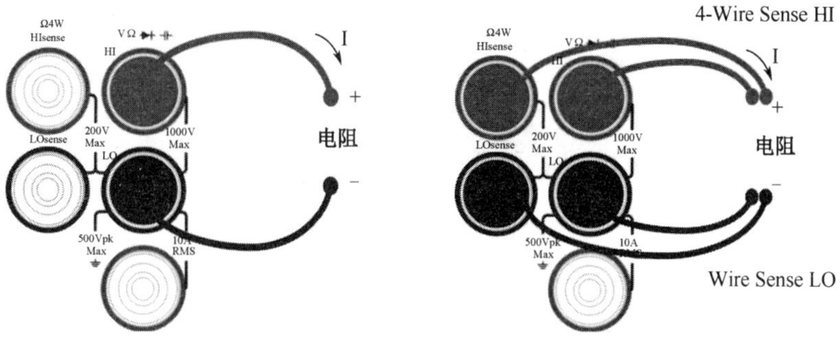

（a）二线电阻测量　　（b）四线电阻测量

图 4-1-4　测试引线连接方式（电阻测量）

③ 按【Cont】键打开或关闭蜂鸣器。蜂鸣器打开时，如果红表笔与二极管正极相连即二极管导通，仪器发出一次蜂鸣声。

④ 反转探头并再次测量二极管中的电压。若万用表处于反偏模式时显示“overload”，则说明二极管正常。若万用表在处于正偏和反偏模式时都显示大约为 0V 的电压值，并且万用表发出持续蜂鸣声，则说明二极管短路；若万用表在处于正偏和反偏模式时都显示“overload”，则说明二极管断路。

（4）电容测量。

① 将测试引线接于被测电容两端，红色测试引线接 Input-HI 端和电容的正极，黑色测试引线接 Input-LO 端和电容的负极。

② 按前面板的【⊣⊢】键，进入电容测量界面。选择自动量程或者手动选择合适的量程，待数值稳定后显示屏会显示测得的数值和相应的单位。该万用表可测量最大 10000μF 的电容。

（5）直流电压测量。该万用表可测量最大 1000V 的直流电压，每次开机后自动选择直流电压测量功能。

① 将测试引线跨接在被测电路上，红色测试引线接 Input-HI 端，黑色测试引线接 Input-LO 端。

② 按前面板的【DCV】键，进入直流电压测量界面。选择自动量程或者手动选择合适的量程，待数值稳定后显示屏会显示测得的直流电压数值和相应的单位。若屏幕上最高位显示“+”，则表明实测电压与实际电压方向相同，即红色测试引线所接为电源“＋”极，黑色测试引线所接为电源“-”极。若屏幕上最高位显示“-”，则表明实测电压与实际电压方向相反，即黑色测试引线所接为电源“＋”极，红色测试引线所接为电源“-”极。例如，若测得数值为-1.23V，则表示被测两点间电压大小为 1.23V，红色测试引线所接为电源“-”极，黑色测试引线所接为电源“＋”极。

（6）交流电压测量。该万用表可测量最大 750V 的交流电压。

① 将测试引线跨接在被测电路上，红色测试引线接 Input-HI 端，黑色测试引线接 Input-LO 端。

② 按前面板的【ACV】键，进入交流电压测量界面。选择自动量程或者手动选择合适的量程，待数值稳定后显示屏会显示测得的电压有效值和相应的单位。例如，测得读数为 38.6V，表示被测电压有效值为 38.6V。

（7）直流电流测量。该万用表可测量最大 10A 的直流电流。

① 将万用表的测试引线串联接入被测电路中，测试引线连接，如图 4-1-5 所示，红色测试引线接 Input-HI 端，黑色测试引线接 Input-LO 端。

② 按前面板的【Shift】键，再按【DCV】键，进入直流电流测量界面。选择自动量程或者手动选择合适的量程，待数值稳定后显示屏会显示测得的电流极性、数值和相应的单位。

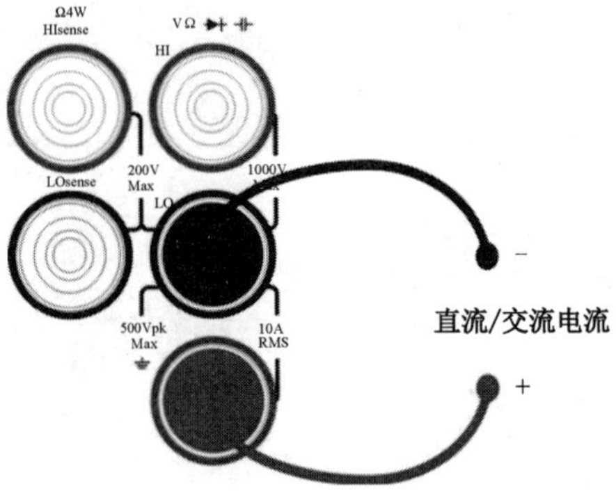

图 4-1-5 测试引线连接（电流测量）

（8）交流电流测量。该万用表可测量最大 10A 的交流电流。

① 将万用表的测试引线串联接入被测电路中，测试引线连接如图 4-1-5 所示，红色测试引线接 Input-HI 端，黑色测试引线接 Input-LO 端。

② 按前面板的【Shift】键，再按【DCV】键，进入交流电流测量界面。选择自动量程或者手动选择合适的量程，待数值稳定后显示屏会显示测得的电流极性、被测交流电流的平均值和相应的单位。

（9）频率或周期测量。被测信号的频率或周期可以在测量该信号的电压或电流时，通过打开双显示功能测量得到，也可以直接使用频率或周期测量功能键进行测量。

频率测量：

① 将红色测试引线接 Input-HI 端，黑色测试引线接 Input-LO 端。

② 按前面板的【Shift】键，再按【⊣⊢】键，选中“频率”项进入频率测量界面，此时显示屏右下角显示频率的单位“Hz”。

周期测量：

① 将红色测试引线接 Input-HI 端，黑色测试引线接 Input-LO 端。

② 按前面板的【Shift】键，再按【⊣⊢】键，选中“周期”项进入周期测量界面，此时显示屏右下角显示周期的单位。

（10）测试连通性。通断测试以大约 0.5mA 的电流用双线方法测量所测试电路的电阻，并确定电路是否完整。

① 红色测试引线接 Input-HI 端，黑色测试引线接 Input-LO 端。

② 按前面板的【Cont】键，进入连通性测试界面，测量电路的连通性。

③ 设置短路电阻（阈值）。短路电阻的默认值为 50Ω，此参数出厂时已经设置，也可以通过方向键设置短路电阻。将测试引线跨接在被测电路上，当短路测试电路中测量的电阻值低于设定的短路电阻时，判断电路是连通的；若电路断开，则界面显示“open”。

5. 注意事项

（1）如果事先对被测信号范围没有概念，应选择自动量程或者最高挡位的量程开关，然后根据显示值逐步转至相应挡位上进行测量。

（2）如果屏幕显示“overload”，表明已超过量程范围，需将量程开关转至较高挡位上。

（3）测量电阻的过程中应避免手接触到被测电阻的两个引脚，以免影响测量精度。

（4）在测试电容容量之前应先对电容进行充分的放电，以防止损坏仪表。

（5）对于大于 DC7A 或 AC RMS 7A 的连续电流的测量，接通 30s 后需要断开 30s。

（6）万用表使用完毕应及时关闭电源开关。

4.2　直流稳压电源（SPD3303X）

1. 概述

直流稳压电源可提供稳定的直流电压，SPD3303X 可编程线性直流电源具有三路独立输出：两路高精度可调电压输出和一路固定可切换 2.5V、3.3V 和 5V 的电压输出，同时具有输出短路和过载等保护措施。二路可调输出电源具有串、并联输出和稳压与稳流自动转换功能。SPD3303X 还具有可编程和实时波形显示功能，带给用户全新的体验。

2. 技术指标

SPD3303X 直流稳压电源的技术指标如表 4-2-1 所示。

表 4-2-1　SPD3303X 直流稳压电源的技术指标

参　数	指　标
输入电压	100V/120V/220V/230V 兼容的设计，以满足不同电网的需求
额定输出电压	0～32V 连续可调
额定输出电流	0～3.2A 连续可调
保护功能	过压/过流/过温/短路/过载
指示表头	数字电压表和数字电流表
表头精度	电压±0.03%；电流±0.3%

3. SPD3303X 面板介绍

SPD3303X 直流稳压电源的面板如图 4-2-1 所示，各标注点解释如下。

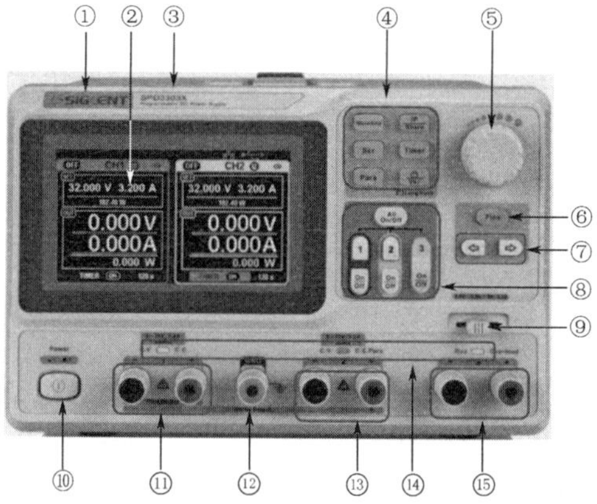

① 品牌 LOGO；② 显示界面；③ 产品型号；④ 系统参数配置按键；⑤ 多功能旋钮；⑥ 细调功能按键；⑦ 左右方向按键；⑧ 通道控制按键；⑨ 通道 3（CH3）挡位拨码开关；⑩ 电源开关；⑪ 通道 1（CH1）输出端；⑫ 机壳地接地端“GND”：与机壳相连，一般接大地，不是电路中的参考地；⑬ 通道 2（CH2）输出端；⑭ CC 指示灯；⑮ 通道 3 输出端

图 4-2-1　SPD3303X 直流稳压电源的面板

系统参数配置按键，如表 4-2-2 所示。

表 4-2-2　系统参数配置按键

按键	按键含义
Wavedisp	按该键打开/关闭波形显示界面
Ser	设置 CH1/CH2 串联模式界面同时显示串联标识
Para	设置 CH1/CH2 并联模式界面同时显示并联标识

续表

按键	按键含义
IP Store	进入存储系统
Timer	进入定时系统状态
Ver	长按该键，开启锁键功能，短按该键，进入系统信息界面

4. SPD3303X 使用方法简介

1）CH1/CH2 **独立输出方法**

CH1 或 CH2 工作在独立控制状态，同时 CH1 与 CH2 均与地隔离。输出电压额定值为 0～32V，输出电流额定值为 0～3.2A。操作步骤如下。

（1）按下【POWER】电源开关。

（2）确定并联键【Para】和串联键【Ser】关闭（按键灯不亮，界面没有串并联标识）。

（3）设置 CH1/CH2 的输出电压和电流。

① 按下【1】/【2】键，选择设置通道。

② 通过左右方向键移动光标选择需要修改的参数（电压、电流）。

③ 按【Fine】键选择数位，再旋转多功能旋钮改变相应参数值。

（4）按下相应通道的【on/off】键，指示灯被点亮，输出显示 CC 或 CV 模式，在电源对应的“＋”“－”输出接线柱上便能得到相应的电压。

2）CH3 **独立输出方法**

CH3 独立于 CH1 和 CH2，其电压额定值为 2.5V、3.3V、5V，电流额定值 3.2A。操作步骤如下。

（1）按下【POWER】电源开关。

（2）使用 CH3 拨码开关选择所需挡位：2.5V、3.3V、5V。

（3）按下输出键【3 on/off】打开输出，同时按键灯点亮，在 CH3 对应的“＋”“－”输出接线柱上便能得到相应的电压。当输出电流超过 3A 时，过载指示灯显示红灯，CH3 操作模式从恒压转变为恒流模式。

3）CH1/CH2 **两路串联输出方法**

串联模式下，CH1 的“＋”接线柱和 CH2 的“－”接线柱内部已导通，CH1 和 CH2 的电压值自动变为相等，电压的调整只能通过 CH1 进行调节，并且通过 CH1 指示灯，可以识别输出状态 CV/CC（CV 为黄灯，CC 为红灯）。总的输出电压为单路的两倍，输出额定值为 0～64V/0～3.2A。操作步骤如下。

（1）按下【POWER】电源开关。

（2）按下【Ser】键启动串联模式，按键灯点亮，显示界面上方出现串联标识。

（3）按下【1】键设置 CH1 为当前操作通道，使用左右方向键移动光标，按【Fine】键选择数位，再旋转多功能旋钮来设置输出电压和电流值。

（4）按下通道 1 对应的【on/off】键，CH1 和 CH2 的按键灯同时点亮。如果只连接 CH2 的“＋”接线柱和 CH1 的“－”接线柱，那么输出电压为两路电压之和；如果输出接线柱上以 CH2 的“－”或 CH1 的“＋”为参考地，那么 CH2 的“＋”接线柱和 CH1 的“－”接线柱能分别得到正电压和负电压输出。

4）CH1/CH2 **两路并联输出方法**

并联模式下，CH1 和 CH2 在内部进行了并联连接，并且电压的调整只能通过 CH1 进行调节。

总的输出电流为单路的 2 倍，输出额定值为 0～32V/0～6.4A。操作步骤如下。

（1）按下【POWER】电源开关。

（2）按下【Para】键启动并联模式，按键灯点亮，显示界面上方出现并联标识。

（3）按下【1】键设置 CH1 为当前操作通道，使用左右方向键移动光标，按【Fine】键选择数位，再旋转多功能旋钮来设置输出电压和电流值。

（4）按下通道 1 对应的【on/off】键，CH1 和 CH2 的按键灯同时点亮。在 CH1 或 CH2 的输出“＋”“－”极接线柱上都有电压输出。

5）保存设置和调出设置

本地存储可以保存 5 组设置状态，保存的设置内容包括：独立/串联/并联模式、输出电压/电流值和定时器设定值。

保存设置操作步骤如下。

（1）设定要保存的状态。

（2）短按【IP/Store】键，再长按【IP/Store】键，进入保存/调出界面。

（3）按方向键，移动光标至“FILE CHOICE”。

（4）旋转旋钮，选择文件保存的位置（FILE1～FILE5）。

（5）按方向键，移动光标至“OPEN CHOICE”。

（6）旋转旋钮，选择“STORE”，按下旋钮键，保存当前设定。保存成功后，相应的文件名会变成黄色。

调出设置操作步骤如下。

（1）短按【IP/Store】键，再长按【IP/Store】键，进入保存/调出界面。

（2）按方向键，移动光标至“FILE CHOICE”。

（3）旋转旋钮，选择准备调出的保存文件（FILE1～FILE5）。

（4）按方向键，移动光标至“OPEN CHOICE”。

（5）旋转旋钮，选择“RECALL”，按下旋钮，读取保存的文件。

备注：若要删除已保存的文件，则接以上步骤（3），旋转旋钮，选择“DELETE”，按下旋钮，即删除保存的文件。

6）定时器

定时器工作在独立模式，可以保存 5 组定时设置，每组设置之间相互独立，可以根据需要，设定参数范围内的任意电压和电流值。定时器支持连续输出，且每组最长定时时间为 10000s。

设置定时器的操作步骤如下。

（1）按下【Timer】键，进入定时器设定界面，同时按键灯被点亮。

（2）按下【1】/【2】键，选择需要设置定时的通道。

（3）按方向键，移动光标，选择需要设定的参数。

（4）使用【Fine】键和旋转旋钮，设定对应的参数值。

（5）再次按【Timer】键，则退出定时器界面。

开启/关闭操作步骤如下。

（1）按下【Timer】键，进入定时器界面。

（2）按下【1】/【2】键，选择定时器开启的通道。

（3）按下旋钮，启动定时器工作组。

（4）再次按下旋钮，关闭定时器。

启动定时器之后，若按下通道开关【on/off】键关闭通道输出，则计时停止。当再次打开通道输出时，定时器将从上次停止的时刻继续计时；定时时间运行完毕后，定时器自动关闭。注意，当开启串联或并联模式时，定时器功能失效。

5. 注意事项

（1）遇到电路异常情况请立即关闭电源开关，待问题解决后方可恢复输出。

（2）必须先调好输出电压值再接入电路，以免电压过高损坏电路元件。

（3）并联后电源的最大输出电流为主路显示电流值的2倍。

（4）本产品通过电源的接地导线接地，仪器面板上标有【GND】的接线柱为机壳接大地的安全地线。使用时电路中的参考地应该接电源的“－”接线柱（负电源接法与此相反，电路中参考地应该接“＋”接线柱）。

（5）输出电压值显示在显示屏上，显示电压仅供参考。要想得到精确电压值，请用万用表直流电压挡测量。

（6）注意CH1、CH2和CH3输出及电源极性不要接错。

（7）在操作中未提到的按钮应处于弹起状态。

4.3 函数信号发生器（TFG1020、SDG1025、SDG1062）

4.3.1 TFG1020函数信号发生器

1. 概述

函数信号发生器又称为信号源，可提供正弦波、三角波、方波等信号。TFG1020 DDS 函数信号发生器可输出16 种波形，可设置精确的方波占空比，两路独立输出，可准确设置两路的相位差；全范围频率不分挡，直接数字设置；全部按键操作，中文菜单显示，直接数字设置或旋钮连续调节。

2. 技术指标

TFG1020 DDS 函数信号发生器的技术指标如表4-3-1所示。

表4-3-1 TFG1020 DDS 函数信号发生器的技术指标

参 数	指 标
电源	AC 220V（1±10%）频率50Hz（1±5%）
显示	单色液晶显示，122像素×32像素，中文菜单
输出波形	正弦波、方波、三角波、锯齿波等16种波形
A路输出振幅（高阻负载）	DC～10MHz，2mV（峰-峰值）～20V（峰-峰值） 10～15MHz，2mV（峰-峰值）～14V（峰-峰值） 15～20MHz，2mV（峰-峰值）～8V（峰-峰值）
B路输出振幅（高阻负载）	20mV（峰-峰值）～20V（峰-峰值）
A路输出频率	正弦波：40mHz～20MHz 其他波形：40mHz～1MHz
B路输出频率	正弦波：40mHz～10MHz 其他波形：40mHz～50kHz
频率测量范围（选件）	1Hz～100MHz，输入信号幅度：100mV（峰-峰值）～20V（峰-峰值）
计数测量范围（选件）	1～4000000000，输入信号幅度：100mV（峰-峰值）～20V（峰-峰值）
最大功率输出（选件）	6W（8Ω），1W（50Ω）

3. TFG1020 DDS 函数信号发生器面板介绍

TFG1020 DDS 函数信号发生器的前、后面板如图4-3-1所示，各标注点解释如下。

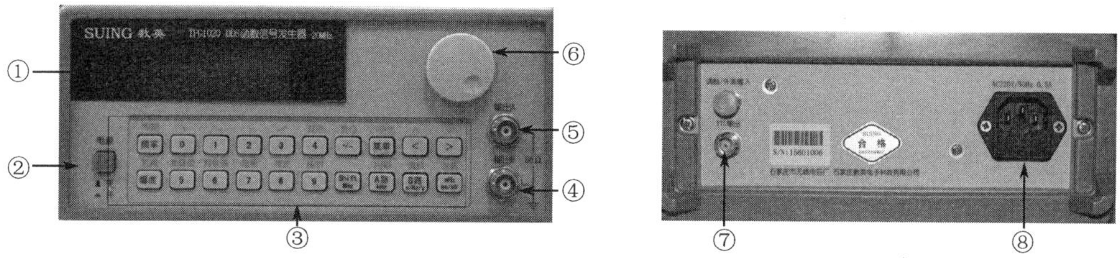

① 液晶显示屏；② 【电源】开关；③ 键盘；④ B 路输出接口；⑤ A 路输出接口；

⑥调节旋钮；⑦ TTL 输出接口；⑧ AC 220V 电源插座

图 4-3-1　TFG1020 DDS 函数信号发生器的前、后面板

4. TFG1020 DDS 函数信号发生器键盘说明

TFG1020 DDS 函数信号发生器前面板上共有 20 个按键，键体上的字表示该键的基本功能，直接按键可执行基本功能。键上方的字表示该键的上挡功能，先按【Shift】键，屏幕右下方显示“S”，再按某一键可执行该键的上挡功能。20 个按键的基本功能如下。

（1）【频率】【幅度】键：频率和幅度选择键。

（2）【0】【1】【2】【3】【4】【5】【6】【7】【8】【9】键：数字输入键。

（3）【./－】键：在数字输入之后输入小数点，“偏移”功能时输入负号。

（4）【MHz】【kHz】【Hz】【mHz】键：双功能键，在数字输入之后执行单位键功能，同时作为数字输入的结束键。不输入数字，直接按【MHz】键执行“Shift”功能，直接按【kHz】键执行“A 路”功能，直接按【Hz】键执行“B 路”功能，直接按【mHz】键可以循环开启或关闭按键时的提示声响。

（5）【菜单】键：用于选择项目表中不带阴影的选项。

（6）【<】【>】键：光标左右移动键。

（7）【调节旋钮】：调整光标指示部分的值。若是数字，则调整数字的大小，顺时针方向旋转为加，逆时针方向旋转为减；若是衰减，则调整衰减的倍率。

5. TFG1020 A 路输出参数设定

按【A 路】键，选择“A 路单频”功能，其各项参数的设定方法如下。

（1）A 路频率设定：设定频率值 10kHz（A 路正弦波的最大输出频率为 20MHz）。

操作：【频率】【1】【0】【kHz】。

（2）A 路周期设定：设定周期 25ms。

操作：【Shift】【周期】【2】【5】【ms】。

（3）A 路幅度格式：有效值或峰-峰值。

操作：【Shift】【有效值】或【Shift】【峰-峰值】。

（4）A 路常用波形选择：正弦波、方波、三角波、锯齿波。

操作：【Shift】【0】、【Shift】【1】、【Shift】【2】、【Shift】【3】。

（5）A 路占空比设定：设定占空比为 40%。

操作：【Shift】【占空比】【4】【0】【Hz】。

（6）A 路衰减设定：循环选择 0dB、20dB、40dB、60dB、AUTO。

操作：【Shift】【衰减】启动衰减功能，再调节调整旋钮依次改变衰减的倍率。

（7）A 路偏移设定：循环加减偏移电压值。

操作：【Shift】【偏移】，按【<】或【>】键调整光标位置，旋动调节旋钮改变偏移电压值。

（8）TTL 输出。

操作：用带 Q9 头的屏蔽电缆接入仪器背部标有“TTL 输出”的端口即可输出 TTL 信号。此时，

信号的幅度不可调，频率由 A 路频率值决定。

（9）A 路扫频功能及参数设定。

操作：【Shift】【扫频】启动扫频功能。循环按【菜单】键可切换至扫频状态下不同的参数设置界面，如始点频率、终点频率、步进频率、扫描方式、间隔时间等。在不同的参数设置界面下，可转动调整旋钮改变相应的参数值。

（10）A 路调频功能及参数设定。

操作：【Shift】【调频】启动调频功能，此时调频信号从 A 端口输出。循环按【菜单】键可切换至调频状态下不同参数的设置界面，如载波频率、载波幅度、调制频率、调频频偏、调制波形等。在不同的参数设置界面下，可旋动调整旋钮改变相应的参数值。

6. TFG1020 B 路输出参数设定

按【B 路】键，选择“B 路单频”功能，其基本参数设置方法同 A 路。个别特殊参数设置如下。

B 路谐波设定：设定 B 路频率为 A 路频率的一次谐波。

操作：【Shift】【谐波】【1】【Hz】。

B 路相移设定：设定 AB 两路的相位差为 90°。

操作：【Shift】【相移】【9】【0】【Hz】。

4.3.2 SDG1025 函数信号发生器

1. 概述

SDG1025 函数信号发生器，采用直接数字频率合成（DDS）技术，双通道输出，最高输出频率达 25MHz，可输出正弦波、方波、三角波、脉冲波、高斯白噪声等多种波形，可内置 46 种任意波形，可实现 AM、FM、PM、FSK、PSK 等多种调制功能，内置高精度、宽频带频率计，单通道测量范围 100mHz～200MHz，配备功能强大的任意波剪辑软件，可与 SDS1000 系列数字示波器无缝互连。

2. 技术指标

SDG1025 函数信号发生器的技术指标如表 4-3-2 所示。

表 4-3-2 SDG1025 函数信号发生器的技术指标

参　数	指　标
电源	AC 100～240 V，50/60Hz
耗电功率	＜50W
工作环境温度	0～40℃
最高输出频率	25MHz
输出通道数	2
采样率	125MSa/s
任意波长度	16 kpts
频率分辨率	1μHz
垂直分辨率	14bit
波形	正弦波、方波、三角波、脉冲、高斯白噪声，46 种内建任意函数波形（包含直流）
调制功能	AM、DSB-AM、FM、PM、FSK、ASK、PWM、Sweep、Burst
标准接口	USB Host & Device
尺寸	229mm×105mm×281mm
其他功能	频率计：测量范围 100mHz～200MHz

3. SDG1025 函数信号发生器面板介绍

SDG1025 函数信号发生器的前面板如图 4-3-2 所示，各标注点解释如下。

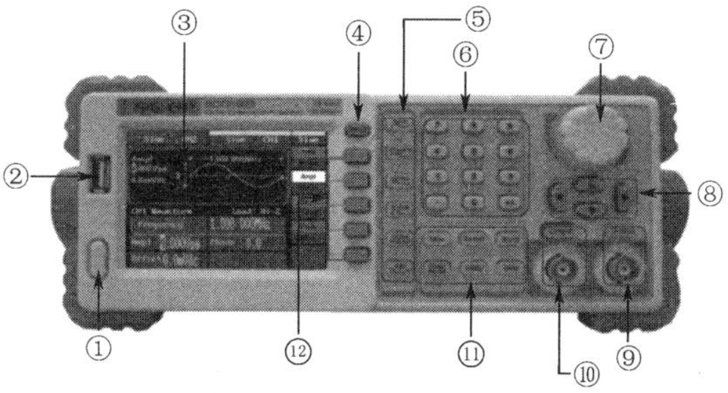

图 4-3-2　SDG1025 函数信号发生器的前面板

① 电源键：用于开启或关闭信号发生器。当电源键关闭时，信号发生器处于断电状态。

② USB Host：支持 FAT 格式的 U 盘。读取 U 盘中的波形或状态文件，或者将当前的仪器状态存储到 U 盘中。

③ LCD 显示屏：320 像素×240 像素 TFT 彩色液晶显示器，显示当前功能的菜单和参数设置、系统状态和提示信息等内容。

④ 通道切换键：用于切换通道的显示界面。

⑤ 波形选择区：选择波形的输出样式。

⑥ 数据输入键：用于编辑波形时设置参数值，直接输入数值可改变参数值。包括数字键 0～9、小数点“.”、符号键“+/−”。注意，要输入一个负数，需要在输入数值前输入一个符号“−”。

⑦ 旋钮：在参数设置时，用于增大（顺时针）或减小（逆时针）当前突出显示的数值，旋钮的输入范围是 0～9，旋钮顺时针旋转一格，数值增加 1。在输入文件名时，用于切换软键盘中的字符。

⑧ 方向键：在使用旋钮参数设置时，用于切换数值的位；在文件名输入时，用于移动光标的位置；在存储或读取文件时，用于选择文件保存的位置或选择需要读取的文件。

⑨ CH1 控制/输出端。使用【Output】按键，将开启/关闭前面板的输出接口的信号输出，选择相应的通道，按下【Output】键，该按键被点亮，打开输出开关，同时，输出信号；再次按【Output】键，将关闭输出。

⑩ CH2 控制/输出端，功能同上。

⑪ 模式/辅助功能键：调制、编辑波形。

⑫ 菜单功能键：与其左侧的菜单一一对应，按下任意菜单功能键激活对应的菜单。

SDG1025 函数信号发生器的后面板如图 4-3-3 所示，各标注点解释如下。

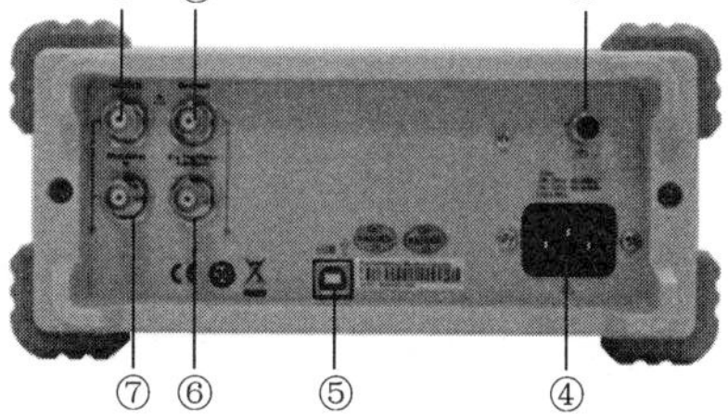

图 4-3-3　SDG1025 函数信号发生器的后面板

① 10MHz 时钟输入端：若仪器使用外部时钟源，该连接器接受一个来自外部的 10MHz 的时钟源。

② 同步输出端：当同步打开时，可以从此接口输出同频率的 TTL 信号。

③ 接地端子：采用专门的接地端子。

④ AC 电源输入：可输入两种规格的交流电源：100～240V，45～66Hz 或 100～127V，45～440Hz。

⑤ USB Device：通过该接口可连接 PC，通过 EasyWave 软件对信号发生器进行控制。

⑥【Ext Trig/Gate/Fsk/Burst】：分别为 Sweep/Burst 的外部触发时的触发信号输入端；Sweep/Burst

选用内部/手动触发时的触发信号输出端；Burst 门控触发输入端；ASK/FSK 的外调制时，信源的输入端。

⑦【Modulation In】：AM、FM、PM 等外部调制信号输入端。

4. SDG1025 函数信号发生器的用户界面说明

SDG1025 函数信号发生器的用户界面如图 4-3-4 所示，主要包括通道显示区、操作菜单区、波形显示区和参数显示区。通道显示区显示当前设置波形参数的通道，用不同颜色加以区分，波形显示区和参数显示区显示的参数和波形颜色与当前选定的通道显示区颜色一致。如果要改变显示的通道，可以通过通道切换键实现。在参数显示区中显示下 Frequency（频率）、Ampl（幅值）、Phase（相位）和 Offset（偏移量）等参数，用户可在操作菜单区中通过数字键、旋钮、方向键和对应的功能键来修改相应的参数值。通过操作菜单区可以选择需要更改的参数，如频率/周期、幅值/高电平、偏移量/低电平、相位等，来输出所需要的波形。

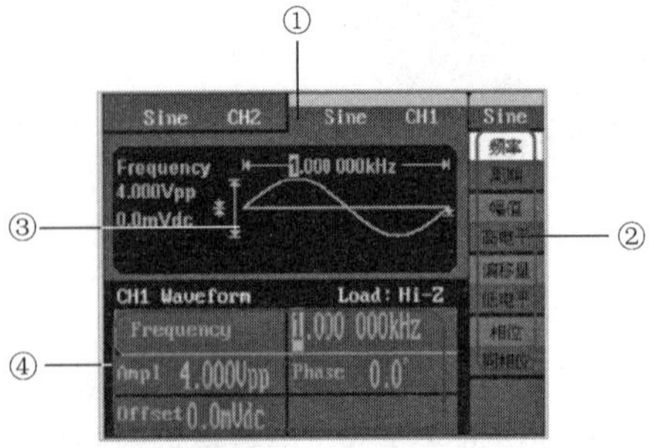

①通道显示区；②操作菜单区；③波形显示区；④参数显示区

图 4-3-4 SDG1025 函数信号发生器的用户界面

5. 功能操作

1）波形选择设置

在操作界面左侧有一列波形选择按键，从上到下分别为【Sine】正弦波、【Square】方波、【Ramp】锯齿波/三角波、【Pulse】脉冲波、【Noise】噪声波和【Arb】任意波。通过旋钮、按键对波形的参数进行设置，在状态区可以看到相应的变化，不同的波形在初始状态有不同的默认参数设置。

【Sine】：可以输出 1μHz～25MHz 正弦波。使用该按键后，波形图标变为正弦波，并在状态区左侧显示“Sine”，通过显示屏右侧的菜单软键设置频率/周期、幅值/高电平、偏移量/低电平和相位，可以得到参数不同的正弦波形。

【Square】：可以输出 1μHz～25MHz 并具有可变占空比的方波。使用该按键后，波形图标变为方波，并在状态区左侧显示“Square”，通过显示屏右侧的菜单软键设置频率/周期、幅值/高电平、偏移量/低电平、相位和占空比，可以得到参数不同的方弦波形。

【Ramp】：可以输出 1μHz～300kHz 的锯齿波/三角波。使用该按键后，波形图标变为锯齿波/三角波，并在状态区左侧显示“Ramp”，通过显示屏右侧的菜单软键设置频率/周期、幅值/高电平、偏移量/低电平、相位和对称性，可以得到参数不同的锯齿波/三角波。

【Pulse】：可以输出 500μHz～10MHz 的脉冲波形。使用该按键后，波形图标变为脉冲波信号，并在状态区左侧显示“Pulse”，通过显示屏右侧的菜单软键设置频率/周期、幅值/高电平、偏移量/低电平、脉宽/占空比和延时，可以得到参数不同的脉冲波形。

【Noise】：可以输出带宽为 25MHz 的噪声波。使用该按键后，波形图标变为噪声信号，并在状态区左侧显示“Noise”，通过显示屏右侧的菜单软键设置幅值/高电平、偏移量/低电平，可以得到参数不同的噪声波。

【Arb】：可以输出 1μHz～5MHz、波形长度为 16kpts 的任意波。使用该按键后，波形图标变为任意波信号，并在状态区左侧显示“Arb”，通过显示屏右侧的菜单软键设置频率/周期、幅值/高电平、偏移量/低电平和相位，可以得到参数不同的任意波形。

2）调制/扫频/脉冲串设置

调制、扫频和脉冲串设置功能分别对应【Mod】【Sweep】和【Burst】按键。

【Mod】：输出经过调制的波形。仪器提供了丰富的调制功能，包括 AM、DSB-AM、FM、PM、FSK、ASK 和 PWM，使用该按键并通过功能按键设置参数，通过改变调制类型、内调制/外调制、频率、波形和其他参数，来改变调制输出波形。

【Sweep】：在指定的扫描时间内对正弦波、方波、锯齿波/三角波和任意波形进行扫描，扫描设置的频率范围。扫描时间可设定为 1ms～500s，触发方式可设置为手动、外部或内部。

【Burst】：产生正弦波、方波、锯齿波/三角波、脉冲波和任意波形的脉冲串输出。可设定起止相位：0°～360°，内部周期：1μs～500s。

3）**存储/辅助系统/帮助设置**

存储/辅助系统/帮助设置功能分别对应【Store/Recall】【Utility】和【Help】按键。

【Store/Recall】：存储、调出波形数据和配置信息。

【Utility】：对辅助系统功能进行设置，包括频率计、输出设置、接口设置、系统设置、仪器自检和版本信息的读取等。

【Help】：调出嵌入的帮助信息列表，帮助用户更深地了解各功能按键的定义。

4）**标准波形设置**

以输出正弦波为例，介绍 SDG1025 函数信号发生器设置波形参数的过程。

（1）波形选择：仪器开机后默认设置为输出单一频率的正弦波。若在其他波形设置条件下，可按【Sine】键选择正弦波，LCD 显示屏中将出现图 4-3-5 所示的参数显示窗口，需要设置的参数包括频率/周期、幅值/高电平、偏移量 /低电平、相位等。通过对波形显示中右侧的参数与其右侧的菜单功能键一一对应，如表 4-3-3 所示，对正弦波的波形参数进行设置，来输出相应波形。

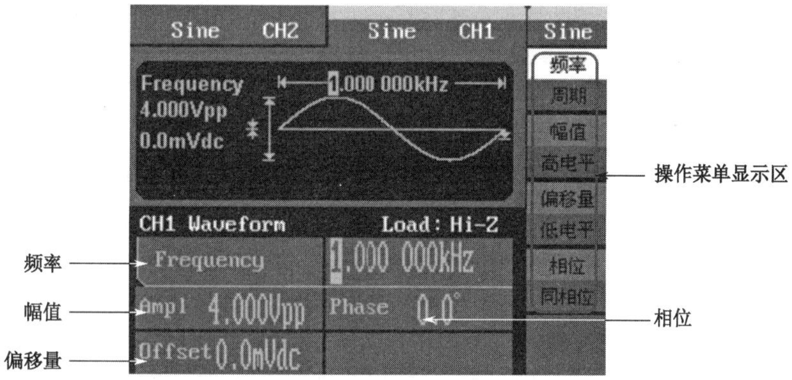

图 4-3-5　正弦波参数显示

表 4-3-3　正弦波操作菜单说明

频率/周期	设置波形频率、周期，按下相应的功能按键可上下切换
幅值/高电平	设置波形幅值/高电平，按下相应的功能按键可上下切换
偏移量/低电平	设置波形偏移量/低电平，按下相应的功能按键可上下切换
相位/同相位	设置波形的相位；设置与另一通道信号的相位相同

（2）频率/周期设定：通过右侧菜单功能键选择“频率”，则“频率”高亮显示，此时可设置频率参数值。当再次按下相应菜单功能键时，可切换到“周期”修改菜单。选定所要修改的参数，通过数字小键盘直接输入参数值，然后继续通过菜单功能键选择相应的参数单位。也可以使用方向键来改变参数值所需更改的数据位，通过旋转旋钮可改变该位数的数值。

（3）幅值/高电平设定：通过右侧菜单功能键选择“幅值”，则“幅值”高亮显示，此时可设置幅值参数值。当再次按下相应菜单功能键时，可切换到“高电平”修改菜单。选定所要修改的参数，通过数字小键盘直接输入参数值，然后继续通过菜单功能键选择相应的参数单位。也可以使用方向键来改变参数值所需更改的数据位，通过旋转旋钮可改变该位数的数值。

（4）偏移量/低电平设定：通过右侧菜单功能键选择“偏移量”，则“偏移量”高亮显示，此时可设置偏移量参数值。当再次按下相应菜单功能键时，可切换到“低电平”修改菜单。选定所要修改的参数，通过数字小键盘直接输入参数值，然后继续通过菜单功能键选择相应的参数单位。也可以使用方向键来改变参数值所需更改的数据位，通过旋转旋钮可改变该位数的数值。

（5）相位/同相位设定：若当前通道信号的相位与另一通道信号的相位设置相同，则按下相应菜单功能键切换到“同相位”。若相位需要设置，可继续通过菜单功能键选择“相位”，则“相位”高亮显示，此时可设置相位参数值。选定“Phase”，通过数字小键盘直接输入参数值，然后通过右侧菜单功能键选择“°”单位。也可以使用方向键来改变参数值所需更改的数据位，通过旋转旋钮可改变该位数的数值。

例如，输出一个频率为20kHz、幅值为5Vpp、偏移量为1Vdc的正弦波。操作步骤：按【Sine】键进入正弦波设置模式；设置频率值：选择“频率/周期”→“频率”，使用数字键盘输入“20”→选择单位“kHz”→20kHz；设置幅度值：选择“幅值/高电平”→“幅值”，使用数字键盘输入“5”→选择单位“Vpp”→5Vpp；设置偏移量：选择“偏移量/低电平”→“偏移量”，使用数字键盘输入“1”→选择单位“Vdc”→1Vdc。将频率、幅度和偏移量设定完毕后，选择当前所编辑的通道输出，便可输出设定的正弦波。

5）调制功能设置

以输出幅度调制波形（AM波形）为例，介绍SDG1025函数信号发生器设置参数的过程。

（1）按【Mod】键进入调制功能模式：此时状态显示区显示调制功能模式标志“Mod”。显示屏左侧的操作菜单显示区需要设置的参数包括调幅频率、调制深度、调制类型、调制波形和信源选择，与其右侧的菜单功能键一一对应。

（2）调制类型设定：选择“AM”。

（3）调幅频率设定：设定调制波形的频率，频率范围为2mHz～20kHz（只用于内部信源）。

（4）调制深度设定：设置幅度变化的范围。调制深度可在%～120%之间选择。

（5）调制波形设定：选择调制波形的形状，可供选择的波形包括Sine、Square、Triangle、UpRamp、DnRamp和Arb。若需更改波形，可按下右侧对应的功能键选择所需要的调制波形。

（6）信源选择设定：可设置为内部和外部两种信源，通过右侧对应的功能键进行选择。若选择“内部”，则调制波选择为内部信号；若选择“外部”，则调制信号选择为外部输入信号，通过后面板接口【Modulation In】输入。

例如，输出一个载波频率为10kHz、幅值为5Vpp、调制波频率为200Hz的AM波形，调制深度为80%，载波和调制波波形均为正弦波。操作步骤如下。

（1）设置载波的参数（正弦波）：按【Sine】键进入正弦波设置模式；选择“频率/周期”→“频率”，使用数字键盘输入“10”→选择单位“kHz”→10kHz；选择“幅值/高电平”→“幅值”，使用数字键盘输入“5”→选择单位“Vppz”→5Vpp；选择“偏移量/低电平”→“偏移”，使用数字键盘输入“0”→选择单位“Vdc”→0Vdc。

（2）选择调制方式并设置调制参数：按【Mod】→“调制类型”→“AM”，进入AM调制功能模式；选择“调幅频率”，使用数字键盘输入“200”→选择单位“Hz”→200Hz；选择“调制深度”，使用数字键盘输入“80”→选择单位“%”→80%；选择“调制波形”→“Sine”；选择“信源选择”→“内部”。

将载波和调制波设定完毕后，选择当前所编辑的通道输出，便可输出设定的AM波形。

6. 注意事项

（1）确保设备良好接地。注意信号源发生器的标称额定值，使用正确的电源线，连接符合要求的供电电源。

（2）请勿开盖操作。若盖板或面板已卸下，请勿操作设备；若怀疑设备出现故障，请勿操作；若怀疑设备有损坏，请联系专业人员进行检查。

（3）保持适当的通风。

（4）保持产品表面清洁和干燥，勿在潮湿环境下操作。

（5）请勿在易燃易爆环境中操作。

4.3.3　SDG1062 函数信号发生器

1. 概述

SDG1062 型双通道函数信号/任意波形发生器最大输出频率为 60MHz，具备 150MSa/s 采样率和 14bit 垂直分辨率，具备独立的方波通道，能产生频率高达 60MHz 的低抖动方波；具备调制、扫频、Burst、谐波发生、通道合并等多种复杂波形的产生功能，能够满足更广泛的需求。

2. 技术指标

SDG1062 函数信号/任意波形发生器的技术指标如表 4-3-4 所示。

表 4-3-4　SDG1062 函数信号/任意波形发生器的技术指标

参　　数	指　　标
电源	AC220V±10%，50Hz±5%
显示	4.3 英寸显示屏，480×272 RGB
输出波形	正弦波、方波、三角波、脉冲波、高斯白噪声，196 种任意函数波形
最大输出频率	60 MHz
采样率	150 MSa/s
垂直分辨率	14 bit
波形长度、通道数	16 kpts、2
幅度范围	[−10 V, +10 V]
接口	标配 USB Host，USB Device（USBTMC），LAN（VXI-11） 选配 GPIB 适配器

3. SDG1062 函数信号/任意波形发生器功能面板介绍

SDG1062 函数信号/任意波形发生器的前面板如图 4-3-6 所示。

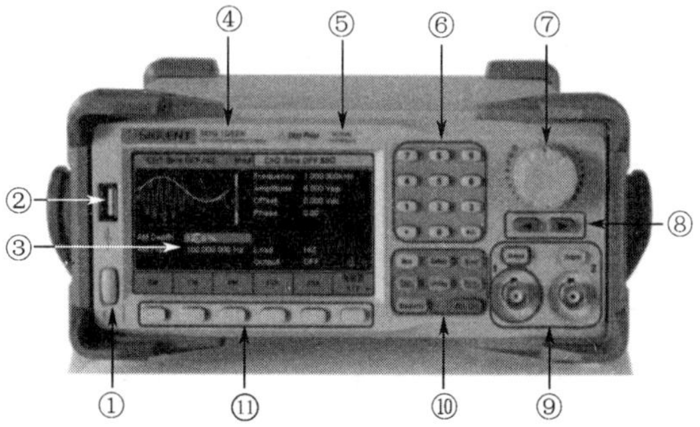

① 电源开关；② USB Host；③ 用户界面；④ 产品型号；⑤ 采样率和带宽；⑥ 数字键盘；
⑦ 多功能旋钮；⑧ 方向键；⑨ 通道输出控制；⑩ 常用功能按键区；⑪ 菜单功能键

图 4-3-6　SDG1062 函数信号/任意波形发生器的前面板

SDG1062 函数信号/任意波形发生器的后面板如图 4-3-7 所示。

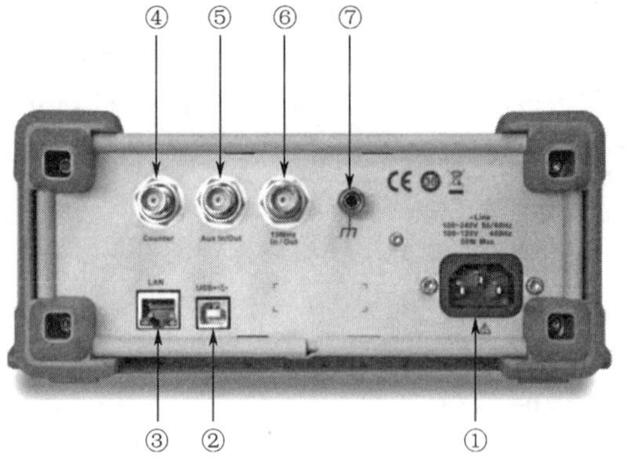

① AC 电源输入；② USB Device；③ LAN；④ 频率计；

⑤ 多功能输入/输出端；⑥ 10MHz 时钟输入/输出端；⑦ 接地端子

图 4-3-7　SDG1062 函数信号/任意波形发生器的后面板

4. SDG1062 函数信号/任意波形发生器的用户界面说明

SDG1062 只能显示一个通道的参数和波形。图 4-3-8 所示为 CH1 选择正弦波的 AM 调制时的界面。基于当前功能的不同，界面显示的内容会有所不同。

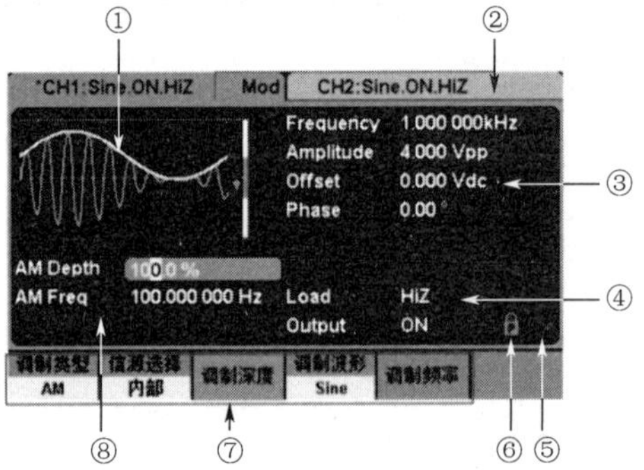

图 4-3-8　CH1 选择正弦波的 AM 调制时的界面

① 波形显示区：显示各通道当前选择的波形。

② 通道输出配置状态栏：显示 CH1 和 CH2 的状态，指示当前通道的选择状态和输出配置。

③ 基本波形参数区：显示各通道当前波形的参数设置。按相应的菜单软键，使需要设置的参数突出显示，然后通过数字键盘或旋钮改变该参数。

④ 通道参数区：显示当前选择通道的负载设置和输出状态。

“Load”(负载)：按【Utility】→输出设置 → 负载，然后通过菜单软键、数字键盘或旋钮改变该参数；或者长按相应的【Output】键 2s 即可在高阻和 50Ω 键切换。显示 HiZ 表示高阻状态，显示阻值则默认为 50Ω，50Ω～100kΩ 可调。

【Output】(输出)：按相应的通道输出控制端，可以打开或关闭当前通道。ON 表示打开，OFF 表示关闭。

⑤ 网络状态提示符：根据当前网络的连接状态给出不同的提示。

⑥ 模式提示符：根据当前选择的模式给出不同的提示。

⑦ 操作菜单区：显示当前已选中功能对应的操作菜单。

⑧ 调制参数区：显示当前通道调制功能的参数。选择相应的菜单后，通过数字键盘或旋钮改变参数。

5. SDG1062 函数信号/任意波形发生器系统功能设置

1）常用功能按键

在常用功能按键区有 8 个按键，功能如下。

【Mod】：输出经过调制的波形。使用该按键并通过功能按键设置参数，通过改变调制类型、内调制/外调制、频率、波形和其他参数，来改变调制输出波形。可使用 AM、DSB-AM、FM、PM、

FSK、ASK、PSK 和 PWM 调制类型，可调制正弦波、方波、三角波、脉冲波和任意波。

【Sweep】：在指定的扫描时间内对正弦波、方波、锯齿波/三角波和任意波形进行扫描，扫描设置的频率范围。扫描时间可设定为 1ms～500s，触发方式可设置为手动、外部或内部。

【Burst】：产生正弦波、方波、锯齿波/三角波、脉冲波和任意波形的脉冲串输出。

【Utility】：用于对辅助系统功能进行设置，包括频率计、输出设置、接口设置、系统设置、仪器自检和版本信息的读取等。

【Parameter】：用于设置基本波形参数，方便用户直接进行参数设置。

【Store/Recall】：用于存储、调出波形数据和配置信息。

【Waveforms】：用于选择基本波形，可以设置为正弦波、方波、 三角波、脉冲波、高斯白噪声、DC 和任意波等。按下【Waveforms】键后，在显示屏下方出现一系列操作菜单，从左到右分别为"Sine"（正弦波）、"Square"（方波）、"Ramp"（锯齿波/三角波）、"Pulse"（脉冲波）、"Noise"（噪声波）和"当前页 1/2"，分别对应下方的 6 个菜单键；可通过菜单键选择需要的波形，若当前页没有需要的波形，可通过菜单键选择"当前页 1/2"切换至第 2 页，将出现"DC"（直流）、"Arb"（任意波）和"当前页 2/2"；再按"当前页 2/2"对应的菜单键可切换至第 1 页。

【Ch1/Ch2】：用于切换 CH1 或 CH2 为当前选中通道。开机时，仪器默认选中 CH1，用户界面中 CH1 对应的区域高亮显示，且通道状态栏边框显示为绿色；此时按下【Ch1/Ch2】键可选中 CH2，用户界面中 CH2 对应的区域高亮显示，且通道状态栏边框显示为黄色。再按下此键，选中 CH1。

2）**标准波形设置**

以输出正弦波为例，介绍 SDG1062 函数信号/任意波形发生器设置波形参数的过程。

（1）波形选择：仪器开机后默认设置为输出单一频率的正弦波。若在其他波形设置条件下，可按【Waveforms】键，通过显示屏下面的菜单键选择"Sine"（正弦波），LCD 显示屏中将出现正弦波的参数显示窗口，需要设置的参数包括频率/周期、幅值/高电平、偏移量/低电平、相位等。通过对显示屏下方的参数与其下面的菜单功能键一一对应，如表 4-3-5 所示，对正弦波的波形参数进行设置，来输出相应波形。

表 4-3-5　正弦波操作菜单说明

频率/周期	设置波形频率、周期，按下相应的功能按键可上下切换
幅值/高电平	设置波形幅值/高电平，按下相应的功能按键可上下切换
偏移量/低电平	设置波形偏移量/低电平，按下相应的功能按键可上下切换
相位/同相位	设置波形的相位；设置与另一通道信号的相位相同

（2）频率/周期设定：通过显示屏下面的菜单功能键选择"频率"，则"频率"高亮显示，此时可设置频率参数值。当再次按下相应菜单功能键时，可切换到"周期"修改菜单。选定所要修改的参数，通过数字小键盘直接输入参数值，然后继续通过菜单功能键选择相应的参数单位。也可以使用方向键来改变参数值所需更改的数据位，通过旋转旋钮可改变该位数的数值。

（3）幅值/高电平设定：通过显示屏下面的菜单功能键选择"幅值"，则"幅值"高亮显示，此时可设置幅值参数值。当再次按下相应菜单功能键时，可切换到"高电平"修改菜单。选定所要修改的参数，通过数字小键盘直接输入参数值，然后继续通过菜单功能键选择相应的参数单位。也可以使用方向键来改变参数值所需更改的数据位，通过旋转旋钮可改变该位数的数值。

（4）偏移量/低电平设定：通过显示屏下面的菜单功能键选择"偏移量"，则"偏移量"高亮显示，此时可设置偏移量参数值。当再次按下相应菜单功能键时，可切换到"低电平"修改菜单。选定所要修改的参数，通过数字小键盘直接输入参数值，然后继续通过菜单功能键选择相应的参数单位。也可以使用方向键来改变参数值所需更改的数据位，通过旋转旋钮可改变该位数的数值。

（5）相位/同相位设定：若当前通道信号的相位与另一通道信号的相位设置相同，则按下相应菜单功能键切换到“同相位”。若相位需要设置，可通过显示屏下面的菜单功能键选择“相位”，则“相位”高亮显示，此时可设置相位参数值。选定“Phase”，通过数字小键盘直接输入参数值，然后继续通过菜单功能键选择“°”单位。也可以使用方向键来改变参数值所需更改的数据位，通过旋转旋钮可改变该位数的数值。

例如，输出一个频率为 20kHz、幅值为 5Vpp、偏移量为 1Vdc 的正弦波。操作步骤：按【Waveforms】→选择“Sine”（正弦波），进入正弦波设置模式；设置频率值：选择“频率/周期”→“频率”，使用数字键盘输入“20”→选择单位“kHz”→20kHz；设置幅度值：选择“幅值/高电平”→“幅值”，使用数字键盘输入“5”→选择单位“Vpp”→5Vpp；设置偏移量：选择“偏移量/低电平”→“偏移量”，使用数字键盘输入“1”→选择单位“Vdc”→1Vdc。将频率、幅度和偏移量设定完毕后，选择当前所编辑的通道输出，便可输出设定的正弦波。

3）**调制功能设置**

以输出幅度调制波形（AM 波形）为例，介绍 SDG1062 函数信号/任意信号发生器设置参数的过程。

（1）按【Mod】键进入调制功能模式：此时状态显示区显示调制功能模式标志“Mod”。显示屏下方的操作菜单区需要设置的参数包括调制类型、信源选择、调制深度、调制波形和调幅频率，与其下面的菜单功能键一一对应。

（2）调制类型设定：选择“AM”。

（3）信源选择设定：可设置为内部和外部两种信源，通过右侧对应的功能键进行选择。选择“内部”，则调制波选择为内部信号；选择“外部”，则调制信号选择为外部输入信号，通过后面板接口【多功能输入/输出端】输入。

（4）调制深度设定：设置幅度变化的范围。调制深度可在 0%～120%之间选择。

（5）调制波形设定：选择调制波形的形状，可供选择的波形包括 Sine、Square、Triangle、UpRamp、DnRamp 和 Arb。若需更改波形，则可按下显示屏下面的菜单功能键选择所需要的调制波形。

（6）调幅频率设定：设定调制波形的频率，频率范围为 2mHz～20kHz（只用于内部信源）。

例如，输出一个载波频率为 15kHz、幅值为 5Vpp，调制波频率为 200Hz 的 AM 波形，调制深度为 80%，载波和调制波波形均为正弦波。操作步骤如下。

（1）设置载波的参数（正弦波）：按【Waveforms】→选择“Sine”（正弦波），进入正弦波设置模式；选择“频率/周期”→“频率”，使用数字键盘输入“15”→选择单位“kHz”→15kHz；选择“幅值/高电平”→“幅值”，使用数字键盘输入“5”→选择单位“Vppz”→5Vpp；选择“偏移量/低电平”→“偏移”，使用数字键盘输入“0”→选择单位“Vdc”→0Vdc。

（2）选择调制方式并设置调制参数：按【Mod】→“调制类型”→“AM”，进入 AM 调制功能模式；选择“调幅频率”，使用数字键盘输入“200”→选择单位“Hz”→200Hz；选择“调制深度”，使用数字键盘输入“80”→选择单位“%”→80%；选择“调制波形”→“Sine”；选择“信源选择”→“内部”。

将载波和调制波设定完毕后，选择当前所编辑的通道输出，便可输出设定的 AM 波形。

6. 注意事项

（1）确保设备良好接地。注意信号源发生器的标称额定值，使用正确的电源线，连接符合要求的供电电源。

（2）请勿开盖操作。若盖板或面板已卸下，请勿操作设备；若怀疑设备出现故障，请勿操作；若怀疑设备有损坏，请联系专业人员进行检查。

（3）保持适当的通风。

（4）保持产品表面清洁和干燥，勿在潮湿环境下操作。

（5）请勿在易燃易爆环境中操作。

4.4　数字示波器（SDS1202）

1. 概述

数字示波器能方便测量信号的波形及参数。SDS1202 数字示波器具有 200MHz 的频带宽度，属于 2 通道系列，可同时显示两路被测信号的波形，并对被测信号的各种参数进行测量。

2. 技术指标

SDS1202 数字示波器的技术指标如表 4-4-1 所示。

表 4-4-1　SDS1202 数字示波器的技术指标

参　　数	指　　标
输入灵敏度	500μV/DIV～10V/DIV，按 1～2～5 进位
精度	5mV/DIV～10V/DIV±3%，≤2mV/DIV±4%
频带宽度	200MHz
耦合方式	DC、AC、GND
扫描方式	自动、正常
扫描时间	50ms/DIV～100s/DIV，按 1～2～5 进位
触发源	所有通道 /EXT/(EXT/5)/AC Line（2 通道系列）
工作电源	100～240V, 50/60Hz

3. SDS1202 数字示波器功能面板介绍

SDS1202 数字示波器面板如图 4-4-1 所示，各标注解释如下。

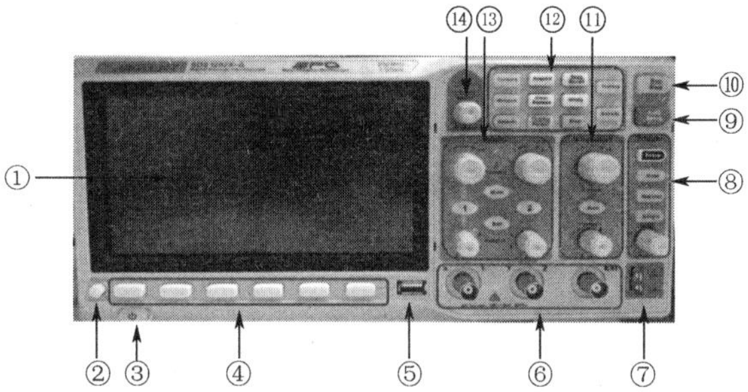

图 4-4-1　SDS1202 数字示波器面板

① 显示屏。

② 【MENU on/off】软键。

③ 电源软开关。

④ 菜单软键。

⑤ USB Host 端口。

⑥ 模拟通道和外触发输入端。

⑦ 校准信号：V=5Vpp，f=1kHz，方波。

⑧ 触发系统。

【Setup】：按下该键打开触发功能菜单。

【Auto】：按下该键切换触发模式为 Auto（自动）模式。

【Normal】：按下该键切换触发模式为 Normal（正常）模式。

【Single】：按下该键切换触发模式为 Single（单次）模式。

触发电平旋钮【Level】：设置触发电平。顺时针转动旋钮增大触发电平，逆时针转动减小触发电平。修改过程中，触发电平线上下移动，同时屏幕右上方的触发电平值相应变化。按下该旋钮可快速将触发电平恢复至对应通道波形中心位置。

⑨ 自动设置按键【Auto Set】：按下该键开启波形自动显示功能。示波器将根据输入信号自动调整水平时基、垂直挡位及触发方式，使波形以最佳方式显示。

⑩ 运行/停止控制按键【Run/Stop】：按下该键可将示波器的运行状态设置为“运行”或“停止”。“运行”状态下，该键黄灯被点亮；“停止”状态下，该键红灯被点亮。

⑪ 水平控制系统：

【Roll】：按下该键可进入滚动模式，滚动模式的时基范围为50ms/div～100s/div。

水平位移旋钮【Position】：修改触发位移。该旋钮为细旋钮，旋转旋钮时触发点相对于屏幕中心左右移动。修改过程中，所有通道的波形同时左右移动，屏幕上方的触发位移信息也会相应变化。按下该旋钮可将触发位移恢复为0。

水平挡位调节旋钮：修改水平时基挡位。该旋钮为粗旋钮，顺时针旋转减小时基，逆时针旋转增大时基。修改过程中，所有通道的波形被扩展或压缩，同时屏幕上方的时基信息相应变化。若按下该旋钮快速开启Zoom功能。

⑫ 常用功能区：

【Cursors】：按下该键开启光标功能。

【Measure】：按下该键进入测量系统。

【Default】：按下该键快速恢复至用户自定义状态。

【Acquire】：按下该键进入采样设置菜单。

【Clear Sweeps】：按下该键进入快速清除余辉或测量统计，然后重新采集或计数。

【Display/Persist】：按下该键快速开启余辉功能。

【Save/Recall】：按下该键进入文件存储/调用界面。

【Utility】：按下该键进入系统辅助功能设置菜单。

【Print】：打印功能按键。

【History】：按下该键快速进入历史波形菜单。

【Decode】：解码功能按键。

⑬ 垂直通道控制区：

【1】和【2】：模拟输入通道。两个通道标签用不同颜色标识，且屏幕中波形颜色和输入通道连接器的颜色相对应。按下通道按键可打开相应通道及其菜单，连续按下两次则关闭该通道。

【Math】：按下该键打开波形运算菜单。可进行加、减、乘、除、FFT、积分、微分、平方根等运算。

【Ref】：按下该键开启波形参考功能。可将实测波形与参考波形相比较，以判断电路故障。

垂直位移旋钮【Position】：修改对应通道波形的垂直位移。修改过程中波形会上下移动，同时屏幕中下方弹出的位移信息会相应变化。按下该旋钮可将垂直位移恢复为0。

垂直挡位调节旋钮：修改当前通道的垂直挡位。顺时针转动减小挡位，逆时针转动增大挡位。修改过程中波形幅度会增大或减小，同时屏幕右方的挡位信息会相应变化。按下该旋钮可快速切换垂直挡位调节方式为“粗调”或“细调”。

⑭ 多功能旋钮。

4. SDS1202数字示波器基本功能使用方法简介

1）示波器通道检查

以通道1为例，介绍SDS1202数字示波器的使用方法。

（1）将仪器面板左下方的电源开关按下，启动示波器。

（2）将探头接入示波器的通道1，探头的探针钩住校准信号[V=5Vpp、f=1kHz、方波]的信号端金属片，黑夹子夹住校准信号接地的金属片。

（3）按示波器前面板通道1通道键【1】，开启通道，此时，通道按键灯被点亮。打开通道后，显示通道1菜单，在屏幕下侧出现一列菜单，按“探头”对应的菜单软键，使其显示“1×”。

（4）按示波器上的自动设置键【Auto Set】。

（5）待波形稳定后，示波器屏幕上应该显示峰-峰值为5V、频率为1kHz的方波信号，说明示波器该通道能正常测量。若不能正确显示波形，请更换探头后重新按自动设置键【Auto Set】。

2）直流电压测量

以通道 1 为例，介绍直流电压的测量方法。

（1）打开电源开关。

（2）按一次通道 1 键【1】，屏幕的下侧将显示一列菜单，循环按“耦合”对应的菜单软键，使其为接地，检查“探头”对应的按键，是否显示为“1×”。

（3）调节垂直位移【Position】旋钮和水平位移【Position】旋钮，使直线位于屏幕正中的水平位置，此位置即直流 0V 基准线。

（4）继续按“耦合”对应的键，使其显示“直流”。

（5）用示波器探头从通道 1 输入被测信号，按一次测量键【Measure】，在屏幕的右侧将显示出平均值，即直流电压的电压值。

3）交流电压测量

以通道 1 为例，介绍交流电压的测量方法。

（1）打开电源开关。

（2）按一次通道 1 键【1】，在屏幕下侧将显示一列菜单，循环按“耦合”对应的菜单软键，使其为“交流”耦合，检查“探头”对应的菜单，使其显示为“1×”。

（3）将示波器探头从通道 1 接入被测信号后，按一次自动设置键【Auto Set】，待波形显示稳定后按测量键【Measure】，在屏幕下方将显示出该交流电压的峰-峰值、频率值、平均值等参数，可同时显示最多任意 4 种测量参数。

（4）如果需要测量其他参数，请按屏幕下方菜单参数对应的菜单软键，如按下“信源”对应的菜单软键可以切换通道进行测量，按下“类型”对应的菜单软键即可显示所有测量类型，此时显示屏上将出现一个菜单，上面有交流电压的峰-峰值、频率值、平均值等一系列参数可供选择。旋转多功能旋钮可以选择不同的参数，按下多功能旋钮可以选中需要测量的参数，所选中的参数前面的方框出现“√”，参数字体也变成通道对应的显示颜色，其对应的测量值在显示屏下方显示出来。如果需清除当前屏幕显示的所有测量参数，按屏幕下侧菜单中“清除测量”对应的菜单软键，即可清除当前屏幕显示的所有测量参数。

4）光标测量功能

示波器提供手动和追踪两种光标模式，以及垂直和水平两个方向的两种光标测量类型。以通道 1 为例，介绍光标测量方法。

（1）屏幕上显示出待测信号的波形后，按下示波器前面板【Cursors】键快速开启光标，并进入光标菜单。

（2）按下“光标模式”对应的菜单软键选择“手动”或“追踪”模式。

（3）按“信源”对应的键，然后旋转多功能旋钮选择所需信源，这里是通道 1，选择 CH1 通道。

（4）设置“X 参考”和“Y 参考”，即垂直（或水平）挡位变化时，光标 Y（或 X）的值的变化策略。“位置”表示光标按屏幕上固定网格的位置保持不变（即绝对位置保持不变）。“偏移”或“延时”表示光标保持输入的值不变（即保持相对位置不变）。

（5）选择光标进行测量。若要测量水平时间值，可使用多功能旋钮将 X1 和 X2 调至所需位置，若测量正弦信号的周期时，可将 X1 和 X2 调整至刚好夹在正弦波的相邻两个波峰之间，此时 X1 和 X2 的时间差值就是一个周期。

若要测量垂直幅值，可使用多功能旋钮将 Y1 或 Y2 调至所需位置，若测量正弦信号的峰-峰值时，可将两光标调整至刚好夹在正弦波的波峰与波谷之间，此时 Y1 和 Y2 的值就是 Y1 和 Y 偏离 0V 基准线的值，Y1 和 Y2 的差值则是该波形的峰-峰值。

（6）光标信息读取。屏幕上出现光标信息框，显示 ΔX（X2−X1）、X2、X1、 ΔY（Y2−Y1）、

Y2、Y1 等信息。若需要修改光标信息框的透明度，按【Display】→选择“透明度”，旋转多功能旋钮设置所需透明度（20%～80%）至适当值，以便清晰地查看信息框中的信息。

（7）重新按通道 1 键【1】或自动设置键【Auto Set】可退出光标功能。

5）手动设置方法

特殊情况下（如观察调幅、调频信号等），可采用手动设置的方式使被测波形尽可能清晰稳定地显示在示波器上。具体操作如下（以通道 1 为例）。

（1）按一次自动设置键【Auto Set】，再按屏幕下侧菜单中“清除测量”对应的键，清除当前屏幕显示的所有测量参数。

（2）将探头从通道 1 输入被测信号，按通道 1 键【1】，在屏幕下侧弹出一列菜单，按菜单中“探头”对应的菜单软键，使其显示“1×”。

（3）选择“调节”→“粗调”或“细调”，旋转垂直挡位调节旋钮调整垂直挡位、旋转垂直位移旋钮【Position】调节波形的垂直位移，旋转示波器前面板的水平挡位调节旋钮调整水平时基挡位、旋转水平位移旋钮【Position】设置触发位置，旋转触发电平旋钮【Level】，使信号在屏幕上显示最清晰。如果无法使波形稳定显示，可按【Run/Stop】按钮使波形停止后再进行调整。

（4）启动测量功能或光标功能进行参数测量。

6）停止功能

如果被测信号不能在屏幕上稳定显示，无法进行测量时，可按一下【Run/Stop】键，屏幕上便会静止地显示出当前捕捉到的波形。此时，可旋动水平挡位调节旋钮和垂直挡位调节旋钮将波形调到适当大小（在屏幕上能显示 1～2 个完整周期为佳），再按上述的光标功能进行相应参数的测量。

按下【Run/Stop】键后如需继续采集信号再按一次该键，退出停止模式。

5. 注意事项

示波器探头的黑夹子接电路的地，探针接信号端，探头上的倍乘开关拨到“×1”挡。

4.5 多功能计数器（YB3371）

1. 概述

多功能计数器对周期信号具有测量频率、周期、计数的功能。YB3371 多功能计数器采用倒数计数技术，测量精度高，测频范围宽，灵敏度高，闸门时间可选。

2. 技术指标

YB3371 多功能计数器技术指标如表 4-5-1 所示。

表 4-5-1 YB3371 多功能计数器技术指标

参　数	指　标
电源	AC 220V±10%，50Hz±5%
频率测量范围	A 通道：1Hz～10MHz/100MHz B 通道：100MHz～1GHz/1.5GHz
周期测量范围	10ns～1s
计数容量	0～99，999，99
输入电压范围	A 通道：有效值 30mV，峰-峰值 250V B 通道：有效值 30mV～1V
适应波形	正弦波、三角波、脉冲波
A 通道低通滤波器	－3dB 带宽约 100kHz
A 通道衰减	×1 或×20

3. YB3371 多功能计数器功能面板介绍

YB3371 多功能计数器功能面板如图 4-5-1 所示，各标注的解释如下。

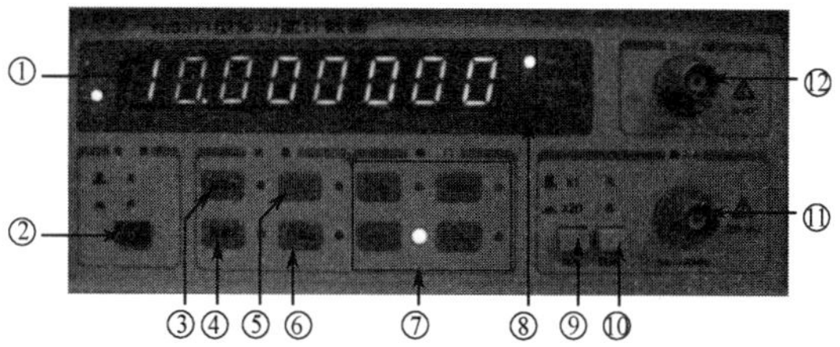

① 频率/时间/次数显示区；② 【电源】开关；③ 【频率 A】按键；④ 【周期 A】按键；⑤ 【频率 B】按键；
⑥ 【计数 A】按键；⑦ 闸门时间选择区；⑧ 频率/时间的单位显示区；⑨ 输入信号【衰减】控制开关；
⑩ 仪器内部【低通】滤波器开关；⑪ A 输入接口；⑫ B 输入接口。

图 4-5-1　YB3371 多功能计数器功能面板

4. YB3371 多功能计数器使用方法简介

1）YB3371 **测频方法**

（1）按下【电源】开关。

（2）从输入接口 A（1Hz～100MHz）或输入接口 B（100MHz～1.5GHz）输入被测信号。

（3）根据信号输入口在功能选择区选择【频率 A】或【频率 B】。

（4）选择闸门时间（10ms/100ms/1s/10s）。

（5）待读数稳定后，频率显示区即显示出被测信号的频率值。

2）YB3371 **测量周期的方法**

（1）按下【电源】开关。

（2）从输入接口 A（1Hz～100MHz）输入被测信号。

（3）在功能选择区选择【周期 A】，选择闸门时间（10ms/100ms/1s/10s）。

（4）待读数稳定后，数码管显示区将显示被测信号的周期值。

3）YB3371 **计数方法**

（1）按下【电源】开关。

（2）从输入接口 A（1Hz～100MHz）输入被测信号。

（3）在功能选择区选择【计数 A】。

（4）数码管显示区将显示当前对输入信号的脉冲计数值。

5. 注意事项

（1）上述操作未提到的按键应处于弹起状态。

（2）信号幅度太大时可以按下衰减开关进行衰减，有需要时还可按下低通开关对输入的信号进行低通滤波后再测量。

4.6　数字频率特性测试仪（SA1140）

1. 概述

频率特性测试仪俗称扫频仪。它能够直接显示被测电路的频率——幅度特性。

一般示波器只能显示幅度与时间关系的曲线。扫频仪把调频和扫频技术相结合（调频信号称为扫频信号），故能显示频率与幅度关系的曲线，所以称其为扫频仪。扫频仪可以用来测量调谐放大器、宽带放大器、各种滤波器、鉴频器，以及其他有源或无源网络的幅频特性。对于通信、广播电视、雷达导航、卫星地面站等设备的调试，以及有关电路的分析和研究起着重要的作用。

2. 技术指标

SA1140数字频率特性测试仪技术指标如表4-6-1所示。

表4-6-1　SA1140数字频率特性测试仪技术指标

参　数	指　标
扫频范围	20Hz～140MHz
输入阻抗	50Ω/高阻
输出阻抗	50Ω
输出衰减	0～80dB，1dB步进
输入增益	10～−30dB，10dB步进
相位范围	−180°～+180°
相位分辨率	1°
显示分辨率	250×200点
鉴频输入信号范围	0.1V≤A≤10V
鉴频直流偏置	±4V

3. SA1140面板介绍

SA1140数字频率特性测试仪功能面板如图4-6-1所示，各标注的解释如下。

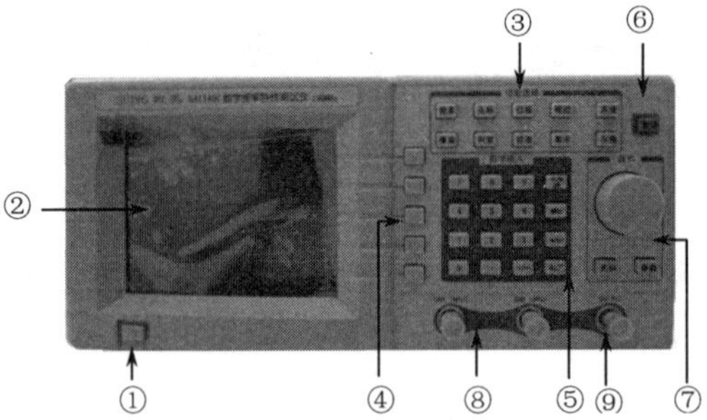

① 【电源】开关；② 显示屏；③ 功能选择；④ 参数选择C1、C2、C3、C4、C5；
⑤ 数字选择；⑥ 【复位】开关；⑦ 调节区；⑧ 输入接口；⑨ 输出接口。

图4-6-1　SA1140数字频率特性测试仪功能面板

4. SA1140使用方法简介

（1）按下【电源】开关。

（2）按下【校准】键进入校准菜单（将输入接口与输出接口用双Q9头电缆线相连），经数秒后，仪器自动校准结束后，显示屏上应出现一条与水平电器刻度平行的红色水平基线，当“基准”设置值改变时，该基线会相应地上下平移。

仪器开机默认菜单为频率菜单，或按功能区的【频率】键进入频率菜单，显示屏显示频率菜单自上而下为【C1】（频率线性）、【C2】（始点）、【C3】（终点）、【C4】（中心）、【C5】（带宽），默认值为线性扫描，始点频率（F_s）为100kHz，终点频率（F_e）为30.00000MHz，中心频率为（F_c）15.05000MHz，扫频带宽（F_b）为29.90000MHz。

（3）测量。

① 按【频率】键进入频率菜单，如设定始点频率：依次按【C2】键、数字键（含【·】键）和【MHz】（或【kHz】【Hz】）键即可。设定终点频率：依次按【C3】键、数字键（含【·】键）和【MHz】（或【kHz】【Hz】）键即可。始点频率和终点频率之间的差值必须大于或等于250Hz，否则测试仪自

动设定为 250Hz。

② 按【增益】键进入增益菜单，菜单自上而下为【C1】（增益对数）、【C2】（输出）、【C3】（输入）、【C4】（基准）、【C5】（增益）10.0 dB/DIV。

【增益对数】表示仪器增益轴是对数方式，反复按此键，仪器的增益轴在对数和线性之间转换。

【输出】表示仪器当前的输出增益值，默认为 0dB，调节步进值为 1dB。例如，按【C2】键和【－/←】【2】【0】【dB】键即完成输出增益设为－20dB 的操作。也可调节旋钮改变“增益”设置值（逆时针减小，顺时针增加，调节步距 1dB）。“输出”增益的设置范围是 0～－80dB，用数字键设置时，若设置值大于 0 或小于－80dB，则操作无效，测试仪保持原有设置值。

【输入】表示仪器当前的输入增益值，默认为 0dB，调节步进值为 10dB 。例如，按【C3】键和【－/←】【3】【0】【dB】键即完成输入增益设为－30dB 的操作。输入增益的设置范围是 10～－ 30dB，步距为 10dB，用数字键设置输入增益时，若输入值不是 10 的整倍数，测试仪则首先将输入值按四舍五入的规则进行预处理，然后将处理后的结果作为设置值。同样，输入增益的设置值也可以用旋钮改变。

③ 按【光标】键进入光标菜单，此时在光标菜单中，“1”反亮显示，“开”反亮显示，光标值显示区显示 1 号光标的频率、增益值或相位值，主显示区在显示曲线上有一红色标记。反复按【C3】（光标选择）键，1、2、3、4 轮流反亮显示，表示当前选择的为第几号光标，同时“开”或“关”也会反亮显示，表示当前选择的光标打开或关闭，若“开”反亮显示，则在光标值显示区显示当前光标的频率和增益值或相位值，若“关”反亮显示，则光标值显示区没有显示内容。

④ 按【显示】键进入显示菜单，反复按【C1】（幅频开/关）键，当“开”反亮显示时，显示幅频特性曲线，当“关”反亮显示时不显示幅频特性曲线。反复按【C2】（相频开/关）键，当“开”反亮显示时，显示相频特性曲线，当“关”反亮显示时不显示相频特性曲线。

⑤ 按【系统】键进入系统菜单，本测试仪的输出阻抗为 50Ω，输入阻抗有“50Ω”和“高阻”两种状态（“高阻”状态下的输入阻抗为 500kΩ），可以满足输入输出阻抗为 50Ω 的电路测试和输入阻抗为 50Ω、输出阻抗不为 50Ω 的电路测试。

（4）状态显示区：SA1140 数字频率特性测试仪显示屏的各显示区，如图 4-6-2 所示。

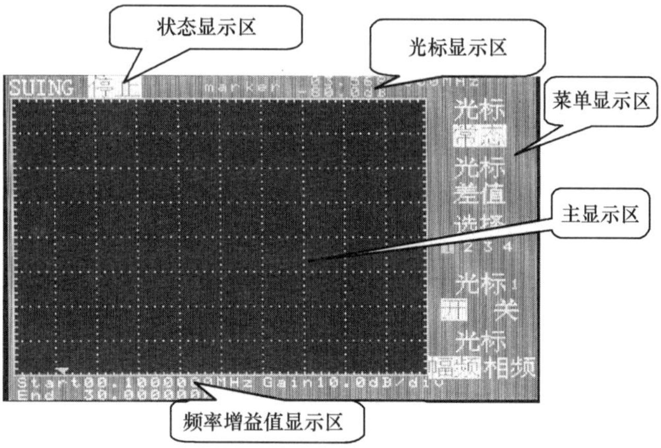

图 4-6-2　SA1140 数字频率特性测试仪显示屏的各显示区

5. 注意事项

（1）在不熟悉本仪器面板各旋钮、开关的功能时，应仔细阅读说明书后才能开机使用。

（2）被测设备的输入端不允许有直流电位。否则，会导致仪器不能正常工作，严重者会损坏仪器。

（3）仪器的输出阻抗与被测件的输入阻抗必须匹配。否则，会造成反射，使测量不准确。

（4）连接电缆应尽量短，避免不必要的损耗。

（5）若仪器输出信号过大，会使有源器件饱和，测出的则是失真的图形曲线。可利用衰减器适当改变输出信号的大小，观察特性曲线的变化情况予以确定。

4.7 仪器使用练习

1. 实验目的

（1）熟悉常用电子仪器的操作界面，掌握常用电子仪器的使用方法。

（2）学习如何认识和使用最基本的电子元器件。

（3）掌握几种典型信号的幅值、有效值和周期的测量。

2. 实验仪器

仪器：SDM3055 数字万用表、SPD3303X 直流稳压电源、SDS1202 数字示波器、SDG1062 函数信号发生器和模拟电子技术实验箱。

3. 实验内容与步骤

1）直流稳压电源及数字万用表的使用

（1）用数字万用表电阻挡测量实验箱上任意 3 个电阻值，记录测量值并与实验箱上标注的标称值比较。

（2）用数字万用表二极管挡测量整流二极管的正反向特性及发光二极管的正负引脚。

（3）将两路可调直流稳压电源设为独立稳压输出，调节一路输出电压为 12V，另一路为 5V，并使用万用表直流电压挡进行测量（第一、二路都要测量），将测量结果和仪表显示值填入表 4-7-1 中。

（4）将稳压电源输出按照图 4-7-1 所示的正负电源形式进行连接，输出直流电压±12V。

（5）将两路可调电源串联使用，调节输出稳压值为 40V。

表 4-7-1 实验数据（1）

输出接口	表头显示电压值/V	测量电压值/V
第一路		
第二路		

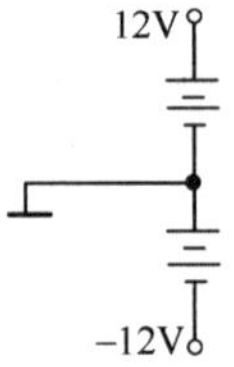

图 4-7-1 正负电源

2）示波器、函数发生器的使用

（1）示波器校准信号测试：用示波器显示校准信号的波形，测量该信号电压的峰-峰值和周期，并将测量结果与已知的校准信号峰-峰值和周期相比较。

（2）正弦波测试：用函数信号发生器产生频率为 2kHz（以信号源显示值为准）、峰-峰值为 4V 的正弦波信号，再用示波器显示该正弦信号波形，测出其周期、频率、峰-峰值，并用多功能计数器测量该信号的周期和频率。

（3）三角波测试：用函数信号发生器产生一个频率为 10kHz、峰峰值为 3V 的三角波，再用示波器显示该三角波信号，测出其频率和峰-峰值。

（4）方波测试：用函数信号发生器产生一个频率为 3kHz、峰-峰值为 5V、直流偏移为+2.5V 的方波信号，再用示波器的直流耦合方式进行观察，测出其频率、低电平和高电平。

（5）将上述测试数据填入表 4-7-2 中。

（6）叠加直流电平的正弦波的测试：使用函数信号发生器产生一个叠加直流电平的正弦波。调节信号源使该波形频率为 1kHz（以信号源显示为准），峰-峰值为 4V，直流分量为 0.5V（以示波器测量为准），如图 4-7-2 所示，再用数字万用表（直流电压挡）测出该信号的直流分量电压值，用示波器显示波形，并测出该信号的频率和周期，数据填入表 4-7-3 中。

表 4-7-2　实验数据（2）

仪　器	正弦波			三角波		方波		
	周期	频率	峰-峰值	频率	峰-峰值	频率	低电平	高电平
函数发生器	—	2kHz	4V	10kHz	3V	3kHz	0V	5V
示波器								
多功能计数器								

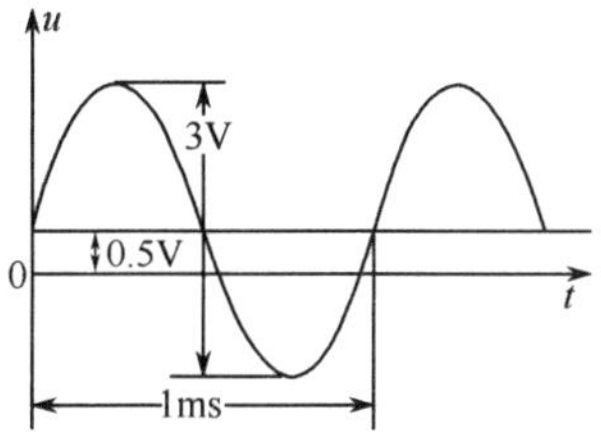

图 4-7-2　叠加直流电平的正弦波

表 4-7-3　实验数据（3）

仪　器	直流分量	交流分量		
		峰-峰值	周期	频率
示波器	0.5V	4V		
多功能计数器	—	—		
万用表		—	—	—
函数发生器	—	—		1kHz

4. 实验预习要求

（1）预习要求。

① 熟悉常用电子仪器面板上各控制件的位置、名称及作用。

② 了解各种常用电子仪器的使用方法及使用注意事项。

（2）实验预习题。

① 如图 4-7-3 所示，使用数字万用表测量电阻阻值时，黑表笔插（　　）插孔，红表笔插（　　）插孔。使用数字万用表测量直流电流或交流电流时，黑表笔插（　　）插孔，红表笔插（　　）插孔。

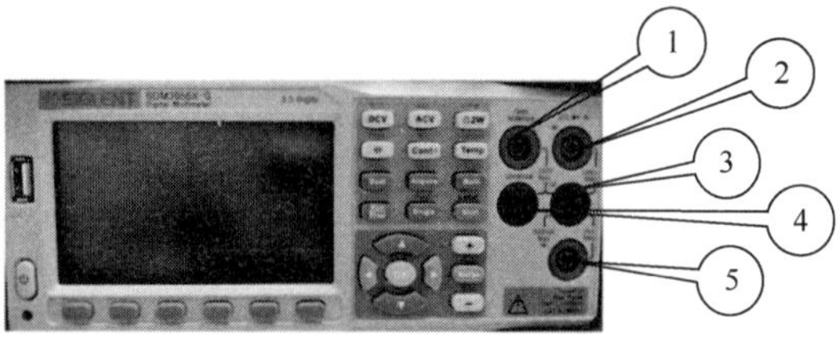

图 4-7-3　SDM3055 数字万用表

② 用数字示波器通道 1 观察正弦波时，如果发现信号幅度纵向只占屏幕的很小部分或上下均超出屏幕显示范围，应调节通道 1 的（　　　　）旋钮，若屏幕上显示的信号周期数太多或太少，应调节（　　　　）旋钮。

③ 如何判断连接线是否导通？导通有什么现象？不导通有什么现象？（　　）

A．万用表通断测试挡测量；发出蜂鸣声；无蜂鸣声

B．万用表通断测试挡测量；万用表屏幕最高位显示为“1”；显示为“0”

C．万用表 200Ω 挡测量；万用表屏幕显示有很小的阻值；屏幕最高位显示为“1”

④ 用示波器测量直流电压时，选择什么耦合方式？测量交流电压时，选择什么耦合方式？（　　）

A．直流；交流　　　　B．接地；交流

C．交流；直流　　　　D．直流；接地

⑤ 若屏幕上显示的信号一直在左右移动，很可能是什么原因造成的。（　　）

A. 触发信源通道选择错误　　　　B．触发电平调节不当

C. 垂直位移旋钮调节不当　　　　D．水平位移旋钮调节不当

⑥ 将函数信号发生器产生的 1kHz、0.5Vpp 的正弦波送入到示波器通道 2，显示测量结果是 1kHz、5Vpp 的正弦波，请分析原因（　　）。

A．CH2 通道菜单中的“探头”设置了“10×”

B．CH2 通道菜单中的“探头”设置了“100×”

C．伏/格旋钮选择了 5V/div

5. 实验报告要求

（1）整理实验数据，并对记录的数据进行误差分析。观察实验波形，绘出波形示意图（绘图使用铅笔和直尺）。

（2）写出实验心得（包括实验中遇到的问题、解决方法等）。

6. 注意事项

（1）实验前应检查连接线的好坏。

（2）连接好电路后用万用表检查电路是否有短路现象，如有，排除故障后再继续实验。

（3）测量交流信号时注意测量线的共地问题。

（4）严禁在接通电源的情况下，进行电路连接或装拆器件。

（5）发生电路故障时，先关闭直流稳压电源的 output 开关，再检查电路故障。

第 2 篇　电子技术基础实验

第 5 章　电路基础实验

实验 5-1　戴维南定理及最大功率传输定理

1. 实验目的

（1）验证戴维南定理，加深对该定理的理解。

（2）掌握测量有源二端网络等效参数的一般方法。

（3）验证最大功率传输定理，掌握电路中阻抗匹配的条件。

2. 实验原理

（1）任何一个线性含源网络，如果仅研究其中一条支路的电压和电流，那么可将电路的其余部分看作是一个有源二端网络（或称为含源一端口网络）。

戴维南定理指出：任何一个线性有源单口网络，总可以用一个电压源与一个电阻的串联来等效代替，此电压源的电压 U_s 等于这个有源二端网络的开路电压 U_{oc}，其等效内阻 R_0 等于该网络中所有独立源均置零（理想电压源视为短接，理想电流源视为开路）时的等效电阻。

（2）有源二端网络等效参数的测量方法。

① 开路电压、短路电流法测 R_0。在有源二端网络输出端开路时，用电压表直接测量其输出端的开路电压 U_{oc}，然后再将其输出端短路，用电流表测量其短路电流 I_{sc}，则等效内阻为

$$R_0=\frac{U_{oc}}{I_{sc}} \tag{5-1-1}$$

如果二端网络的内阻很小，若将其输出端口短路则容易损坏其内部元件，那么不宜使用此方法。

② 伏安法测 R_0。用伏安法测量电阻电路如图 5-1-1 所示。用电压表、电流表测出有源二端网络的外特性曲线，伏安特性曲线如图 5-1-2 所示。根据伏安特性曲线求出斜率 $\tan\varphi$，则内阻

$$R_0=\tan\varphi=\frac{\Delta U}{\Delta I}=\frac{U_{oc}}{I_{sc}} \tag{5-1-2}$$

也可以先测量开路电压 U_{oc}，再测量电流为额定值 I_N 时的输出端电压值 U_N，则内阻为

$$R_0=\frac{U_{oc}-U_N}{I_N} \tag{5-1-3}$$

③ 半电压法测 R_0。用半电压法测量电阻如图 5-1-3 所示，当负载电压为被测网络开路电压的一半时，负载电阻（由电阻箱的读数确定）即被测有源二端网络的等效内阻值。

3. 实验条件

（1）直流稳压电源　　　　1 台

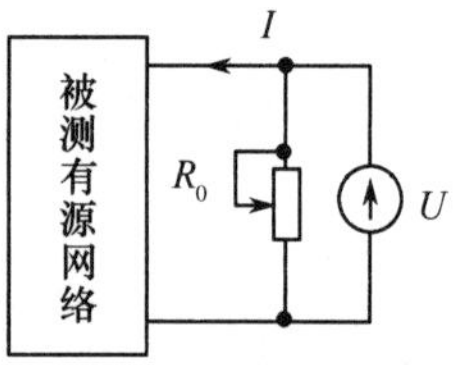

图 5-1-1　用伏安法测量电阻电路

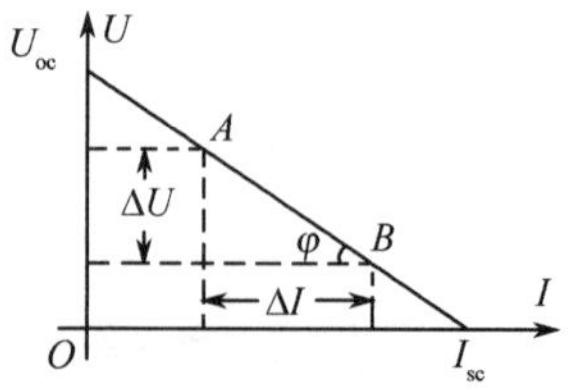

图 5-1-2　伏安特性曲线

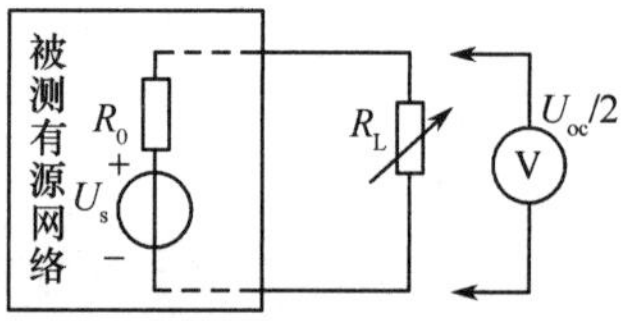

图 5-1-3　用半电压法测量电阻电路

（2）数字万用表　　　　1 台

（3）模拟电子技术实验箱　　　　1 台

4. 实验内容

被测有源二端网络实验电路如图 5-1-4 所示，在实验箱上连接电路。

（1）测量有源二端网络的外特性。如图 5-1-5 所示，调整 R_P，测量相应的 I_2、U_2，将测量结果记入表 5-1-1 中。P_W 为计算值，并画出伏安特性曲线图。

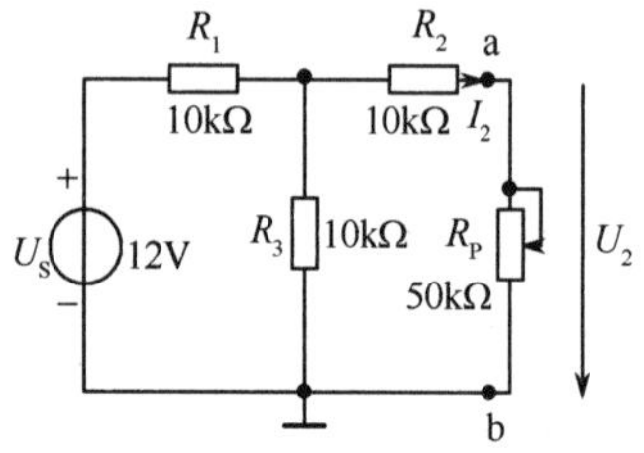

图 5-1-4　被测有源二端网络实验电路

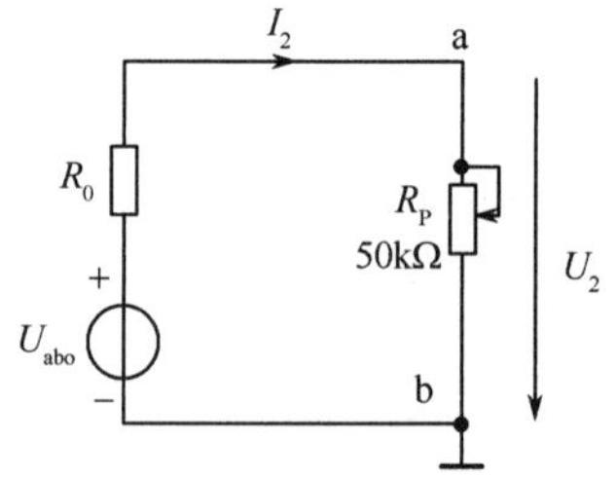

图 5-1-5　戴维南等效电路

表 5-1-1　电路参数测量数据表

R_P/kΩ									
U_2/V									
I_2/mA									
P_W/mW									

（2）测量有源二端网络的等效参数，并将结果记入表 5-1-2 中。

表 5-1-2　有源二端网络的等效参数测量数据表

U_{abo}	R_0

（3）利用已测得的 U_{abo}、R_0 组成戴维南等效电源对 R_P 供电，重测伏安特性曲线，测量电路如图 5-1-5 所示，并将测量结果填入自制表格中，画出伏安特性曲线图，并与（1）中伏安特性曲线图进行比较分析。

5. 注意事项

（1）改接线路时，必须关掉电源。

（2）连接等效电路时应注意 U_{abo}、R_0 都是测量值而不是理论值。

（3）用数字万用表直接测 R_0 时，网络内的独立源必须先置零，以免损坏数字万用表。

6. 实验报告要求

（1）按内容要求画出测试电路，整理实验数据。

（2）对实验结果及实验中碰到的问题进行分析。

7. 预习要求与思考题

（1）预习要求：掌握戴维南定理，巩固所学理论知识。

（2）思考题：说明测量有源二端网络开路电压及等效内阻的几种方法，并比较其优缺点。

实验 5–2　受控源的研究

1. 实验目的

（1）了解运算放大器构成受控源的方法和线路。

（2）测试受控源的特性。

2. 实验原理

（1）电源有独立电源（如电池、发电机等）与非独立电源（或称为受控源）之分。

受控源与独立源的不同点：独立源的电势 E_s 或电流 I_s 是某一固定的数值或是时间的某一函数，它不随电路其余部分的状态而改变。而受控源的电势或电流则随电路中另一支路的电压或电流的改变而改变。

受控源又与无源元件不同，无源元件两端的电压和它自身的电流有一定的函数关系，而受控源的输出电压或电流则和另一支路（或元件）的电流或电压有某种函数关系。

（2）独立源是二端器件，受控源则是四端器件，或称为双口元件。它有一对输入端（U_1、I_1）和一对输出端（U_2、I_2）。输入端可以控制输出端电压或电流的大小。施加于输入端的控制量可以是电压或电流，因而有两种受控电压源（电压控制电压源 VCVS 和电流控制电压源 CCVS）和两种受控电流源（电压控制电流源 VCCS 和电流控制电流源 CCCS）。

（3）当受控源的输出电压（或电流）与控制支路的电压（或电流）成正比变化时，则称该受控源是线性的。

理想受控源的控制支路中只有一个独立变量（电压或电流），另一个独立变量等于零，即从输入口看，理想受控源是短路（输入电阻 $R_1=0$，因而 $U_1=0$），或开路（输入电导 $G_1=0$，因而输入电流 $I_1=0$）；从输出口看，理想受控源是一个理想电压源或一个理想电流源。4 种受控源电路如图 5-2-1 所示。

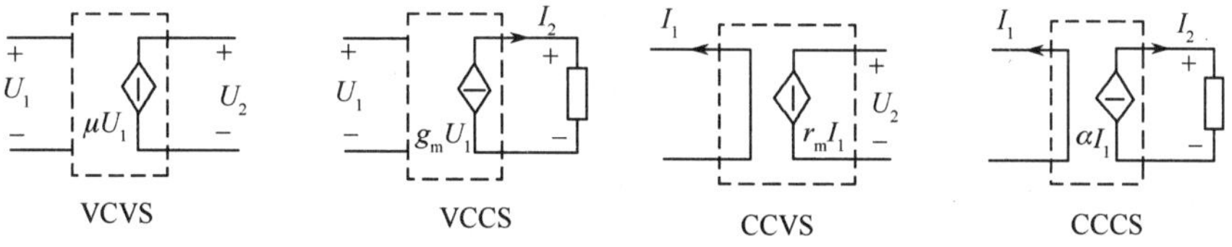

图 5-2-1　4 种受控源电路

（4）受控源的控制端与受控端的关系式称为转移函数。

4 种受控源的定义及其转移函数参量的定义如下。

① 压控电压源（VCVS）：$U_2=f(U_1)$，$\mu=U_2/U_1$ 称为转移电压比（或电压增益）。

② 压控电流源（VCCS）：$I_2=f(U_1)$，$g_m=I_2/U_1$ 称为转移电导。

③ 流控电压源（CCVS）：$U_2=f(I_1)$，$r_m=U_2/I_1$ 称为转移电阻。

④ 流控电流源（CCCS）：$I_2=f(I_1)$，$\alpha=I_2/I_1$ 称为转移电流比（或电流增益）。

（5）运算放大器的理想电路模型为一受控源，如图 5-2-2 所示，在它的外部接入不同的电路元件，可以实现信号的模拟运算或变换，如构成比例器、加法器、积分器、滤波器等，应用十分广泛。含有运算放大器的电路是一种有源网络，在实验中，主要研究端口特性以了解其基本功能。

① 图 5-2-3 所示为一个简单的电压控制电压源（VCVS）电路。

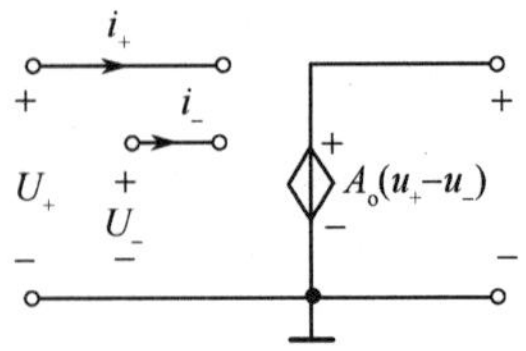

图 5-2-2　运算放大器的理想电路模型

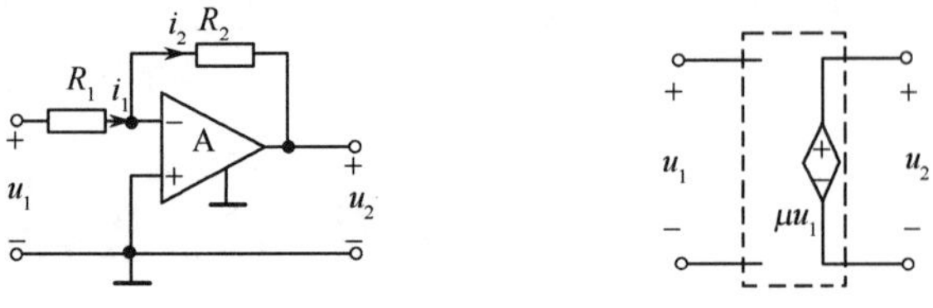

(a) 实际电路　　(b) 理想模型电路

图 5-2-3　电压控制电压源电路

由于运算放大器工作在线性区，因此“＋”“－”端虚拟短路，则有

$$u_+=u_-\approx 0 \tag{5-2-1}$$

由于运算放大器的“＋”“－”端虚拟断路，因此有

$$i_+=i_-\approx 0 \quad i_1=i_2=\frac{u_1}{R_1} \tag{5-2-2}$$

$$u_2=-i_2R_2=-\frac{u_1}{R_1}R_2=-\frac{R_2}{R_1}u_1 \tag{5-2-3}$$

从上式中可知运算放大器的输出电压 u_2 受输入电压 u_1 的控制，那么上式可写成

$$u_2=\mu u_1$$

其中：$\mu=-\dfrac{R_2}{R_1}$，μ 为无量纲，又称电压放大系数。该电路就是一个反向比例放大器，其输入或输出源有公共接地点，这种连接方式称为共地式连接。

② 将图 5-2-3（a）中的电阻 R_2 看作是一只负载电阻，这个电路就成了一个电压控制电流源（VCCS），如图 5-2-4（a）所示。运算放大器输出电流为

$$i_o=-i=-\frac{u_1}{R_1}$$

即 i_o 只受运算放大器输入电压 u_1 的控制，与负载电阻 R_2 无关。

图 5-2-4（b）所示为理想电路模型。其比例系数

$$g_m=\frac{i_o}{u_1}=-\frac{i}{u_1}=-\frac{1}{R_1} \tag{5-2-4}$$

g_m 具有电导的量纲，称为转移电导。式中负号是信号由反相输入端输入造成的。图 5-2-4（a）中输入端与输出端无公共接地点，这种连接方式称为浮地式连接。

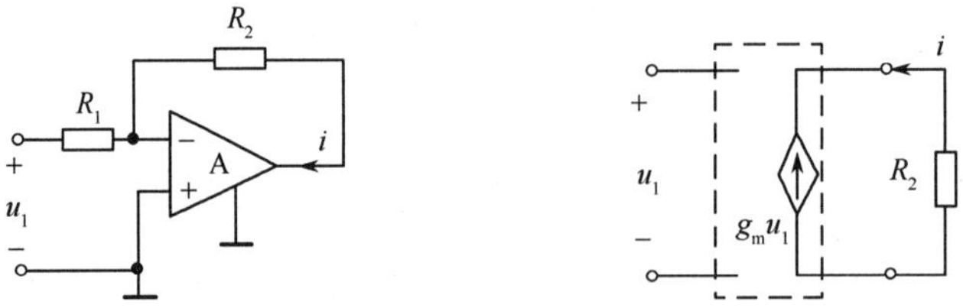

(a) 实际电路　　(b) 理想电路模型

图 5-2-4　电压控制电流源电路

③ 一个简单的电流控制电压源（CCVS）电路如图 5-2-5（a）所示。

由于运算放大器的“＋”端接地，即 $u_+=0$，因此“－”端电位 u_- 也为零，在这种情况下，运算放大器的“－”端称为“虚地点”。显然流过 R 的电流就是网络输入端口电流 i_1，运算放大器的

输出电压 $u_2=-i_1R$，它为电流 i_1 所控制。图 5-2-5（b）是它的理想电路模型，其比例系数 $r_m=u_2/i_1=-R$，具有电阻量纲，称为转移电阻，连接方式为共地式连接。

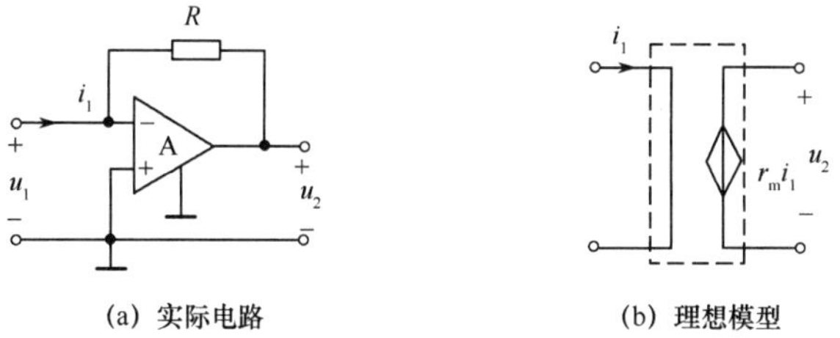

图 5-2-5　电流控制电压源电路

④ 用运算放大器还可以构成电流控制电流源（CCCS）电路如图 5-2-6（a）所示。

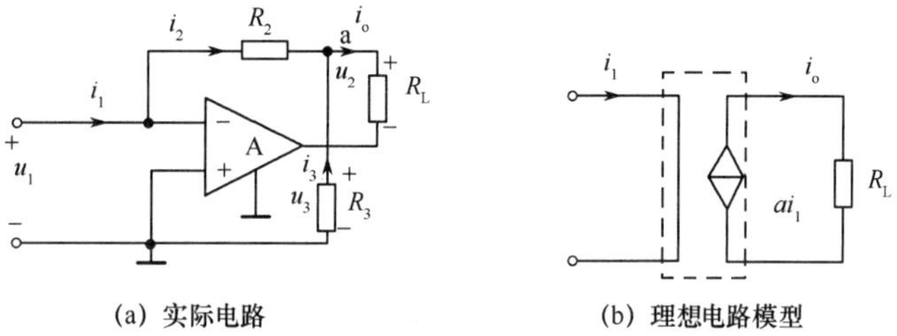

图 5-2-6　电流控制电流源电路

由于 $u_a=-i_2R_2=-i_1R_2$（u_a 为 R_2 上的电压降），且 $i_o=i_2+i_3=i_1+\dfrac{i_1R_2}{R_3}=i_1\left(1+\dfrac{R_2}{R_3}\right)$，即输出电流 i_o 只受网络的输入端口电流 i_1 的控制，与负载电阻 R_L 无关，它的理想电路模型如图 5-2-6（b）所示，其电流比为 $\alpha=\dfrac{i_o}{i_1}=1+\dfrac{R_2}{R_3}$，$\alpha$ 为无量纲，又称电流放大系数。这个电路实际上起着电流放大的作用，连接方式为浮地式连接。

3. 实验条件

（1）直流稳压电源　　1 台

（2）数字万用表　　1 台

（3）模拟电子技术实验箱　　1 台

（4）μA741　　1 个

4. 实验内容

测试电压控制电压源和电压控制电流源特性。

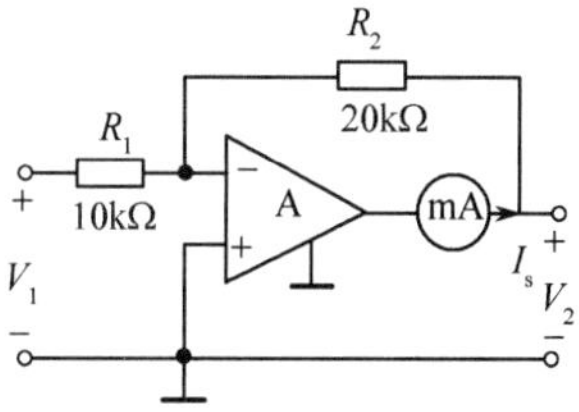

图 5-2-7　实验电路

（1）实验电路如图 5-2-7 所示。R_1 取 10kΩ，运算放大器的工作电压为±15V，V_1 为直流电压输入信号。

（2）接通直流稳压电源，根据给定的 V_1 数据，测量对应的 V_2 和 I_S 值，并将实测数据填入表 5-2-1 中。

（3）根据测量结果算出 μ 和 g_m 值，填入表 5-2-1 中并分析受控源特性。

表 5-2-1　VCVS 和 VCCS 测量参数

给定值		V_1/V	0.5	1	1.5	2	2.5
VCVS	测量值	V_2/V					
	计算值	μ					
VCCS	测量值	I_S/mA					
	计算值	g_m/S					

5. 注意事项

（1）实验前应检查连接线的好坏，使用时注意不要用力拉拔导线以防连接线损坏。

（2）注意正负电源的连接方法。

（3）连接好电路后用数字万用表检查电路是否有短路现象，若有，则排除故障后再继续实验。

（4）注意芯片的引脚方向。

（5）测量短路电流 I_{SC} 时，注意电流表的极性和量程。

（6）注意严禁带电操作。

6. 实验报告要求

（1）按内容要求画出测试电路，整理实验数据。

（2）对实验结果及实验中碰到的问题进行分析。

7. 预习要求及思考题

（1）预习要求。

① 掌握常用电子仪器的基本操作方法。

② 复习受控源的工作原理。

③ 根据本实验中给定的电路参数，计算出 R、g_m 及 V_{oc}、I_{oc}、R_0 的值。

（2）思考题。

① 受控源和独立源相比有何异同点？比较 4 种受控源的代号、电路模型、控制量与被控量的关系？

② 4 种受控源中的 r_m、g_m、α 和 μ 的意义是什么？如何测得？

③ 若受控源控制量的极性反向，试问其输出极性是否发生变化？

④ 受控源的控制特性是否适合于交流信号？

实验 5-3 一阶电路时域响应的研究

1. 实验目的

（1）测定 RC 一阶电路的零输入响应、零状态响应及完全响应。

（2）学习电路时间常数的测量方法。

（3）掌握有关微分电路和积分电路的概念。

（4）进一步学会用示波器观测波形。

2. 实验原理

（1）动态网络的过渡过程是十分短暂的单次变化过程。要用普通示波器观察过渡过程和测量有关的参数，就必须使这种单次变化的过程重复出现。为此，我们利用信号发生器输出的方波来模拟阶跃激励信号，即利用方波输出的上升沿作为零状态响应的正阶跃激励信号；利用方波的下降沿作为零输入响应的负阶跃激励信号。只要选择方波的重复周期远大于电路的时间常数 τ，那么电路在这样的方波序列脉冲信号的激励下，它的响应就与直流电接通和断开的过渡过程是基本相同的。

（2）图 5-3-1（b）所示的 RC 一阶电路的零输入响应和零状态响应分别按指数规律衰减和增长，其变化的快慢决定于电路的时间常数 τ。

（3）时间常数 τ 的测定方法：用示波器测量零输入响应的波形如图 5-3-1（a）所示。

根据一阶微分方程的求解得知 $u_c = U_m e^{-t/RC} = U_m e^{-t/\tau}$。当 $t=\tau$ 时，$u_c(\tau)=0.368U_m$。此时所对应的时间就等于 τ。也可用零状态响应波形增加到 $0.632U_m$ 所对应的时间测得，如图 5-3-1（c）所示。

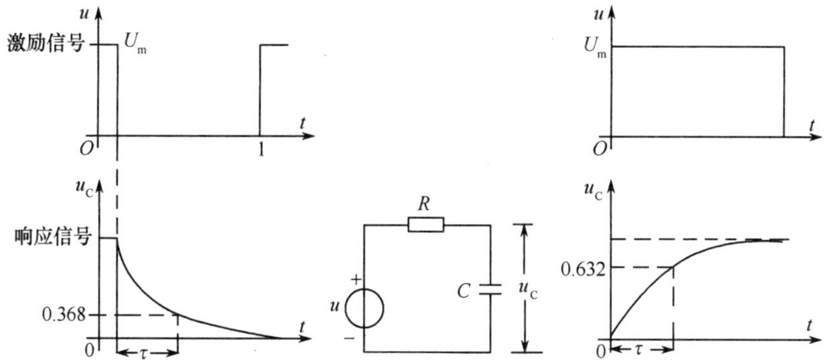

(a) 零输入响应　(b) RC一阶电路　(c) 零状态响应

图 5-3-1　RC 一阶电路的零输入响应与零状态响应

（4）微分电路和积分电路是 RC 一阶电路中较典型的电路，它对电路元件参数和输入信号的周期有着特定的要求。一个简单的 RC 串联电路，在方波序列脉冲的重复激励下，当满足 $\tau=RC\ll T/2$ 时（T 为方波脉冲的重复周期），且由 R 两端的电压作为响应输出，这就是一个微分电路。因为此时电路的输出信号电压与输入信号电压的微分成正比。如图 5-3-2（a）所示，利用微分电路可以将方波转变成尖脉冲。

若将图 5-3-2（a）中的 R 与 C 位置调换一下，如图 5-3-2（b）所示，由 C 两端的电压作为响应输出。当电路的参数满足 $\tau=RC\gg T/2$ 条件时，即称为积分电路。因为此时电路输出信号电压与输入信号电压的积分成正比。利用积分电路可以将方波转变成三角波。

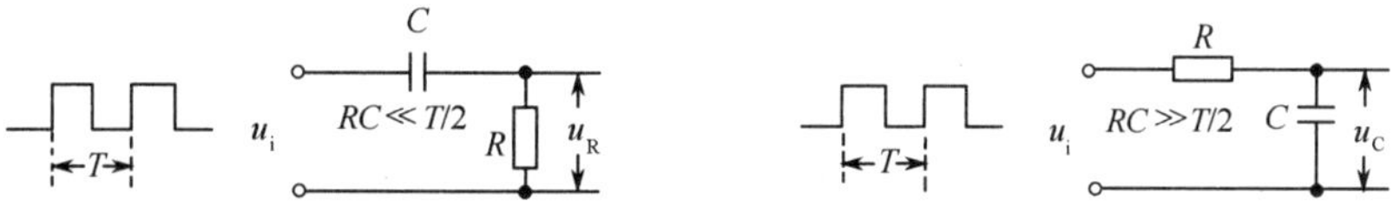

(a) 微分电路　(b) 积分电路

图 5-3-2　微分电路与积分电路

从输入输出波形来看，上述两个电路均起着波形变换的作用，请在实验过程中仔细观察与记录。

3. 实验条件

（1）函数信号发生器　1 台

（2）数字示波器　1 台

（3）模拟电子技术实验箱　1 台

4. 实验内容

（1）从实验箱上选 R=10kΩ、C=6800pF 组成如图 5-3-2（b）所示的 RC 充放电电路。u_i 为信号发生器输出的方波电压信号峰-峰值（V=3V、f=1kHz），通过两根同轴电缆线，将激励源 u_i 和响应 u_C 的信号分别连至示波器的两个输入端 CH1 和 CH2。这时可在示波器的屏幕上观察到激励与响应的变化规律，测算出时间常数 τ。

改变电容值或电阻值，定性地观察对响应的影响，记录观察到的现象。

（2）令 R=10kΩ、C=0.1μF，观察并描绘响应的波形，继续增大 C 的值，定性地观察对响应的影响。

（3）令 C=0.01μF，R=10kΩ，组成如图 5-3-2（a）所示的微分电路。在同样的方波激励信号（峰-峰值 V=3V、f=1kHz）作用下，观测并描绘激励与响应的波形。增减 R 的值，定性地观察对响应的影响，并做记录。当 R 增至 1MΩ 时，输入输出波形有何本质上的区别？

5. 实验注意事项

（1）实验前，需熟读双踪示波器的使用说明书，观察双踪时，要特别注意相应开关、旋钮的操作与调节。

（2）函数信号发生器的接地端与示波器的接地端要连接在一起（称共地），以防外界干扰而影响测量的准确性。

6. 实验报告要求

（1）根据实验观测结果，在坐标纸上绘出 RC 一阶电路充放电时 u_C 的变化曲线，由曲线测得 τ 值，并与参数值的计算结果作比较，分析误差原因。

（2）根据实验观测结果，归纳、总结积分电路和微分电路的形成条件，阐明波形变换的特征。

（3）心得体会及其他。

7. 预习要求与思考题

（1）预习要求。

① 复习 RC 一阶电路的零输入响应、零状态响应及完全响应的概念。

② 熟悉示波器测量时间常数 τ 的方法。

③ 了解积分电路和微分电路的组成。

（2）思考题。

① 什么样的电信号可作为 RC 一阶电路零输入响应、零状态响应和完全响应的激励信号？

② 已知 RC 一阶电路 $R=10\text{k}\Omega$、$C=0.1\mu\text{F}$，试计算时间常数 τ，并根据 τ 值的物理意义，拟定测量 τ 的方案。

③ 何谓积分电路和微分电路，它们必须具备什么条件？它们在方波序列脉冲的激励下，其输出信号波形的变化规律如何？这两种电路有何作用？

实验 5-4 双口网络的频域特性

1. 实验目的

（1）测定无源线性双口网络的幅频特性。

（2）由已知的幅频特性来设计网络参数。

2. 实验原理

（1）网络的频域特性反映了网络对于不同频率输入时，其正弦稳态响应的性质，这对于设计和应用特定网络具有重要的意义。一般以网络函数 $H(\text{j}\omega)$ 表示。

当所研究（图 5-4-1）网络的网络函数为输出电压与输入电压之比时，又称为网络的电压传输特性，即

$$H(\text{j}\omega)=\frac{\dot{V}_2}{\dot{V}_1} \tag{5-4-1}$$

（2）对于图 5-4-2 所示的高通滤波 RC 电路，因为

$$\dot{V}_2=\frac{\dot{V}_1}{\left(R+\dfrac{1}{\text{j}\omega C}\right)}\cdot R=\frac{\text{j}\omega RC}{1+\text{j}\omega RC}\cdot\dot{V}_1$$

所以

$$H(\text{j}\omega)=\frac{\dot{V}_2}{\dot{V}_1}=\frac{\text{j}\omega RC}{1+\text{j}\omega RC}=A(\omega)\angle\phi(\omega) \tag{5-4-2}$$

其中
$$A(\omega)=\frac{\omega RC}{\sqrt{1+(\omega RC)^2}} \tag{5-4-3}$$

是传输特性 $H(\mathrm{j}\omega)$中的幅频特性，显然当 $\omega \ll \frac{1}{RC}$，即低频时，$A(\omega)=\omega RC \ll 1$，当 $\omega \gg \frac{1}{RC}$，即高频时，$A(\omega)=1$，在 $\omega=\frac{1}{RC}$ 时

$$A(\omega)\mid_{\omega=1/RC}=\frac{1}{\sqrt{2}}=0.707 \tag{5-4-4}$$

即
$$\frac{\dot{V}_2}{\dot{V}_1}=0.707$$

图 5-4-1　双口网络电路图

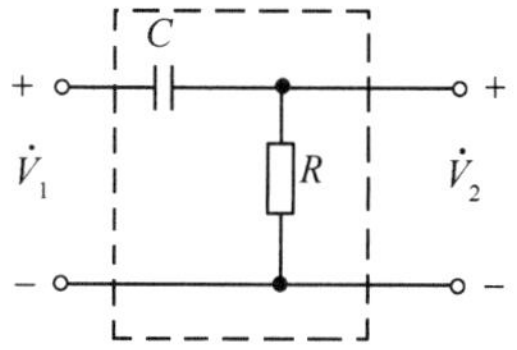

图 5-4-2　高通滤波 RC 电路

通常把 V_2 降低到 $0.707V_1$ 时的角频率 ω 称为截止频率 ω_c，即 $\omega=\omega_c=1/RC$。

幅频特性常用对数表示，定义为

$$L(\omega)=20\lg A(\omega)(\mathrm{dB}) \tag{5-4-5}$$

所以，$A(\omega)$每增加 1 倍，$L(\omega)$增加 6 倍，$A(\omega)$每增加 10 倍，$L(\omega)$增加 20dB。可见，对于图 5-4-2 所示的 RC 电路，由于 $\omega=1/RC$，因此有以下几种情况。

当 $\omega \ll \frac{1}{RC}$，即低频时，$A(\omega)=\omega RC=\frac{\omega}{\omega_c}$，于是有

$$L(\omega)=20\lg A(\omega)=20\lg\frac{\omega}{\omega_c}=20(\lg\omega-\lg\omega_c)$$

当 $\omega \gg \frac{1}{RC}$，即高频时，$A(\omega)=1$，于是有

$$L(\omega)=20\lg A(\omega)=0$$

当 $\omega=\frac{1}{RC}=\omega_c$，$A(\omega)=0.707$，于是有

$$L(\omega)=20\lg A(\omega)=-3(\mathrm{dB})$$

由以上分析可见，高频时，$L(\omega)$就在 ω 轴上，低频时，$L(\omega)$为负值，且为一条在对数坐标图上斜率为 20dB 的直线。$L(\omega)=0$ 和 $L(\omega)=20(\lg\omega-\lg\omega_c)$分别代表网络传输特性在高频和低频时的两条渐进线。以这两条渐进线替代真实的传输特性曲线时，在 $\omega=\omega_c$ 处产生最大误差，根据上面的计算，最大为 3dB。高通双口网络对数幅频特性曲线如图 5-4-3 所示。

（3）对于图 5-4-4 所示的低通滤波 RC 电路，可得

$$H(\mathrm{j}\omega)=\frac{\dot{V}_2}{\dot{V}_1}=\frac{1}{1+\mathrm{j}\omega RC}=A(\omega)\angle\phi(\omega)$$

其中
$$A(\omega)=\frac{1}{\sqrt{1+(\omega RC)^2}}$$

是传输特性 $H(\mathrm{j}\omega)$中的幅频特性。电路的截止频率仍为 $\omega_c=1/RC$，因为 $\omega=\omega_c$时，$A(\omega)=0.707$，这时 $L(\omega)=-3\mathrm{dB}$。

当 $\omega \ll \omega_0=1/RC$，即低频时，$\omega RC \ll 1$，$A(\omega)=1$，则 $L(\omega)=0$。

当 $\omega \gg \omega_c=1/RC$，即高频时，$\omega RC \gg 1$，$A(\omega)=\omega_c/\omega$，则

$$L(\omega)=20\lg A(\omega)=20\lg(\lg\omega_c-\lg\omega)$$

同理，可画出低通双口网络对数幅频特性曲线，如图 5-4-5 所示。

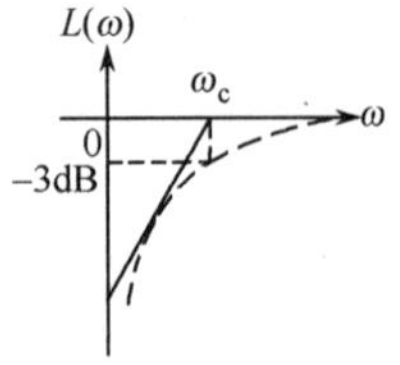

图 5-4-3　高通双口网络对数幅频特性曲线

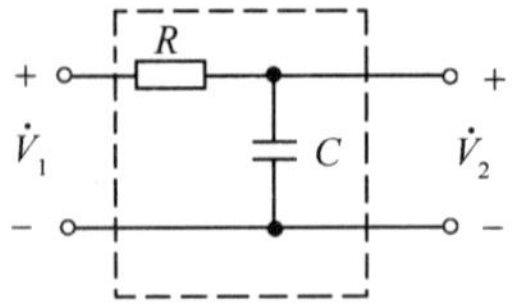

图 5-4-4　低通滤波 RC 电路

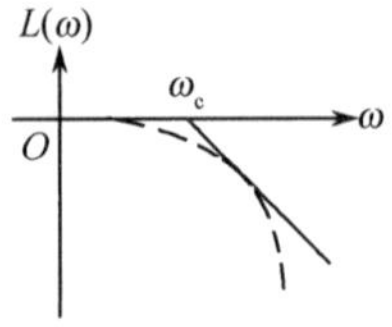

图 5-4-5　低通双口网络对数幅频特性曲线

（4）对于图 5-4-6 所示的带通滤波 RC 电路，不难看出它是图 5-4-2 和图 5-4-4 所示电路的结合，设两种情况下的截止频率分别是 ω_{c1} 和 ω_{c2}，且若 $\omega_{c2} \gg \omega_{c1}$，则它的传输特性应是图 5-4-3 和图 5-4-5 的结合，如图 5-4-7 所示。在图 5-4-7 中，$\omega_{c1}=1/R_1C_1$，$\omega_{c2}=1/R_2C_2$。

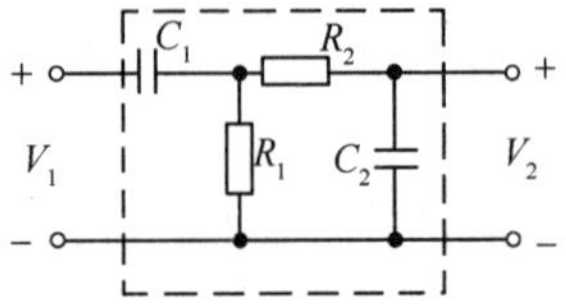

图 5-4-6　带通滤波 RC 电路

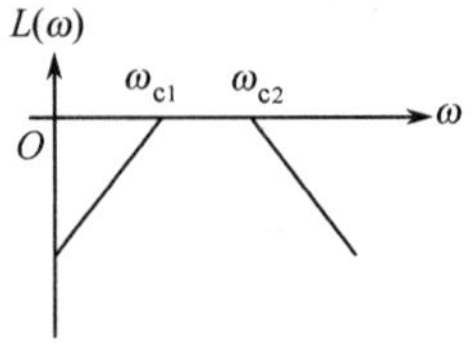

图 5-4-7　带通双口网络对数幅频特性曲线

3. 实验条件

（1）函数信号发生器　　1 台

（2）数字示波器　　1 台

（3）模拟电子技术实验箱　　1 台

4. 实验内容

（1）按图 5-4-2 连接电路，选 $R=10\mathrm{k}\Omega$、$C=0.01\mu\mathrm{F}$，由函数信号发生器输出幅度为 $V_{pp}=1\mathrm{V}$ 的正弦信号，改变函数信号发生器的频率大小，测量高通双口网络的幅频特性曲线。

（2）按图 5-4-4 连接电路，选 $R=10\mathrm{k}\Omega$、$C=0.01\mu\mathrm{F}$，由函数信号发生器输出幅度为 $V_{pp}=1\mathrm{V}$ 的正弦信号，改变函数信号发生器的频率大小，测量低通双口网络的幅频特性曲线。

5. 实验注意事项

（1）在改变函数信号发生器的频率大小时，要保持输入信号的幅度不变。

（2）函数信号发生器的接地端与示波器的接地端要连在一起（称共地），以防外界干扰而影响测量的准确性。

6. 实验报告要求

（1）根据实验观测结果，画出低通双口网络和高通双口网络的幅频特性曲线，并与参数值的计算结果作比较，分析误差原因。

（2）根据实验观测结果，归纳、总结低通双口网络和高通双口网络的特征。

（3）心得体会及其他。

7. 预习要求与思考题

（1）预习要求。

① 认真预习实验指导书中实验原理及说明部分，掌握其原理。

② 根据截止频率确定参数，拟出测量的数据表格。

（2）思考题。

① 测量网络传输特性的意义何在？

② 实验中的误差可能由哪些因素引起？

实验 5–5　RLC 串联谐振电路的研究

1. 实验目的

（1）学习用实验方法绘制 RLC 串联电路的幅频特性曲线。

（2）理解电路发生谐振的条件、特点，掌握电路品质因数（电路 Q 值）的物理意义及其测定方法。

2. 实验原理

（1）在图 5-5-1 所示的 RLC 串联电路中，当正弦交流信号源 U_i 的频率 f 改变时，电路中的感抗、容抗随之而变，电路中的电流也随 f 而变。取电阻上的电压 U_o 作为响应，当输入电压 U_i 的幅值维持不变时，在不同频率的信号激励下，测出 U_o 之值，然后以 f 为横坐标，以 U_o/U_i 为纵坐标（因 U_i 不变，故也可直接以 U_o 为纵坐标），绘出光滑的曲线，此即幅频特性曲线，也称谐振曲线，如图 5-5-2 所示。

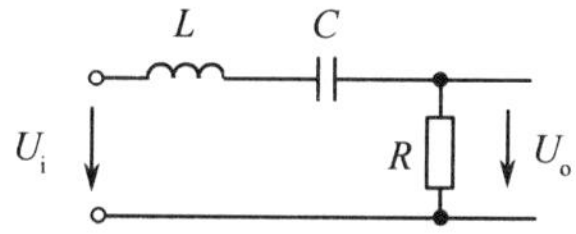

图 5-5-1　RLC 串联电路

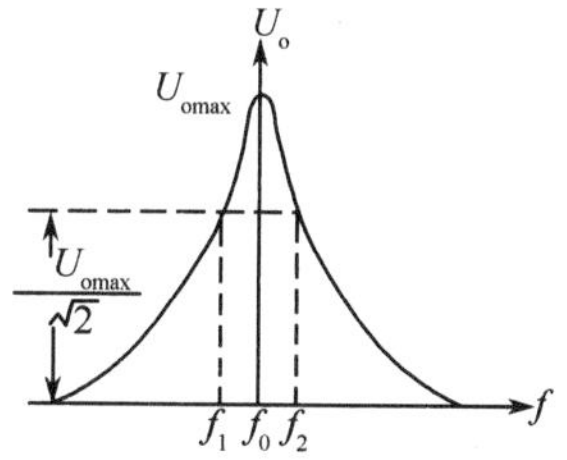

图 5-5-2　RLC 串联电路谐振曲线

（2）在 $f=f_0=\dfrac{1}{2\pi\sqrt{LC}}$ 处，即幅频特性曲线尖峰所在的频率点称为谐振频率。此时 $X_L=X_C$，电路呈纯阻性，电路阻抗的模为最小。当输入电压 U_i 为定值时，电路中的电流达到最大值，且与输入电压 U_i 同相位。从理论上来讲，此时 $U_i=U_R=U_o$，$U_L=U_C=QU_i$，式中的 Q 称为电路的品质因数。

（3）电路品质因数 Q 值的两种测量方法：一种方法是根据公式 $Q=\dfrac{U_L}{U_o}=\dfrac{U_C}{U_o}$ 测定，U_C 与 U_L 分别为谐振时电容器 C 和电感线圈 L 上的电压；另一方法是通过测量谐振曲线的通频带宽度 $\Delta f=f_2-f_1$，再根据 $Q=\dfrac{f_0}{f_2-f_1}$ 求出 Q 值。式中 f_0 为谐振频率，f_2 和 f_1 是失谐时，也即输出电压的幅度下降到最大值的 $1/\sqrt{2}$（$=0.707$）倍时的上、下频率点。Q 值越大，曲线越尖锐，通频带越窄，电路的选择性越好。在恒压源供电时，电路的品质因数、选择性与通频带只决定于电路本身的参数，而与信号源无关。

3. 实验条件

（1）函数信号发生器　　1 台

（2）数字示波器　　1 台

（3）交流毫伏表　　1 台

（4）模拟电子技术实验箱　　　　　　1台

4. 实验内容

（1）在实验箱上按图5-5-3组成监视、测量电路。选 $C=0.01\mu F$，$L=10mH$，$R=1k\Omega$。用交流毫伏表测电压，用示波器监视信号源输出。令函数信号发生器输出电压 $U_i=3V$，并保持不变。

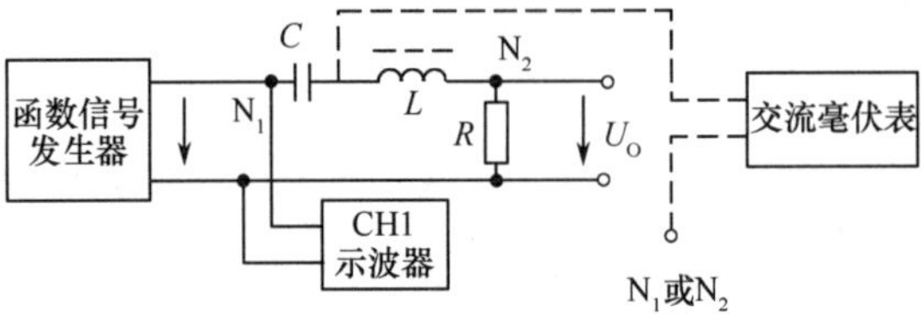

图5-5-3　监视、测量电路

（2）找出电路的谐振频率 f_0，其方法为：①将毫伏表接在 R（1kΩ）两端，令函数信号发生器的频率由小逐渐变大（注意要维持函数信号发生器的输出幅度不变），当 U_o 的读数为最大时，读得函数信号发生器上的频率值即电路的谐振频率 f_0，并测量 U_C 与 U_L 之值（注意及时更换毫伏表的量限）；②调节函数信号发生器频率，示波器取双通道观察，当输入信号波形与电路中电流的波形同相位时，电路达到谐振，此时频率即谐振频率。

（3）在谐振点两侧，按频率递增或递减500Hz或1kHz，依次各取8个测量点，逐点测出 U_o，U_L、U_C 的值，记入表5-5-1中。

表5-5-1　测量数据

f/kHz														
U_o/V														
U_L/V														
U_C/V														
$U_i=3V$，$C=0.01\mu F$，$R=1k\Omega$，$f_0=$______，$f_2-f_1=$______，$Q=$______														

5. 实验注意事项

（1）测试频率点的选择应在靠近谐振频率附近多取几点。在变换频率测试前，应调整信号输出幅度（用示波器监视输出幅度），使其维持在3V。

（2）测量 U_C 和 U_L 数值前，应将毫伏表的量限改大，而且在测量 U_L 与 U_C 时毫伏表的“+”端接 C 与 L 的公共点，其接地端分别触及 L 和 C 的近地端 N_2 和 N_1。

（3）实验中，函数信号发生器的外壳应与毫伏表的外壳绝缘（不共地）。若能用浮地式交流毫伏表测量，则效果更佳。

6. 实验报告要求

（1）根据测量数据，绘出不同 Q 值时3条幅频特性曲线，即

$$U_o=f(f),\ U_L=f(f),\ U_C=f(f)$$

（2）计算出通频带与 Q 值，说明不同 R 值时对电路通频带与品质因数的影响。

（3）对两种不同的测 Q 值的方法进行比较，分析误差原因。

（4）谐振时，比较输出电压 U_o 与输入电压 U_i 是否相等，试分析原因。

（5）通过本次实验，总结、归纳串联谐振电路的特性。

（6）心得体会及其他。

7. 预习要求与思考题

（1）预习要求。

① 巩固 RLC 串联谐振电路的工作原理。

② 掌握电路品质因数（电路 Q 值）的物理意义及其测定方法。

（2）思考题。

① 根据实验线路板给出的元件参数值，估算电路的谐振频率。

② 改变电路的哪些参数可以使电路发生谐振，电路中 R 的数值是否影响谐振频率值？

③ 如何判别电路是否发生谐振？测试谐振点的方案有哪些？

④ 电路发生串联谐振时，为什么输入电压不能太大，如果函数信号发生器给出 3V 的电压，电路谐振时，用交流毫伏表测 U_L 和 U_C，应该选择用多大的量限？

⑤ 要提高 RLC 串联电路的品质因数，电路参数应如何改变？

⑥ 本实验在谐振时，对应的 U_L 与 U_C 是否相等？如有差异，原因何在？

实验 5-6　二端口网络测试

1. 实验目的

（1）加深理解二端口网络的基本原理。

（2）掌握直流二端口网络传输参数的测量技术。

2. 实验原理

对于任何一个线性网络，我们所关心的往往只是输入端口和输出端口的电压和电流之间的相互关系，并通过实验测定方法求取一个极其简单的等值二端口电路来替代原网络，此即“黑盒理论”的基本内容。

（1）一个二端口网络两端口的电压和电流 4 个变量之间的关系，可以用多种形式的参数方程来表示。本实验采用输出口的电压 U_2 和电流 I_2 作为自变量，以输入口的电压 U_1 和电流 I_1 作为应变量，所得的方程称为二端口网络的传输方程，如图 5-6-1 所示的无源线性二端口网络（又称为四端网络）的传输方程为：$U_1=AU_2+BI_2$；$I_1=CU_2+DI_2$，式中的 A、B、C、D 为二端口网络的传输参数，其值完全决定于网络的拓扑结构及各支路元件的参数值。这 4 个参数表征了该二端口网络的基本特性，它们的含义如下。

$$A=\frac{U_{1o}}{U_{2o}}\text{（令 }I_2=0\text{，即输出口开路时）}$$

$$B=\frac{U_{1s}}{U_{2s}}\text{（令 }U_2=0\text{，即输出口短路时）}$$

$$C=\frac{I_{1o}}{U_{2o}}\text{（令 }I_2=0\text{，即输出口开路时）}$$

$$D=\frac{I_{1s}}{I_{2s}}\text{（令 }U_2=0\text{，即输出口短路时）}$$

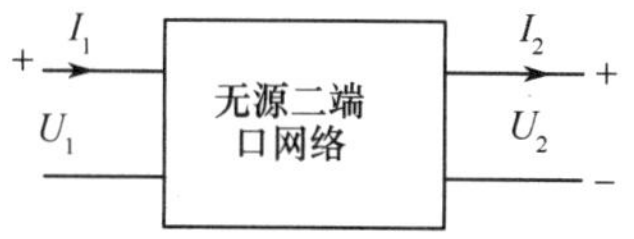

图 5-6-1　无源线性二端口网络

由上可知，只要在网络的输入口加上电压，在两个端口同时测量其电压和电流，即可求出 A、B、C、D 4 个参数，此即双端口同时测量法。

（2）若要测量一条远距离输电线构成的二端口网络，采用同时测量法就很不方便。这时可采用分别测量法，即先在输入口加电压，而将输出口开路和短路，在输入口测量电压和电流，由传输方程可得

$$R_{1o}=\frac{U_{1o}}{I_{1o}}=\frac{A}{C}\text{（令 }I_2=0\text{，即输出口开路时）}$$

$$R_{1s}=\frac{U_{1s}}{I_{1s}}=\frac{B}{D}\text{（令 }U_2=0\text{，即输出口短路时）}$$

然后在输出口加电压，而将输入口开路和短路，测量输出口的电压和电流。此时可得

$$R_{2o}=\frac{U_{2o}}{I_{2o}}=\frac{D}{C}\text{（令 }I_1=0\text{，即输入口开路时）}$$

$$R_{2s}=\frac{U_{2s}}{I_{2s}}=\frac{B}{A}\text{（令 }U_1=0\text{，即输入口短路时）}$$

R_{1o}、R_{1s}、R_{2o}、R_{2s} 分别表示一个端口开路和短路时另一端口的等效输入电阻，这 4 个参数中只有 3 个是独立的，因为 $\frac{R_{1o}}{R_{2o}}=\frac{R_{1s}}{R_{2s}}=\frac{A}{D}$，即 $AD-BC=1$。至此，可求出 4 个传输参数：

$$A=\sqrt{R_{1o}/(R_{2o}-R_{2s})}\text{，}B=R_{2s}A\text{，}C=A/R_{1o}\text{，}D=R_{2o}C$$

（3）二端口网络级联后的等效二端口网络的传输参数也可采用前述的方法之一求得。从理论推得两个二端口网络级联后的传输参数与每一个参加级联的二端口网络的传输参数之间有如下的关系。

$$A=A_1A_2+B_1C_2 \qquad B=A_1B_2+B_1D_2$$

$$C=C_1A_2+D_1C_2 \qquad D=C_1B_2+D_1D_2$$

3. 实验条件

（1）直流稳压电源　　1 台

（2）数字万用表　　1 台

（3）模拟电子技术实验箱　　1 台

4. 实验内容

二端口网络实验线路如图 5-6-2 所示，可利用实验箱提供的元件，将直流稳压电源的输出电压调到 10V，作为二端口网络的输入。

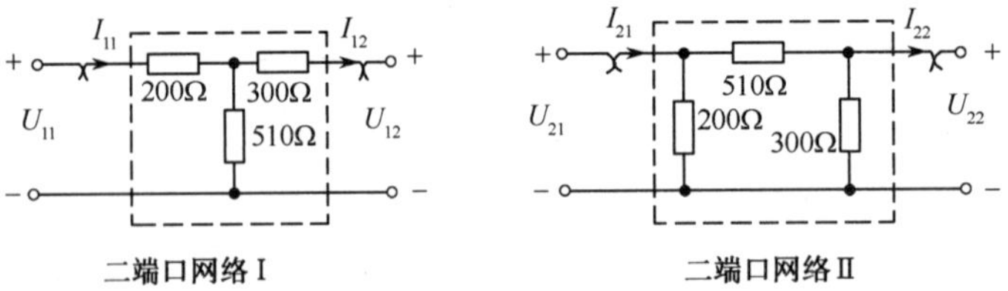

图 5-6-2　二端口网络实验线路

（1）按同时测量法分别测定两个二端口网络的传输参数 A_1、B_1、C_1、D_1 和 A_2、B_2、C_2、D_2，并列出它们的传输方程，将测量结果填入表 5-6-1 和表 5-6-2 中。

表 5-6-1　二端口网络 I 测量数据

		测量值			计算值
二端口网络 I	输出端开路 $I_{12}=0$	U_{11O}/V	U_{12O}/V	I_{11O}/mA	$A_1=$
					$B_1=$
	输出端短路 $U_{12}=0$	U_{11S}/V	I_{11S}/mA	I_{12S}/mA	$C_1=$
					$D_1=$

表 5-6-2　二端口网络 II 测量数据

		测量值			计算值
二端口网络 II	输出端开路 $I_{22}=0$	U_{21O}/V	U_{22O}/V	I_{21O}/mA	$A_2=$
					$B_2=$
	输出端短路 $U_{22}=0$	U_{21S}/V	I_{21S}/mA	I_{22S}/mA	$C_2=$
					$D_2=$

（2）将两个二端口网络级联，即将网络 I 的输出接至网络 II 的输入。用两端口分别测量法测量级联后等效二端口网络的传输参数 A、B、C、D，并验证等效二端口网络传输参数与级联的两个二端口网络传输参数之间的关系（总输入端或总输出端所加的电压仍为 10V），测量数据记入表 5-6-3 中。

表 5-6-3　两个二端口网络级联的测量数据

输入端加电压	输出端开路 $I_2=0$			输出端短路 $U_2=0$			计算传输参数
	U_{10}/V	I_{10}/mA	R_{10}/kΩ	U_{1S}/V	I_{1S}/mA	R_{1S}/kΩ	
输出端加电压	输出端开路 $I_1=0$			输出端短路 $U_1=0$			A=_____
	U_{20}/V	I_{20}/mA	R_{20}/kΩ	U_{2S}/V	I_{2S}/mA	R_{2S}/kΩ	B=_____
							C=_____ D=_____

5. 实验注意事项

（1）用电流插头插座测量电流时，要注意判别电流表的极性及选取适合的量程（根据所给的电路参数，估算电流表量程）。

（2）实验中，如果测得的 I 或 U 为负值，那么计算传输参数时取其绝对值。

6. 实验报告要求

（1）按内容要求画出测试电路，整理实验数据。

（2）对实验结果及实验中碰到的问题进行分析。

7. 预习要求与思考题

（1）预习要求。

① 理解二端口网络的基本理论。

② 掌握二端口网络参数 A、B、C、D 的计算方法。

（2）思考题：举例说明有的二端口网络不宜用开路短路的方法测量参数。对于这种情况提出解决办法。

第 6 章 模拟电子技术基础实验

实验 6–1 单管共发射极放大器的研究

1. 实验目的

（1）学习如何设置放大器的静态工作点及其调整方法。

（2）学习放大器放大倍数的测量方法。

（3）了解单管放大器参数对放大器工作状态和性能的影响。

（4）掌握放大器电路的设计、安装及调试方法。

（5）进一步熟悉晶体管参数的测试。

2. 实验原理

1）原理简述

电阻分压式静态工作点稳定的放大器电路如图 6-1-1 所示。它的偏置电路是采用 R_{B1} 和 R_{B2} 组成的分压电路，并在发射极中接有电阻 R_E，以稳定放大器的静态工作点。当放大器的输入端加入 u_i 后，在放大器的输出端便可得到一个与 u_i 相位相反、幅值被放大了的输出信号 u_o，从而实现了电压放大。

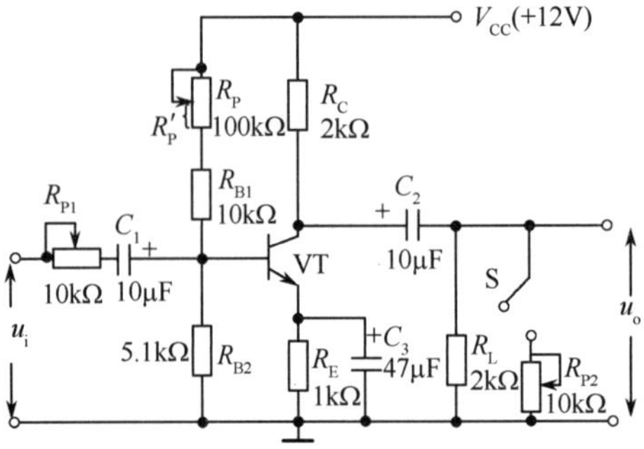

图 6-1-1 电阻分压式静态工作点稳定的放大器电路

2）静态参数分析

在图 6-1-1 所示的电路中，当流过偏置电阻 R_{B1} 和 R_{B2} 的电流远大于晶体管 VT 的基极电流 I_B 时（一般 5～10 倍），则它的静态工作点可用下式估算。

$$V_B \approx \frac{R_{B2}}{R_{B1}+R'_P+R_{B2}} V_{CC} \tag{6-1-1}$$

$$I_C \approx I_E \approx \frac{V_B - V_{BE}}{R_E} \approx (1+\beta) I_B \tag{6-1-2}$$

$$V_{CE} = V_{CC} - I_C (R_C + R_E) \tag{6-1-3}$$

3）动态参数分析

电压放大倍数

$$A_u = -\beta \frac{R_C // R_L}{r_{be}} \tag{6-1-4}$$

输入电阻　$$R_{\rm i}=R'_{\rm P}+R_{\rm B1}//R_{\rm B2}//r_{\rm be} \tag{6-1-5}$$

输出电阻　$$R_{\rm o}\approx R_{\rm C} \tag{6-1-6}$$

4）电路参数的设计

（1）电阻 $R_{\rm E}$ 的选择。根据式（6-1-1）和式（6-1-2）得

$$R_{\rm E}\approx\frac{V_{\rm B}}{(1+\beta)I_{\rm B}} \tag{6-1-7}$$

式中，β 的取值范围应查询元件手册获得；$V_{\rm B}$ 选择 2～3V；$I_{\rm B}$ 可根据 β 和 $I_{\rm CM}$ 选择。

（2）电阻 $R_{\rm B1}$、$R_{\rm B2}$ 的选择。流过 $R_{\rm B2}$ 的电流 $I_{\rm RB}$ 一般为（5～10）$I_{\rm B}$，所以，$R_{\rm B1}$、$R_{\rm B2}$ 可由下式确定。

$$R_{\rm B1}=\frac{V_{\rm CC}-V_{\rm B}}{I_{\rm RB}}, \qquad R_{\rm B2}=\frac{V_{\rm B}}{I_{\rm RB}-I_{\rm B}} \tag{6-1-8}$$

（3）电阻 $R_{\rm C}$ 的选择。根据式（6-1-3）得

$$R_{\rm C}=\frac{V_{\rm CC}-V_{\rm CE}}{\beta I_{\rm B}}-R_{\rm E} \tag{6-1-9}$$

式中，$V_{\rm CE}\approx\frac{1}{2}V_{\rm CC}$，具体选择 $R_{\rm C}$ 时，应满足电压放大倍数$|A_u|$的要求。此外，电容 C_1、C_2 可选择 10μF 左右的电解电容，C_3 可选择 47μF 左右的电解电容。

由于电子器件的分散性较大，因此在实际设计晶体管放大电路时，离不开测量和调试技术。放大电路的测量和调试一般包括：放大器静态工作点的测量与调试、消除干扰与自激振荡及放大器各项动态参数的测量与调试等。

5）测量与调试

放大器的静态参数是指输入信号为零时的 $I_{\rm B}$、$I_{\rm C}$、$V_{\rm BE}$ 和 $V_{\rm CE}$。动态参数为电压放大倍数、输入电阻、输出电阻、最大不失真电压和通频带等。

（1）静态工作点的测量。测量放大器的静态工作点，应在输入信号 $u_{\rm i}=0$ 的情况下进行，即将放大器输入端与地端短接，然后选用量程合适的直流毫安表和直流电压表，分别测量晶体管的集电极电流 $I_{\rm C}$，以及各电极对地的电位 $V_{\rm B}$、$V_{\rm C}$ 和 $V_{\rm E}$。一般实验中，为了避免断开集电极，采用测量电压 $V_{\rm E}$ 或 $V_{\rm C}$，然后算出 $I_{\rm C}$ 的方法。例如，只要测出 $V_{\rm E}$，即可用

$$I_{\rm C}\approx I_{\rm E}=\frac{V_{\rm E}}{R_{\rm E}}$$

算出 $I_{\rm C}$（也可根据 $I_{\rm C}=\frac{V_{\rm CC}-V_{\rm C}}{R_{\rm C}}$，由 $V_{\rm C}$ 确定 $I_{\rm C}$），同时也能算出 $V_{\rm BE}=V_{\rm B}-V_{\rm E}$，$V_{\rm CE}=V_{\rm C}-V_{\rm E}$。

为了减小误差，提高测量精度，应选用内阻较高的直流电压表。

（2）静态工作点的调试。放大器静态工作点的调试是指对三极管集电极电流 $I_{\rm C}$（或 $V_{\rm CE}$）的调整与测试。

静态工作点是否合适，对放大器的性能和输出波形都有很大影响。若工作点偏高，放大器在加入交流信号以后易产生饱和失真，此时 $u_{\rm o}$ 的负半周将被削底，如图 6-1-2（a）所示；若工作点偏低则易产生截止失真，即 $u_{\rm o}$ 的正半周被缩顶（一般截止失真不如饱和失真明显），如图 6-1-2（b）所示。这些情况都不符合不失真放大的要求，所以在选定工作点以后还必须进行动态调试，即在放大器的输入端加入一定的输入电压 $u_{\rm i}$，检查输出电压 $u_{\rm o}$ 的大小和波形是否满足要求。若不满足，则应调节静态工作点的位置。

改变电路参数 $V_{\rm CC}$、$R_{\rm C}$、$R_{\rm B}$（$R_{\rm B1}$、$R_{\rm B2}$）都会引起静态工作点的变化，如图 6-1-2（c）所示。通常多采用调节偏置电阻 $R_{\rm B1}$ 的方法来改变静态工作点，若减小 $R_{\rm B1}$，则可使静态工作点提高等。

所谓的工作点“偏高”或“偏低”不是绝对的，应该是相对于信号的幅度而言的，如果输入信号幅度很小，即使工作点较高或较低也不一定会出现失真。因此，确切地说，产生波形失真是信号幅度与静态工作点设置配合不当所致。如需满足较大信号幅度的要求，静态工作点最好尽量靠近交流负载线的中点。

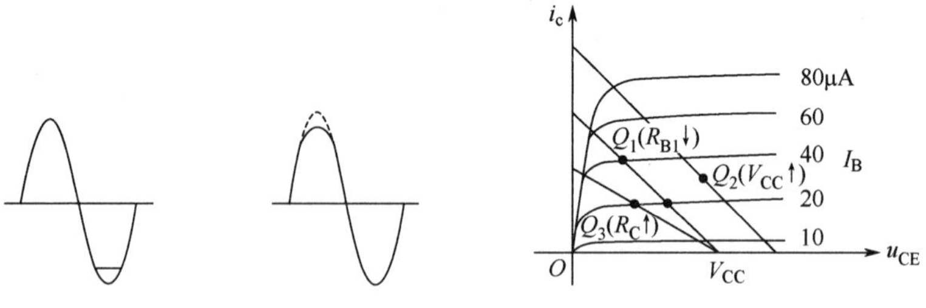

（a）　（b）　（c）

图 6-1-2　电路参数对静态工作点的影响

（3）电压放大倍数 A_u 的测量。调整放大器到合适的静态工作点，然后加入输入电压 u_i，在输出电压 u_o 不失真的情况下，用交流毫伏表测出 u_i 和 u_o 的有效值 U_i 和 U_o，则

$$A_u=\frac{U_o}{U_i} \tag{6-1-10}$$

（4）输入电阻 R_i 的测量。放大器输入电阻的大小反映放大器消耗前级信号功率的大小。为了测量放大器的输入电阻，在被测放大器的输入端与信号源之间串入一已知电阻 R，如图 6-1-3 所示。在放大器正常工作的情况下，用交流毫伏表测出 U_S 和 U_i，则根据输入电阻的定义可得

$$R_i=\frac{U_i}{I_i}=\frac{U_i}{\dfrac{U_R}{R}}=\frac{U_i}{U_S-U_i}R \tag{6-1-11}$$

测量时应注意下列几点。

① 由于电阻 R 两端没有电路公共接地点，因此测量 R 两端电压时必须分别测出 U_S 和 U_i，然后按 $U_R=U_S-U_i$ 求出 U_R 值。

② 电阻 R 的值不宜取得过大或过小，以免产生较大的测量误差，通常取 R 与 R_i 为同一数量级，本实验可取 $R=1\sim10\text{k}\Omega$。

（5）输出电阻 R_o 的测量。如图 6-1-3 所示，在放大器正常工作的条件下，测出输出端不接负载 R_L 的输出电压 U_o 和接入负载后的输出电压 U_L，根据

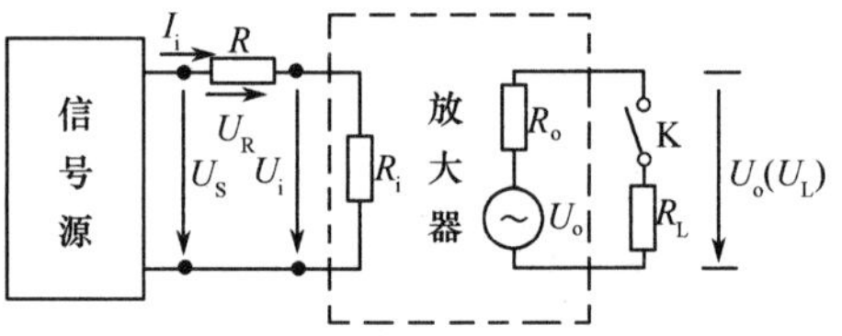

图 6-1-3　输入/输出电阻测量电路

$$U_L=\frac{R_L}{R_o+R_L}U_o \tag{6-1-12}$$

即可求出

$$R_o=\left(\frac{U_o}{U_L}-1\right)R_L \tag{6-1-13}$$

在测试中应注意，必须保持 R_L 接入前后输入信号的大小不变。

（6）最大不失真输出电压 U_{OPP} 的测量（最大动态范围）。如上所述，为了得到最大动态范围，应将静态工作点调在交流负载线的中点。为此在放大器正常工作的情况下，逐步增大输入信号的幅度，并同时调节 R_P（改变静态工作点），用示波器观察 u_o，当输出波形同时出现削底和缩顶现象时，如图 6-1-4 所示，说明静态工作点已调在交流负载线的中点。然后反复调整输入信号，使波形输出

幅度最大，且无明显失真时，用交流毫伏表测出 U_o（有效值），则动态范围等于 $2\sqrt{2}U_o$，或用示波器直接读出 U_{OPP} 的值。

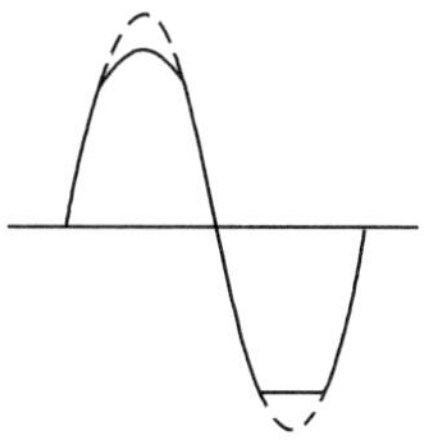

图 6-1-4 静态工作点正常、输入信号太大引起的失真

（7）放大器幅频特性的测量。放大器的幅频特性是指放大器的电压放大倍数 A_u 与输入信号频率 f 之间的关系曲线。单管阻容耦合放大电路的幅频特性曲线如图 6-1-5 所示，A_{um} 为中频电压放大倍数，通常规定电压放大倍数随频率变化下降到中频放大倍数的 $1/\sqrt{2}$倍，即 $0.707A_{um}$ 所对应的频率分别称为下限频率 f_L 和上限频率 f_H，则通频带 $f_{BW}=f_H-f_L$。

放大器的幅频特性就是测量不同频率信号时的电压放大倍数 A_u。为此，可采用前述测 A_u 的方法，每改变一个信号频率，测量其相应的电压放大倍数，测量时应注意取点要恰当，在低频段与高频段应多测几点，在中频段可以少测几点。此外，在改变频率时，要保持输入信号的幅度不变，且输出波形不失真。

常用的晶体三极管引脚排列如图 6-1-6 所示。

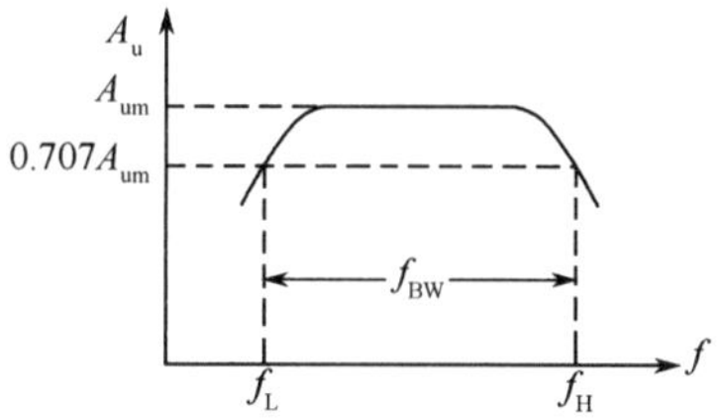

图 6-1-5 单管阻容耦合放大电路的幅频特性曲线

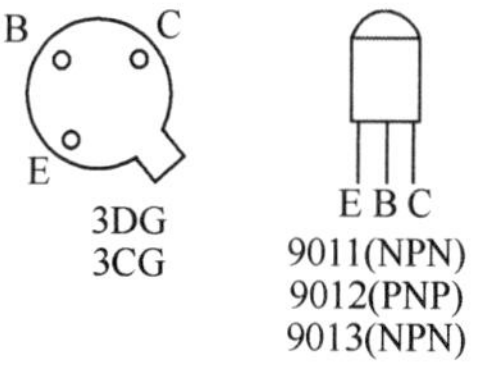

图 6-1-6 常用的晶体三极管引脚排列

3. 实验条件

（1）函数信号发生器 1 台
（2）数字示波器 1 台
（3）直流稳压电源 1 台
（4）数字式三用表 1 块
（5）低频实验箱 1 个
（6）三极管 9013 1 个

4. 实验内容及步骤

1）直流工作点的调整与测量

接通直流稳压电源＋12V，调节 R_P，使 $V_B=2\sim3V$，用三用表直流电压挡测三极管三极分别对地的电压，计算出 V_{BEQ}、V_{CEQ} 填入表 6-1-1 中。

表 6-1-1 直流工作点的测量

测 量 值			计 算 值	
V_B/V	V_E/V	V_C/V	V_{BEQ}/V	V_{CEQ}/V

2）放大倍数的测量

在放大器输入端接入 f=1kHz、U_i=20mV（有效值）的正弦信号，在输出端负载 R_L 上用示波器监视输出波形，在波形无明显失真时，测出输出电压幅度，算出电压增益（A_u≥60），填入表 6-1-2 中。

表 6-1-2　放大倍数的测量

U_{ipp}	U_{opp}	A_u	波形图
			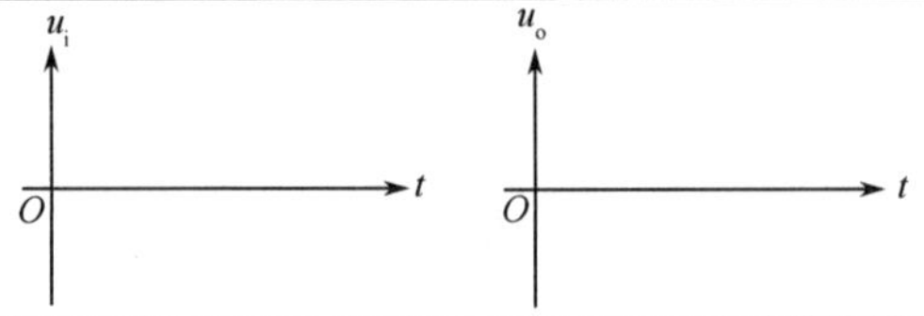

3）观察失真波形

改变 R_P，观察输出波形失真情况。

（1）调节 R_P 到最大，适当调节输入信号幅度，用示波器观察截止失真，记录截止失真波形；填入表 6-1-3 中。

（2）调节 R_P 到最小，适当调节输入信号幅度，用示波器观察饱和失真，记录饱和失真波形。填入表 6-1-3 中。

表 6-1-3　观察失真波形

R_P	波形图	失真情况
$R_P=\infty$		
$R_P=0$		

4）测量输入/输出阻抗

半电压法测量输入/输出阻抗示意图如图 6-1-7 所示。

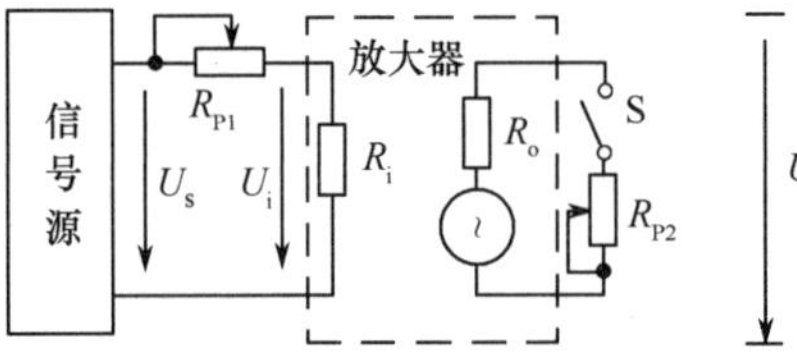

图 6-1-7　半电压法测量输入/输出阻抗示意图

当 U_s=20mV，调节 R_{P1} 使 U_i=10mV，断开 R_{P1}，用三用表电阻挡测量 R_{P1} 的阻值，即为放大器的输入阻抗 R_i。断开 R_L，测 U_{o1}，再接通开关 S，调节 R_{P2} 使输出电压 $U_o=U_{o1}/2$，断开 R_{P2}，用三用表电阻挡测量出 R_{P2} 的阻值，即为放大器的输出阻抗 R_o。测量值填入表 6-1-4 中。

表 6-1-4　输入/输出阻抗的测量

U_s/mV	U_i/mV	R_i/kΩ		U_{o1}/V	U_o/V	R_o/kΩ	
		测量值	计算值			测量值	计算值

5）最大不失真动态范围的测量

为了得到最大动态范围，应将静态工作点调在交流负载线的中点。为此，在放大器正常工作的情况下，逐步增大输入信号的幅度，并同时调节 R_P（改变静态工作点），用示波器观察波形，当输出波形同时出现削底和缩顶失真时，说明静态工作点已调在交流负载线的中点。然后反复调整输入信号，使波形输出幅度最大，且无明显失真，此时，在示波器上直接读出 U_{opp} 值。

6）放大器幅频特性的测量

保持 U_i=20mV（有效值）的正弦信号不变，分别向高频段和低频段调节信号源的频率，使高频段和低频段时放大器的输出电压分别等于中频时的 $1/\sqrt{2}$ 倍，即 $U_{oh}=U_{ol}=0.707U_o$，也就是 $A_{uh}=A_{ul}=0.707A_u$，从而测量出放大器的上限频率 f_h 和下限频率 f_l，即通频带 $f_{bw}=f_h-f_l$ 测量结果填入表 6-1-5 中。

表 6-1-5　幅频特性的测量

	f_l	f_o	f_h
f/kHz			
U_o/V			
$A_u=U_o/U_i$			

5. 注意事项

（1）实验前应检查连接线的好坏。

（2）连接好电路后用数字万用表检查电路是否有短路现象，若有，则排除故障后再继续实验。

（3）测量交流信号时注意测量线的共地问题。

（4）严禁在接通电源的情况下，进行电路连接或装拆器件。

6. 实验报告要求

（1）预习报告中，应画出实验电路图，将各测量参数的理论值计算出来，作为实验值的参照。

（2）严格按照测试的结果记录各波形。

（3）回答思考题。

7. 预习要求与思考题

（1）预习要求。

① 三极管输入/输出特性曲线。

② 单管放大器的基本工作原理。

③ 用 Multisim 14 仿真软件对电路进行仿真、分析。

（2）思考题。

① 请标出图 6-1-8 中的 3 个电解电容 C_1、C_2 和 C_3 的正、负极性。

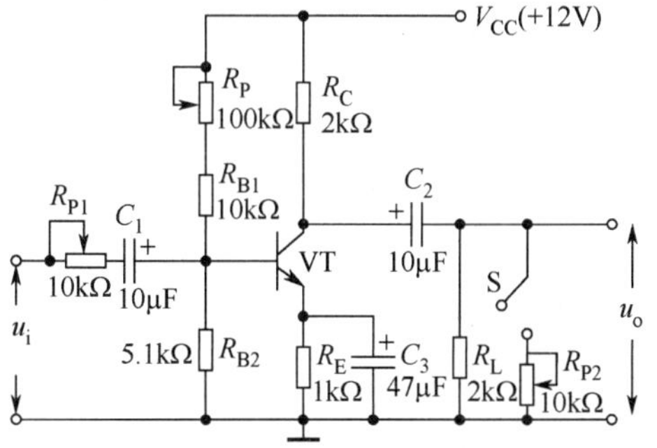

图 6-1-8　单管共发射极放大器

② 图 6-1-9 中三极管 9013 的正确引脚排列顺序是（　　）。

A. 从左到右 b、e、c

B. 从左到右 c、e、b

C. 从左到右 e、b、c

图 6-1-9　三极管 9013

③ 如图 6-1-8 所示，若电位器 R_P 旋至最大，输出波形可能会出现（　　）失真；若电位器 R_P 旋至最小，输出波形可能会出现（　　）失真。

④ 测量电路输出波形的峰-峰值时，应使用（　　）仪器测量。

A. 示波器　　B. 数字万用表　　C. 直流稳压电源　　D. 都可以

⑤ 如图 6-1-8 所示，若三极管 9013 的 β =180，估算放大器的静态工作点、电压放大倍数、输入电阻和输出电阻。

（3）思考题。

① 实验电路的参数 R_E、R_L 及 V_{CC} 的变化，对输出信号的动态范围有何影响？如果信号加大，输出信号的波形将产生什么失真？

② 本实验在测量放大倍数时，使用示波器而不用万用表，为什么？

③ 测一个放大器的输入电阻时，若选取的串入电阻过大或过小，则会出现测量误差，请分析测量误差。

④ 在示波器屏幕上显示 NPN 型和 PNP 型两种晶体管输出信号波形，两种晶体管的饱和失真波形有何区别，为什么？

实验 6–2　结型场效应管共源放大电路

1. 实验目的

（1）了解结型场效应管的性能和特点。

（2）进一步熟悉放大器参数的测试方法。

2. 实验原理

场效应管是一种较新型的半导体器件，其外形与普通晶体管相似，但两者的控制特性截然不同。普通晶体管是电流控制元件，通过控制基极电流达到控制集电极电流或发射极电流的目的，即信号源必须提供一定的电流才能工作。因此，它的输入电阻较低，仅有几千欧。场效应管则是电压控制元件。它的输出电流决定于输入端电压的大小，基本上不需要信号源提供电流，所以它的输入电阻很高，可高达 10^9～$10^{10}\Omega$，这是它的突出特点。此外，场效应管还具有热稳定性好、抗辐射能力强、噪声系数小等优点，所以现在已被广泛应用于放大电路和数字电路中。场效应管按结构可分为结型和绝缘栅型两种，场效应管转移特性曲线如图 6-2-1 所示。

结型场效应管共源放大电路如图 6-2-2 所示。静态时

$$V_{GS}=V_G-V_S=\frac{R_{G2}}{R_{G1}+R_{G2}}V_{DD}-I_DR_S$$

考虑到图 6-2-1 所示的转移特性，可用下式表示。

$$I_D=I_{DSS}\left(1-\frac{V_{GS}}{V_P}\right)^2 \quad 和 \quad g_m=\frac{\Delta i_D}{\Delta V_{GS}} \tag{6-2-1}$$

将式（6-2-1）和式（6-2-2）联立求解，即可求出静态工作点。

图 6-2-2 所示共源放大电路的电压放大倍数为

$$A_u=-g_mR'_L,\ R'_L=R_D/\!/R_L \tag{6-2-2}$$

输入电阻　$$R_i = R_G + R_{G1} // R_{G2} \tag{6-2-3}$$

输出电阻　$$R_o = R_d \tag{6-2-4}$$

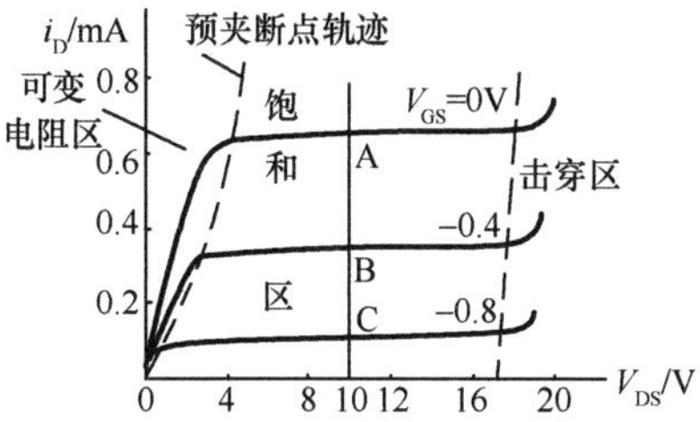

图 6-2-1　场效应管转移特性曲线

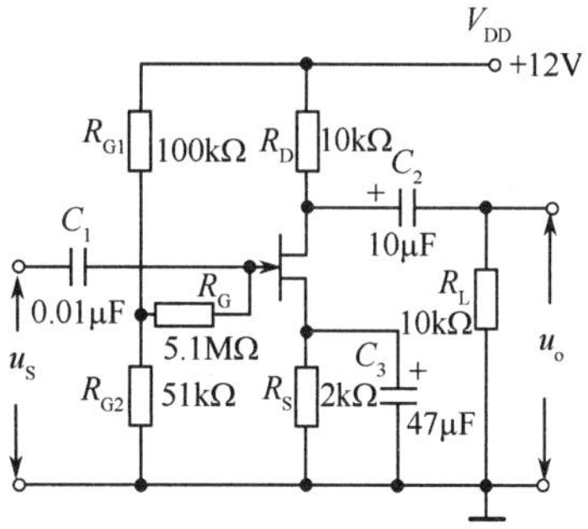

图 6-2-2　结型场效应管共源放大电路

3. 实验条件

（1）数字万用表　1 块

（2）直流稳压电源　1 台

（3）示波器　1 台

（4）函数信号发生器　1 台

（5）交流毫伏表　1 台

（6）低频实验箱　1 台

（7）K30 场效应管　1 个

4. 实验内容及步骤

（1）按图 6-2-2 接好电路。用数字万用表电阻挡检查电路是否有短路现象，如有请排除故障。

（2）测量静态工作点：接通电源 V_{DD}，用数字万用表测量 V_G（调节 R_{G2}，使 $U_G=0$），此时测量出 V_S、V_D，算出 V_{GS}、V_{DS} 和 I_D，$I_D=V_S/R_S$，填入表 6-2-1 中。

（3）测量电压放大倍数 A_u、输入电阻 R_i 和输出电阻 R_o，填入表 6-2-2 中。

① 在电路的输入端接入频率为 1kHz、有效值为 0.2V 的正弦信号，调节 R_{G2}，用示波器监视输出波形，在输出波形最大不失真时，用交流毫伏表分别测量 $R_L=\infty$ 和 $R_L=10\text{k}\Omega$ 时的输出电压 U_o，计算出电压增益 A_u 和 R_o。

② 在电路输入端加入 $R=10\text{k}\Omega$ 的电位器，用半电压法测量输入电阻 R_i。

表 6-2-1　静态工作的测量

测　量　值			计　算　值	
V_G/V	V_D/V	V_S/V	V_{GS}/V	V_{DS}/V

表 6-2-2　放大倍数输入电阻的测量

A_u/V	R_i/kΩ	R_o/kΩ

5. 注意事项

（1）实验前应检查连接线的好坏。使用时注意不要用力拉拔导线以防连接线损坏。

（2）连接好电路后用数字万用表检查电路是否有短路现象，若有，则排除故障后再继续实验。

（3）测量交流信号时注意测量线的共地问题。

（4）注意场效应管的极性。

6. 实验报告要求

（1）在预习报告中应画出实验电路图，将各测试量的理论值计算出来，作为实验值的参照。

（2）严格按照测试的结果记录各波形。

（3）回答思考题。

7. 预习要求及思考题

（1）预习要求。

① 复习场效应管输入/输出特性曲线。

② 复习场效应管放大器的基本工作原理。

③ 实验电路中采用 K30 场效应管，估算电路中的静态工作点、电压放大倍数、输入/输出阻抗。

④ 用 Multisim 14 仿真软件对电路进行仿真、分析。

（2）思考题。

① 场效应管有没有电流放大倍数 β，为什么？

② 将场效应管放大器与晶体管放大器进行比较，总结场效应管放大器的特点。

③ 在测量场效应管放大电路的静态工作电压 V_{GS} 时，可否用数字万用表直接在 G、S 两端测量，为什么？试比较 V_{GS} 的直接测量值和间接测量值（测出 V_G 和 V_S，然后求 V_{GS}）之间的差异。

实验 6-3　负反馈对放大器的影响

1. 实验目的

（1）学习负反馈放大器的参数测量方法。

（2）加深理解负反馈放大器性能的影响。

（3）了解不同形式的负反馈对放大器输入/输出阻抗及放大倍数的影响。

2. 实验原理

在放大电路中，由于晶体管的参数会随着环境条件的改变而改变，特别是温度的变化，不仅会使放大器的工作点、放大倍数不稳定，还存在失真、干扰等问题。为改善放大器的性能，常常在放大器中加入反馈网络。

反馈就是把放大器输出量（电压或电流）的一部分或全部通过一定的方式送回到输入回路的过程。反馈有交流反馈和直流反馈，交流反馈用于改善放大器的动态性能，直流反馈用于稳定工作点。根据输出端取样方式和输入端比较方式的不同，可以把负反馈放大器分为 4 种基本组态：电压串联负反馈、电流串联负反馈、电压并联负反馈、电流并联负反馈。

负反馈放大器可以使放大器的许多性能指标得以改善，它可以提高放大器增益的稳定性；改变放大器输入、输出阻抗，以满足系统匹配的不同需要；提高放大器的信噪比；扩展放大器的通频带；提高放大器输入信号的动态范围；降低放大器的增益。

反馈对放大器性能的改善程度，取决于反馈量的大小。反馈深度是衡量反馈强弱的重要物理量，记为 $1+AF$。其中 A 为开环增益；F 为反馈系数。若引入负反馈后的闭环增益为 A_f，则

$$1+AF=A/A_f \tag{6-3-1}$$

从上面的分析可知，引入负反馈会使放大器的增益降低。事物是一分为二的，负反馈虽然牺牲了放大器的放大倍数，但它改善了放大器的其他性能指标，因此负反馈在放大器中仍得到广泛的应用。

本实验着重研究电流串联负反馈放大器。电路中加入电流串联负反馈后，使放大器的输入、输出阻抗增加，通频带展宽，但电压增益降低。电流串联负反馈放大器电路如图 6-3-1 所示。

3. 实验条件

（1）函数信号发生器　1 台
（2）数字示波器　1 台
（3）直流稳压电源　1 台
（4）数字万用表　1 块
（5）交流毫伏表　1 台
（6）低频实验箱　1 台
（7）三极管 9013　1 个

4. 实验内容及步骤

1）实验内容

（1）测量原放大器的性能。

（2）研究电流串联负反馈对放大器的影响。

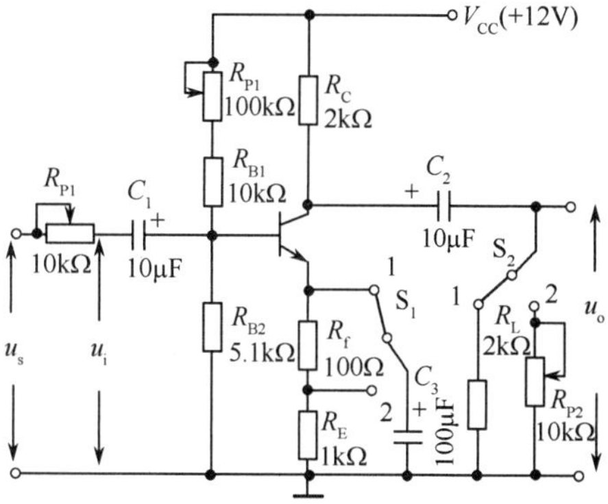

图 6-3-1　电流串联负反馈放大器电路

2）实验步骤

（1）将 S_1 置于“1”，S_2 置于“1”，R_{P1} 调至 0Ω，测量原放大器的性能。

① 在输入端加入 f=1kHz、$U_S=U_i$=10mV 的正弦信号，用示波器监视输出电压 u_o 的波形，在波形不失真的情况下，测出 u_o 的值，计算放大器的电压增益 A_u，填入表 6-3-1 中。

表 6-3-1　电压增益的测量及波形

U_{ipp}	U_{opp}	A_u	波形图
			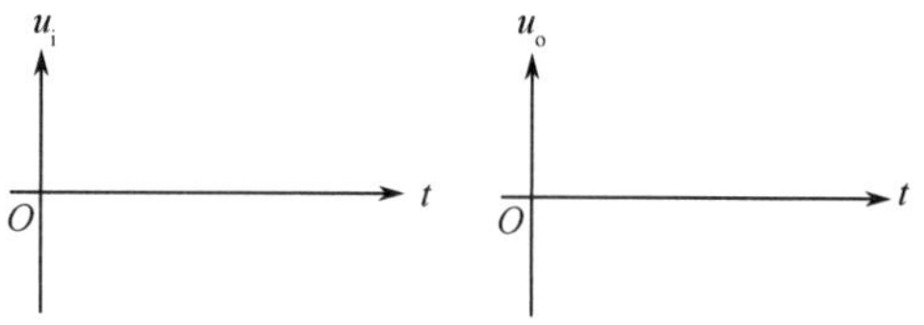

② 保持输入信号的幅度不变，分别向高频段和低频段调节信号源的频率，使高频段和低频段时放大器的输出电压分别等于中频时的 $1/\sqrt{2}$，即 $U_{oh}=U_{ol}=0.707U_o$，也就是 $A_{uh}=A_{ul}=0.707A_u$，从而测量出放大器的上限频率 f_h 和下限频率 f_l，即通频带 $f_{BW}=f_h-f_l$。测量值填入表 6-3-2 中。

③ 保持 U_s=10mV 不变，调节 R_{P1} 使 U_i=5mV，断开 R_{P1}，用数字万用表的电阻挡测量 R_{P1} 的阻值，即放大器的输入阻抗 R_i。

④ 将 S_2 断开，测量 U_o，再将 S_2 接 2，调节 R_{p_2} 使输出电压 U_o 下将为一半，断开 S_2，用数字万用表电阻挡测量出 R_{W2} 的阻值，即放大器的输出阻抗。

（2）将 S_1 置于“2”，S_2 置于“1”，此时电路构成电流串联负反馈放大器。

① 当放大器串联接入负反馈后，将使放大器输入信号抵消掉一部分，为了保持放大器接入负反馈前后输出电压的幅值不变，需要将输入信号大大提高。

② 按原放大器各参数的测量方法，再测量电流串联负反馈放大器的电压增益、输入/输出阻抗及通频带。测量数据填入表 6-3-3 中。

表 6-3-2　通频带的测量

	f_l	f_o	f_h
f/kHz			
U_o/V			
$A_u=U_o/U_i$			

表 6-3-3　电压增益、输入、输出阻抗及通频带的测量

A_u	R_i	R_o	f_h-f_l

5. 注意事项

（1）实验前应检查连接线的好坏，使用时注意不要用力拉拔导线以防连接线损坏。

（2）连接好电路后用数字万用表检查电路是否有短路现象，若有，则排除故障后再继续实验。

（3）测量交流信号时注意测量线的共地问题。

（4）测量通频带时应保持输入信号幅度不变。

6. 实验报告要求

（1）整理各项数据和波形，并与理论值相比较，分析误差大小。

（2）由实验结果讨论电压串联负反馈对放大器的影响。

（3）回答思考题。

7. 预习要求及思考题

（1）预习要求。

① 复习负反馈的工作原理。

② 实验电路中采用电流串联负反馈，选用 9013 三极管，估算电路中的静态工作点、电压放大倍数、输入/输出阻抗。

③ 用 Multisim 14 仿真软件对电路进行仿真、分析。

（2）思考题。

① 如果将电路接为电压并联负反馈放大器，电路参数会如何变化？

② 总结电流串联负反馈对放大器的影响。

③ 能否说 $1+AF$ 越大，负反馈效果越好？

实验 6-4　功率放大器

1. 实验目的

（1）了解功率放大器的工作原理和使用特点。

（2）学习功率放大电路指标的测量方法。

（3）训练观察问题和解决问题的能力。

2. 实验原理

1）TDA2030 集成功放

集成功放实际上是一个集成化的互补推挽功率放大电路。TDA2030 集成功放的内部电路原理如图 6-4-1 所示，图 6-4-2 所示为其外形封装。

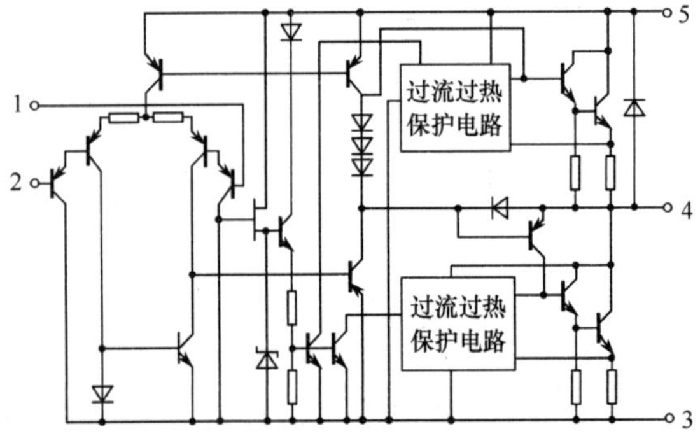

图 6-4-1　TDA2030 集成功放的内部电路原理

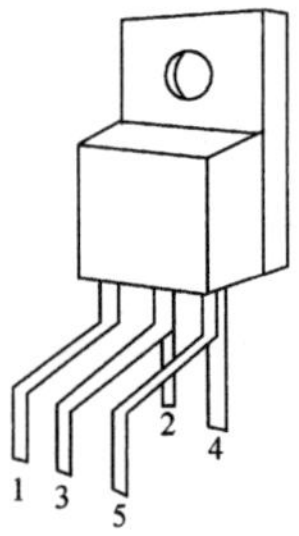

图 6-4-2　TDA2030 集成功放的外形封装

互补对称推挽电路由正负电源供电，电源电压为 V_{CC} 时，其最大输出功率的理想值为

$$P_{om}=V_{CC}^2/(2R_L) \tag{6-4-1}$$

实际上输出管的饱和压降随着输出电流的增加而有一定增加，所以实际输出功率还要乘上一个小于 1 的系数 K。

$$P_{om}=KV_{CC}^2/(2R_L) \tag{6-4-2}$$

按照一般经验，R_L 阻值为 8Ω 时，K 取 0.7；R_L 阻值为 4Ω 时，K 取 0.6。

随着输出功率的变化，电路的效率也会改变。功放电路的最大效率是指最大输出功率时，输出功率与电源提供功率的比值。

$$\eta_{max}=P_{om}/P_E \tag{6-4-3}$$

功放电路的功率增益（A_P）是输出功率和输入功率的比值，通常用分贝表示，即

$$A_P=10\lg (P_o/P_i) \tag{6-4-4}$$

输出功率是负载上电压和电流的乘积，输入功率则为放大器输入电压和输入电流的乘积。

非线性失真度是被测信号中除基波以外各次谐波电压总的有效值与基波电压有效值的百分比。

$$\gamma=\frac{\sqrt{v_2^2+v_3^2+\cdots+v_n^2}}{v_1}\times 100\% \tag{6-4-5}$$

2）TDA2822 **集成功放**

TDA2822 是意法半导体（ST）开发的双通道单片功率放大集成电路，具有工作电压低、低于 1.8V 时仍能正常工作、集成度高、外围元件少以及音质好的特点，通常应用于收音机、随身听、耳机放大器等小功率放大电路中。TDA2822 引脚如图 6-4-3 所示，TDA2822 引脚符号及功能如表 6-4-1 所示。

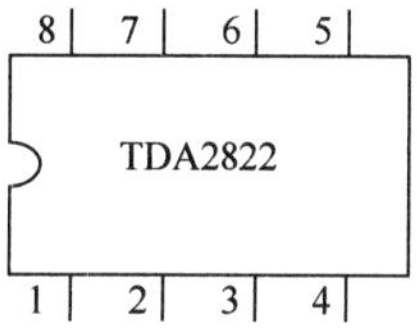

图 6-4-3　TDA2822 引脚

表 6-4-1　TDA2822 引脚符号及功能

引出端	符号	功能	引出端	符号	功能
1	OUT1	输出端 1	5	IN2（-）	反相输入端 2
2	VCC	电源	6	IN2（+）	同相输入端 2
3	OUT2	输出端 2	7	IN1（+）	同相输入端 1
4	GND	地	8	IN1（-）	反相输入端 1

3. 实验条件

（1）数字示波器　1 台
（2）函数信号发生器　1 台
（3）双路稳压电源　1 台
（4）晶体管毫伏表　1 台
（5）数字万用表　1 块
（6）低频实验箱　1 台
（7）TDA2030　1 个
（8）TDA2822　1 个

4. 实验内容及步骤

1）TDA2030 **集成功放**

图 6-4-4 所示为 TDA2030 功率放大集成电路，首先分析电路各元件的功能，当电路工作不正常时，应能正确判断故障原因。正确连接电路，确认电路连接无误。

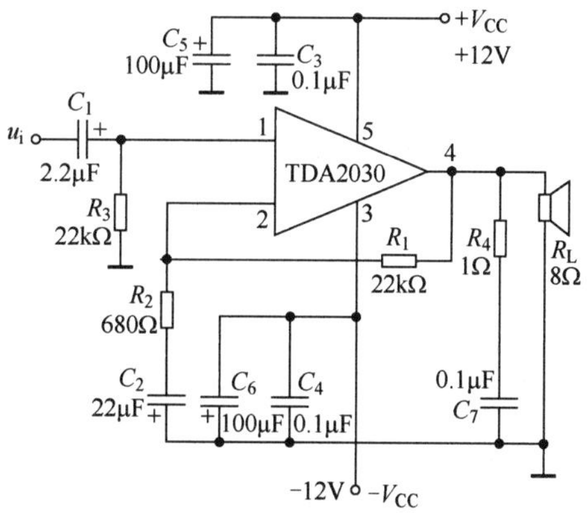

图 6-4-4　TDA2030 功率放大集成电路

接入负载电阻之前，先接通直流电源，测量各端直流电压，特别是输出端电压。如果输出电压不为零，要仔细查明原因，然后才能接入负载。

（1）观察波形。在输入端加入 1kHz 的正弦信号，幅值从零逐渐加大。观察输出波形，特别要仔细观察交越失真现象。比较两个输入端的信号波形，如果有差异说明什么？加大输入信号时正负半周是否同时出现削顶失真？如果不同，说明什么？

（2）测量最大不失真功率。在输出波形刚要削顶时，测量输出电压值，计算输出功率。

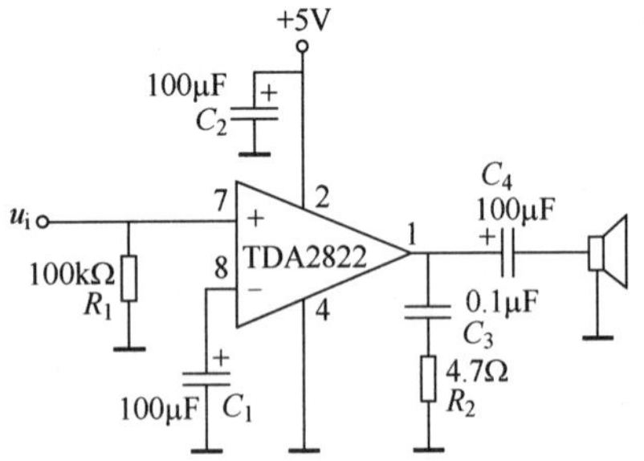

图 6-4-5　TDA2822 功率放大集成电路

（3）测量电路的最大效率。在最大不失真功率下，测出电源电流，算出电源功率，进而算出最大效率。

（4）测量功率增益。分别测出输出功率和输入功率，然后求出功率增益。

2）TDA2822 **集成功放**

图 6-4-5 所示为 TDA2822 功率放大集成电路，R_1 是输入偏置电阻，C_1 是负反馈端的接地电容，R_2、C_3 是高次谐波抑制电路，用于防止电路振荡。

在输入端加入 1kHz 的正弦信号，幅度从零开始逐渐加大。观察输出波形，当输出信号波形不失真且幅度最大时，记录此时的 U_{omm} 值。根据测得的 U_{omm} 值，结合信号源当前的输入幅度，计算最大输出功率 P_{om}、电压增益 A_u；测量电路的总电流（在电源和芯片的 2 脚之间串联接入一个电流表），计算电路的最大效率 η_m。将所有数据填入表 6-4-2 中。

表 6-4-2　TDA2822 参数测量

U_{omm}	P_{om}	A_u	η_m

5. 注意事项

（1）功率放大器输出电压电流都较大，实验过程中要特别注意安全，绝不能出现短路现象，以防烧毁功放集成电路。

（2）输出功率较大时，功放集成电路会发烫。为了防止过热烧毁集成块，尽可能加上散热器。

（3）功放电路信号较强，布线不合理时，很容易发生自激振荡。实验过程中随时用示波器观察输出波形，如果发现有异常现象，马上切断电源。

6. 实验报告要求

（1）预习报告中，应将各测试量的理论值计算出来，作为实验值的参照。

（2）严格按照测试的结果记录各波形。

（3）对各思考题和实验中观察到的问题都做出回答和解释。

7. 预习要求与思考题

（1）预习要求。

① 复习 OTL 功率放大器的工作原理。

② 了解 OTL 功率放大器的主要性能参数。

③ 用 Multisim 14 仿真软件对电路进行仿真、分析。

（2）预习要求。

① 对功率放大器的基本要求有四点，即（　　　　　　）、（　　　　　　）、（　　　　　　）和（　　　　　　）。

② 按静态工作点设置不同，低频功率放大器可分为（　　　　）、（　　　　）、（　　　　）。

③ 使用集成功放电路时，应了解集成芯片的（　　　　）功能，接线图和（　　　）的作用。

（3）思考题。

① 通常，功率放大器也有电压增益，功率放大器的电压放大倍数和电压放大器的电压放大倍数计算方法有无差别？

② 可否通过改变反馈量来改变功放电路的输出功率？

实验 6–5　差分放大电路

1. 实验目的

（1）加深对差分放大器原理和性能的理解。

（2）掌握差分放大器基本参数的测试方法。

2. 实验原理

差分放大电路如图 6-5-1 所示。它由两个元件参数相同的基本共射放大电路组成。当开关 S 拨向左边端时，构成典型的差分放大器。调零电位器 R_P 用来调节 VT_1、VT_2 管的静态工作点，使得输入信号 $U_i=0$ 时双端输出电压 $U_o=0$。两管共用的发射极电阻 R_E 对差模信号无负反馈作用，因而不影响差模电压放大倍数，但对共模信号有较强的负反馈作用，故可以有效地抑制零点漂移，稳定静态工作点。当开关 S 拨向右边端时，构成具有恒流源的差分放大器，它用晶体管恒流源代替发射极电阻 R_E，可以进一步提高差分放大器抑制共模信号的能力。

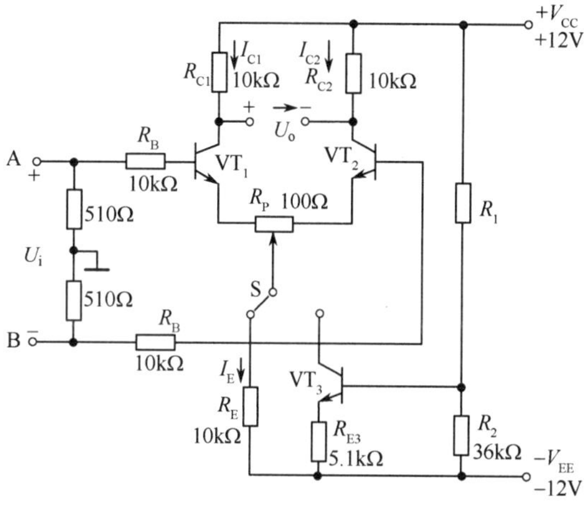

图 6-5-1　差分放大电路

1）***静态工作点的估算***

典型电路：

$$I_E \approx \frac{|V_{EE}|-V_{BE}}{R_E}, \quad I_{C1}=I_{C2}\approx\frac{1}{2}I_E, \quad V_{B1}=V_{B2}\approx 0$$

恒流源电路：

$$I_{C3}\approx I_{E3}\approx\frac{\dfrac{R_2}{R_1+R_2}(V_{CC}+|V_{EE}|)-V_{BE}}{R_{E3}} \tag{6-5-1}$$

$$I_{C1}\approx I_{C2}\approx\frac{1}{2}I_{C3}$$

2）***差模电压放大倍数和共模电压放大倍数***

当差分放大器的射极电阻 R_E 足够大，或采用恒流源电路时，差模电压放大倍数 A_d 由输出方式决定，而与输入方式无关。

双端输出：$R_E=\infty$，R_P 在中心位置时，

$$A_d=\frac{\Delta U_o}{\Delta U_i}=-\frac{\beta R_C}{R_B+r_{be}+\frac{1}{2}(1+\beta)R_P} \tag{6-5-2}$$

单端输出：$A_{d1}=\dfrac{\Delta U_{C1}}{\Delta U_i}=\dfrac{1}{2}A_d$，$A_{d2}=\dfrac{\Delta U_{C2}}{\Delta U_i}=\dfrac{1}{2}A_d$

当输入共模信号时，若为单端输出，则有

$$A_{C1}=A_{C2}=\frac{\Delta U_{C1}}{\Delta U_{i}}=\frac{-\beta R_{C}}{R_{B}+r_{be}+(1+\beta)\left(\frac{1}{2}R_{P}+2R_{E}\right)}\approx\frac{R_{C}}{2R_{E}} \tag{6-5-3}$$

若为双端输出，在理想情况下

$$A_{C}=\frac{\Delta U_{o}}{\Delta U_{i}}=0$$

实际上由于元件不可能完全对称，因此 A_C 不会绝对等于零。

为了表征差分放大器对有用信号（差模信号）的放大作用和对共模信号的抑制能力，通常用一个综合指标来衡量，即共模抑制比

$$\text{CMRR}=\left|\frac{A_{d}}{A_{C}}\right| \quad 或\ \text{CMRR}=20\log\left|\frac{A_{d}}{A_{C}}\right|\ (\text{dB}) \tag{6-5-4}$$

3. 实验条件

（1）函数信号发生器　　1 台
（2）数字示波器　　1 台
（3）直流稳压电源　　1 台
（4）数字万用表　　1 块
（5）交流毫伏表　　1 台
（6）低频实验箱　　1 台
（7）三极管 9011　　2 个

4. 实验内容及步骤

1）测量典型差分放大器

连接实验电路，如图 6-5-1 所示，开关 S 拨向左边，构成典型差分放大器。

（1）静态工作点的调节和测量。

① 调节放大器零点：信号源不接入，即将放大器输入 A 端和 B 端短接，接通±12V 直流电源，用数字万用表直流电压挡测量输出电压 U_o，调节调零电位器 R_P，使 U_o=0（以下保持 R_P 不变）。

② 测量静态工作点：用数字万用表直流电压挡测量 VT_1 和 VT_2 管各电极的电位及射极电阻 R_E 两端的电压 V_{RE}，填入表 6-5-1 中。

表 6-5-1　静态工作点的测量

<table>
<tr><td rowspan="2">测量值</td><td>V_{C1}/V</td><td>V_{B1}/V</td><td>V_{E1}/V</td><td>V_{C2}/V</td><td>V_{B2}/V</td><td>V_{E2}/V</td><td>R_E/V</td></tr>
<tr><td></td><td></td><td></td><td></td><td></td><td></td><td></td></tr>
<tr><td rowspan="2">计算值</td><td colspan="2">I_C/mA</td><td colspan="2">I_B/mA</td><td colspan="3">V_{CE}/V</td></tr>
<tr><td colspan="2"></td><td colspan="2"></td><td></td><td></td><td></td></tr>
</table>

（2）测量差模电压放大倍数。断开直流电源，将信号源的输出端红夹子接放大器输入 A 端，信号源的黑夹子接放大器输入 B 端，调节输入信号为频率 f=1kHz 的正弦信号，并使信号源的幅度输出旋钮旋至零，用示波器监视输出端（集电极 C_1 或 C_2 与地之间）。

接通±12V 直流电源，逐渐增大输入电压 U_i（≤100mV），在输出波形无失真的情况下，用交流毫伏表测量 U_i、V_{C1}、V_{C2}，填入表 6-5-2 中，并观察 U_i、V_{C1}、V_{C2} 之间的相位关系。

（3）测量共模电压放大倍数。将放大器 A 端、B 端短接，信号源接 A 端与地之间，构成共模输入方式，调节输入信号 f=1kHz，U_i=1V，在输出电压无失真的情况下，测量 U_i、V_{C1}、V_{C2} 的值

填入表 6-5-2 中，并观察 U_i、V_{C1}、V_{C2}之间的相位关系。

表 6-5-2　电压放大倍数的测量

参数	典型差分放大电路	
	双端输入	共模输入
U_i	100mV	1V
V_{C1}/V		
V_{C2}/V		
$A_{d1}=V_{C1}/U_i$		—
$A_d=U_o/U_i$		—
$A_{C1}=V_{C1}/U_i$	—	
$A_C=U_o/U_i$	—	
$K_{CMR}=\|A_d/A_C\|$		

2）**测量具有恒流源的差分放大器**

将图 6-5-1 所示电路中的开关 S 拨向右边，构成具有恒流源的差分放大电路。重复实验内容 1）的要求，将数据分别填入表 6-5-3 和表 6-5-4 中。

表 6-5-3　静态工作点的测量

测量值	V_{C1}/V	V_{B1}/V	V_{E1}/V	V_{C2}/V	V_{B2}/V	V_{E2}/V	R_E/V
计算值	I_C/mA		I_B/mA		V_{CE}/V		

表 6-5-4　电压放大倍数的测量

参数	典型差分放大电路	
	双端输入	共模输入
U_i	100mV	1V
V_{C1}/V		
V_{C2}/V		
$A_{d1}=V_{C1}/U_i$		—
$A_d=U_o/U_i$		—
$A_{C1}=V_{C1}/U_i$	—	
$A_C=U_o/U_i$	—	
$K_{CMR}=\|A_d/A_C\|$		

5. 注意事项

（1）实验前应检查连接线的好坏，使用时注意不要用力拉拔导线以防连接线损坏。

（2）连接好电路后用数字万用表检查电路是否有短路现象，若有，则排除故障后再继续实验。

（3）测量交流信号时注意测量线的共地问题。

（4）两个 9011 三极管的参数应基本相同。

6. 实验报告要求

（1）整理实验数据，列表比较实验结果和理论估算值，分析误差原因。

（2）比较 U_i、U_{c1} 和 U_{c2} 之间的相位关系。

（3）根据实验结果，总结电阻 R_E 和恒流源的作用。

7. 预习要求及思考题

（1）预习要求。

① 复习差分放大电路工作原理及主要性能指标分析。

② 实验电路中采用 9011 三极管，β 值为 80 左右，估算电路中的静态工作点及差模放大倍数。

③ 用 Multisim 14 仿真软件对电路进行仿真、分析。

（2）思考题。

① 怎样提高差分放大器的共模抑制比和减小零点漂移？

② 用一端接地的毫伏表和示波器等测量仪器，如何测量差分放大器双端输出电压的幅度和波形？

实验 6–6　集成运算放大器的参数测量

1. 实验目的

（1）学会集成运算放大器参数的测量方法。

（2）学会集成运算放大器的使用方法。

2. 实验原理

1）集成运算放大器简介

集成运算放大器（Integrated Operational Amplifier），简称集成运放，是由多级直接耦合放大电路组成的高增益模拟集成电路。它的增益高（可达 60～180dB），输入电阻大（几十千欧至百万兆欧），输出电阻低（几十欧），共模抑制比高（60～170dB），失调与漂移小，而且还具有输入电压为零时输出电压也为零的特点，适用于正、负两种极性信号的输入和输出。集成运放由输入级、中间级、输出级和偏置电路四部分组成。在它的输出端和输入端之间加上反馈网络，则可实现各种不同的电路功能，如反馈网络为线性电路时，运放的功能有放大、加、减、积分和微分等；如反馈网络为非线性电路时可实现对数、乘和除等功能；还可组成各种波形形成电路，如正弦波、三角波、脉冲等波形发生器。

使用运算放大器时，调节零点和相位补偿是必须注意的两个问题。

为了提高集成运算放大器的运算精度，消除因失调电压和失调电流引起的误差，必须采取调零技术，保证运算放大器输入为零时，输出也为零。

2）μA741 主要指标测试

本实验采用的集成运放型号为 μA741，引脚排列如图 6-6-1 所示，它是八脚双列直插式组件，②脚为反相输入端，③脚为同相输入端，⑥脚为输出端，⑦脚为正电源端，④脚为负电源端，①脚和⑤脚为失调调零端，①⑤脚之间可接入一只几十千欧的电位器并将滑动触点接到负电源端，⑧脚为空脚。

（1）输入失调电压（U_{oS}）。理想运放组件，当输入信号为零时，其输出也为零。但是即使是最优质的集成组件，由于运放内部差动输入级参数的不完全对称，输出电压往往不为零。这种零输入时输出不为零的现象称为集成运放的失调。

输入失调电压 U_{oS} 是指输入信号为零时，输出端出现的电压折算到同相输入端的数值。

失调电压测试电路如图 6-6-2 所示。闭合开关 S_1 及 S_2，使电阻 R_B 短接，测量此时的输出电压 U_{o1} 即为输出失调电压，则输入失调电压

$$U_{oS}=\frac{R_1}{R_1+R_F}U_{o1} \tag{6-6-1}$$

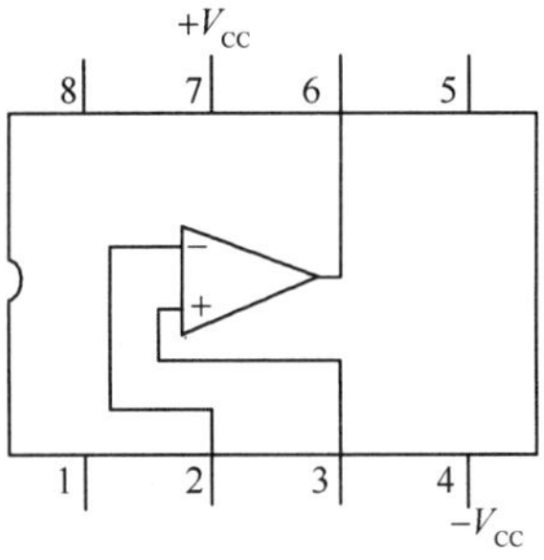

图 6-6-1　μA741 引脚排列

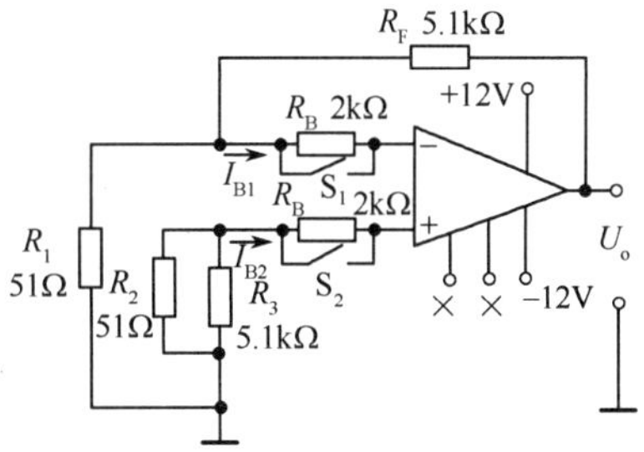

图 6-6-2　失调电压测试电路

实际测出的 U_{o1} 可能为正，也可能为负，一般为 1～5mV，对于高质量的运放 U_{oS} 在 1mV 以下。

测试中应注意：

① 将运放调零端开路。

② 要求电阻 R_1 和 R_2，R_3 和 R_F 的参数严格对称。

（2）输入失调电流（I_{oS}）。输入失调电流 I_{oS} 是指当输入信号为零时，运放的两个输入端的基极偏置电流之差为。

$$I_{oS}=|I_{B1}-I_{B2}| \tag{6-6-2}$$

输入失调电流的大小反映了运放内部差动输入级两个晶体管 β 的失配度，由于 I_{B1}、I_{B2} 本身的数值已很小（微安级），因此它们的差值通常不是直接测量的，测试电路如图 6-6-2 所示，测试分两步进行：

① 闭合开关 S_1 及 S_2，在低输入电阻下，测出输出电压 U_{o1}，如前所述，这是由输入失调电压 U_{oS} 所引起的输出电压。

② 断开开关 S_1 及 S_2，接入两个输入电阻 R_B，由于 R_B 阻值较大，流经它们的输入电流的差异将变成输入电压的差异，因此也会影响输出电压的大小，可见测出两个电阻 R_B 接入时的输出电压 U_{o2}，若从中扣除输入失调电压 U_{oS} 的影响，则输入失调电流 I_{oS} 为

$$I_{oS}=|I_{B1}-I_{B2}|=|U_{o2}-U_{o1}|\frac{R_1}{R_1+R_F}\times\frac{1}{R_B} \tag{6-6-3}$$

一般 I_{oS} 为几十至几百纳安（10^{-9}A），高质量运放 I_{oS} 低于 1nA。

测试中应注意：

① 将运放调零端开路。

② 两输入端电阻 R_B 必须精确配对。

（3）开环差模放大倍数（A_{ud}）。集成运放在没有外部反馈时的直流差模放大倍数称为开环差模电压放大倍数，用 A_{ud} 表示。它定义为开环输出电压 U_o 与两个差分输入端之间所加信号电压 U_{id} 之比：

$$A_{ud}=\frac{U_o}{U_{id}} \tag{6-6-4}$$

按定义 A_{ud} 应是信号频率为零时的直流放大倍数，但为了测试方便，通常采用低频（几十赫兹以下）正弦交流信号进行测量。由于集成运放的开环电压放大倍数很高，难以直接进行测量，因此一般采用闭环测量方法。A_{ud} 的测试方法很多，现采用交、直流同时闭环的测试方法，如图 6-6-3 所示。

被测运放一方面通过 R_F、R_1、R_2 完成直流闭环，以抑制输出电压漂移，另一方面通过 R_F 和 R_S 实现交流闭环，外加信号 $\dot{U}_S$ 经 R_1、R_2 分压，使 $\dot{U}_{id}$ 足够小以保证运放工作在线性区，同相输入端电

阻 R_3 应与反相输入端电阻 R_2 相匹配，以减小输入偏置电流的影响，电容 C 为隔直电容。被测运放的开环电压放大倍数为

$$A_{ud}=\frac{U_o}{U_{id}}=\left(1+\frac{R_1}{R_2}\right)\frac{U_o}{U_i} \tag{6-6-5}$$

通常低增益运放 A_{ud} 为 60～70dB，中增益运放约为 80dB，高增益在 100dB 以上，可达 120～140dB。

测试中应注意：

① 测试前电路应首先消振及调零。

② 被测运放要工作在线性区。

③ 输入信号频率应较低，一般用 50～100Hz，输出信号幅度应较小，且无明显失真。

（4）共模抑制比 CMRR。

集成运放的差模电压放大倍数 A_d 与共模电压放大倍数 A_C 之比称为共模抑制比：

$$\text{CMRR}=\left|\frac{A_d}{A_C}\right| \quad 或\ \text{CMRR}=20\log\left|\frac{A_d}{A_C}\right|\ (\text{dB}) \tag{6-6-6}$$

共模抑制比在应用中是一个很重要的参数，理想运放对输入的共模信号其输出为零，但在实际的集成运放中，其输出不可能没有共模信号的成分，输出端共模信号越小，说明电路对称性越好，也就是说，运放对共模干扰信号的抑制能力越强，即 CMRR 越大。CMRR 的测试电路如图 6-6-4 所示。

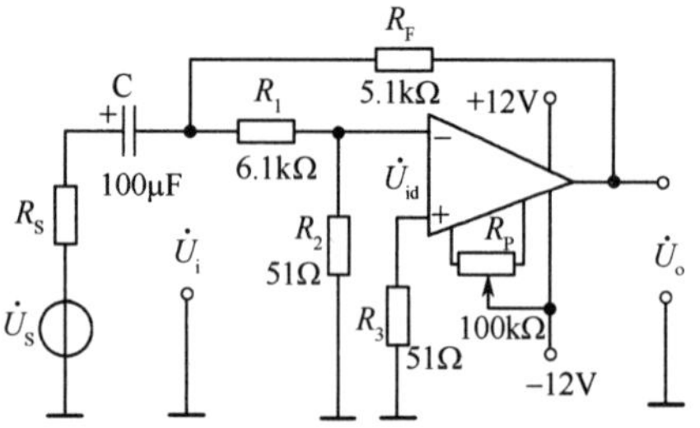

图 6-6-3　A_{ud} 的测试电路

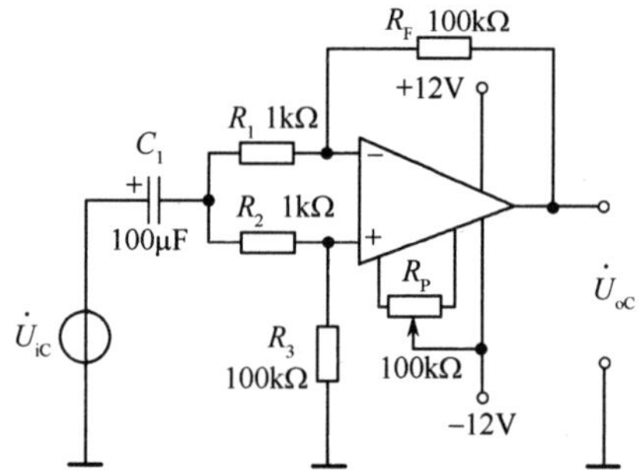

图 6-6-4　CMRR 的测试电路

集成运放工作在闭环状态下的差模电压放大倍数为

$$A_d=\frac{R_F}{R_1} \tag{6-6-7}$$

当接入共模输入信号 U_{iC} 时，测得 U_{oC}，则共模电压放大倍数为

$$A_C=\frac{U_{oC}}{U_{iC}} \tag{6-6-8}$$

即共模抑制比

$$\text{CMRR}=\left|\frac{A_d}{A_C}\right|=\frac{R_F}{R_1}\frac{U_{oC}}{U_{iC}} \tag{6-6-9}$$

测试中应注意：

① 消振与调零。

② R_1 与 R_2、R_3 与 R_F 之间阻值严格对称。

③ 输入信号 U_i 幅度必须小于集成运放的最大共模输入电压范围 U_{icm}。

3. 实验条件

（1）数字示波器　1 台
（2）函数信号发生器　1 台
（3）双路稳压电源　1 台
（4）晶体管毫伏表　1 台
（5）数字万用表　1 块
（6）低频实验箱　1 台
（7）μA741　1 个

4. 实验内容及步骤

（1）测量输入失调电压（U_{oS}）。

按图 6-6-2 连接实验电路，闭合开关 S_1、S_2，用数字万用表直流电压挡测量输出端电压 U_{o1}，并计算 U_{oS}，填入表 6-6-1 中。

表 6-6-1　输入失调电压、失调电流、共模抑制比的测量

U_{oS}/mV		I_{oS}/nA		A_{ud}/dB		CMRR/dB	
实测值	典型值	实测值	典型值	实测值	典型值	实测值	典型值
	2～10		50～100		100～106		80～86

（2）测量输入失调电流（I_{oS}）。实验电路如图 6-6-2 所示，打开开关 S_1、S_2，用数字万用表直流电压挡测量 U_{o2}，并计算 I_{oS}，填入表 6-6-1 中。

（3）测量开环差模电压放大倍数（A_{ud}）。按图 6-6-3 连接实验电路，在运放输入端加入频率 $f=100$Hz、$U_s=50$mV（有效值）的正弦信号，用示波器监视输出波形。用交流毫伏表测量 U_o 和 U_i，并计算 A_{ud}，填入表 6-6-1 中。

（4）测量共模抑制比（CMRR）。按图 6-6-4 连接实验电路，在运放输入端加 $f=100$Hz、$U_{iC}=1$V（有效值）的正弦信号，用示波器监视输出波形。测量 U_{oC} 和 U_{iC}，计算 A_C 及 CMRR，填入表 6-6-1 中。

5. 注意事项

（1）实验前应检查连接线的好坏，使用时注意不要用力拉拔导线以防连接线损坏。
（2）注意正负电源的连接方法。
（3）连接好电路后用数字万用表检查电路是否有短路现象，若有，则排除故障后再继续实验。
（4）测量交流信号时注意测量线的共地问题。
（5）注意芯片的引脚方向。

6. 实验报告要求

（1）按内容要求画出测试电路，将所测得的数据与典型值进行比较。
（2）对实验结果及实验中碰到的问题进行分析。

7. 预习要求及思考题

（1）预习要求。
① 复习集成运算放大器的相关知识。
② 了解 μA741 典型指标数据及引脚功能。
（2）思考题。
① 测量 μA741 的指标参数并与典型值相比较，分析误差原因。
② 图 6-6-5 所示为测量 U_{oS} 的工作原理，说明实际上又为什么不采用这种方法？

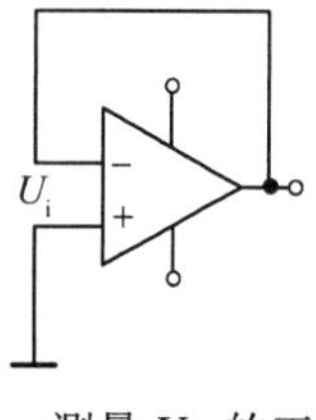

图 6-6-5　测量 U_{oS} 的工作原理

实验 6–7　集成运算放大器信号运算电路

1. 实验目的

（1）研究运算放大器在模拟运算中，具有比例放大、相加、相减、积分和微分的功能。

（2）研究运算放大器在双电源供电时的工作特点。

2. 实验原理

对于理想的运放，当它工作于线性状态下具有两个十分突出的特点。其一是“虚断”，即 $I_+=I_-=0$；其二是“虚短”，即 $U_+=U_-$（在反相输入同相接地电路中因 $U_+=0$，故“虚短”又可引申为“虚地”）。不管电路结构形式如何复杂，均可根据这两个特点推导出输出与输入之间的函数关系。理想运放具有以下特点。

开环电压增益 $A_{ud}=\infty$；输入阻抗 $r_i=\infty$；输出阻抗 $r_o=0$；带宽 $f_{BW}=\infty$；失调与漂移均为零等。

1）反相比例放大电路

反相比例放大电路如图 6-7-1 所示。对于理想运放，该电路的输出电压与输入电压之间的关系为

$$u_O=-\frac{R_F}{R_1}u_I \tag{6-7-1}$$

实际运放与理想运放之间总存在一定的差异，故在实际使用中常需采用一些措施以减小误差、提高精度和防止自激。首先采用的一个措施是加入平衡电阻 R_2，使 $R_2=R_1 /\!/ R_F$，以保证实际运放的反相与同相输入端对地的等效电阻相等，从而使其处于对称与平衡工作状态，减小由输入偏置电流引入的误差。其次是防止运放自激，运放在使用中有时会产生自激，此时即使 $u_I=0$，也会产生一定的交流输出使运放无法正常工作。消除自激的办法是在电源端加接去耦电容或增设电源滤波电路，同时应尽可能减小线路、元件间的分布电容，对于具有补偿引脚的集成运放器件，还可接入适当的补偿电容。

2）反相加法电路

反相加法运算电路如图 6-7-2 所示，输出电压与输入电压之间的关系为

$$u_O=-\left(\frac{R_F}{R_1}u_{I1}+-\frac{R_F}{R_2}u_{I2}\right)\quad R_3=R_1 /\!/ R_2 /\!/ R_F \tag{6-7-2}$$

3）电压跟随器

电压跟随器电路如图 6-7-3 所示，输出电压与输入电压之间的关系为 $U_o=U_i$

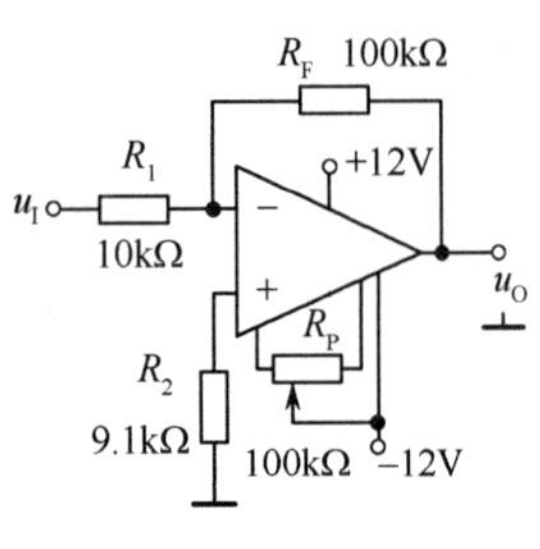

图 6-7-1　反相比例放大电路

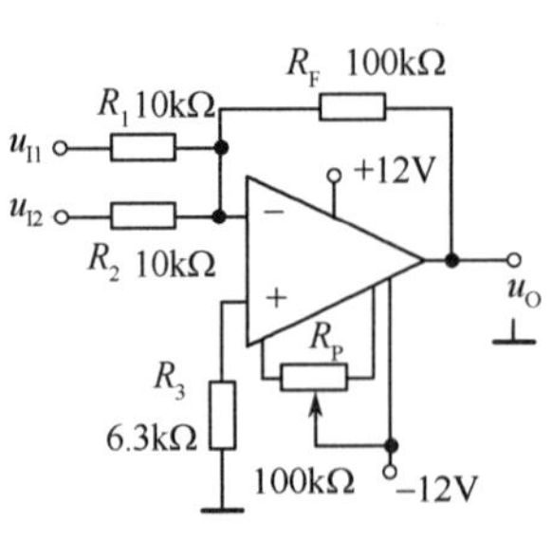

图 6-7-2　反相加法运算电路

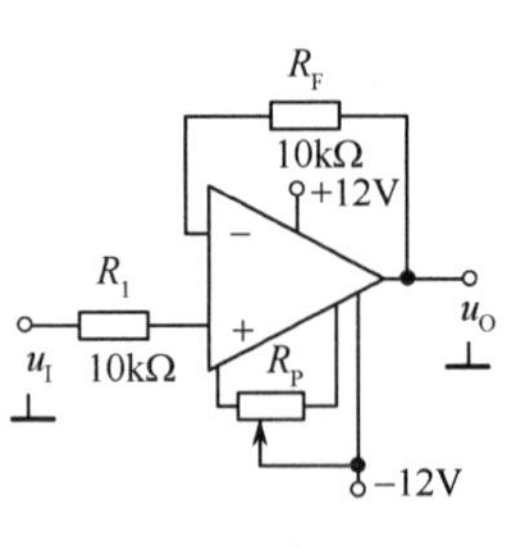

图 6-7-3　电压跟随器电路

4）减法器

对于图 6-7-4 所示的减法运算电路，当 $R_1=R_2$，$R_3=R_F$ 时，有如下关系式。

$$u_O=\frac{R_F}{R_1}(u_{I2}-u_{I1}) \tag{6-7-3}$$

5）积分运算电路

反相积分运算电路如图 6-7-5 所示。在理想化条件下，输出电压 u_o 等于

$$u_o(t)=-\frac{1}{R_1C}\int_0^t u_i\mathrm{d}t+u_C(0) \tag{6-7-4}$$

式中，$u_C(0)$是 $t=0$ 时刻电容 C 两端的电压值，即初始值。

若 $u_i(t)$是幅值为 E 的阶跃电压，并设 $u_C(0)=0$，则

$$u_o(t)=-\frac{1}{R_1C}\int_0^t E\mathrm{d}t=-\frac{E}{R_1C}t \tag{6-7-5}$$

即输出电压 $u_o(t)$随时间增长而线性下降。显然 RC 的数值越大，达到给定的 U_o 值所需的时间就越长。积分输出电压所能达到的最大值受集成运放最大输出范围的限制。

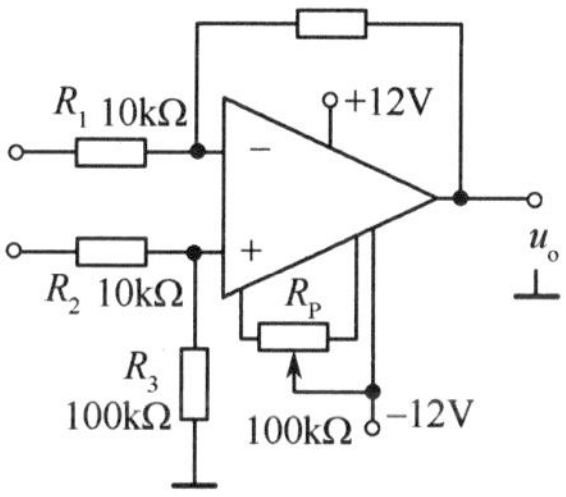

图 6-7-4　减法运算电路

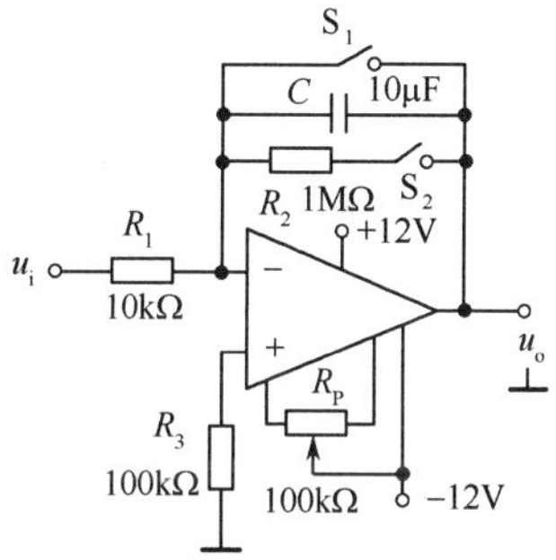

图 6-7-5　反相积分运算电路

在进行积分运算之前，首先应对运放调零。为了便于调节，将图中开关 S_1 闭合，即通过电阻 R_2 的负反馈作用帮助实现调零。在完成调零后，应将开关 S_1 打开，以免因 R_2 的接入造成积分误差。开关 S_2 的设置一方面为积分电容放电提供通路，同时可实现积分电容初始电压 $u_C(0)=0$，另一方面，可控制积分起始点，即在加入信号 u_i 后，只要开关 S_2 一打开，电容就将被恒流充电，电路也就开始进行积分运算。

6）微分运算电路

微分运算电路如图 6-7-6（a）所示。在理想化条件下，输出电压 u_o 等于

$$u_o(t)=-R_Fi_F(t)=-R_FC\frac{\mathrm{d}u_i(t)}{\mathrm{d}t} \tag{6-7-6}$$

在实际电路中，应在 C_2 两端并联电阻 R_2，在 C_1 一端串入电阻 R_1 解决直流漂移、高频噪声等问题。实际微分运算电路如图 6-7-6（b）所示。

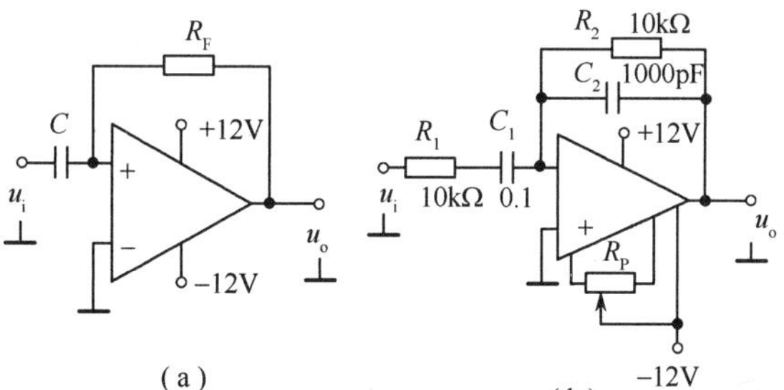

（a）　（b）

图 6-7-6　微分运算电路

7）高增益运算放大电路

如果要用运放构成高增益的放大电路，在设计过程中就要考虑运放的增益带宽积这个参数对放

大电路性能的影响。增益带宽积为增益与带宽的乘积，一般情况下，运放的增益带宽积是一个定值。例如，LM324 运放的增益带宽积为 1.2MHz，若用来放大的信号为 20kHz，理论上能达到的最大放大倍数为 1.2MHz/15kHz = 60，如果要用 LM324 运放来实现对频率为 20kHz 信号的 100 倍放大，是很难用单级运放电路来实现的，这时需要采用两级放大电路来实现。若第一级和第二级放大电路的放大倍数分别为 A_{u1} 和 A_{u2}，则总的放大倍数 $A_u=A_{u1}\times A_{u2}$。若要实现 80 倍的放大，只要使 $A_{u1}\times A_{u2}=80$，A_{u1} 和 A_{u2} 的选择可以相对灵活，比如 A_{u1} 为－10，A_{u2} 为－8，则两级放大电路都可以采用反相比例放大电路来实现。当然，也可以都采用同相比例放大电路来实现。

8）单电源供电的运算放大器

放大交流信号时，可以采用单电源（正电源或负电源）供电，此时集成运算放大器输出直流电平近似为电源电压的一半，通过电阻使反相端也有相应的直流电压，为了保证运放两输入端有相同的直流电压，其电路如图 6-7-7 所示。

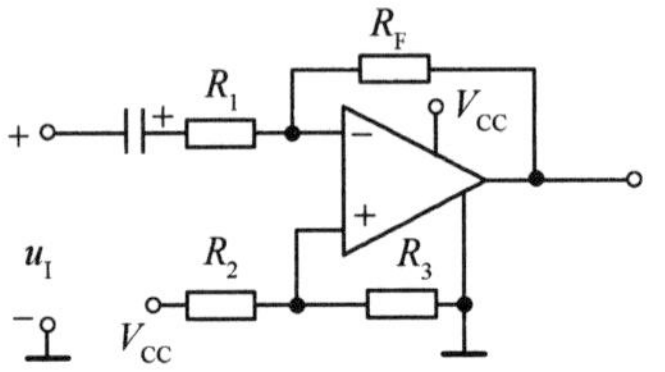

图 6-7-7　单电源供电的运算放大器电路

同相输入端的直流电压（$V_{CC}/2$）是通过 R_2 与 R_3 分压得到的。单电源供电的交流放大器的闭环增益计算公式与前面介绍双电源供电时的公式相同，使用时输入、输出都必须加隔直电容。

3. 实验条件

（1）数字示波器　　1 台

（2）函数信号发生器　　1 台

（3）直流稳压电源　　1 台

（4）晶体管毫伏表　　1 台

（5）数字万用表　　1 块

（6）低频实验箱　　1 台

（7）μA741　　1 个

4. 实验内容及步骤

1）反相比例运算电路

实验电路按图 6-7-8（b）连接，使其满足关系式 $u_O=-10u_I$。

（a）反相比例运算电路（μA741）　　（b）反相比例运算电路（LM324）

图 6-7-8　反相比例运算电路

在该比例放大器中加入以下电压值。

（1）在输入端加入直流电压：－500mV，－200mV，0V，＋200mV，＋500mV；用数字万用表直流电压挡测出放大器的输出电压值，填入表 6-7-1 中。

（2）在输入端加入 f＝1kHz、u_{Ipp}＝1V 的正弦信号，用示波器测出放大器的输出电压值，填入

表 6-7-1 中。

表 6-7-1　输出电压的测量

u_I	−500mV	−200mV	0V	200mV	500mV	U_{opp}
u_O						

2）反相加法运算电路

反相加法运算电路按图 6-7-9 连接，电阻参数见实验预习题表 6-7-5，使其满足下列关系式。

$$u_O = -(10u_{I1}+2u_{I2})$$

用函数信号发生器产生 u_{I1} 为 f=1kHz、U_{pp}=0.2V 的正弦信号，u_{I2} 为 f=10kHz、U_{pp}=0.2V 的方波信号，用示波器测量记录 u_O 的波形和峰-峰值（表 6-7-2）。

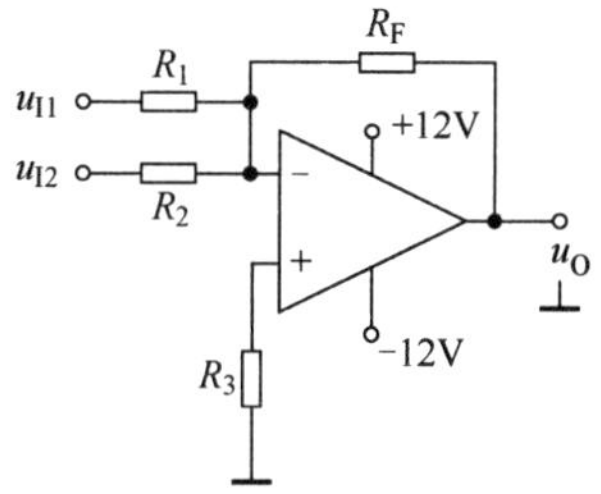

图 6-7-9　反相加法运算电路

表 6-7-2　加法电路输入/输出关系表

u_{I1} 波形	u_{I2} 波形	u_O 波形

3）反相加减法运算电路

反相加减法运算电路按图 6-7-10 连接，使其满足下列关系式。

$$u_O = 4u_{I3} - 10u_{I1} - 2u_{I2}$$

加入 u_{I1}＝0.5V，u_{I2}＝1V，u_{I3}＝1.5V 时，测出输出电压值。

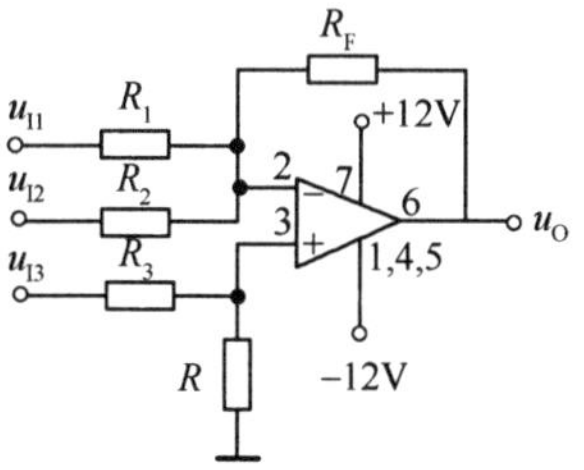

（a）反相加减法运算电路（μA741）

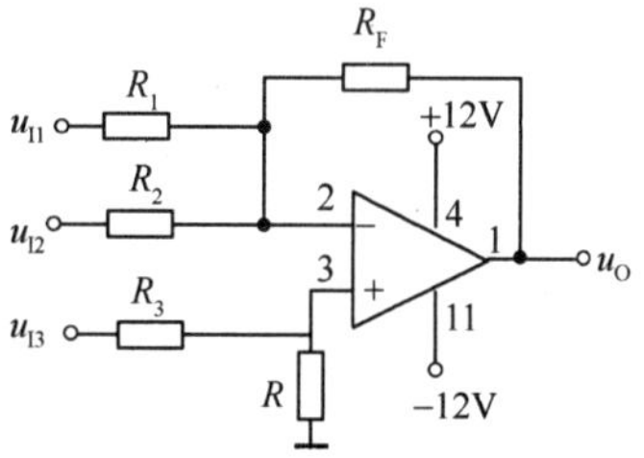

（b）反相加减法运算电路（LM324）

图 6-7-10　反相加减法运算电路

4）电压跟随器

电压跟随器电路按图 6-7-3 连接。

在电压跟随器输入端加入f=100Hz的交流信号，调节u_I的大小，测量输出电压u_O，填入表6-7-3中，计算其电压放大倍数，并与理论值比较。用数字示波器观察输入、输出波形是否跟随。

5）积分运算电路

实验电路如图6-7-5所示。

（1）打开S_2，闭合S_1，对运放输出进行调零。

（2）调零完成后，再打开S_1，闭合S_2，使$u_C(0)=0$。

（3）预先调好直流输入电压u_I=0.5V，接入实验电路，再打开S_2，然后用直流电压表测量输出电压u_O，每隔5s读一次u_O，填入表6-7-4中，直到u_O不继续明显增大为止。

表6-7-3 输出电压的测量

u_I	0.1V	0 2V	0.4V
u_O			
A_u			

表6-7-4 输出电压的测量

t/s	0	5	10	5	20	25	30	…
u_O/V								

6）微分运算电路

实验电路按图6-7-6（a）连接。

在输入端分别输入正弦波和三角波信号，用示波器观察输入输出波形，分析电路功能。

7）高增益运算放大电路

按照实验预习题第⑨题所设计的电路图连接电路。用函数信号发生器产生f=15kHz、U_i=0.1V的正弦信号，用示波器测量放大电路输出信号u_O的频率和有效值，并计算实测的电压放大倍数$A_u=U_o/U_i$。

5. 注意事项

（1）实验前应检查连接线的好坏，使用时注意不要用力拉拔导线以防连接线损坏。

（2）注意正负电源的连接方法。

（3）连接好电路后用数字万用表检查电路是否有短路现象，若有，则排除故障后再继续实验。

（4）测量交流信号时注意测量线的共地问题。

（5）注意芯片的引脚方向。

6. 实验报告要求

（1）按内容要求画出测试电路，整理实验数据。

（2）对实验结果及实验中碰到的问题进行分析。

7. 预习要求及思考题

（1）预习要求。

① 复习运算放大器基本运算电路的工作原理及各电路u_I与u_O的关系式。

② 用Multisim 14仿真软件对电路进行仿真、分析。

（2）实验预习题。

① 理想集成运放具有以下特点：开环电压增益A_{ud}为（　　），输入阻抗r_i为（　　），输出阻抗r_o为（　），共模抑制比为（　　）。

② 当LM324芯片使用双电源供电时，（　）号引脚接正电源，（　）号引脚接负电源。

③ 图6-7-10中运放电路引入了什么反馈？运放工作在什么区？（　　）。

A. 负反馈，饱和区　　B. 负反馈，线性区

C. 正反馈，饱和区　　D. 正反馈，线性区

④ 按照图6-7-10所示反相加法运算电路，实现输入输出关系$u_O=-(10u_{I1}+2u_{I2})$。首先确定R_F（通常取几十至几百千欧），将理论计算得到的电阻参数填入表6-7-5中。

表 6-7-5 反相加法电路电阻参数表

R_F/kΩ	R_1/kΩ	R_2/kΩ	R_3/kΩ
100			

⑤ 同相比例放大电路与反相比例放大电路的输入电阻进行比较，（　　）。

A. 同相比例放大电路的输入电阻比反相比例放大电路大

B. 同相比例放大电路的输入电阻与反相比例放大电路一样大

C. 同相比例放大电路的输入电阻比反相比例放大电路小

⑥ 用运放构成放大倍数为 10 的反相比例放大电路，采用±12V 双电源供电。当输入为 1V 峰-峰值的正弦波信号时，输出电压峰-峰值是 10V；当输入信号峰-峰值增大到 3V 时，输出电压峰-峰值是 22V。可能的原因是（　　）。

A. 运放芯片坏了

B. 供电电压太小而输入电压太大，导致输出信号产生截顶和削底失真

C. 电路接错了

⑦ 用运放构成放大倍数为 10 的同相比例放大电路，采用±12V 双电源供电。当输入信号为直流电平 1V 时，输出电压是 11V；当输入信号为直流电平 0.5V 时，输出电压还是 11V。可能的原因是（　　）。

A. 运放芯片坏了

B. 输入电压太大，导致输出信号产生失真

C. 电路连接错误

⑧ 某运放的增益带宽积为 1.5MHz。若要放大 20kHz 的交流信号，用单级运放构成放大电路的最大放大倍数为（　　）。

A. 200　　B. 75　　C. 80

⑨ 要求设计放大倍数为 100 倍的放大电路，使其能产生放大频率为 15kHz、峰-峰值为 0.02V 的正弦信号。

请写出设计过程；请画出电路图，并标注参数。

（3）思考题。

① 运算放大器接成积分器时，在积分电容两端跨接电阻 R_F，试分析为什么能减少输出端的直流漂移。

② 运算放大器作比例放大时，R_1 与 R_F 的误差为±10%，试问如何分析和计算电压增益的误差。

③ 运算放大器作精密放大时，同相输入端对地的直流电阻要与反相输入端对地的直流电阻相等，如果不相等，会引起什么现象，请详细分析。

实验 6-8 有源滤波器

1. 实验目的

（1）熟悉用运放构成的有源低通、高通和带通滤波器。

（2）进一步熟悉有源滤波器幅频特性的测试。

2. 实验原理

由 RC 元件与运算放大器组成的滤波器称为 RC 有源滤波器，其电路功能是让一定频率范围内的信号通过，抑制或急剧衰减此频率范围以外的信号。可用在信息处理、数据传输、抑制干扰等方面，但因受运算放大器频带限制，这类滤波器主要用于低频范围。目前有源滤波器的最高工作频率

只能达到 1MHz 左右。根据对频率范围的选择不同，可分为低通、高通、带通与带阻等 4 种滤波器，它们的幅频特性如图 6-8-1 所示。

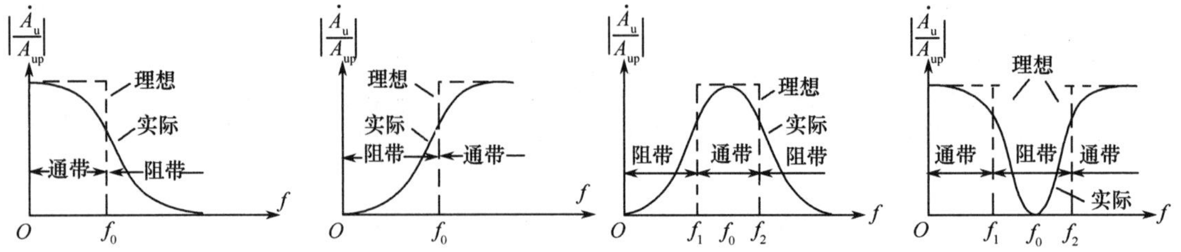

（a）低通　（b）高通　（c）带通　（d）带阻

图 6-8-1　4 种滤波电路的幅频特性

（1）低通滤波器（LPF）。低通滤波器用来通过低频信号衰减或抑制高频信号。

图 6-8-2（a）所示为典型的二阶有源低通滤波器。它由两级 RC 滤波环节与同相比例运算电路组成，其中第一级电容 C 接至输出端，引入适量的正反馈，以改善幅频特性。图 6-8-2（b）为二阶低通滤波器幅频特性曲线。

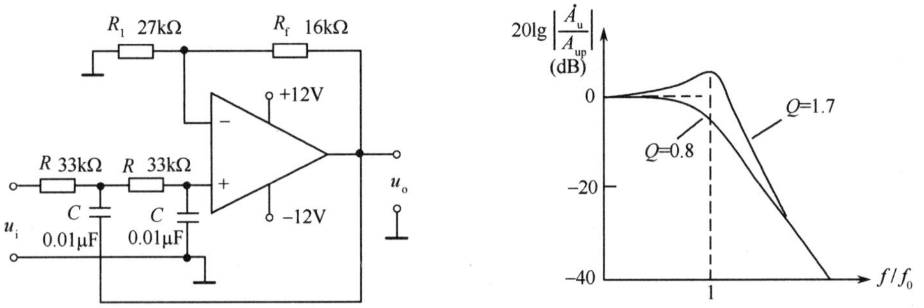

（a）电路图　（b）幅频特性曲线

图 6-8-2　二阶有源低通滤波器

电路性能参数如下：

$A_{up}=1+\dfrac{R_f}{R_1}$，二阶低通滤波器的通带增益。

$f_0=\dfrac{1}{2\pi RC}$，截止频率，它是二阶低通滤波器通带与阻带的界限频率。

$Q=\dfrac{1}{3-A_{up}}$，品质因数，它的大小影响低通滤波器在截止频率处幅频特性的形状。

（2）高通滤波器（HPF）。与低通滤波器相反，高通滤波器用来通过高频信号，衰减或抑制低频信号。

只要将图 6-8-2 所示低通滤波电路中起滤波作用的电阻、电容互换，即可变成二阶有源高通滤波器，如图 6-8-3（a）所示。高通滤波器性能与低通滤波器相反，其频率响应和低通滤波器是“镜像”关系，仿照 LPF 分析方法，不难求得 HPF 的幅频特性。

电路性能参数 A_{up}、f_0、Q 各参数的含义同二阶低通滤波器。

图 6-8-3（b）为二阶高通滤波器的幅频特性曲线，可见，它与二阶低通滤波器的幅频特性曲线有“镜像”关系。

（3）带通滤波器（BPF）。带通滤波器的作用是只允许在某一个通频带范围内的信号通过，而比通频带下限频率低和比上限频率高的信号均加以衰减或抑制。

典型的带通滤波器可以从二阶低通滤波器中将其中一级改成高通而成。带通滤波器电路和幅频特性曲线如图 6-8-4 所示。

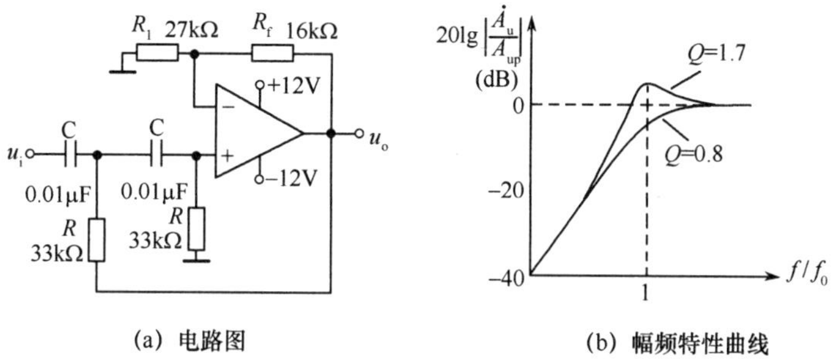

图 6-8-3　二阶有源高通滤波器

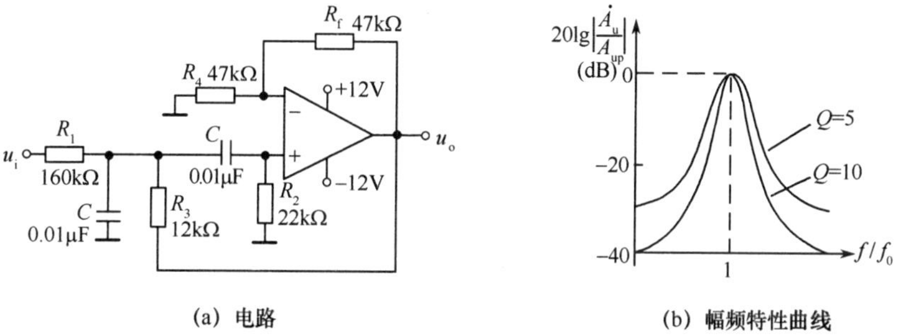

图 6-8-4　带通滤波器电路和幅频特性曲线

电路性能参数如下：

通带增益
$$A_{up}=\frac{R_4+R_f}{R_4R_1CB}$$

中心频率
$$f_0=\frac{1}{2\pi}\sqrt{\frac{1}{R_2C^2}\left(\frac{1}{R_1}+\frac{1}{R_3}\right)}$$

通带宽度
$$B=\frac{1}{C}\left(\frac{1}{R_1}+\frac{2}{R_2}-\frac{R_f}{R_3R_4}\right)$$

选择性
$$Q=\frac{\omega_0}{B}$$

此电路的优点是改变 R_f 和 R_4 的比例就可改变频宽而不影响中心频率。

（4）带阻滤波器（BEF）。带阻滤波器的性能和带通滤波器相反，即在规定的频带内，信号不能通过（或受到很大衰减或抑制），而在其余频率范围，信号则能顺利通过。在双 T 网络后加一级同相比例运算电路就构成了基本的二阶有源 BEF。电路和幅频特性曲线如图 6-8-5 所示。

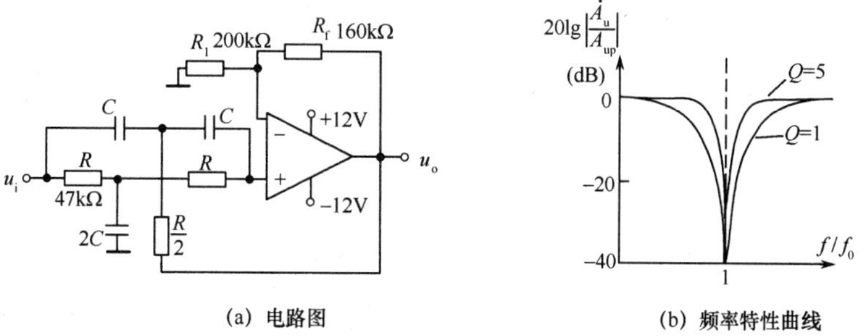

图 6-8-5　二阶带阻滤波器

3. 实验条件

（1）数字示波器　　1台
（2）函数信号发生器　　1台
（3）双路稳压电源　　1台
（4）晶体管毫伏表　　1台
（5）数字万用表　　1块
（6）低频实验箱　　1台
（7）μA741　　1个

4. 实验内容及步骤

（1）测试二阶低通滤波器的幅频特性。按图6-8-2连接电路，测试二阶低通滤波器的幅频响应。实验步骤如下。

① 用函数信号发生器产生有效值为 U_i=0.5V，f=150Hz（约为截止频率的1/3即可），此时设置好示波器后应该要能观察到稳定的波形。

② 保持输入信号幅度不变，改变输入信号频率，找出并记录输出信号的最大幅度值 U_{omax}（即通带增益）及对应的频率 f。调节频率时可以使用滚轮，先粗调找到大致位置，再改成细调，直到找到 U_{omax}。

③ 保持输入信号幅度不变，增大输入信号频率，直至观察到示波器上显示的信号幅度为 $0.707U_{omax}$，记录下此时的输出幅度 U_o 和频率 f（即截止频率 f_0）。将实测的截止频率与实验预习题第⑤题中计算得到的截止频率进行比较，分析误差产生的原因。

④ 保持输入信号幅度不变，改变输入信号频率，记录多组 f 和 U_o 并填入表6-8-1中。注意，数据表格中必须包含 U_{omax}、f_0 以及 f_0 所对应的 U_o。在曲线的平坦处取的频率点较稀疏，在曲线的陡峭处取的频率点较密集。

⑤ 根据表6-8-1和电压增益 20lg（U_o/U_i）画出二阶低通滤波器的幅频特性曲线。

表6-8-1　低通滤波器幅频特性表

U_i/V	0.50	0.50	0.50	0.50	0.50	0.50	0.50	0.50	0.50	0.50	0.50	0.50
f/Hz												
U_o/V												

（2）测试二阶高通滤波器的幅频特性。按图6-8-3连接电路，测试二阶高通滤波器的幅频响应。实验步骤如下。

① 用函数信号发生器产生有效值为 U_i=0.5V，f=1500Hz（约为截止频率的3倍即可），此时设置好示波器后应该要能观察到稳定的波形。

② 保持输入信号幅度不变，改变输入信号频率，找出并记录输出信号的最大幅度值 U_{omax}（即通带增益）及对应的频率 f。调节频率时可以使用滚轮，先粗调找到大致位置，再改成细调，直到找到 U_{omax}。

③ 保持输入信号幅度不变，减小输入信号频率，直至观察到示波器上显示的信号幅度为 $0.707U_{omax}$，记录下此时的输出幅度 U_o 和频率 f（即截止频率 f_0）。将实测的截止频率与实验预习题第⑥题中计算得到的截止频率进行比较，分析误差产生的原因。

④ 保持输入信号幅度不变，改变输入信号频率，记录多组 f 和 U_o 并填入表6-8-2中。注意，数据表格中必须包含 U_{omax}、f_0 以及 f_0 所对应的 U_o。在曲线的平坦处取的频率点较稀疏，在曲线的陡峭处取的频率点较密集。

⑤ 根据表6-8-2和电压增益 20lg（U_o/U_i）画出二阶高通滤波器的幅频特性曲线。

表 6-8-2　高通滤波器幅频特性表

U_i/V	0.50	0.50	0.50	0.50	0.50	0.50	0.50	0.50	0.50	0.50	0.50	0.50
f/Hz												
U_o/V												

（3）测试二阶带通滤波器的幅频特性。按图 6-8-4 连接电路，测试二阶带通滤波器的幅频响应（自拟实验步骤）。根据电压增益 $20\lg(U_o/U_i)$画出其幅频特性曲线。

（4）测试二阶带阻滤波器的幅频特性。按图 6-8-5 连接电路，测试二阶带阻滤波器的幅频响应（自拟实验步骤）。根据电压增益 $20\lg(U_o/U_i)$画出其幅频特性曲线。

5. 注意事项

（1）实验前应检查连接线的好坏，使用时注意不要用力拉拔导线以防连接线损坏。

（2）注意正负电源的连接方法。

（3）连接好电路后用数字万用表检查电路是否有短路现象，若有，则排除故障后再继续实验。

（4）测量交流信号时注意测量线的共地问题。

（5）注意芯片的引脚方向。

（6）在测量幅频特性曲线时注意应保持输入信号的幅度不变。

（7）若示波器观察不到波形，则应考虑更换芯片、检查电路连接或更换双夹线。

6. 实验报告要求

用表列出实验结果，以频率的对数为横坐标，电压增益的分贝数为纵坐标，在同一坐标上分别画出两种滤波器的幅频特性。

7. 预习要求及思考题

（1）预习要求。

① 复习运算放大器有源滤波器电路的工作原理。

② 计算各电路的截止频率。

③ 用 Multisim 14 仿真软件对电路进行仿真、分析。

（2）实验预习题。

① 对于 $Q<1$ 的压控二阶低通滤波器电路，其截止频率点输出幅度的大小应为通带内最大输出幅度的（　　）倍。

A. 0.707　　B. 1.414　　C. 1　　D. 2

② 对于 $A_{up}=1.5$ 的压控二阶高通滤波器电路，理论上其通带内最大输出幅度应为输入信号幅度的（　　）倍。

A. 1.5　　B. 0.71　　C. 0.5　　D. 无法确定

③ 对于 $A_{up}=2.5$ 的压控二阶低通滤波器电路，其截止频率点应为（　　）。

A. 全频带内输出幅度最大的频率点

B. 全频带内输出幅度最小的频率点

C. 全频带内输出幅度为最大输出幅度的 0.707 倍时的频率点

D. 无法确定

④ 在图 6-8-6 中，a、b 两条幅频特性曲线是在不同的电路参数情况下测的，请问下列描述哪些是正确的？（　　）

A. a、b 表示的是高通滤波器的频率特性曲线

B. a 表示低通滤波器的 Q 值大于 1

C. b 表示低通滤波器的 Q 值大于 1

D. a、b 两条曲线均表示低通滤波器的特性曲线

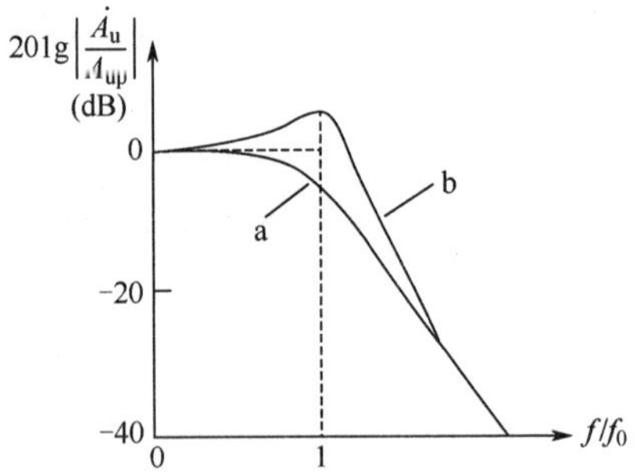

图 6-8-6　幅频特性曲线

⑤ 计算出图 6-8-2 所示二阶低通滤波器的截止频率及品质因数。

⑥ 计算出图 6-8-3 所示二阶高通滤波器的截止频率及品质因数。

（3）思考题。

① 某同学在调试图 6-8-2 时，输入频率为 1kHz 的信号，发现输出电压远低于输入电压，他认为电路存在故障，此结论是否正确？

② 高通滤波器的幅频特性，为什么在频率很高时，其电压增益会随频率升高而下降？

③ 怎样用简便方法判别滤波电路属于哪种类型（低通、高通、带通、带阻）？

④ 对于 Q 值大于 1 的滤波器，应如何正确测量其截止频率和幅频特性曲线？试简述其测量方法及步骤。

实验 6–9　电压比较器

1. 实验目的

（1）熟悉各种电压比较器电路原理及特点。

（2）掌握电压比较器的测量方法。

2. 实验原理及电路

电压比较器是集成运放非线性应用电路，常用于各种电子设备中。它将一个模拟量电压信号和一个参考固定电压相比较，在二者幅度相等的附近，输出电压将产生跃变，相应输出高电平或低电平。比较器可以组成非正弦波形变换电路及应用于模拟与数字信号转换等领域。

图 6-9-1（a）所示为一最简单的电压比较器电路，U_R 为参考电压，加在运放的同相的输入端，输入电压 u_i 加在反相的输入端。当 $u_i < U_R$ 时，运放输出高电平，稳压管 VD_Z 反向稳压工作。输出端电位被其钳位在稳压管的稳定电压 U_Z，即 $u_o = U_Z$。当 $u_i > U_R$ 时，运放输出低电平，VD_Z 正向导通，输出电压等于稳压管的正向压降 U_Z，即 $u_o = -U_Z$，因此以 U_R 为界，当输入电压 u_i 变化时，输出端反映出两种状态，高电位和低电位。

表示输出电压与输入电压之间关系的特性曲线，称为传输特性，如图 6-9-1（b）所示。

常用的电压比较器有过零电压比较器、具有滞回特性的过零比较器、滞回电压比较器，窗口（双限）电压比较器。

1）过零比较器

图 6-9-2（a）所示为加限幅电路的过零比较器，VD_Z 为限幅稳压管。信号从运放的反相输入端输入，参考电压为零，从同相端输入。当 $u_i > 0$ 时，输出 $u_o = -(U_Z + U_D)$；当 $u_i < 0$ 时，$u_o = +(U_Z + U_D)$，其电压传输特性如图 6-9-2（b）所示。

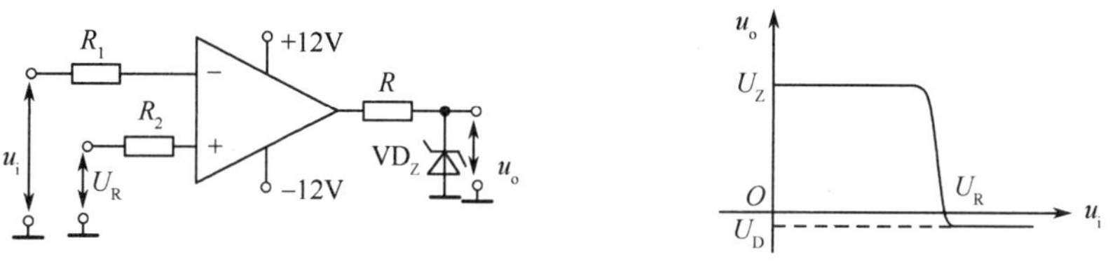

(a) 电路　　(b) 传输特性

图 6-9-1　电压比较器

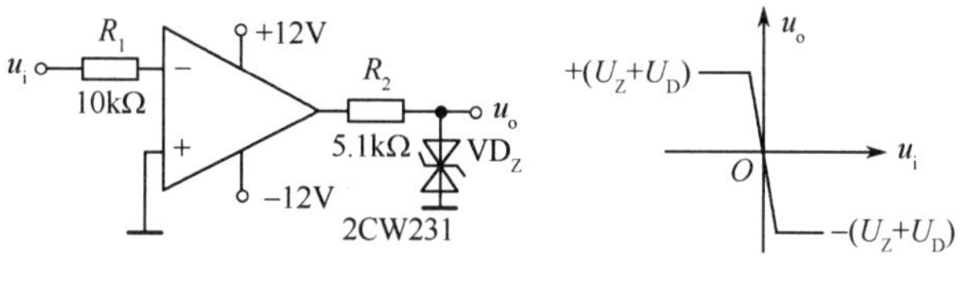

(a) 过零比较器电路　　(b) 电压传输特性

图 6-9-2　过零比较器

过零比较器结构简单，灵敏度高，但抗干扰能力差。

2）滞回比较器

图 6-9-3 所示为具有滞回特性的过零比较器。

过零比较器在实际工作时，若 u_i 恰好在过零值附近，则由于零点漂移的存在，u_o 将不断由一个极限值转换到另一个极限值，这在控制系统中，对执行机构将是很不利的，因此就需要输出特性具有滞回现象。如图 6-9-3（a）所示，从输出端引一个电阻分压正反馈支路到同相输入端，若 u_o 改变状态，Σ 点也随着改变电位，使过零点离开原来位置。当 u_o 为正（记作 U_+）$U_\Sigma=\dfrac{R_2}{R_f+R_2}U_+$，则当 $u_i>U_\Sigma$ 后，u_o 即由正变负（记作 U_-），此时 U_Σ 变为 $-U_\Sigma$。故只有当 u_i 下降到 $-U_\Sigma$ 以下，才能使 u_o 再度回升到 U_+，于是出现图 6-9-3（b）中所示的滞回特性。$-U_\Sigma$ 与 U_Σ 的差别称为回差。改变 R_2 的数值可以改变回差的大小。

3）窗口（双限）比较器

简单的比较器仅能鉴别输入电压 u_i 比参考电压 U_R 高或低的情况，窗口比较电路是由两个简单比较器组成的，如图 6-9-4 所示，它能指示出 u_i 值是否处于 U_R^+ 和 U_R^- 之间。若 $U_R^-<u_i<U_R^+$，则窗口比较器的输出电压 u_o 等于运放的正饱和输出电压（$+U_{omax}$），若 $u_i<U_R^-$ 或 $u_i>U_R^+$，则输出电压 u_o 等于运放的负饱和输出电压（$-U_{omax}$）。

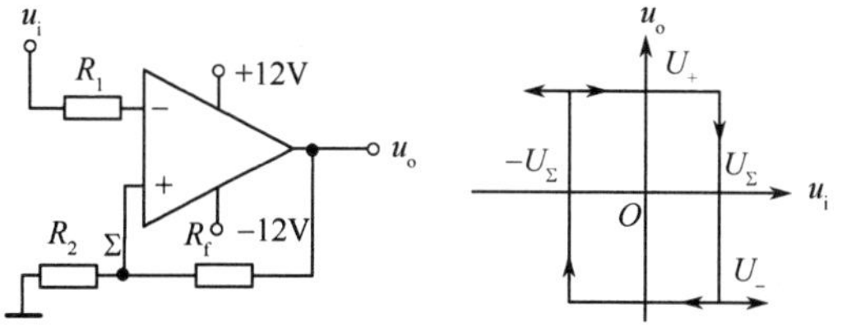

(a) 电路　　(b) 滞回特性

图 6-9-3　具有滞回特性的过零比较器

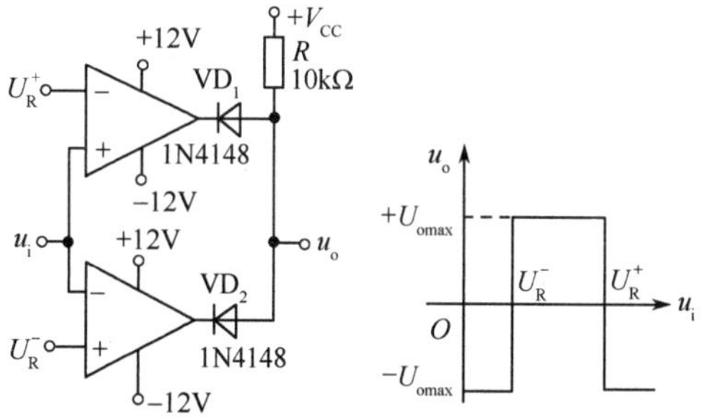

(a) 电路图　　(b) 传输特性

图 6-9-4　由两个简单比较器组成的窗口比较器

3. 实验条件

（1）数字示波器 1 台
（2）函数信号发生器 1 台
（3）双路稳压电源 1 台
（4）晶体管毫伏表 1 台
（5）数字万用表 1 块
（6）低频实验箱 1 台
（7）μA741 2 个

4. 实验内容及步骤

（1）计算出图 6-9-2、图 6-9-4、图 6-9-5 和图 6-9-6 所示的 4 种比较器的阈值，并画出它们的传输特性曲线。

（2）按图 6-9-2、图 6-9-4、图 6-9-5 和图 6-9-6 分别连好实验电路，在输入端加入频率 f=500Hz、有效值为 1V 的正弦信号，用数字示波器观察 u_o 与 u_i 的波形，并记录其波形，标出 u_o 与 u_i 的关系，将观察结果填入表 6-9-1 中。

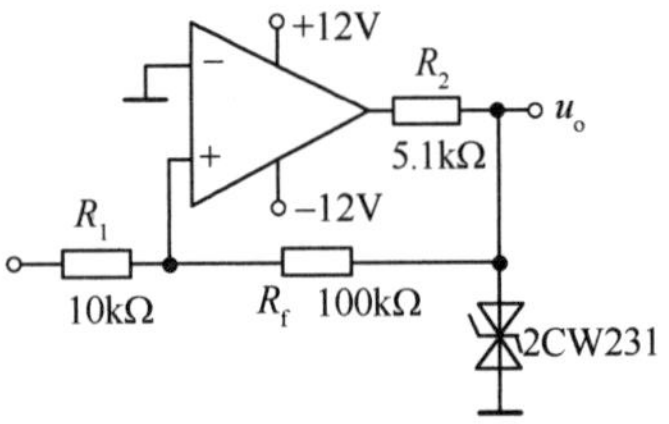

图 6-9-5 同相滞回比较器

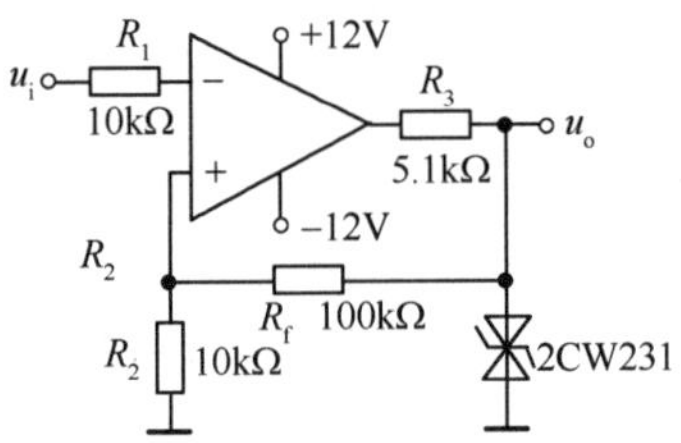

图 6-9-6 反相滞回比较器

表 6-9-1 比较器传输特性

过零比较器	窗口比较器	同相滞回比较器	反相滞回比较器
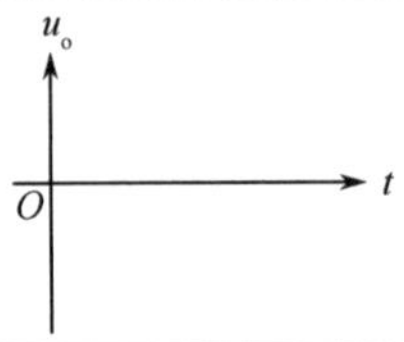	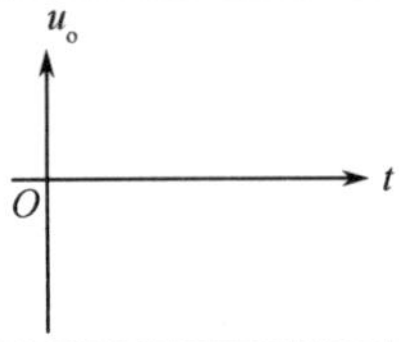	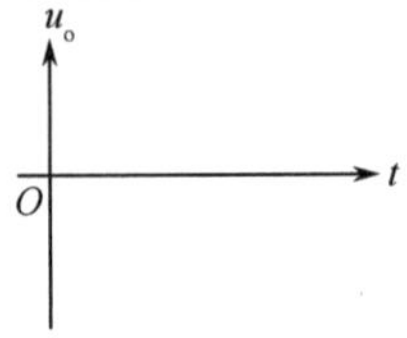	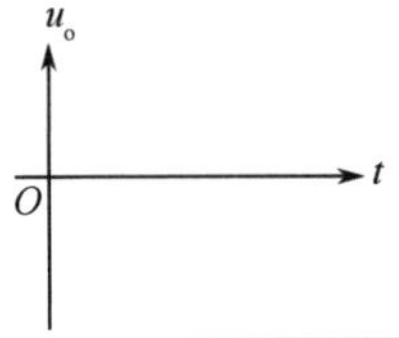

5. 注意事项

（1）实验前应检查连接线的好坏，使用时注意不要用力拉拔导线以防连接线损坏。
（2）注意正负电源的连接方法。
（3）连接好电路后用数字万用表检查电路是否有短路现象，若有，则排除故障后再继续实验。
（4）测量交流信号时注意测量线的共地问题。
（5）注意芯片的引脚方向。

6. 实验报告要求

（1）整理实验数据，画出各类比较器的传输特性曲线。
（2）总结几种比较器的特点，讨论它们的应用。

7. 预习要求及思考题

（1）预习要求。
① 复习运算放大器电压比较器的工作原理及各电路 U_i 与 U_o 的关系式。
② 用 Multisim 14 仿真软件对电路进行仿真、分析。
（2）思考题。

① 试说明比较器的共同特点及分析方法。

② 比较器中的运算放大器是否工作在线性范围内？

实验 6–10　波形发生器

1. 实验目的

（1）通过集成运算放大器在波形发生方面的应用，进一步熟悉集成运算放大器的作用。

（2）掌握文氏电桥振荡器的工作原理。

（3）学习用运放组成方波、三角波发生器。

（4）观测正弦波、方波、三角波发生器的波形、幅度和频率。

2. 实验原理

1）文氏电桥振荡器的工作原理

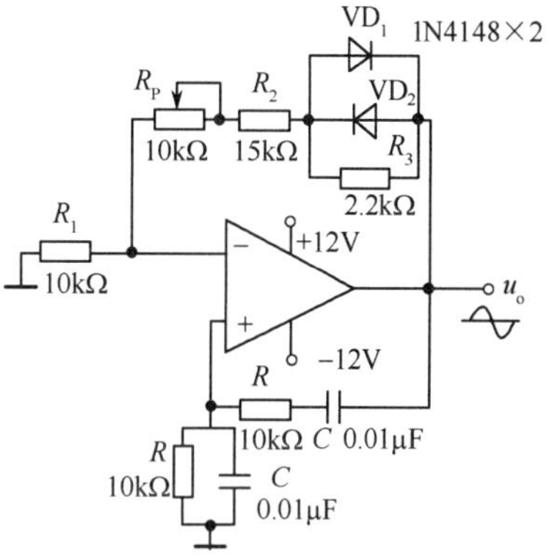

图 6-10-1　文氏电桥振荡器

文氏电桥振荡器（RC 桥式正弦波振荡器）如图 6-10-1 所示，其中 RC 串、并联电路构成正反馈支路，同时兼作选频网络，R_1、R_2、R_P 及二极管等元件构成负反馈和稳幅环节。调节电位器 R_P，可以改变负反馈深度，以满足振荡的振幅条件和改善波形。利用两个反向并联二极管 VD_1、VD_2 正向电阻的非线性特性来实现稳幅。VD_1、VD_2 采用硅管（温度稳定性好），且要求特性匹配，才能保证输出波形正、负半周对称。R_3 的接入是为了削弱二极管非线性的影响，以改善波形失真。

电路的振荡频率

$$f_0=\frac{1}{2\pi RC}$$

起振的幅值条件

$$\frac{R_f}{R_1}\geqslant 2$$

式中，$R_f=R_P+R_2+(R_3\,/\!/\,r_D)$，$r_D$ 为二极管正向导通电阻。

调整反馈电阻 R_f（调 R_P），使电路起振，且波形失真最小。若不能起振，则说明负反馈太强，应适当加大 R_f。若波形失真严重，则应适当减小 R_f。

改变选频网络的参数 C 或 R，即可调节振荡频率。一般采用改变电容 C 作频率量程切换，而调节 R 作量程内的频率细调。

2）方波、三角波工作原理

方波、三角波发生器组成框图如图 6-10-2 所示。由集成运放构成的方波发生器和三角波发生器，一般均包括比较器和 RC 积分器两大部分。图 6-10-3 所示为由滞回比较器及简单 RC 积分电路组成的方波发生器，其周期为

$$T=2RC\ln\left(1+2\frac{R_1}{R_2}\right)$$

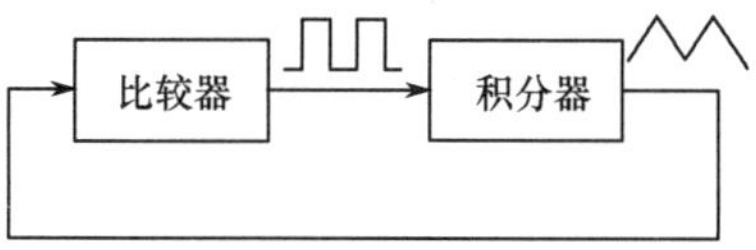

图 6-10-2　方波、三角波发生器组成框图

方波发生器的输出波形如图 6-10-4 所示。

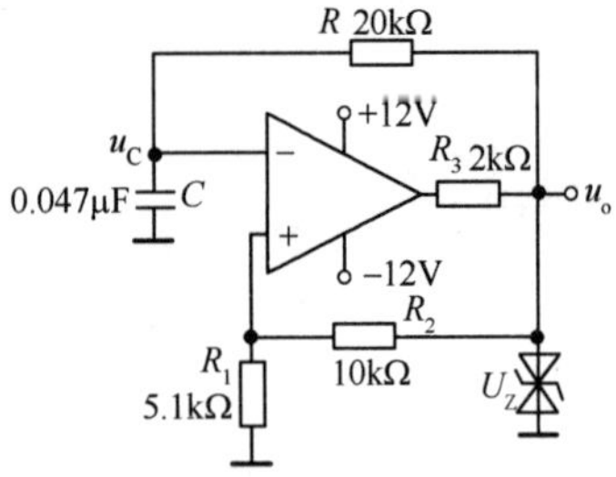

图 6-10-3　方波发生器

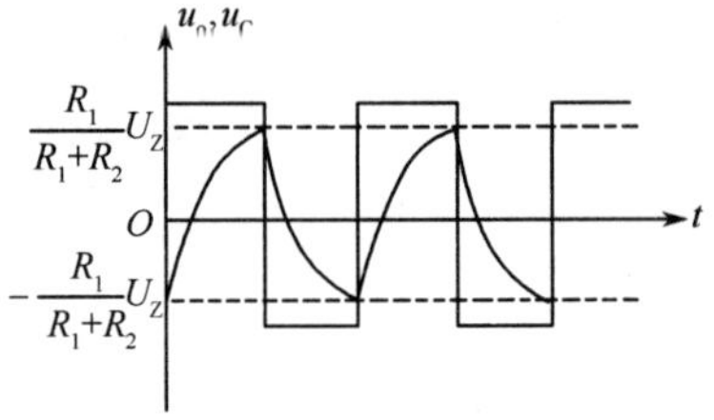

图 6-10-4　方波发生器的输出波形

若把滞回比较器和积分器首尾相接形成正反馈闭环系统，如图 6-10-5 所示，则比较器 A_1 输出的方波经积分器 A_2 积分可得到三角波，三角波又触发比较器自动翻转形成方波，这样即可构成方波、三角波发生器。由此可以计算出振荡周期为

$$T=4RC\frac{R_1}{R_2}$$

方波、三角波发生器的输出波形如图 6-10-6 所示。

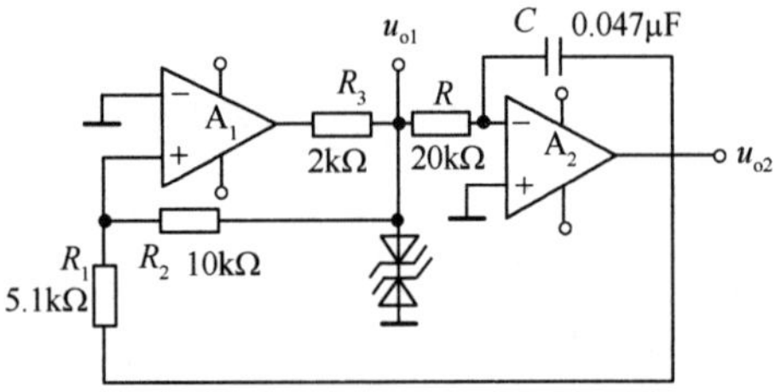

图 6-10-5　方波、三角波发生器

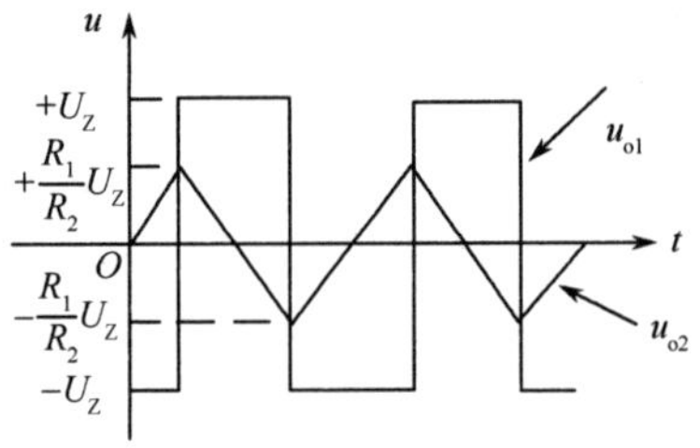

图 6-10-6　方波、三角波发生器的输出波形

3. 实验条件

（1）数字示波器	1 台
（2）函数信号发生器	1 台
（3）直流稳压电源	1 台
（4）晶体管毫伏表	1 台
（5）数字万用表	1 块
（6）低频实验箱	1 台
（7）LM324	2 个

4. 实验内容及步骤

（1）文氏电桥振荡器。按图 6-10-1 连接实验电路。接通电源，调节电位器 R_P，使输出波形从无到有，从正弦波到出现失真。描绘 u_o 的波形，记下临界起振、正弦波输出及失真情况下的 R_P 值，填入表 6-10-1 中。分析负反馈强弱对起振条件及输出波形的影响。调节电位器 R_P，使输出电压 u_o 幅值最大且不失真，用交流毫伏表分别测量输出电压 u_o。

（2）方波发生器。按图 6-10-3 连接电路，接通±15V 直流电压，用示波器观测 u_o 和 u_C 的波形，测出其幅值和频率。

（3）方波、三角波发生器。按图 6-10-5 连接电路，接通±15V 直流电压，用示波器观测 u_{o1} 和 u_{o2} 的波形，测出其幅值和频率。

表 6-10-1 R_P、输出电压的测量

R_P（起振）	R_P（失真）	u_o 波形
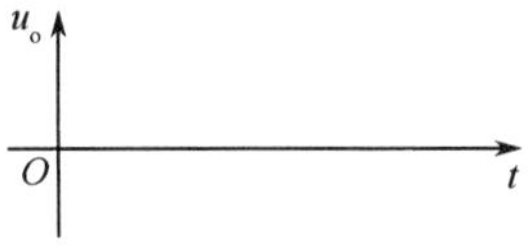		

5. 注意事项

（1）实验前应检查连接线的好坏，使用时注意不要用力拉拔导线以防连接线损坏。

（2）注意正负电源的连接方法。

（3）连好电路后用数字万用表检查电路是否有短路现象，若有，则排除故障后再继续实验。

（4）测量交流信号时注意测量线的共地问题。

（5）注意芯片的引脚方向。

6. 实验报告要求

整理数据，绘出各电路的输出波形并与理论值比较。

7. 预习要求及思考题

（1）预习要求。

① 复习运算放大器文氏振荡电路的工作原理及 U_i 与 U_o 的关系式。

② 复习运算放大器非正弦波发生器的工作原理及各电路 U_i 与 U_o 的关系式。

③ 计算各电路的振荡频率。

④ 用 Multisim 14 仿真软件对电路进行仿真、分析。

（2）实验预习题。

① 波形发生器电路需要外接输入信号吗？（　　）。

A. 需要　　B. 不需要

② 若要改变图 6-10-3 所示方波发生器的输出信号频率，应改变（　　）元件。

A. 电容 C　　B. 电阻 R_1

C. 电阻 R_3　　D. 电容 C、电阻 R、R_1、R_2

③ 图 6-10-3 所示方波发生器的输出波形幅度由（　　　　　　）决定。

④ 如图 6-10-3 所示方波发生器，如果输出波形的占空比明显大于或小于 50%，可能是由什么原因造成的？（　　）。

A. 电容 C 值选择不当

B. 电阻 R_1、R_2 比例选择不当

C. 输出端某个稳压二极管击穿

（3）思考题。

① 试计算图 6-10-3 所示的方波发生器的频率、输出波形幅值。

② 试计算图 6-10-5 所示的方波、三角波发生器的频率与幅值。

③ 若想改变图 6-10-1 所示电路的振荡频率，需要调节电路中哪些元件？

④ 试说明用示波器测量频率有哪几种常用方法。

实验 6-11　集成直流稳压电源

1. 实验目的

（1）初步了解集成稳压电源的工作原理。

（2）掌握稳压电源主要技术指标的测试方法。

2. 实验原理

电子设备一般都需要用直流电源供电。这些直流电除了少数直接利用干电池和直流发电机，大多数采用把交流电（市电）转变为直流电的直流稳压电源。

直流稳压电源由电源变压器、整流电路、滤波电路和稳压电路四部分组成，其框图如图 6-11-1 所示。电网供给的交流电压 u_1（220V，50Hz）经电源变压器降压后，得到符合电路需要的交流电压 u_2，然后由整流电路变换成方向不变、大小随时间变化的脉动电压 u_3，再用滤波器滤去其交流分量，就可得到比较平直的直流电压 u_I。但这样的直流输出电压，还会随交流电网电压的波动或负载的变动而变化。在对直流供电要求较高的场合，还需要使用稳压电路，以保证输出直流电压更加稳定。

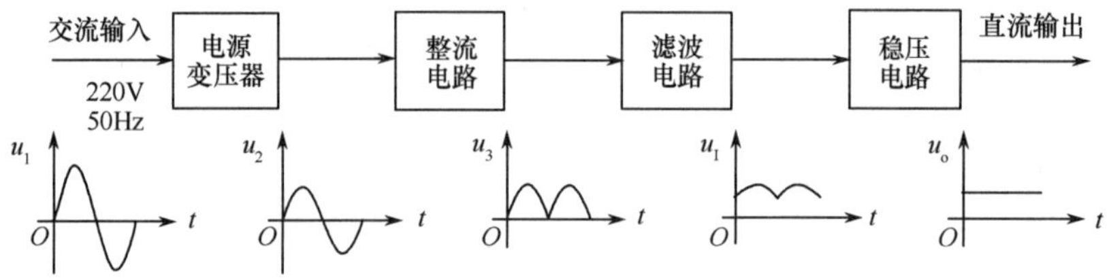

图 6-11-1　直流稳压电源框图

1）三端式固定输出集成稳压器

随着半导体工艺的发展，稳压电路也制成了集成器件。由于集成稳压器具有体积小、外接线路简单、使用方便、工作可靠和通用性等优点，因此在各种电子设备中应用十分普遍，基本上取代了由分立元件构成的稳压电路。集成稳压器的种类很多，应根据设备对直流电源的要求来进行选择。对于大多数电子仪器、设备和电子电路来说，通常是选用串联线性集成稳压器。而在这种类型的器件中，又以三端式稳压器应用最为广泛。

W7800、W7900 系列三端式集成稳压器的输出电压是固定的，在使用中不能进行调整。W7800 系列三端式稳压器输出正极性电压，一般有 7 个档次：5V、6V、9V、12V、15V、18V、24V，输出电流最大可达 1.5A（加散热片）。同类型 78M 系列稳压器的输出电流为 0.5A，78L 系列稳压器的输出电流为 0.1A。若要求负极性输出电压，则可选用 W7900 系列稳压器。

图 6-11-2 所示为 W7800 系列的外形和接线图。

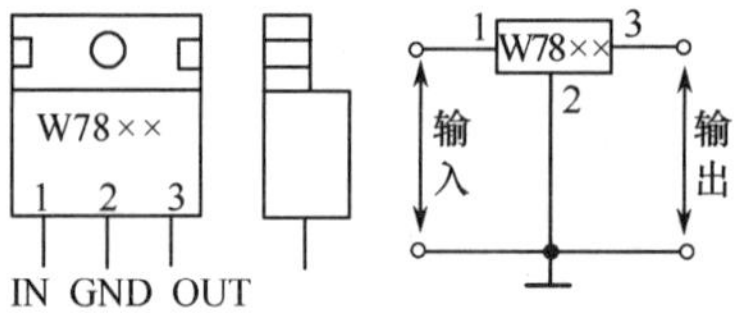

图 6-11-2　W7800 系列的外形及接线图

它有 3 个引出端：输入端（不稳定电压输入端），标以“1”；输出端（稳定电压输出端），标以“3”；公共端，标以“2”。

除固定输出三端稳压器之外，还有可调式的三端稳压器，后者可通过外接元件对输出电压进行调整，以适应不同的需要。

图 6-11-3 是由三端式稳压器 W7812 构成的单电源电压输出串联型稳压电源的实验电路。其中整流部分采用了由 4 个二极管组成的桥式整流器（又称桥堆），型号为 2W06（或 KBP306），内部接线和外部引脚如图 6-11-4 所示。滤波电容 C_1、C_2 一般选取几百至几千微法。当稳压器距离整流滤波电路比较远时，在输入端必须接入电容器 C_3（数值为 0.33μF），以抵消线路的电感效应，防止产生自激振荡。输出端电容 C_4（0.1μF）用以滤除输出端的高频信号，改善电路的暂态响应。

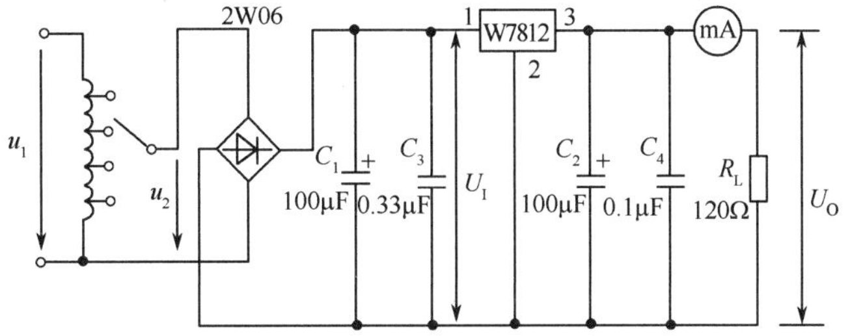

图 6-11-3　单电源电压输出串联型稳压电源的实验电路

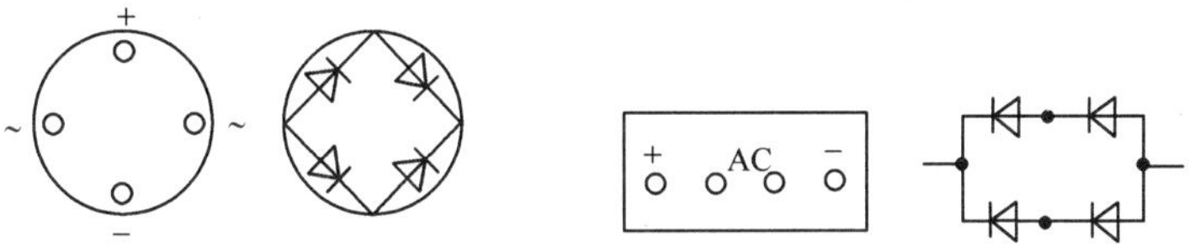

(a) 圆桥 2W06　　　(b) 排桥 KBP306

图 6-11-4　桥堆的内部接线和外部引脚

图 6-11-5 为正、负双电压输出电路，若需要 U_{O1}＝＋15V，U_{O2}＝－15V，则可选用 W7815 和 W7915 三端稳压器，这时的 U_I 应为单电压输出时的两倍。

当集成稳压器本身的输出电压或输出电流不能满足要求时，可通过外接电路来进行性能扩展。图 6-11-6 是一种简单的输出电压扩展电路。如果 W7812 稳压器的 3、2 端间输出电压为 12V，只要适当选择 R 的值，使稳压管 VD_Z 工作在稳压区，则输出电压 U_O＝12＋U_z，可以高于稳压器本身的输出电压。

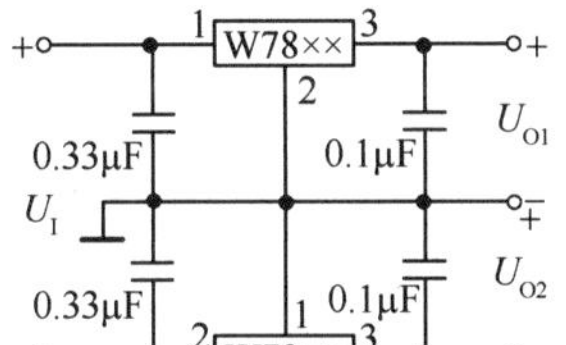

图 6-11-5　正、负双电压输出电路

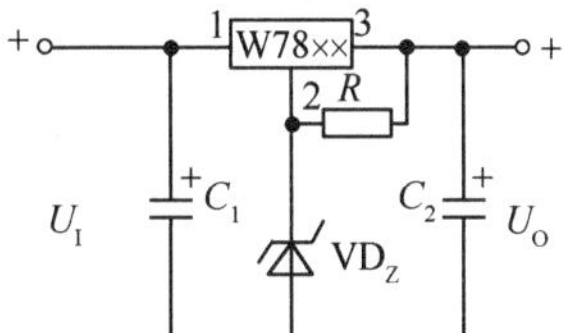

图 6-11-6　输出电压扩展电路

图 6-11-7 是通过外接晶体管 VT 及电阻 R_1 来进行电流扩展的电路。电阻 R_1 的阻值由外接晶体管的发射结导通电压 V_{BE}、三端式稳压器的输入电流 I_I（近似等于三端稳压器的输出电流 I_{O1}）和 VT 的基极电流 I_B 来决定，即

$$R_1 = \frac{V_{BE}}{I_R} = \frac{V_{BE}}{I_I - I_B} = \frac{V_{BE}}{I_{O1} - \dfrac{I_C}{\beta}} \qquad (6\text{-}11\text{-}1)$$

式中，I_C 为晶体管 VT 的集电极电流，它应等于 $I_O - I_{O1}$；β 为 VT 的电流放大系数；对于锗管 V_{BE} 可按 0.3V 估算，对于硅管 V_{BE} 按 0.7V 估算。

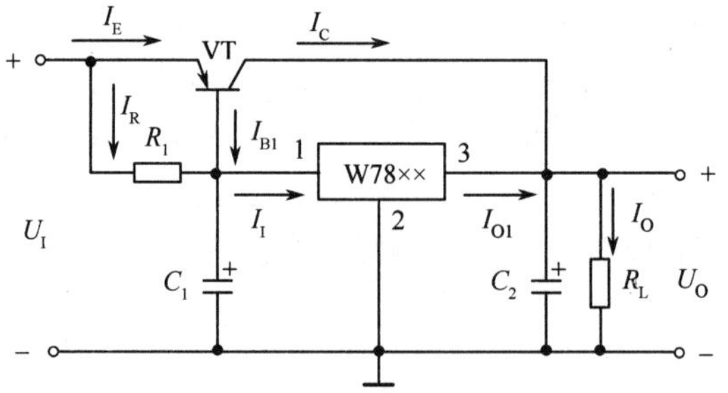

图 6-11-7　输出电流扩展电路

附：（1）图 6-11-8 为 W7900 系列（输出负电压）的外形及接线。

（2）图 6-11-9 为可调输出正三端稳压器 W317 的外形及接线。

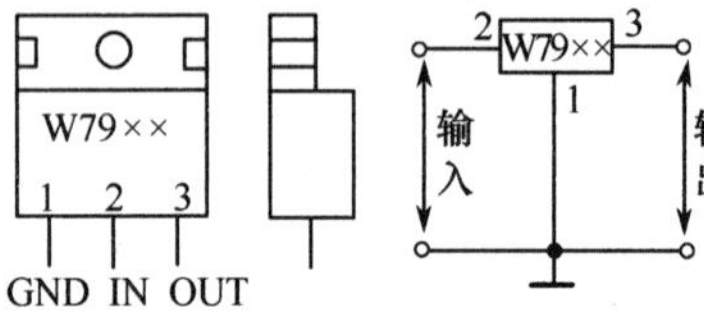

图 6-11-8　W7900 系列的外形及接线

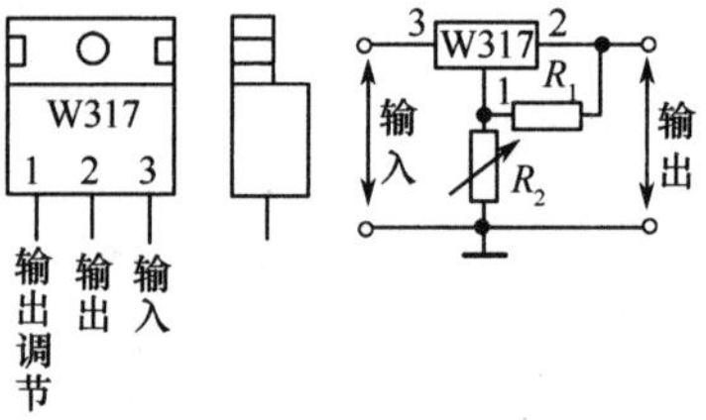

图 6-11-9　W317 的外形及接线

2）**稳压电源的主要性能指标**

（1）输出电压 U_O 和输出电压调节范围。

$$U_O = \left(1+\frac{R_2}{R_1}\right)U_{REF} \tag{6-11-2}$$

U_{REF} 为 1.25V 的基准电压，调节 R_2 值可以改变输出电压 U_O。

（2）最大负载电流（I_{Om}）。最大负载电流 I_{Om} 是指电路能流过的最大电流。

（3）输出电阻（R_O）。输出电阻 R_O 定义为：当输入电压 U_I（指稳压电路输入电压）保持不变，由于负载变化而引起的输出电压变化量与输出电流变化量之比，即

$$R_O = \left.\frac{\Delta U_O}{\Delta I_O}\right|_{U_I=\text{常数}} \tag{6-11-3}$$

（4）稳压系数（S）。稳压系数（电压调整率）定义为：当负载保持不变，输出电压相对变化量与输入电压相对变化量之比，即

$$S = \left.\frac{\Delta U_O / U_O}{\Delta U_I / U_I}\right|_{R_L=\text{常数}} \tag{6-11-4}$$

由于工程上常把电网电压波动±10%作为极限条件，因此也有将此时输出电压的相对变化 $\Delta U_O/U_O$ 作为衡量指标，称为电压调整率。

（5）纹波电压。输出纹波电压是指在额定负载条件下，输出电压中所含交流分量的有效值（或峰值）。

3. 实验条件

（1）电烙铁　　1 套

（2）通用板　　1 块

（3）数字万用表　　1 块

（4）直流稳压电源　　1 台

（5）W7805　　1 片

（6）W7905　　1 片

4. 实验内容及步骤

（1）集成稳压电源实验电路如图 6-11-10 所示，按图焊接电路，焊接完成后，仔细检查电路是否连接正确。

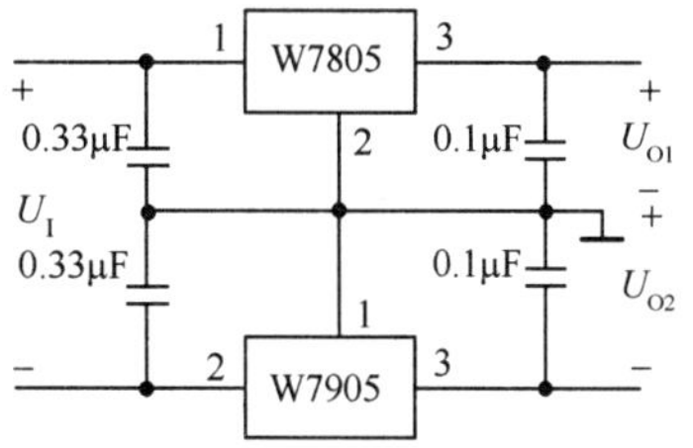

图 6-11-10　集成稳压电源实验电路

（2）测量三端稳压电源的稳压值及稳压范围：当输入电压 U_I 从＋8V 变到＋12V 时，输出电压 U_O 变化范围即 W7805 的稳压范围，其稳压值应为＋5V。当输入电压 U_I 从－8V 变到－12V 时，输出电压 U_O 变化范围即 W7905 的稳压范围，其稳压值应为－5V。

（3）电压调整率 S_v 的测量。这个参数也称为稳压系数，当输出电流一定时，输出电压的变化率与输入电压的变化率之比。其中，U_I 的变化范围为 $U_I \pm U_I \times 10\%$，S_v 反映了输入电压改变时，稳压电源保持输出电压稳定的能力，S_v 越小，稳定性能越好。

$$S_v = \frac{\Delta U_O / U_O}{\Delta U_I / U_I} \tag{6-11-5}$$

5. 注意事项

（1）注意芯片的引脚方向。

（2）注意焊接电路时不要有短路和虚焊现象。

（3）注意正负电源的连接方法。

6. 实验报告要求

（1）整理实验数据，并与手册上的典型值进行比较。

（2）分析讨论实验中发生的现象和问题。

7. 预习要求及思考题

（1）预习要求。

① 复习集成直流稳压电源的工作原理。

② 了解 W78×× 和 W79×× 的基本性能指标。

（2）思考题。

① 为了使稳压电源的输出电压 U_O＝12V，则其输入电压的最小值 U_{1min} 应等于多少？交流输入电压 U_{2min} 又怎样确定？

② 怎样提高稳压电源的性能指标（减小 S 和 R_O）？

第7章　数字电子技术基础实验

实验7-1　集成门电路逻辑功能及参数特性测试

1. 实验目的

（1）掌握集成门电路逻辑功能的测试方法。

（2）掌握集成门电路主要特性参数的测试方法。

（3）了解三态门工作原理，学习三态门的应用。

（4）熟悉OC门的应用。

2. 实验原理

1）电压传输特性

门电路的输出电压与输入电压之间的关系曲线称为电压传输特性。与非门电压传输特性测试电路及其电压传输特性曲线如图7-1-1所示，调节电位器改变输入电压 V_I，测量输出电压 V_O。根据测量数据绘出电压传输特性曲线。从特性曲线上可以读出 V_{OH}、V_{OL}、V_{ON}、V_{OFF}、V_{NH} 和 V_{NL}。

另一种电压传输特性的测试电路如图7-1-2所示。从与非门输入端输入锯齿波信号，用示波器可以观察到与非门的电压传输特性。

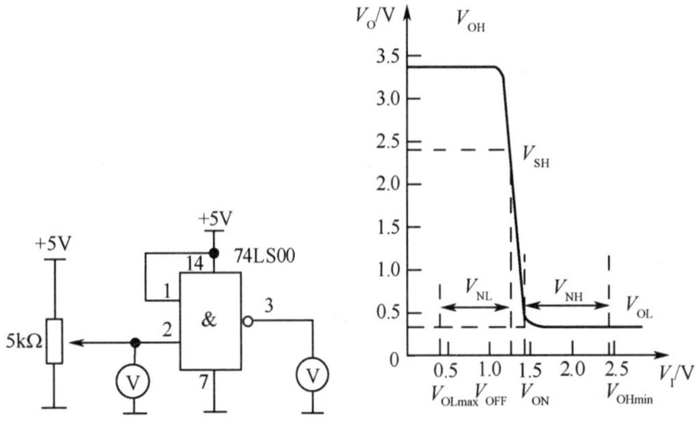

（a）测试电路　　（b）电压传输特性曲线

图7-1-1　与非门电压传输特性测试电路及其电压传输特性曲线

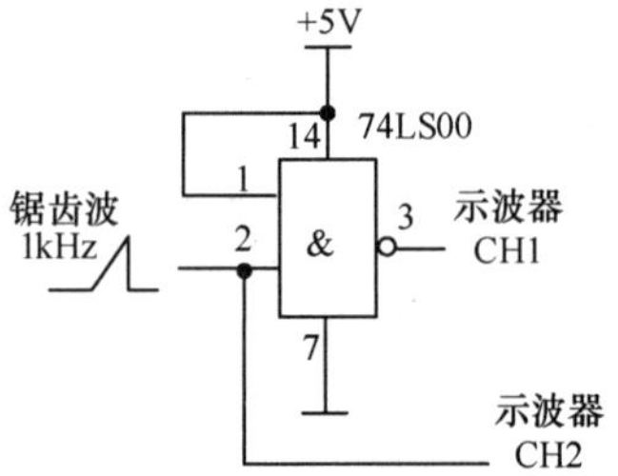

图7-1-2　与非门电压传输特性的测试电路

V_{OHmin}，V_{OLmax}：输出高电平的下限值和输出低电平的上限值。

V_{OH}，V_{OL}：输出高、低电平。

V_{ON}：开门电平电压，输出为低电平电压 V_{OLmax} 时，允许的最小输入高电平电压值。

V_{OFF}：关门电平电压，输出为高电平电压 V_{OHmin} 时，允许的最大输入低电平电压值。

V_{NH}：高电平噪声容限，$V_{NH}=V_{OHmin}-V_{ON}$。

V_{NL}：低电平噪声容限，$V_{NL}=V_{OFF}-V_{OLmax}$。

2）平均传输延迟时间

平均传输延迟时间 t_{pd} 是表征门电路开关速度的参数，它说明门电路在输入脉冲信号的作用下，输出信号相对于输入信号延迟的时间。

与非门的平均传输延迟时间 t_{pd} 可用环形振荡器测量，如图 7-1-3 所示。用奇数个与非门环形连接在一起时，电路会产生一定频率的自激振荡。用示波器测量输出信号的周期 T，就可间接计算出与非门的平均传输延迟时间 $t_{pd}=T/2n$（n 为与非门的个数）。

3）**三态门**

一般 TTL 门电路的输出级采用推挽工作结构，所以两个门的输出端不能并联使用；否则，可能会导致集成电路的损坏。TTL 三态门和 OC 门的输出端可以并联使用。

TTL 三态门的输出有 3 种状态："0" 态、"1" 态和高阻态。如图 7-1-4 和表 7-1-1 所示，三态门除有输入端和输出端外，增加了一个三态控制端 EN。当三态控制端 EN 为低电平时，三态门处于工作状态，输出 Y 等于输入 A。当控制端 EN 为高电平时，三态门处于禁止状态，输出为高阻态，相当于开路，在此状态下，输出不再受输入的控制，数据不能再进行传送。利用三态门可以实现总线结构，实现数据的分时传送或双向传输。

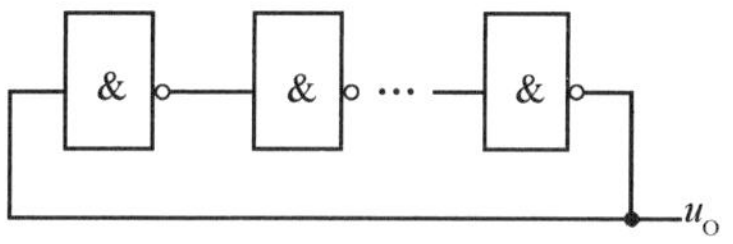

图 7-1-3　环形振荡器 t_{pd} 测量电路

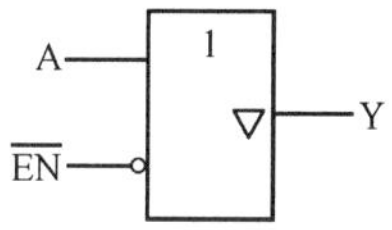

图 7-1-4　三态门

表 7-1-1　三态门真值表

EN	A	Y
0	0	0
0	1	1
1	0	高阻
1	1	高阻

4）**OC 门**

TTL 集电极开路门，又称 OC 门，其输出级电路的集电极采用开路结构，其输出端可以直接相连，实现"线与"的功能。OC 门"线与"电路如图 7-1-5 所示。其输出信号与输入信号的逻辑关系为

$$F=\overline{A\cdot B}\cdot\overline{C\cdot D}$$

因为 OC 门输出端是悬空的，所以在使用 OC 门时，要在输出端与电源之间接一上拉电阻 R_L，其阻值应根据使用条件决定。分析表明，上拉电阻最大值 R_{Lmax} 和最小值 R_{Lmin} 的表达式分别为

$$R_{Lmax}=\frac{V_{CC}-V_{OHmin}}{nI_{ccr}+NI_{RE}}，\quad R_{Lmin}=\frac{V_{CC}-V_{OLmax}}{I_{OL}+NI_{IL}}$$

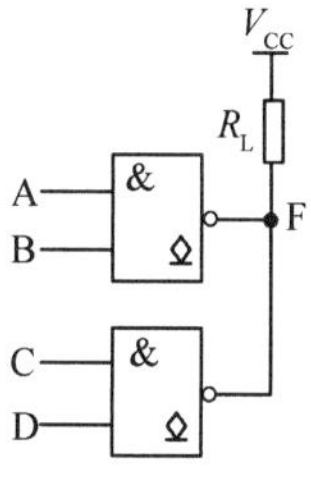

图 7-1-5　OC 门"线与"电路

式中，V_{CC} 为上拉电阻所接外电源电压（最大 30V）；V_{OHmin} 为输出高电平的下限值，约为 2.8V；V_{OLmax} 为输出低电平的上限值，约为 0.35V；n 为"线与"连接的 OC 门个数；I_{ccr} 为 OC 门输出管漏电流，约为 50μA；N 为驱动下级门的个数；I_{RE} 为输入反向电流，约为 50μA；I_{OL} 为允许灌入最大负载电流，约为 20mA；I_{IL} 为短路输入电流，约为 1.4mA。

3. 实验条件

（1）直流稳压电源、数字示波器、数字万用表、数字电子技术实验箱。

（2）74LS00（与非门）1 片、74LS04（非门）1 片、74LS125（三态门）1 片、74LS03（OC 门）1 片、CD4011（与非门）1 片、CD4069（非门）1 片。

4. 实验内容及步骤

1）与非门逻辑功能测试

（1）选用 74LS00 芯片，查阅 74LS00 芯片引脚图，按图 7-1-6 所示连接电路。引脚 14（V_{CC}）接电源（+5V），引脚 7（GND）接电源地线。与非门的两个输入端（A，B）分别接逻辑电平开关，由逻辑电平开关产生高电平或低电平。与非门的输出端（F）接电平显示发光二极管，由发光二极管的亮或灭判断输出状态是高电平或低电平。

（2）将逻辑电平开关按表 7-1-2 置位，观察输出端电平显示发光二极管。发光二极管亮表示输出为高电平（1 状态），发光二极管灭表示输出为低电平（0 状态），将测试结果填入表 7-1-2 中，并写出输出 F 的逻辑表达式。

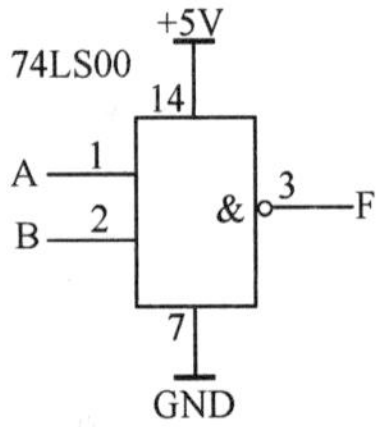

图 7-1-6　与非门逻辑功能测试图

表 7-1-2　与非门逻辑功能测试表

输　入		输　出
A	B	F
0	0	
0	1	
1	0	
1	1	

（3）选用 CD4011 芯片，重复步骤（1）、（2），测试 CMOS 与非门逻辑功能。

2）与非门电压传输特性测试

（1）选用 74LS00 芯片，查阅 74LS00 芯片引脚图，按图 7-1-1 所示连接电路，芯片的 14（V_{CC}）引脚接电源（+5V），芯片的引脚 7（GND）接电源地线。改变输入直流电压的大小，并用数字万用表测量其对应的输入和输出电压值。

（2）通过查阅 74LS00 的芯片数据手册，找出 V_{OHmin} 和 V_{OLmax} 记录到表 7-1-3 中。

（3）改变输入电压大小，测量出 V_{ON} 和 V_{OFF}，通过计算得到 V_{HN} 和 V_{NL}，将实验数据记录到表 7-1-3 中。

表 7-1-3　与非门电压传输特性测试

型 号	V_{OHmin}	V_{OLmax}	V_{ON}	V_{OFF}	V_{NH}	V_{HL}
74LS00						

（4）选用 CD4011 芯片重复步骤（1）、（2）、（3），测试 CMOS 与非门的电压传输特性。

（5）选用 74LS00 或 CD4011 芯片，按图 7-1-2（b）所示连接电路，芯片的引脚 14（V_{CC}）接电源（+5V），芯片的引脚 7（GND）接电源地线。将 10Hz 锯齿波（幅度 0～4.5V）信号接入与非门输入端及示波器的 CH2 通道，与非门的输出端连接到示波器的 CH1 通道。观察并记录示波器显示的与非门电压传输特性曲线。

3）测试平均传输延迟时间 t_{pd}

（1）选用 74LS04 芯片，查阅 74LS04 引脚图，芯片的引脚 14（V_{CC}）接电源（+5V），芯片的引脚 7（GND）接电源地线。用 74LS04 构成环形振荡器（参阅图 7-1-3），环形振荡器的输出连接示波器。

（2）观察示波器显示波形，测量信号周期 T，计算平均传输延迟时间 t_{pd}，并填入表 7-1-4 中。

表 7-1-4　t_{pd} 测试

型　号	T	t_{pd}
74LS04		

（3）选用 CD4069 芯片，重复步骤（1）、（2）的操作，测试其平均传输延迟时间。

4）三态门的功能测试

（1）选择与非门（74LS00）和三态门（74LS125）芯片，按图 7-1-7 所示连接电路。输入端 A 接入 1Hz 方波信号，输入端 B 接入 2Hz 方波信号，输入端 C 连接逻辑电平开关，输出端 F 接电平显示发光二极管。

（2）将逻辑电平开关按表 7-1-5 置位，通过发光二极管观察输出端 F 的状态，并将结果填入该表中。

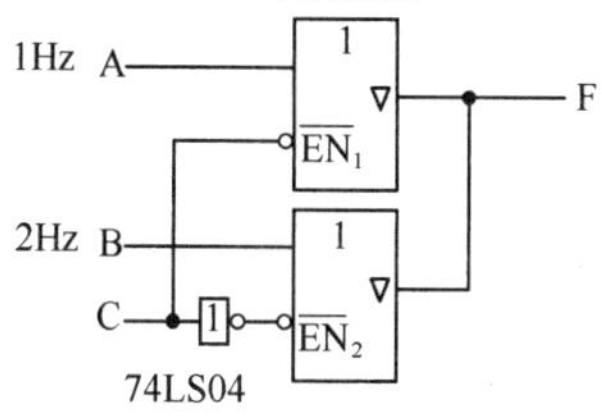

图 7-1-7　三态门应用

表 7-1-5　三态门功能测试

输　入			控　制		输　出
A	B	C	$\overline{EN_1}$	$\overline{EN_2}$	F
1Hz	2Hz	0			
1Hz	2Hz	1			

5）OC 门的功能测试

如图 7-1-8 所示，用 OC 门（74LS03）驱动一只发光二极管和一个与非门（74LS00）。假设发光二极管正常发光时，其正向导通压降 V_F＝1.5V，导通电流 I_F＝2mA，试确定发光二极管 VD 的限流电阻 R_D 和上拉电阻 R_L，使电路正常工作。

在电路的输入端输入频率为 1kHz、幅度为 4V 的 TTL 信号，用示波器观察 u_I、u_O、u_{O1} 点的波形。

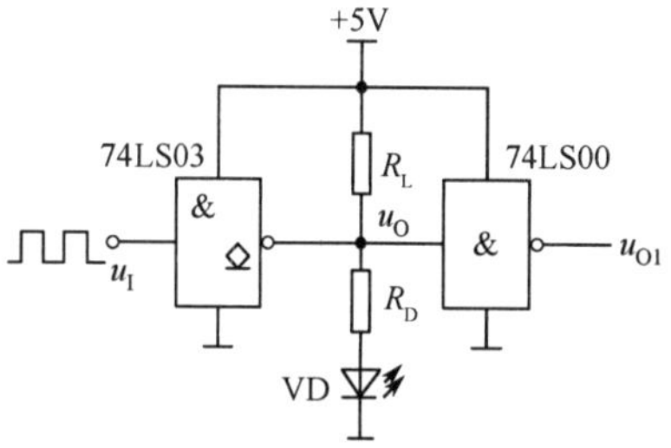

图 7-1-8　OC 门的功能测试

5. 注意事项

（1）TTL 集成电路对电源电压要求比较严格，只允许在 5V±10%的范围内工作，若电压超过 5.5V 将损坏器件，低于 4.5V 其逻辑功能将不正常。

（2）TTL 集成电路输出端不允许直接接地或直接接＋5V，否则将导致器件损坏。

（3）TTL 集成电路输出端不允许并联使用（三态门和 OC 门除外）。

（4）CMOS 集成电路电源电压允许范围是 3～18V。

（5）在通电之前，要处理 CMOS 门电路不使用的输入端，不允许悬空，应按照逻辑需要并联使用，或接 V_{SS}，或通过几十千欧到几百千欧的电阻接 V_{DD}。

（6）禁止在接通电源的情况下，连接电路或装拆器件。

6. 实验报告要求

（1）按实验内容要求填表，画出逻辑电路图，写出逻辑表达式。

（2）自拟表格记录实验测得的各种参数，并分析说明。

7. 预习要求与思考题

（1）预习要求。

① 根据实验内容，查阅相应芯片引脚，并标注在逻辑图上。

② 画出实验用电路图和记录表格，填好理论值，实验电路注明引脚号。

（2）思考题。

① TTL 与非门输入端悬空，其输出端处于什么状态？

② CMOS 门电路闲置输入端如何处理？

③ TTL 电路中，逻辑 0 状态和逻辑 1 状态，其对应的标准电压值分别是多少？

④ CMOS 器件和 TTL 器件各有什么特点？

⑤ 在实验中，如何判断三态门输出端是 0 状态还是高阻态？

实验 7–2　SSI 组合逻辑电路设计

1. 实验目的

（1）学习 SSI（小规模数字集成电路）组合逻辑电路的设计方法。

（2）掌握组合逻辑电路的分析与测试方法。

2. 实验原理

组合逻辑电路是一类没有记忆功能的电路，它任一时刻的输出，仅仅取决于该时刻电路的输入，与过去的输入状态无关。组合逻辑电路的设计过程如图 7-2-1 所示，先根据实际的逻辑问题进行逻辑抽象，定义逻辑状态的含义，再按照给定的事件因果关系列出逻辑真值表，然后用卡诺图或代数法化简，求出最简逻辑表达式，最后用给定的器件实现简化后的逻辑表达式，画出逻辑电路图。

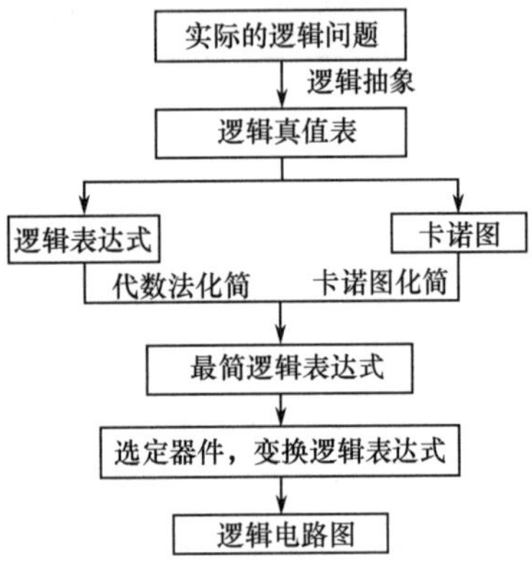

图 7-2-1　组合逻辑电路的设计过程

电路“最简”的标准，是指电路所用的器件个数最少，器件的种类最少，器件之间的连线也最少。

3. 实验条件

（1）直流稳压电源、数字万用表、数字电子技术实验箱。

（2）74LS00（与非门）1 片、74LS04（非门）1 片、74LS20（与非门）1 片、74LS32（或门）1 片。

4. 实验内容及步骤

（1）设计一个优先电路。电路具有 A、B、C 三路输入信号，且分别由 P_A、P_B、P_C 输出，要求在同一时间内只能有一路电路（高电平）信号通过，其优先顺序：A 最先，B 次之，C 最后。

（2）设计一个 2 线至 4 线译码电路。当 $A_0=0$、$A_1=1$ 时，B_0 端输出为 1，其余 B_1、B_2、B_3 输出为 0；当 $A_0=1$、$A_1=0$ 时，B_1 端输出为 1，其余输出端为 0；其他状态以此类推。

（3）设计一个裁判电路。例如，举重比赛中，有 3 个裁判：一个主裁判，两个副裁判。试举是否成功的裁决，由每个裁判按一下自己面前的按钮来决定，只有两个以上裁判（其中必须包含主裁判）判明成功时，表示“成功”的灯才亮。请设计这个组合电路。

（4）选作实验。长廊中的一只电灯 L，有 A、B、C 3 处控制开关，要求 3 处开关中的任何一处都能控制该灯亮和熄灭。试用与非门设计一个控制该灯的逻辑控制电路。

注意：以上实验时电路输入端连到实验箱的逻辑开关，输出端连到发光二极管指示区。根据电路图直接搭接电路，结合真值表验证电路设计的正确性。

5. 注意事项

（1）数字电子技术实验箱接通电源前，应事先检查电源电压值和极性是否正确。

（2）装拆芯片及连接电路时应断电操作，避免损坏芯片。

（3）注意拿住连接线的插头进行插、拔，不要用力拉导线以防连接线损坏。

（4）实验箱面板上不允许放多余的导线，以免短路或损坏设备。

6. 实验报告要求

（1）根据实验内容，写出实验电路的设计过程，并画出设计电路图。

（2）总结组合逻辑电路的分析与设计方法。

7. 预习要求与思考题

（1）预习要求。

① 预习组合逻辑电路的分析与设计方法。

② 根据实验内容，查阅相应芯片引脚，并标注在逻辑图上。

③ 要求事先进行组合逻辑电路的设计，应预先绘出真值表、表达式、逻辑电路图和芯片引脚。

（2）实验预习题。

① 使用直流稳压电源的一路电压时，选择（　　）。

A. 独立模式　　B. 串联模式　　C. 并联模式

② 实验中逻辑电路图未标记电源和地，芯片接多大电源？是否需要接地？（　　）

A. 12V，需要　　B. 12V，不需要

C. 5V ，需要　　D. 5V，不需要

③ 使用连接线和测试线前是否需要测试其好坏？测试时用下面哪种方法？（　　）

A. 需要，用数字万用表电压挡测连接线

B. 需要，用示波器自检功能测试双夹线

C. 需要，用数字万用表通断挡测试连接线

D. 不需要

④ 芯片 74LS20 是双四输入与非门，多余的输入如何处理？（　　）

A. 悬空，不用处理　　B. 不能悬空，接地

C. 不能悬空，接电源　　D. 不能悬空，接高电平

⑤ 实验中芯片的使能端可以悬空吗？如何处理？（　　）

A. 可以悬空，不用处理　　B. 不可以悬空，置高电平

C. 不可以悬空，置低电平　　D. 不可以悬空，按使能端状态置高或低电平

⑥ 电路连接好，通电后无输出，有哪几种可能的原因？（　　）

A. 芯片上的电源和地线没接　　B. 芯片的型号不对

C. 芯片上的引脚接错了　　D. 直流稳压电源的 OUTPUT 是关闭状态

E. 电路设计上有问题　　F. 使用的连接线中有损坏的

⑦ 一旦发现芯片发热，立即采取什么措施，如何检查处理？（　　）

A. 立即断电，检查电源输出电压是否正确，电源是否接反

B. 立即断电，检查芯片型号是否正确

C. 立即断电，检查供电电压是否过高，排除故障后再加电

⑧ 请列出组合逻辑电路设计的一般步骤，将下列序号排序。（　　）

A. 分配输入输出变量　　B. 画出卡诺图

C. 列出真值表　　D. 画出电路图

E. 写最简逻辑表达式

⑨ 设计一个 2 线-4 线译码电路，如图 7-2-2 所示。逻辑功能：当 A_0=0、A_1=0 时，B_0 输出为 1，其余 B_1、B_2、B_3 输出为 0；当 A_0=1、A_1=0 时，B_1 输出为 1，其余输出端为 0；其他状态依次类推。根据逻辑表达式画出逻辑电路图，并在图上分配好使用的芯片，并正确标注芯片型号（例如，U1：74LS00，U2：74LS20 等）、逻辑门（U1:A、U1:B、U1:C）以及各引脚号。

逻辑电路图：

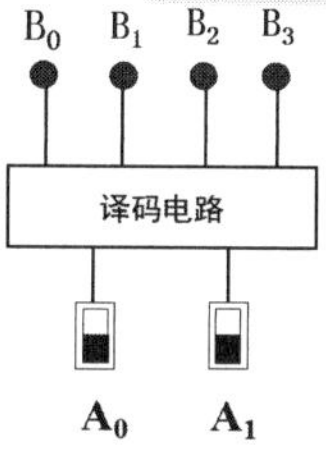

图 7-2-2　2 线-4 线译码电路

（3）思考题。

① 当有影响电路正常工作的竞争冒险现象出现时，应怎样消除？

② 通过具体的设计体验后，你认为组合逻辑电路设计的关键点或关键步骤是什么？

实验 7-3　MSI 组合逻辑电路设计

1. 实验目的

（1）熟练掌握组合逻辑电路的设计方法与调试方法。

（2）掌握 MSI 译码器和数据选择器的应用。

（3）进一步提高排除数字电路故障的能力。

2. 实验原理

译码器是一种将输入代码转换成特定输出信号的电路。译码器可实现存储系统和其他数字系统的地址译码、脉冲分配、程序计数、代码转换和逻辑函数发生以及用来驱动各种显示器件等。

数据选择器是根据地址选择码从多路输入数据中选择一路，送到输出。数据选择器可以组成数据选通电路，实现多通道数字传输。

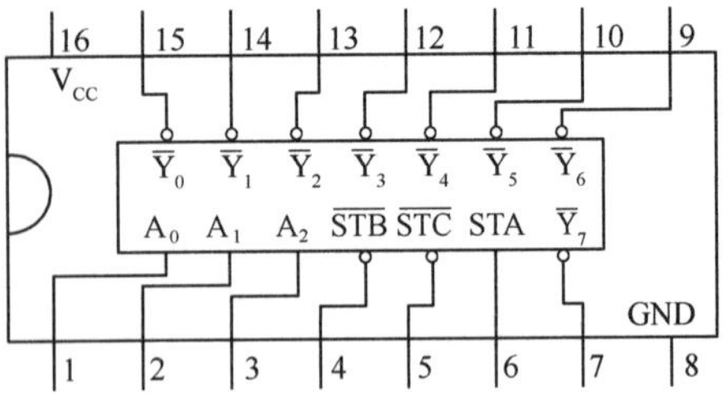

图 7-3-1　74LS138 引脚排列

中规模集成组合逻辑电路通常带有控制端，利用控制端可以实现多片器件互连，或扩展电路的逻辑功能。

1）**译码器** 74LS138

74LS138 为中规模集成 3-8 线译码器，其引脚排列如图 7-3-1 所示，引脚功能表如表 7-3-1 所示。该译码器设置有 3 个使能端 STA、$\overline{STB}$ 和 $\overline{STC}$。当 STA＝1，且 $\overline{STB}$、$\overline{STC}$ 都为 0 时，译码器处于工作状态，否则就禁止译码。

表 7-3-1　74LS138 功能表

输入					输出							
使能		选择										
STA	$\overline{STB}+\overline{STC}$	A_2	A_1	A_0	$\overline{Y_0}$	$\overline{Y_1}$	$\overline{Y_2}$	$\overline{Y_3}$	$\overline{Y_4}$	$\overline{Y_5}$	$\overline{Y_6}$	$\overline{Y_7}$
×	1	×	×	×	1	1	1	1	1	1	1	1
0	×	×	×	×	1	1	1	1	1	1	1	1
1	0	0	0	0	0	1	1	1	1	1	1	1
1	0	0	0	1	1	0	1	1	1	1	1	1
1	0	0	1	0	1	1	0	1	1	1	1	1
1	0	0	1	1	1	1	1	0	1	1	1	1
1	0	1	0	0	1	1	1	1	0	1	1	1
1	0	1	0	1	1	1	1	1	1	0	1	1
1	0	1	1	0	1	1	1	1	1	1	0	1
1	0	1	1	1	1	1	1	1	1	1	1	0

2）**数据选择器** 74LS151

8 选 1 数据选择器 74LS151 的引脚排列如图 7-3-2 所示，引脚功能如表 7-3-2 所示。通过给定不同的地址代码（即 A_2、A_1、A_0 的状态），从 8 个输入数据中选出一个，送至输出端 Y，而 Y 为反码输出。

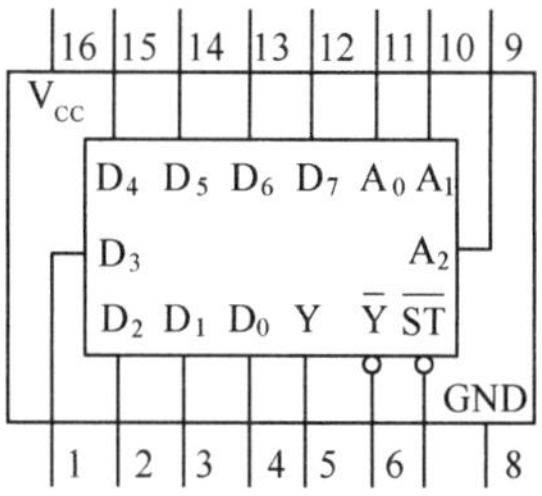

图 7-3-2　74LS151 引脚排列

表 7-3-2　74LS151 引脚功能表

输　入				输　出	
$\overline{ST}$	A_2	A_1	A_0	Y	Y
1	×	×	×	0	1
0	0	0	0	D_0	D_0
0	0	0	1	D_1	D_1
0	0	1	0	D_2	D_2
0	0	1	1	D_3	D_3
0	1	0	0	D_4	D_4
0	1	0	1	D_5	D_5
0	1	1	0	D_6	D_6
0	1	1	1	D_7	D_7

3. 实验条件

（1）数字电子技术实验箱、直流稳压电源、数字万用表。

（2）74LS138（译码器）1 片、74LS151（数据选择器）1 片、74LS00（与非门）1 片、74LS04（非门）1 片、74LS20（与非门）1 片、74LS32（或门）1 片。

4. 实验内容及步骤

（1）用译码器 74LS138 和与非门连接并调试实验预习题第①题所设计的逻辑电路。输入端 A、B、C 连到实验箱的逻辑开关，输出端 F 连到发光二极管指示区，使能端根据具体状态连接。验证电路设计的正确性。

（2）用数据选择器 74LS151 和必要的门电路连接并调试实验预习题第②题所设计的逻辑电路。输入端 A、B、C 连到实验箱的逻辑开关，输出端 F 接电平显示发光二极管，使能端根据具体状态连接。验证电路设计的正确性。

（3）试用 74LS138 构成数据分配器，画出其逻辑电路图，将 1Hz 连续脉冲信号加到电路的输入端，输出端接电平显示发光二极管，改变输入地址码 A_2、A_1、A_0 的值，观察实验现象，记录实验结果。

（4）设计一个报警电路。当第一路有报警信号时，数码管显示 1；当第二路有报警信号时，数码管显示 2；当第三路有报警信号时，数码管显示 3；当有两路或两路以上有报警信号时，数码管显示 8；当无报警信号时，数码管显示 0。要求：用 74LS138 和逻辑门电路设计该电路并连接译码显示电路，组装调试该电路，观察电路显示结果。

（5）设计一个三变量多数表决电路。当 3 个变量 A、B、C 中有两个或两个以上为 1 时，则输出 F 为 1。要求用 74LS151 设计该电路。

（6）用 74LS151 设计一个 1 位全加器电路。

5. 注意事项

（1）正确连接电路，注意避免电路接触不良。

（2）集成电路的电源电压采用＋5V，严禁接错。

6. 实验报告要求

（1）写出实验电路的设计过程，画出逻辑电路图。

（2）记录实验电路的测试结果，并分析实验过程中出现的问题及其解决方法。

7. 预习要求与思考题

（1）预习要求。

① 学习用 MSI 设计组合逻辑电路的方法。

② 利用给定器件设计实验电路，并写出设计步骤。

③ 写好预习报告。

（2）实验预习题。

① 用译码器 74LS138 和与非门设计逻辑电路。实现的逻辑功能：长廊中有一盏电灯 F，和 3 处控制开关 A、B、C，现需要设计一个逻辑控制电路，使得 3 处开关均能分别控制该灯的亮和灭。

② 用数据选择器 74LS151 和必要的门电路设计上述逻辑电路。

③ 74LS138 是 3-8 线译码器，译码为输出低电平有效，若输入为 $A_2A_1A_0$=100 时，输出 $\overline{Y_7Y_6Y_5Y_4Y_3Y_2Y_1Y_0}$ 应为（　　　　　　）。

④ 16 路数据选择器的地址输入（选择控制）端有（　　）个。

A. 16　　B. 2　　C. 4　　D. 8

⑤ 74LS138 是一个（　　）。

A. 译码器　　B. 同步十进制计数器

C. 同步十六进制计数器　　D. 优先级编码器

（3）思考题。

① 普通的数据选择器能不能直接接入总线？

② 用数据选择器如何实现 1 位全减器的逻辑功能？

③ 试用与非门或者 74LS151 设计一个四人多数表决电路。

实验 7-4　触发器及其应用

1. 实验目的

（1）加深理解各类触发器的功能和特性，掌握各类触发器的功能测试方法。

（2）掌握触发器和组合电路的综合应用。

2. 实验原理

触发器是组成时序逻辑电路的主要逻辑单元，按其功能可分为 RS、D、J-K、T 和 T′ 触发器；按其电路结构动作特点可分为基本 RS、同步、主从和维持阻塞触发器。触发器的触发方式有电平触发和边沿触发两种。

RS 触发器是最基本的触发器，其功能是完成置 0 或置 1，又称为置 0 置 1 触发器。

D 触发器的基本结构形式多为维持阻塞型，其次态 Q^{n+1} 取决于 CP 时钟脉冲上升沿到来之前 D 端的状态，即 Q^{n+1}＝D。在 CP＝1 或 CP＝0 期间，D 端的数据状态变化不会影响触发器的输出状态。

触发器$\overline{CLR}$（或$\overline{R}_D$）、$\overline{PR}$（或$\overline{S}_D$）分别为置“0”和置“1”端，当不需要置“0”和“1”时，CLR 和 PR 都应接高电平（如+5V 电源）。

JK 触发器的基本结构形式有主从和边沿两种，多为边沿，并在 CP 时钟脉冲下降沿触发（或$\overline{R}_D$、$\overline{S}_D$），它具有置 0、置 1、保持、翻转 4 种功能，其触发方程为：$Q^{n+1}=J\overline{Q^n}+\overline{K}Q^n$。JK 触发器$\overline{CLR}$、$\overline{PR}$是置 0 和置 1 端，当不需要置 0、置 1 时，$\overline{CLR}$和$\overline{PR}$（或$\overline{R}_D$，$\overline{S}_D$）都应接高电平（如+5V 电源）。

二分频器的功能是对输入的周期脉冲信号进行分频，其输出信号频率f_0与输入信号频率f_i的关系为$f_o=(1/2)f_i$，在电路结构形式上，二分频器与 T′ 触发器相同。

3. 实验条件

（1）数字电子技术实验箱、直流稳压电源、函数信号发生器、数字万用表。

（2）74LS00（与非门）1 片、74LS20（与非门）1 片、74LS175（四 D 触发器）1 片、74LS112（双 JK 触发器）2 片。

4. 实验内容及步骤

1）基本 RS 触发器功能测试

（1）选择 74LS00 芯片，按图 7-4-1（a）连接电路，芯片的引脚 14（V_{CC}）接电源（+5V），引脚 7（GND）接电源地线。触发器的$\overline{R}$、$\overline{S}$分别接逻辑电平开关，由逻辑电平开关产生高、低电平。触发器的 Q、$\overline{Q}$接电平显示发光二极管，由发光二极管的亮或灭判断输出状态是高电平还是低电平。

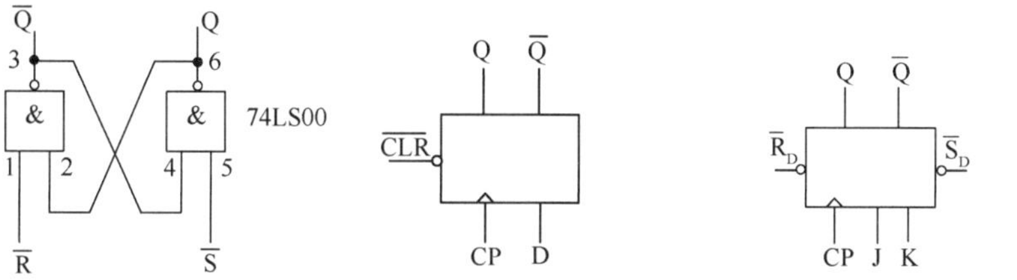

（a）基本RS触发器　（b）D触发器逻辑功能测试　（c）JK触发器逻辑功能测试

图 7-4-1　触发器及其逻辑功能测试

（2）将逻辑电平开关按表 7-4-1 置位，观察输出电平显示发光二极管，发光二极管亮表示高电平，发光二极管灭表示低电平。将测试结果填入表 7-4-1 中。

2）D 触发器功能测试

（1）选用 74LS175 芯片。74LS175 为 4D 触发器，选用其中一个 D 触发器进行测试。按图 7-4-1（b）连接电路，芯片的引脚 16（V_{CC}）接电源（+5V），引脚 8（GND）接电源地线。D 触发器的$\overline{CLR}$、D 分别接逻辑电平开关，时钟 CP 接单脉冲源，D 触发器的 Q、$\overline{Q}$接电平显示发光二极管。

（2）将逻辑电平开关和单脉冲源按表 7-4-2 操作，观察输出显示发光二极管的状态。

表 7-4-1　基本 RS 触发器测试

$\overline{R}$	$\overline{S}$	Q^{n+1}
0	0	不确定
0	1	0
1	0	1
1	1	Q^n

表 7-4-2　D 触发器逻辑功能表

输　入		输　出		功 能 说 明	
$\overline{CLR}$	D	CP	Q^{n+1}	$\overline{Q}^{n+1}$	
0	×	×	0	1	异步置 0
1	0	↑	0	1	置 0
1	1	↑	1	0	置 1
1	×	0	Q^n	$\overline{Q}^n$	保持

3）JK 触发器功能测试

（1）选用 74LS112 芯片，按图 7-4-1（c）连接电路，芯片的引脚 16（V_{CC}）接电源（+5V），

芯片的引脚 8（GND）接电源地线。JK 触发器的 $\overline{R}_D$、$\overline{S}_D$、J、K 分别接逻辑电平开关，时钟 CP 接单脉冲源，JK 触发器的 Q、$\overline{Q}$ 接电平显示发光二极管。

（2）将逻辑电平开关和单脉冲源按表 7-4-3 操作，观察输出显示发光二极管的状态。

表 7-4-3　JK 触发器逻辑功能表

输　入					输　出		功能说明
$\overline{R_D}$	$\overline{S_D}$	J	K	CP	Q^{n+1}	$\overline{Q}^{n+1}$	
0	1	×	×	×	0	1	异步置 0
1	0	×	×	×	1	0	异步置 1
1	1	0	0	↓	Q^n	$\overline{Q}^n$	保持
1	1	0	1	↓	0	1	置 0
1	1	1	0	↓	1	0	置 1
1	1	1	1	↓	$\overline{Q}^n$	Q^n	计数
1	1	×	×	1	Q^n	$\overline{Q}^n$	保持
0	0	×	×	×	1	1	不允许

4）二分频器电路设计

利用 D 或 JK 触发器构成二分频器，将 1kHz 脉冲信号作为二分频器的输入端并接入示波器 CH2 通道，二分频器的输出端连接示波器 CH1 通道，观察示波器并记录显示的分频波形。

5）抢答器电路设计

整个电路有 5 个按钮开关，其中 4 个按钮开关 K_1～K_4 供竞赛者抢答用，另一个按钮开关 K_5 由裁判掌握“复位”。试设计出当 K_1～K_4 中有一个按钮开关最先被按动，则与按钮开关对应的指示灯亮，且锁住其余的 3 个抢答者的电路，裁判复位后开始新一轮抢答。

6）计数器设计

按照实验预习题第⑥题完成的逻辑电路图，选用 74LS175（四 D 触发器）和 74LS00（与非门）设计实现一个计数器，将 1Hz 连续脉冲信号作为计数脉冲，计数器的输出状态可以使用发光二极管或者数码管进行显示。

5. 注意事项

（1）实验仪器与实验电路连接时要共地。

（2）连续脉冲输入信号应接在函数信号发生器的 TTL 输出端，示波器用双踪观测，耦合方式选择“DC”。

（3）装拆芯片及连接电路时应断电操作，以免损坏芯片。

（4）注意拿住连接线的插头进行插、拔，不要用力拉线以防连接线损坏。

（5）实验箱面板上不允许放多余的导线，以免短路或损坏设备。

6. 实验报告要求

（1）按实验内容要求填表，并画出相应的电路图。

（2）绘制二分频器电路图及二分频波形。

（3）描述抢答器电路的设计方法。

7. 预习要求与思考题

（1）预习要求。

① 复习各种触发器的工作原理及特性方程。

② 按实验内容要求设计实验电路，拟定测试步骤和记录表格。

③ 了解给定实验芯片的引脚及使用方法。

（2）实验预习题。

① 触发器芯片 74LS175 内部含有 4 个带有清零功能的 D 触发器，清零引脚为（　　）号引脚，如需要使 D 触发器正常工作在触发状态，清零引脚应该接（　　）电平。

② D 触发器的特性方程为（　　　　　　　　　　）。

③ 当电路功能不正确时，排查故障的正确做法为（　　）。

A. 关闭电源，使用数字万用表通断挡检查各引脚连接关系

B. 不关闭电源，使用数字万用表通断挡检查各引脚连接关系

C. 不关闭电源，使用数字万用表直流电压挡检查芯片引脚逻辑电平

④ 如何判断数字电路实验箱上的单脉冲源和 1Hz 连续脉冲源是否输出正常？（　　）

A. 用数字万用表直流电压挡测试脉冲源，观察数字万用表读数变化情况

B. 用示波器测量脉冲源，观察示波器屏幕是否有方波信号

C. 使用导线连接脉冲源输出到发光二极管上，观察二极管是否会发生亮灭变化

⑤ 当实验箱脉冲源出现故障后，该如何处理。（　　）

A. 重启实验箱的电源，反复几次，继续验证

B. 使用拨动开关代替脉冲源

C. 使用函数信号发生器输出给定频率的方波信号，峰-峰值为 5V，直流偏置为 2.5V

D. 使用函数信号发生器背部的 TTL 输出端，输出给定频率的方波信号

⑥ 使用 D 触发器（74LS175）和与非门（74LS00）设计实现一个计数器，计数器的状态转换图如图 7-4-2 所示。写出设计过程，并画出逻辑电路图（需正确标注芯片及引脚号）。

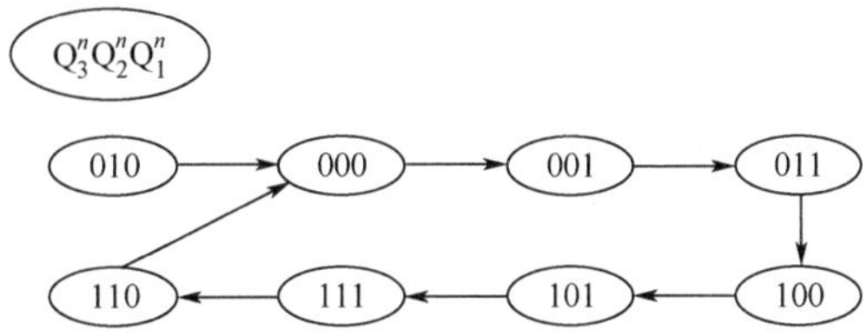

图 7-4-2　计数器的状态转换图

（3）思考题。

① 对于集成触发器的异步置数端，不需要使用这些端口时，应如何处理，为什么？

② 在 CP＝1，D＝0 的条件下，如何使集成触发器的 Q＝1?

③ 触发器功能转换后，其触发方式、工作特性有无变化？试以 JK 转换为 D 型触发器为例作简要说明。

④ 使用 D 触发器和与非门如何设计 8 以内的任意进制同步计数器。

⑤ 使用 3 个 D 触发器和与非门如何设计实现 8 位以内的序列脉冲发生器。

实验 7–5　计数器及其应用

1. 实验目的

（1）了解计数器的应用加深理解时序逻辑电路的工作原理。

（2）掌握计数器电路的一般设计方法。

2. 实验原理

计数器是一种使用相当广泛的电路，在各种数字系统中，往往需要对脉冲的个数进行计数，以实现测量、运算、控制等功能。

1）设计同步时序逻辑电路的一般过程

（1）分析题意，选定所需的状态数和触发器个数。
（2）根据题意，画出原始状态转换图。
（3）进行状态化简，状态数越少电路越简单。
（4）状态分配（状态编码）。
（5）列出初态-次态状态转换及实现初次态转换对各触发器输入端的状态要求。
（6）求出各触发器激励端和电路输出的逻辑函数表达式。
（7）根据步骤（6）得到的各触发器输入端的逻辑函数表达式，画出完整的电路图。
（8）校验电路能否自启动，不能自启动时要重新设计。

2）4 位二进制同步计数器 74LS161

74LS161 的引脚图如图 7-5-1 所示，功能如表 7-5-1 所示，其主要功能如下。
（1）异步清零：当 $\overline{R}_D$ =0 时，计数器的 Q_3～Q_0 立即变为 0，称为异步清零。
（2）同步预置：当 $\overline{LD}$ =0 时，在时钟脉冲 CP 上升沿时，$Q_3=D_3$，$Q_2=D_2$，$Q_1=D_1$，$Q_0=D_0$。
（3）计数：使能端 EP=ET=1，$\overline{R}_D=\overline{LD}=1$ 时，在 CP 上升沿时计数器计数。
（4）锁存：使能端 EP=0 或 ET=0 时，计数器暂停计数，为锁存状态。

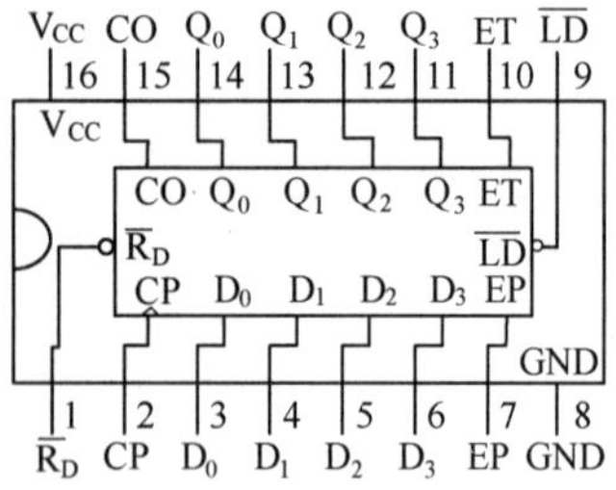

图 7-5-1 74LS161 引脚图

表 7-5-1 74LS161 功能

CP	$\overline{R}_D$	$\overline{LD}$	EP	ET	工作状态
×	0	×	×	×	异步清零
↑	1	0	×	×	同步置数
×	1	1	0	1	保持
×	1	1	×	0	保持（CO=0）
↑		1	1	1	计数

用一片 74LS161 附加门电路可构成反馈式 8421BCD 码十进制计数器。反馈式十进制计数器一般有两种形式，清零法和置数法。

清零法：用清零端 $\overline{R}_D$ 构成十进制计数器电路。当 $Q_3Q_2Q_1Q_0$=1010 时，通过反馈使计数器清零。电路中 1010 状态瞬间出现，它会引起译码电路的误动作，因此仅在电路的工作频率很低时采用此种形式，用清零端 $\overline{R}_D$ 构成十进制计数器如图 7-5-2 所示。

置数法：用置数端 $\overline{LD}$ 构成十进制计数器电路，计数器输入端 $D_3D_2D_1D_0$=0000，当计数器计到 1001 时，$\overline{LD}$ =0，下一个 CP 时钟上升沿时计数器 $Q_3Q_2Q_1Q_0=D_3D_2D_1D_0$=0000，之后 $\overline{LD}$ =1，计数器又开始计数。这样，可以克服利用清除端 $\overline{R}_D$ 构成计数器的缺点。用置数端 $\overline{LD}$ 构成十进制计数器如图 7-5-3 所示。

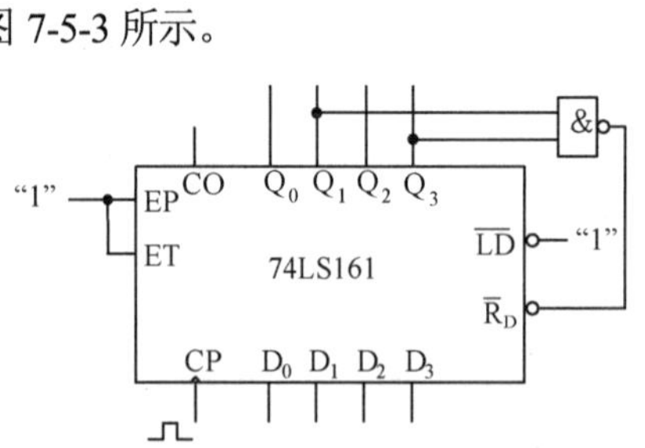

图 7-5-2 用清零端 $\overline{R}_D$ 构成十进制计数器

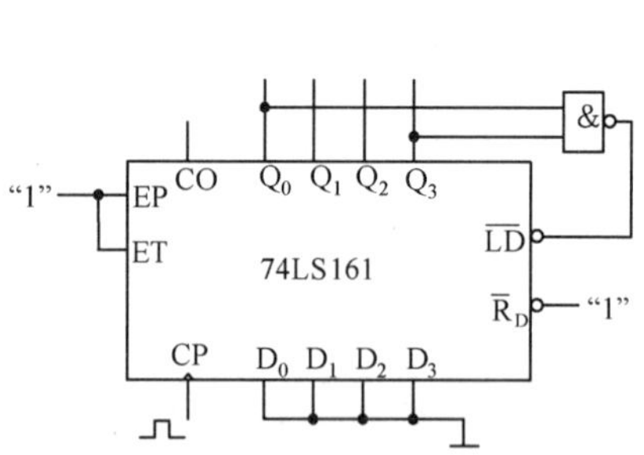

图 7-5-3 用置数端 $\overline{LD}$ 构成十进制计数器

3）译码与显示电路

译码器是将给定的代码进行翻译。本实验是把计数器输出的四位二进制数代码翻译为相应的十进制数，并通过显示器显示。通常显示器与译码器配套使用。本实验选用七段译码驱动器（74LS48）和数码管（LED）组成共阴接法译码显示电路。译码显示电路如图 7-5-4 所示。

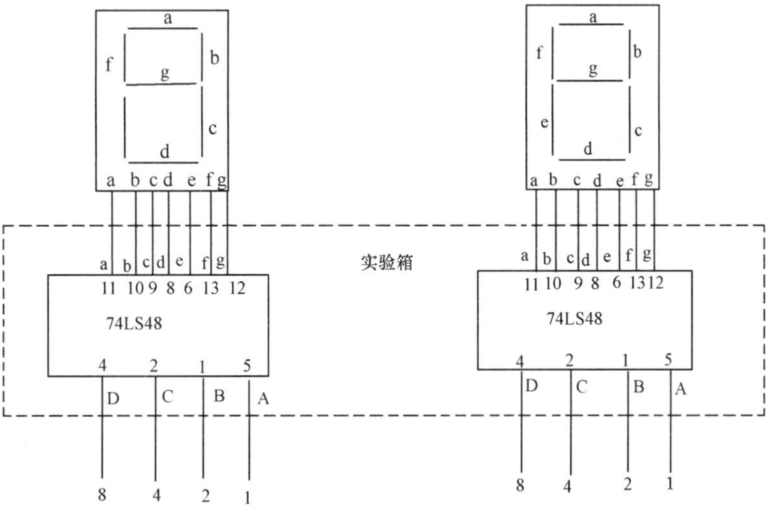

图 7-5-4　译码显示电路

3. 实验条件

（1）数字电子技术实验箱、直流稳压电源、函数信号发生器、数字万用表。

（2）74LS161（计数器）4 片、74LS175（双 D 触发器）1 片、74LS112（双 JK 触发器）2 片、74LS00（与非门）1 片、74LS04（非门）1 片、74LS20（与非门）1 片、74LS32（或门）1 片。

4. 实验内容及步骤

（1）用 D（或 JK）触发器设计一个模 6 计数器，并连接显示电路，观察电路的计数、显示过程。

（2）用集成计数器 74LS161 设计一个十进制（0～9）和六进制（0～5）计数器，并连接显示电路，观察电路的计数、显示过程。

（3）按照实验预习题第⑨题设计电路，用集成计数器 74LS161 设计一个二十四进制计数器，并连接显示电路，观察电路的计数、显示过程。

（4）设计一个秒表显示电路，即六十进制（00～59）计数器，并连接显示电路，观察电路的计数、显示过程。

（5）以 74LS161 为主要器件，设计一个用来记录短跑运动员成绩的数字秒表电路。具体设计要求如下。

① 具有计时、暂停、复位（清零）功能。

② 计时范围为 0～59.99s，计时精度为 0.01s。

③ 数字秒表的操作方式与机械秒表类似，要求用一个按钮开关控制 3 种状态。数字秒表状态转换顺序如图 7-5-5 所示。

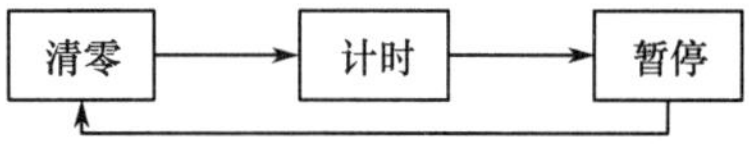

图 7-5-5　数字秒表状态转换顺序

（6）选作实验：设计、焊接、调试出一个具有时、分、秒译码显示功能的基本数字钟电路。

① 具有整点报时功能。

② 具有定点报时功能。

5. 注意事项

（1）集成电路的输出端不允许与地或电源直接相连接。

（2）集成电路芯片的电源和地切勿接反。

（3）装拆芯片及连接电路时应断电操作，以免损坏芯片。

（4）连接好电路后用数字万用表检查电路电源与地之间是否有短路现象，若有，则排除故障后再继续实验。

6. 实验报告要求

（1）写出计数器的设计过程，画出计数器的实验电路图。

（2）画出完整的数字秒表电路图，并简述电路的工作原理。

（3）说明实验过程中产生的故障现象及解决方法。

（4）画出实验电路图，记录整理实验现象及实验所得的有关波形，对实验结果进行分析。

（5）总结用 74LS161 构成 *n* 进制计数器的设计方法。

7. 预习要求与思考题

（1）预习要求。

① 复习 74LS161 的逻辑功能和使用方法，熟悉译码器和数码显示器有关内容。

② 根据给定的逻辑器件，按照实验任务设计电路，并标明芯片名称、引脚连接，标明信号输入和输出具体位置。

③ 写出预习报告。

（2）实验预习题。

① 计数器 74LS161 的电源引脚序号是（　　），接地引脚序号是（　　）。

② 实验中逻辑电路图未标记电源和地，芯片接多大电源？是否需要接地？（　　）。

A. 12V，需要　　B. 12V，不需要　　C. 5V ，需要　　D. 5V，不需要

③ 下列说法不正确的是（　　）。

A. 同步计数器又称并行计数器，时钟信号到来时，触发器的状态同时翻转

B. 异步计数器又称串行计数器，时钟信号到来时，触发器的状态不是同时翻转

C. 集成电路的输出端允许与地或者电源直接连接

D. 装拆芯片及连接电路时可以带电操作

④ 构成任意进制计数器可采用置数法或清零法。置数法用什么端？是低电平有效吗？清零法用什么端？是低电平有效吗？（　　）

A. $\overline{LD}$，是，$\overline{R}_D$，是　　B. $\overline{LD}$，不是，$\overline{R}_D$，是

C. $\overline{LD}$，是，$\overline{R}_D$，不是　　D. $\overline{R}_D$，不是，$\overline{LD}$，不是

⑤ 下列说法正确的是（　　）。

A. 图 7-5-6 是同步置数五进制计数器；图 7-5-7 是异步清零六进制计数器

B. 图 7-5-6 是异步清零五进制计数器；图 7-5-7 是同步置数六进制计数器

C. 图 7-5-6 是异步清零五进制计数器；图 7-5-7 是同步置数五进制计数器

D. 图 7-5-6 是异步清零六进制计数器；图 7-5-7 是同步置数五进制计数器

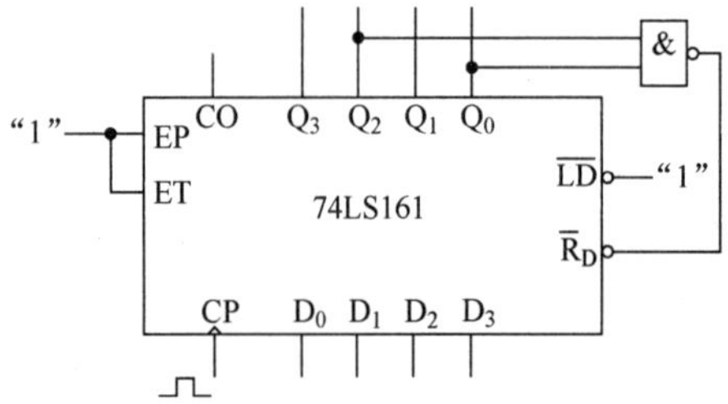

图 7-5-6　计数器

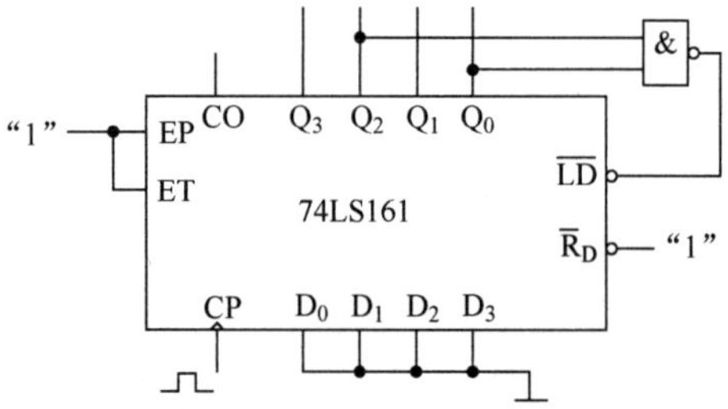

图 7-5-7　计数器

⑥ 如何检查数字电子技术实验箱上的连续脉冲源是否有 3Hz 信号？（　　）。

A. 用一根导线连接 3Hz 到发光二极管指示灯，若指示灯闪烁，则有信号

B. 用示波器观察 3Hz 信号，将双夹线的红夹子接入 3Hz 信号，黑夹子接地进行测量，由于信号频率低，需要调节示波器时基扫描旋钮，使时间分辨率调节为 0.5s/格

C. 如果没有看到 3Hz 信号，可尝试反复重启实验箱的电源，如出现信号便可使用

D. 如果还没有信号，可以用函数信号发生器背后的 TTL 输出（将 A 路调整为 3Hz）

⑦ 芯片中如果有多余输入端没有使用，是否能悬空？如何处理？（　　）

A. 全部悬空，不用处理　　B. 全部接地

C. 全部接电源　　D. 不能悬空，根据芯片性质接高或低电平

⑧ 若计数器电路连接完好，但通电后数码管无显示，可能的原因有哪些？（　　）

A. 芯片上的电源和地线没接　　B. 芯片的型号不对

C. 芯片上的引脚接错了　　D. 直流稳压电源的 OUTPUT 是关闭状态

E. 电路设计上有问题　　F. 使用的连接线中有坏的

⑨ 用两片集成计数器芯片 74LS161 和提供的门电路芯片设计一个二十四进制（数码管显示 00～23，模拟时钟的小时）计数器，用同步级联方式完成逻辑电路设计。计数器输出的四位二进制数直接送到数码管显示。实验箱中的数码管带有译码器，可直接显示十进制数。

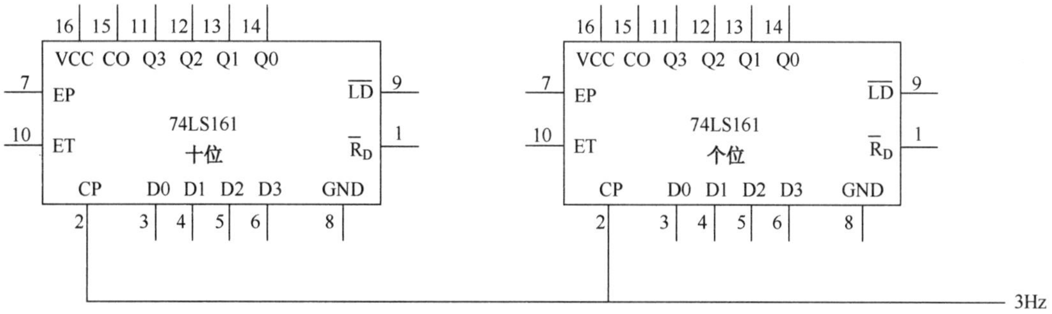

（3）思考题。

① 比较异步计数器与同步计数器的优缺点。

② 时钟信号频率保持不变，将信号幅度减小，观察计数器能否正常工作，如果不能正常工作，说明原因。

③ 六十进制计数器的个位向十位进位有几种方法，如何连接？

实验 7-6　555 电路及其应用

555 电路是一种模拟和数字电路相混合的集成电路。它结构简单、性能可靠、使用灵活，外接少量阻容元件，即可组成多种波形发生器、多谐振荡器、定时延迟电路、报警、检测、自控及家用电路，应用非常广泛。

1. 实验目的

（1）了解 555 电路的结构和工作原理。

（2）学习用 555 电路组成常用几种脉冲发生器。

（3）熟悉用示波器测量 555 电路的脉冲幅度、周期和脉宽的方法。

2. 实验原理

1）555 电路引脚说明

555 电路引脚排列如图 7-6-1 所示，其各引脚功能如下。

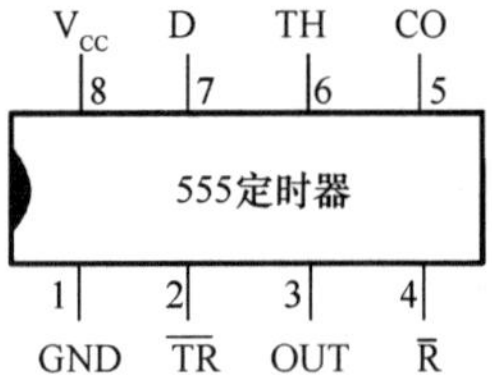

图 7-6-1　555 电路引脚排列

1 脚：地。

2 脚：低电平触发（$<\frac{1}{3}V_{CC}$）。

3 脚：输出端。

4 脚：复位端（不用时接 V_{CC}）。

5 脚：电压控制端，可改变上、下触发电位，不用时接 0.01μF 到地。

6 脚：高电平触发（$>\frac{2}{3}V_{CC}$）。

7 脚：放电端。

8 脚：电源端 V_{CC}=5～18V。

2）555 电路主要参数

555 电路主要参数如表 7-6-1 所示。

表 7-6-1　555 电路主要参数

电源电压范围	4.5～18V
静态功耗（V_{CC}=15V）	120mW
定时精度	1%
温度系数	0.03%/℃
电压漂移	0.03%/V
阈值电压 V_T（V_{CC}=15V）	9.8～10.2V
触发电压（V_{CC}=15V）	4.8～5.2V
复位电压	≤0.4V
输出电流	≥100mA

3）555 电路功能表

电路的几种功能如表 7-6-2 所示。

（1）复位 R 为 0，则输出为 0。

（2）高触发电平 TH（6 脚）$>\frac{2}{3}V_{CC}$，D 放电管导通，输出 OUT 为 0。

（3）低触发电平 TR（2 脚）$<\frac{1}{3}V_{CC}$，D 放电管截止，输出 OUT 为 1。

表 7-6-2　555 电路功能表

TR 低触发 2	TH 高触发 6	R 复位 4	D 放电 7	OUT 输出 3
$>\frac{1}{3}V_{CC}$	$>\frac{2}{3}V_{CC}$	1	导通	0
$>\frac{1}{3}V_{CC}$	$<\frac{2}{3}V_{CC}$	1	原状态	原状态
$<\frac{1}{3}V_{CC}$	$<\frac{2}{3}V_{CC}$	1	截止	1
×	×	0	导通	0

4）**555 的几种典型电路**

（1）555 多谐振荡器。555 多谐振荡器如图 7-6-2 所示，图中 R_1、R_2、C 为外接元件。

振荡频率
$$f=\frac{1}{T}=\frac{1}{T_1+T_2}=1.44/[(R_1+2R_2)C]$$

式中
$$T_1=0.7(R_1+R_2)C,\quad T_2=0.7R_2C$$

占空比
$$q=T_1/(T_1+T_2)=(R_1+R_2)/(R_1+2R_2)$$

当 $R_2 \gg R_1$，占空比近似 50%，555 多谐振荡器波形如图 7-6-3 所示。图中 u_C 为电容器 C 的充放电波形，u_o 为输出矩形波。通常，C 取值应大于 100pF，R_1 和 R_2 取值 1kΩ～10MΩ。

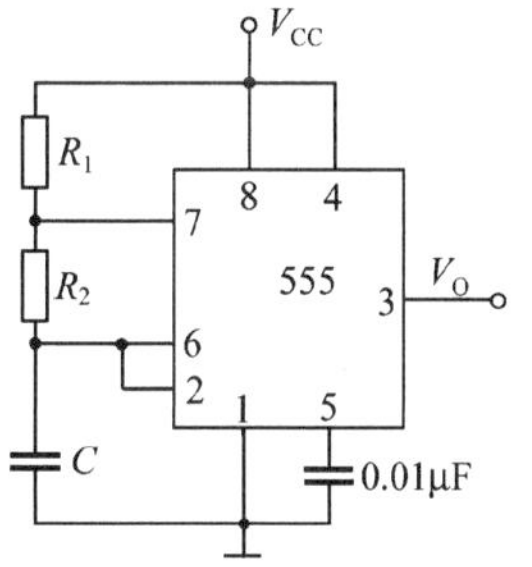

图 7-6-2　555 多谐振荡器

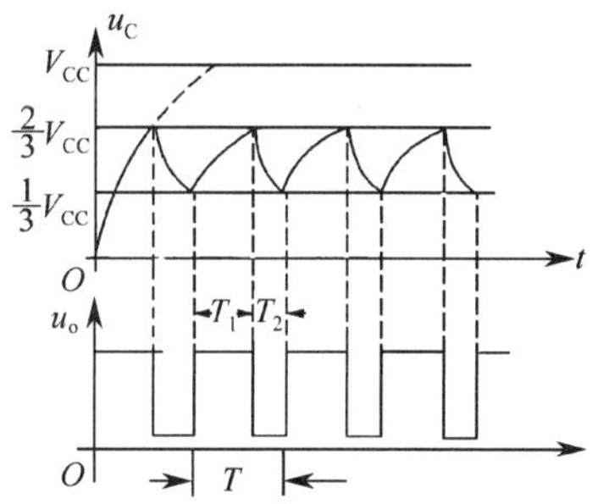

图 7-6-3　555 多谐振荡器波形

（2）555 单稳态触发器。555 单稳态触发器如图 7-6-4 所示，图中 R、C 为定时元件。R_T、C_T 为输入微分电路，其作用是当 V_i 负脉冲宽度大于输出正脉冲宽度 T_w，则需将 V_i 通过 R_TC_T 微分经非门倒相的负脉冲接至 2 脚 TR。输出脉冲宽度 $T_w=1.1RC$，T_w 由定时元件 R、C 参数决定，改变 R、C 值，可以控制输出波形的宽度。因此，单稳态触发器常用于定时、延迟或整形电路。一般 R 取值 1kΩ～10MΩ，C 取值应大于 1000pF。

555 单稳态触发器波形如图 7-6-5 所示，图中 V_i 为矩形脉冲，经微分得 V_a 微分波形，V_b 负脉冲作为单稳态触发器触发脉冲，V_c 为电容器充放电波形，V_o 为输出矩形脉冲。

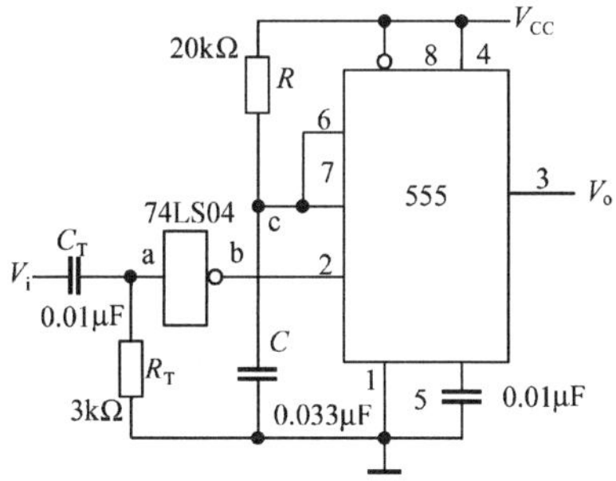

图 7-6-4　555 单稳态触发器

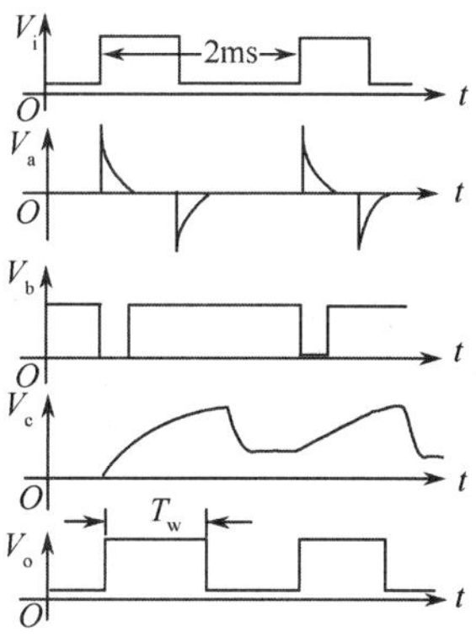

图 7-6-5　555 单稳态触发器波形

（3）555 施密特电路。555 施密特电路如图 7-6-6 所示，工作波形如图 7-6-7 所示。

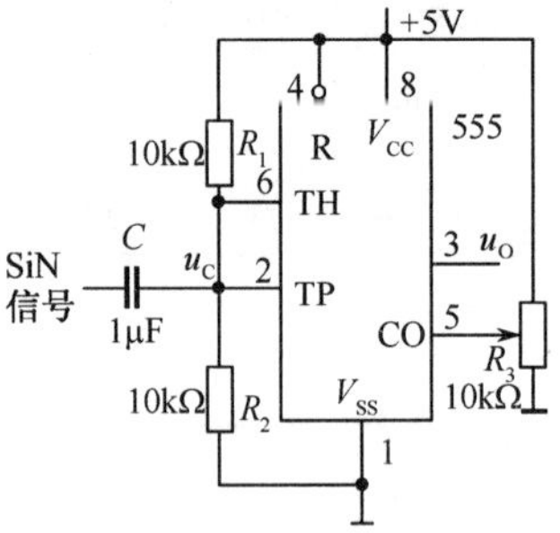

图 7-6-6　555 施密特电路

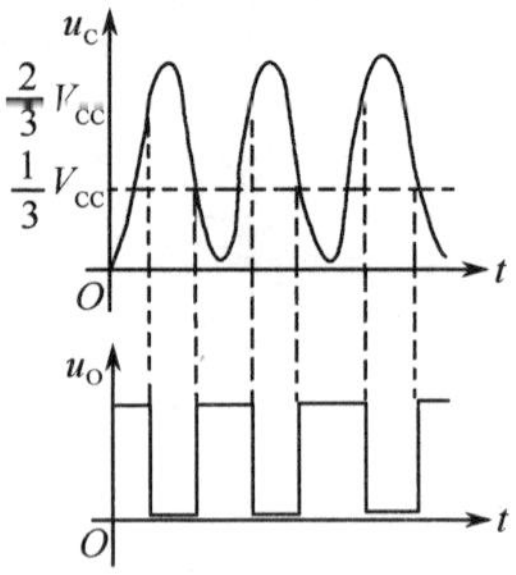

图 7-6-7　555 施密特电路工作波形

图 7-6-6 中控制端 5 脚加一可调直流电压 V_{CO}，其大小可改变 555 电路比较器的参考电压，V_{CO} 越大，参考电压值越大，输出波形宽度越宽。输入电路 C 为耦合电容，R_1、R_2 构成偏置电路。

施密特电路可方便地把正弦波、三角波变换成方波。该电路的回差电压

$$\Delta V_T = V_{T+} - V_{T-} = \frac{2}{3}V_{CC} - \frac{1}{3}V_{CC} = \frac{1}{3}V_{CC}$$

改变 5 脚 V_{CO} 则可用来调节 ΔV_T 的值。

3. 实验条件

（1）实验箱、直流稳压电源、数字示波器、函数信号发生器、数字万用表。

（2）电容若干，电阻若干。

（3）芯片 NE555、74LS04 各 1 个。

4. 实验内容及步骤

1）多谐振荡器

（1）按照图 7-6-2 所示电路结构和实验预习题第⑥题设计的参数连接多谐振荡器。

（2）示波器设置为直流耦合方式，用两路通道同时观测电容器 C 的充放电波形 u_C 和输出矩形波 u_O。

（3）测量并记录输出矩形波 u_O 的波形参数，将数据填入表 7-6-3 中，并分析误差产生的原因。

表 7-6-3　多谐振荡器实验参数

参数	C	f	T_1	T	D	R_1/Ω	R_2/Ω
理论值	0.1μF	500Hz	1.5ms	2ms	75%		
测量值	—					—	—
误差	—					—	—
误差产生的原因							

2）555 单稳态触发器

（1）按照图 7-6-4 所示电路结构和实验预习题第⑦题设计的参数连接单稳态触发器。

（2）用函数信号发生器生成 f=500Hz、V_{pp}=5V、D=98%、偏移+2.5V 的方波作为输入信号 u_I。

（3）示波器设置为直流耦合方式，用两路通道同时观测输入波形 u_I 和输出波形 u_O。

（4）测量并记录输出波形 u_O 的幅度及宽度 T_w，将数据填入表 7-6-4 中，并分析误差产生的原因。

表 7-6-4　单稳态触发器实验

参数	R	C	u_I	T_w(u_o高电平宽度)
理论值			f=500Hz，D=98%	0.5ms
实测值	—	—	—	
误差	—	—	—	
误差产生的原因				

3）555 施密特电路

输入 1kHz、$V_{p\text{-}p}$=5V 的正弦信号，用示波器定性观察图 7-6-6 所示 u_C 和 u_O 波形，并改变控制电压 V_{CO} 调节回差电压 ΔV_T 值。

5. 注意事项

（1）选择合理的脉冲信号频率作为单稳态触发器的输入触发信号。

（2）实验电路所用器件及连线应有序连接，以免造成短路或连接错误。

（3）装拆器件及连接电路时应断电操作，以免损坏器件。

6. 实验报告要求

（1）画出实验电路，标上引脚和元件值。

（2）画出电路波形，标上幅度和时间。

（3）对测试的数据进行讨论和误差分析。

7. 预习要求与思考题

（1）预习要求。

① 复习 555 电路的工作原理及其应用。

② 复习单稳触发器、多谐振荡器和施密特触发器的工作原理。

③ 拟定实验的步骤和方法。

④ 写出预习报告。

（2）实验预习题。

① 在本次实验中，555 芯片的 4 脚和 8 脚应与电源的（　　）极相连，1 脚应与电源的（　　）极相连。

② 103 电容表示其电容量为（　　）pF，也即（　　）μF；473 电容表示其电容量为（　　）pF，也即（　　）μF。

③ 使用函数信号发生器输出 TTL 信号需要进行下列哪些操作？（　　）

A. 将输出波形调节为方波

B. 将输出幅度峰-峰值调节至 5V

C. 将输出偏移调节至+2.5V

D. 将输出幅度峰-峰值调节至 10V

④ 使用示波器观察 TTL 信号时应选择哪种耦合方式？（　　）

A. 接地　　B. 直流　　C. 交流

⑤ 实验中计算出的 R 和 C 值应如何选择？（　　）

A. 尽量选择实验箱上的元件标称值，若电阻没有理论计算的参数，可选择误差在 5%以内的电阻或使用标称电阻串并联替代

B. 严格按照理论值选择，不能有任何误差

C. 如果既有 R 又有 C 的电路，先确定 R 值，再确定 C 的值

⑥ 图 7-6-2 所示多谐振荡器，设定 C=0.1μF，f=500Hz，D=75%，请通过公式推导，计算一组满足条件的 R_1 和 R_2，将数据填入表 7-6-3 中。

⑦ 图 7-6-4 所示单稳态触发器，要求每次触发后输出脉宽 T_w= 0.5ms，请计算一组满足要求的 R、C 值，将数据填入表 7-6-4 中。

（3）思考题。

① 555 电路构成的振荡器，其振荡周期和占空比的改变与哪些因素有关？若只需改变周期，而不改变占空比应调整哪个元件参数？

② 555 电路构成的单稳态触发器输出脉宽和周期由什么决定？

③ 单稳态触发电路的输出脉冲宽度是否应大于触发脉冲宽度？

④ 若 555 集成芯片的第 4 引脚悬空可能会出现什么结果？为什么？

⑤ 由 555 集成芯片构成的脉冲电路，若 C 的值为几皮法或几十皮法，R 的值为几十兆欧甚至几百兆欧，可能产生什么结果？为什么？

⑥ 设计一个任意频率和占空比的多谐振荡电路。

⑦ 设计一个能够输出任意脉宽的单稳态触发电路。

实验 7–7　D/A 转换器

1. 实验目的

（1）了解 D/A 转换器的基本工作原理及其主要性能指标。

（2）熟悉集成 D/A 转换器的基本使用方法。

（3）掌握 DAC0832 的功能及其典型应用。

2. 实验原理

数/模转换器（简称 DAC 或 D/A 转换器）的主要作用是将数字信号转换成模拟信号，其输入为 n 位二进制数，输出为模拟电压（或电流）。单片集成 D/A 转换器按其内部电路结构可分为两类：一类是芯片内部集成了电阻网络（或恒流源网络）和电子开关；另一类则是芯片内部还集成了运算放大电路。按数字量输入方式可分为并行输入和串行输入两类。

1）D/A **转换器** DAC0832

DAC0832 是由美国国家半导体公司（NSC）生产的 8 位双缓冲 D/A 转换芯片，片内采用 CMOS 制造工艺，其内部有两级缓冲数据锁存器，可以直接与 8 位微型计算机相连，片内包含 TTL 逻辑电平输入的专用电路。因此，芯片和 TTL 系列、5V CMOS 系列相兼容，是目前广泛使用的一种集成 DAC 器件。

（1）DAC0832 的内部组成。DAC0832 的功能框图和引脚排列如图 7-7-1 所示，其引脚功能说明如表 7-7-1 所示。DAC0832 由 8 位输入锁存器、8 位 D/A 锁存器和 8 位 D/A 转换器三部分组成。在电路中，各数字信号的地线均接到 DGND，模拟信号的地线接到 AGND，以减少数字信号对模拟信号的干扰。

（2）DAC0832 的倒 T 形 R-2R 电阻网络。DAC0832 的核心组成部分是 8 位 D/A 转换器，它是由倒 T 形 R-2R 电阻网络、模拟开关两部分组成的，其电路结构如图 7-7-2 虚线框内所示。由于 DAC0832 芯片采用基准电压 V_{REF} 激励内部的倒 T 形电阻网络，其输出是电流信号（I_{OUT1}、I_{OUT2}），在电路系统中，通常需要电压信号，为了将输出的电流信号转换成电压信号，在使用时外接运算放大器进行电流信号和电压信号之间的转换，而运放的反馈电阻可采用片内电阻。图中给出了外部运放的接线示意图。

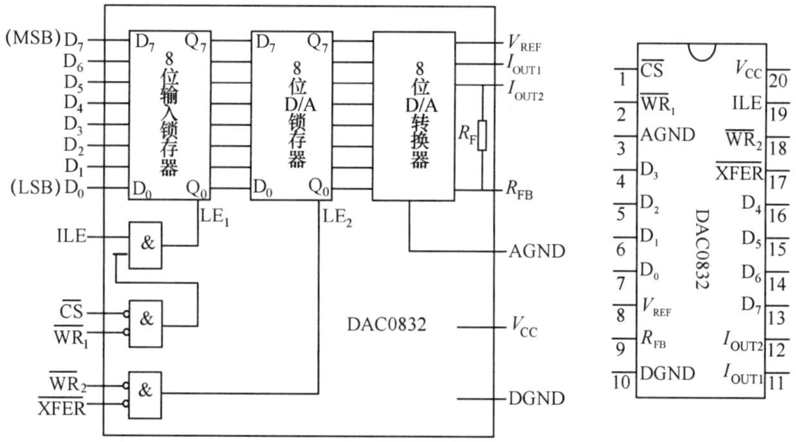

图 7-7-1　DAC0832 的功能框图和引脚排列图

表 7-7-1　DAC0832 的引脚功能说明

D_0～D_7	8 位数据输入端	$\overline{XFER}$	数据传输控制信号，低电平有效
ILE	输入锁存器允许，高电平有效	V_{REF}	基准电压输入端，－10～＋10V
$\overline{CS}$	片选信号，低电平有效	I_{OUT1}、I_{OUT2}	D/A 转换器电流输出端
$\overline{WR_1}$	写信号 1，低电平有效。当 CS＝WR_1＝0, ILE＝1 时，LE1 有效，将输入数据锁存到输入锁存器中	$\overline{WR_2}$	写信号 2，低电平有效。当 WR_2＝XFER＝0 时，LE2 有效，将输入锁存器中的数据锁存到 8 位 D/A 锁存器中
R_{FB}	集成在片内的反馈电阻引出端	AGND	模拟地
V_{CC}	电源电压，＋5～＋15V	DGND	数字地

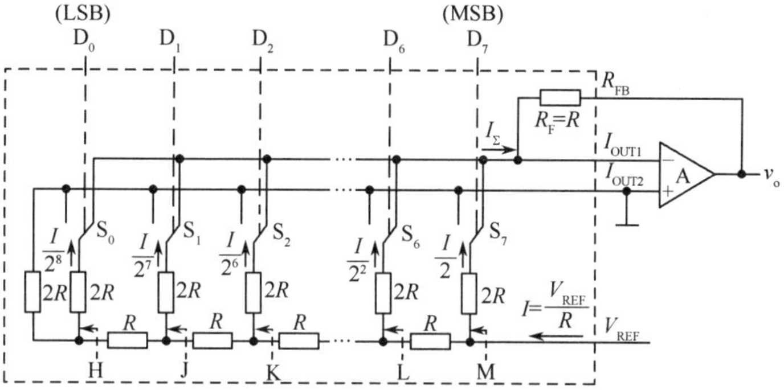

图 7-7-2　DAC0832 内部电路结构

图 7-7-2 中呈倒 T 形的电阻网络与运算放大器 A 组成“求和”电路，为了建立输出电流，在电阻分流网络的输入端接了参考电压 V_{REF}。模拟开关 S_i（i＝0，1，2，…，7）由输入数码 D_i 控制，当 D_i＝0，S_i 接地；当 D_i＝1，S_i 接运算放大器反相端。工作于线性状态的运放，其反相端“虚地”，这样，无论模拟开关 S_i 置于何种位置，与 S_i 相连的 2R 电阻从效果上看都是接“地”的，流经每条 2R 电阻支路上的电流与开关状态无关。

分析 R-2R 电阻网络可以发现，从虚线 H、J、K、L、M 处向左看，每个二端网络的等效电阻均为 R，与开关相连的 2R 电阻上的电流从高位到低位按 2 的负整数幂递减。若基准电压源提供的总电流为 I（$I=V_{REF}/R$），则流过各开关支路（从右到左）的电流分别为 $I/2$、$I/4$、$I/8$、$I/16$……于是可得总电流为

$$
\begin{aligned}
i_{\Sigma} &= I\left(\frac{D_7}{2}+\frac{D_6}{2^2}+\cdots+\frac{D_1}{2^7}+\frac{D_0}{2^8}\right) \\
&= \frac{V_{REF}}{2^8 R}\left(D_7\times 2^7+D_6\times 2^6+D_5\times 2^5+\cdots+D_1\times 2^1+D_0\times 2^0\right) \\
&= \frac{V_{REF}}{2^8 R}\sum_{i=0}^{7}(D_i\times 2^i) \qquad (7\text{-}7\text{-}1)
\end{aligned}
$$

输出电压

$$v_o=-i_{\Sigma}R_F=-\frac{R_F}{R}\times\frac{V_{REF}}{2^8}\sum_{i=0}^{7}(D_i\times 2^i) \qquad (7\text{-}7\text{-}2)$$

当 $R_F=R$ 时，同时将上式中二进制数的值 $\sum_{i=0}^{7}(D_i\times 2^i)$ 用 N_B 表示，则式（7-7-2）可以改写为

$$v_o=-\frac{V_{REF}}{2^8}N_B \qquad (7\text{-}7\text{-}3)$$

上式表明，输出模拟电压 v_o 与输入的数字量成正比，从而实现了从数字量到模拟量的转换。由于输入的数字量是8位，总有 $2^8=256$ 种不同的二进制组态，每输入一个8位的二进制数到D/A转换器，就有一个对应的模拟量输出，因此运放每次输出的模拟电压为256个电压值之一。

2）D/A 转换器的主要技术指标

（1）分辨率。它表明DAC能够分辨最小输出电压的能力。通常定义为DAC最小输出电压 V_{LSB} 与满量程输出电压 V_{FSR} 的比值，即

$$\text{分辨率}=\frac{V_{LSB}}{V_{FSR}}=\frac{1}{2^n-1} \qquad (7\text{-}7\text{-}4)$$

式中，n 为DAC的位数，显然位数越多，分辨率越高；V_{LSB}（可简写成LSB）是指DAC输入数字量中最低位 D_0 为1而其余各位都为0时，所对应的输出模拟电压值（即数字量的最低位状态变化时所引起的输出模拟电压的变化量）；V_{FSR}（可简写成FSR）是指DAC输入数字量为最大值（即所有位全为1）时，所对应的输出模拟电压值。

在实际的DAC产品性能表中，有时用位数 n 或者用 2^n 表示DAC的分辨率。例如，DAC0832的分辨率为8位或 2^8。

（2）转换误差。转换误差也称转换精度。由于D/A转换器中受到电路元器件参数误差、基准电压不稳和运算放大器的零点漂移等因素的影响，D/A转换器实际输出的模拟量与理想值之间存在误差。因此，将这些误差的最大值定义为转换精度。转换误差有失调（零点）误差、比例系数误差和非线性误差等。产生失调误差的主要原因是输出放大器的零点漂移。产生比例系数误差的主要原因是基准电压偏离标准值和运算放大器闭环增益偏离设计值。产生非线性误差的主要原因是模拟开关的不理想和元器件的不精确。模拟开关接通时，接通等效电阻不为零，存在残余电压，且各个开关的残余电压也不是一样的，它们在输出端造成的误差是非线性的。集成芯片中电阻的阻值也有偏差，温度变化将引起更大的失配，从而影响DAC的精度。高精度的DAC在集成工艺和制造过程等方面均有严格的要求。

误差分为绝对误差和相对误差。所谓绝对误差，是指实际值与理想值之间的最大差值，通常以 V_{LSB} 或LSB的倍数来表示。如果给出的绝对误差为1/2LSB，就说明实际输出模拟电压与理想值之间最大差值为最小输出电压的一半。

相对误差是绝对误差与满量程的比值，以满量程FSR（V_{FER} 或 I_{FER}）的百分数或百万分之几表示。转换误差大的DAC，提高其分辨率是没有意义的，也是不可能的。DAC0832的相对误差为0.2%FSR。

（3）建立时间。是指输入数字量变化时，输出电压达到规定误差范围所需的时间。建立时间包括上升速率、限制过充所需要的时间。一般用 D/A 转换器输入的数字量 N_B 从全 0 变为全 1 时，输出电压达到规定的误差范围（一般为 ±1/2LSB）时所需时间表示，如图 7-7-3 所示。DAC0832 输出电流的建立时间为 1.0μs。

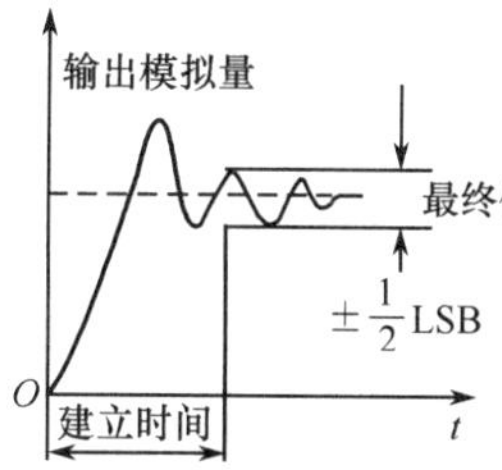

图 7-7-3　DAC 的建立时间

3. 实验条件

（1）数字电子技术实验箱、数字万用表、数字示波器、直流稳压电源。

（2）DAC0832（D/A 转换器）1 片、LM741（运算放大器）1 片、74LS161（计数器）1 片、74LS00（与非门）1 片、电阻电容若干。

4. 实验内容及步骤

（1）D/A 转换器 DAC0832 静态测试。

① 按图 7-7-4 所示连接电路，将 DAC0832 接成直通工作方式，且为单极性电压输出，即 CS、WR_1、XFER 接地；ILE、V_{CC}、V_{REF} 接＋5V；运放电源接＋15V、－15V；D_0～D_7 接逻辑电平开关的输出插口，输出端 V_o 接直流数字电压表。

② 电路连线检查无误后，接通电源，将 D_0～D_7 全部置 0，调节运放的调零电位器 R_P，使 LM741 输出电压 V_o＝0。

③ 将 D_0～D_7 全部置 1，调整 R_F，改变运放的放大倍数，使运放输出满量程。

④ 将 D_0～D_7 按表 7-7-2 置位，用数字电压表逐次测量模拟电压输出 V_o，将测量结果填入表中，并与理论值进行比较。

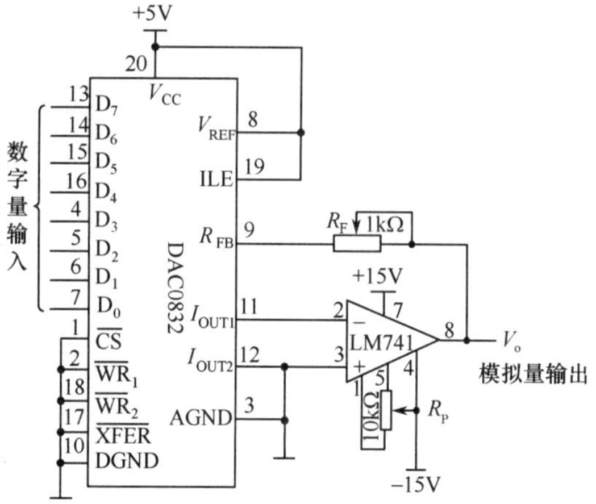

图 7-7-4　DAC0832 的静态测试电路

表 7-7-2　DAC0832 的静态测试

输入数字量								输出模拟量 V_{o1}	
D_7	D_6	D_5	D_4	D_3	D_2	D_1	D_0	理论值	实验值
0	0	0	0	0	0	0	0		
0	0	0	0	0	0	0	1		
0	0	0	0	0	0	1	0		
0	0	0	0	0	1	0	0		
0	0	0	0	1	0	0	0		
0	0	0	0	1	1	0	0		
0	0	0	1	0	0	0	0		
0	0	1	0	0	0	0	0		
0	0	1	1	0	0	0	0		
0	1	1	0	0	0	0	0		
1	0	0	0	0	0	0	0		
1	1	0	0	0	0	0	0		
1	1	1	1	1	1	1	1		

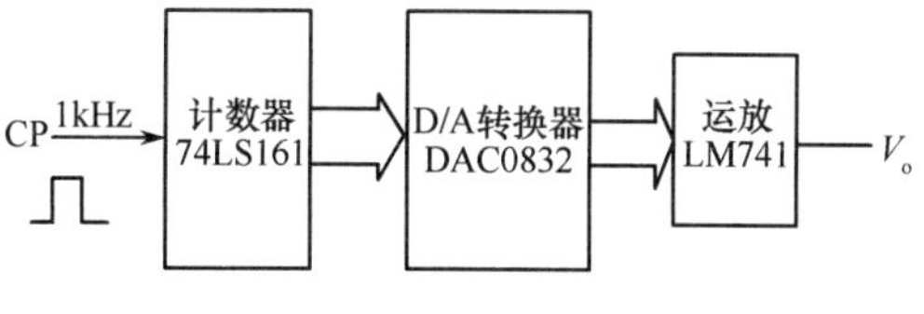

图 7-7-5　阶梯波发生器原理框图

（2）利用 D/A 转换器 DAC0832 设计一个阶梯波发生器电路。

① 参照图 7-7-5 所示阶梯波发生器原理框图设计实验电路，将二进制计数器 74LS161 的输出 Q_3、Q_2、Q_1、Q_0 由高到低，对应接到 DAC0832 数字量输入端的高 4 位 D_7、D_6、D_5、D_4，低 4 位输

入端 D_3、D_2、D_1、D_0 接地。74LS161 的 CP 选用 1kHz 方波信号。通过示波器观察并记录 CP、Q_3～Q_0，以及输出的模拟电压波形 V_o。

② 将 74LS161 接成十进制计数器，通过示波器观察并记录 CP、Q_3～Q_0，以及输出端的电压波形 V_o。

（3）选作实验。

设计电路，将实验内容（2）中输出阶梯波的阶梯去掉，使输出波形更平滑。

5. 注意事项

（1）仔细查阅 D/A 转换器 DAC0832 的引脚图，不要接错引脚。

（2）先连接实验电路，仔细检查后，再通电。

（3）实验结束，先关掉电源，再拆除电路。

6. 实验报告要求

（1）记录 DAC0832 静态测试数据，并与理论值比较。

（2）画出完整的实验电路图。

（3）对应描绘 CP 波形和阶梯波发生器的输出波形，并进行必要的说明。

（4）说明实验过程中发生的故障现象及其解决方法。

（5）写出预习报告。

7. 预习要求与思考题

（1）预习要求。

① 了解 D/A 转换器的结构及工作原理。

② 熟悉 DAC0832 芯片功能和使用方法。

③ 根据实验内容，画出完整的实验电路图和实验记录表格。

④ 参照图 7-7-5，自拟阶梯波发生器的实验电路和实验步骤。

（2）思考题。

① 给一个 8 位 D/A 转换器输入二进制数 10000000 时，其输出电压为 5V，问：如果输入二进制数 00000001 和 11001101，D/A 转换器的输出模拟电压分别为何值？

② 如果实验内容（2）中 74LS161 的 CP 频率由 1kHz 增至 10kHz，那么输出波形会有什么变化？

③ 已知某 DAC 的最小分辨率电压 V_{LSB}＝40mV，最大满量程输出电压 V_{FSR}＝10.2V，求该电路输入二进制数字量 n 和基准电压 V_{REF}。

④ DAC 的主要技术指标有哪些？DAC 的转换精度与什么有关？为减小误差应采取什么措施？

实验 7–8　A/D 转换器

1. 实验目的

（1）了解 A/D 转换器的基本工作原理及其主要性能指标。

（2）熟悉集成 A/D 转换器的基本使用方法。

（3）掌握 ADC0804 的功能及其典型应用。

2. 实验原理

模/数转换器（简称 ADC 或 A/D 转换器）用来将输入的模拟信号转换成数字信号。n 位模/数转换器输出 n 位二进制数，它正比于加在输入端的模拟电压。A/D 转换器的种类很多，按转换方法的不同分类，主要有两大类：一类是直接转换，另一类是间接转换。直接转换是将模拟电压直接转换成数字量，这类转换器主要有逐次比较型、并行比较型等。间接转换是先将输入的模拟量转换成模拟中间变量如时间、频率等，再将中间变量转换成数字量，这类转换器主要有单积分型、双积分型等。并行比较型 ADC 的速度最快，但成本也最高；双积分型 ADC 精度高、抗干扰能力强，但速度太慢，适合转换缓慢变化的信号；逐次比较型 ADC 具有较高的转换精度、工作速度中等、成本低等优点，因此获得广泛的应用。下面主要介绍 8 位逐次比较型 A/D 转换器 ADC0804 的结构与应用。

1）A/D **转换器** ADC0804

ADC0804 是 8 位 A/D 转换器，采用 CMOS 制造工艺和逐次比较转换技术。该器件容易与各种微处理器连接，其三态输出可直接驱动数据总线，ADC0804 引脚排列图如图 7-8-1 所示。表 7-8-1 所示为 ADC0804 的引脚功能说明。

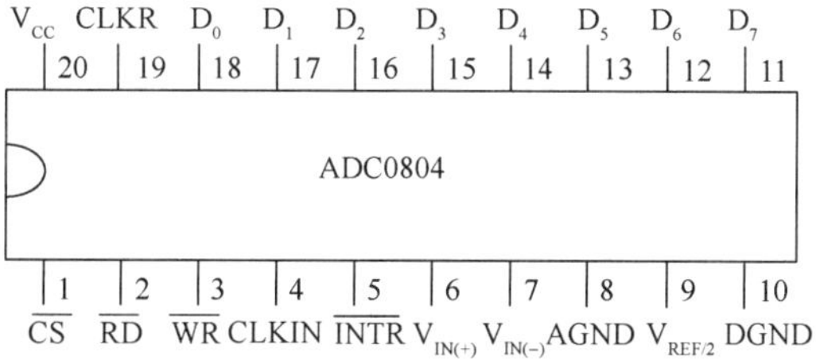

图 7-8-1　ADC0804 引脚排列图

表 7-8-1　DAC0804 的引脚功能说明

引　脚	说　明	引　脚	说　明
$V_{IN(+)}$ $V_{IN(-)}$	$V_{IN(+)}$，$V_{IN(-)}$：差动模拟电压输入。输入单端正电压时，$V_{IN(-)}$ 接地	D_7～D_0	8 位数字信号输出端
$\overline{WR}$	写数据控制信号输入端，此信号上升沿启动 A/D 转换过程	$\overline{INTR}$	转换结束信号输出端。当 A/D 芯片正在转换数据时 $\overline{INTR}=1$；一旦结束，$\overline{INTR}$ 变为低电平，通知接收设备读取数据
$\overline{CS}$	片选信号，低电平有效	$\overline{RD}$	读数据控制信号输入端。此信号低电平时，将转换数据输出
V_{CC}	5V 电源端	$V_{REF/2}$	参考电压输入端。参考电源取输入信号电压（最大值）的二分之一
CLKIN， CLKR	时钟输入端或接 RC 振荡元件。ADC0804 内部有时钟电路，CLKIN 和 CLKR 外接一对 RC 元件，可产生 A/D 转换所要求的时钟，振荡频率 $f=1/(1.1RC)$，典型值 $R=10\text{k}\Omega$，$C=150\text{pF}$，$f=640\text{kHz}$，转换速度为 100μs。若采用外部时钟，则从 CLKIN 输入，频率范围为 100～1460kHz	AGND， DGND	模拟地和数字地，将 AGND 和 DGND 分开，可以使数字电路的地电流不流过模拟信号回路，以防止寄生耦合产生的干扰

2）A/D **转换器的主要技术指标**

（1）分辨率。分辨率是指 A/D 转换器所能分辨的输入模拟量的最小值，通常用输出二进制数的位数表示。从理论上来讲，n 位输出的 A/D 转换器能区分 2^n 个输入模拟电压信号的不同等级，能区分输入电压的最小值为满量程输入的 $1/2^n$。在最大输入电压一定时，输出位数越多，量化单位越小，分辨率越高。例如，A/D 转换器输出为 8 位二进制数，输入信号最大值为 5V，则这个转换器能区分出输入信号的最小电压值为 $5\text{V}/2^8=19.53\text{mV}$。

（2）转换时间。转换时间指 ADC 完成一次完整的转换所需要的时间，即 A/D 转换器从转换控制信号到来开始，到输出端得到稳定的数字信号所经过的时间。

A/D 转换器的转换时间与转换电路的类型有关。不同类型的转换器转换速度相差甚远，其中并行比较 A/D 转换器的转换速度最高，逐次比较型 A/D 转换器次之，间接 A/D 转换器的速度最慢。

（3）转换误差。转换误差也称为转换精度，它是指转换后所得结果相对于实际值的差值，ADC 的转换误差有绝对误差和相对误差两种表示方法。

ADC 的绝对误差是指与输出数字量对应的理论模拟值与产生该数字量的实际输入模拟值之间的差值。这一差值常用数字量的位数作为度量单位，如精度为±1/2LSB 或±1LSB 等。如果把差值表示为额定最大输入模拟值（FSR）的百分数，那么它就是 ADC 的相对误差，如±0.05%FSR 或± 0.1%FSR 等，ADC0804 的转换精度为±1LSB。

在实际应用中，应从系统数据总线的位数、转换时间、精度要求、输入模拟信号的范围及输入信号极性等方面综合考虑 A/D 转换器的选用。另外，还应注意信号频谱的最高有效频率分量、输出数字的编码、输出方式（三态输出、缓冲或锁存的需求等）、工作温度范围和电压稳定度等方面的要求。

3. 实验条件

（1）数字电子技术实验箱、数字万用表、数字示波器、直流稳压电源。

（2）ADC0804（A/D 转换器）1 片、DAC0832（D/A 转换器）1 片、LM741（运算放大器）2 片、电阻电容若干。

4. 实验内容及步骤

1）A/D 转换器 ADC0804 测试

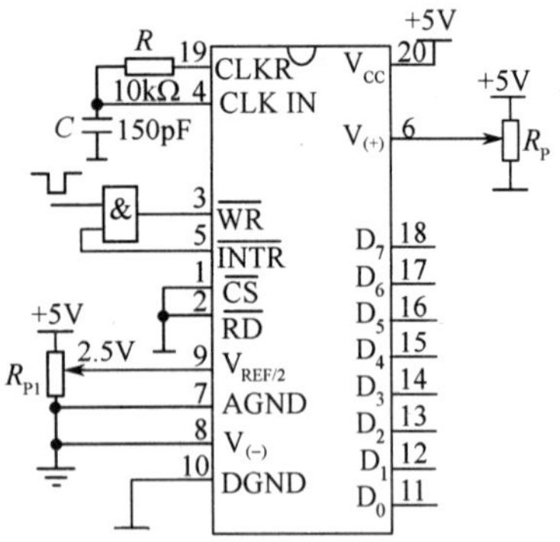

图 7-8-2　ADC0804 的测试电路

（1）按图 7-8-2 连接电路。由+5V 电源经电位器 R_P 分压得到输入模拟电压信号 0～5V。由+5V 电源经电位器 R_{P1} 分压得到输入参考电压 $V_{REF/2}$。转换结束信号 $\overline{INTR}$ 和转换结果 D_0～D_7 接电平显示发光二极管，用发光二极管显示数字量的大小。

（2）电路连线检查无误后，接通电源。

（3）按表 7-8-2 的要求，调节电位器 R_P 输入模拟电压值。观察 D_0～D_7 的发光二极管，记录模拟信号的转换结果并填入表 7-8-2 中。

（4）重复步骤（3），直至测试结束。

（5）将转换结果换算成十进制数表示的电压值，并与输入电压值进行比较，分析产生误差的原因。

表 7-8-2　ADC0804 测试数据记录表

输入模拟量 V_I/V	输出数字量								
	D_7	D_6	D_5	D_4	D_3	D_2	D_1	D_0	十进制
5.0									
4.5									
4.0									
3.5									
3.0									
2.5									
2.0									
1.5									
1.0									
0.5									
0									

2）A/D－D/A 转换

将 A/D 转换器（ADC0804）与 D/A 转换器（DAC0832）连接起来，按下列要求进行实验。

（1）将直流电压 V_I（0～5V）输入 A/D 转换器的一个通道，转换后得到的数字量再进行 D/A 转换，得到输出模拟电压 V_O，用数字万用表测量 V_I、V_O 的大小，填入自拟的实验数据表中。

（2）一个正弦信号经过半波整流后得到单极性电压信号 V_I，将 V_I 输入 A/D 转换器的一个通道进行转换，再经过 D/A 转换后，得到输出模拟电压 V_O。用示波器测绘 V_I、V_O 的波形，并对两波形进行比较和分析。

（3）将一个双极性的正弦波电压信号 V_I 输入 A/D 转换器的一个通道，转换后得到的数字量再进行 D/A 转换，得到输出模拟电压 V_O，用示波器观察、记录 V_I、V_O 的波形，并对两波形进行比较和分析。

5. 注意事项

（1）仔细查阅 A/D 转换器 ADC0804 的引脚图，不要接错引脚。

（2）先连接实验电路，仔细检查后再通电。

（3）实验结束，先关掉电源，再拆除电路。

6. 实验报告要求

（1）整理实验数据，分析实验结果，找出误差产生的原因。

（2）画出完整的实验电路图。

（3）说明实验过程中出现的故障现象及其解决方法。

7. 预习要求与思考题

（1）预习要求。

① 了解 A/D 转换器的结构及工作原理。

② 熟悉 ADC0804、DAC0832 的功能和使用方法。

③ 根据实验内容，画出完整的实验电路图和实验记录表格。

（2）思考题。

① 8 位 A/D 转换器，当其输入从 0～5V 变化时，输出二进制码从 00000000～11111111 变化。问使输出从 00000000 变至 00000001 时，输入电压值变化多少？

② ADC 的主要技术指标有哪些？它们的意义是什么？

③ 12 位 A/D 转换器能够区分出输入信号的最小电压值为多少？

④ 说明 ADC 转换误差产生的原因、绝对误差和相对误差表示的方法。

实验 7–9　基于 Quartus Ⅱ的数字电路仿真实验

1. 实验目的

（1）初步了解使用可编程逻辑器件实现逻辑电路的方法。

（2）学习 Quartus Ⅱ软件的使用，初步掌握原理图输入的设计方法，以及编译和仿真的过程。

（3）通过二分频电路的设计仿真实例，掌握一般数字电路的仿真分析方法。

2. 实验原理

二分频电路的实现利用了 D 触发器的特性，其原理在实验 7-4 中已经做了详细的说明。本实验采用 Quartus Ⅱ软件的图形编辑输入法进行二分频电路的设计和仿真验证。

图形编辑输入法也称为原理图输入设计法。用 Quartus Ⅱ软件的原理图输入法进行数字电路的设计与仿真时，不需要任何硬件描述语言方面的相关知识，只要懂数字电路知识，会设计电路原理图，会使用此软件即可方便快捷地进行仿真。

3. 实验条件

计算机和 Quartus Ⅱ软件。

4. 实验内容及步骤

下文以 Quartus Ⅱ 7.1 版软件为例，通过采用一片 74LS74 芯片，设计一个二分频电路和实验，简介 Quartus Ⅱ软件的图形编辑输入法进行仿真设计的使用方法。

1）建立工程和设计文件

首先，在盘中建立一个名为“shudiansy”的文件夹。本例用图形编辑法设计一个二分频电路 fenpin2，需要先建立 fenpin2 的设计工程。在 Quartus Ⅱ集成环境下，执行“File”→“New Project Wizard”命令，弹出如图 7-9-1 所示的新建工程对话框。此对话框用于设置设计文件存储的文件夹、设计项目名称和顶层文件的实体名。注意：设计项目名称和顶层文件实体名称可以相同，一般在多层次设计中，以与设计项目同名的设计实体作为顶层文件名。

在图 7-9-1 所示的界面中单击“Next”按钮，进入图 7-9-2 所示的界面。此界面用于增加设计文件，包括顶层设计文件和其他底层设计文件。如果顶层文件和其他底层文件包含在工程文件夹中，那么在此页面将设计文件增加到新建工程中。

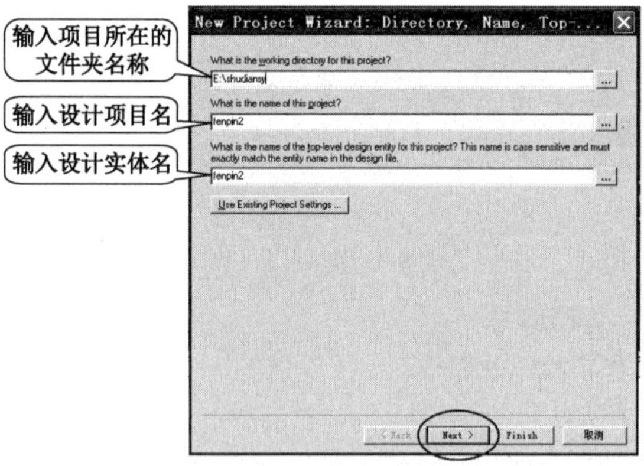

图 7-9-1 新建工程对话框-1

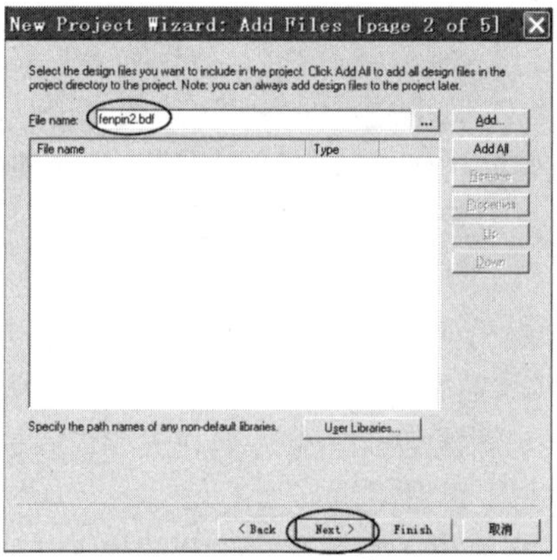

图 7-9-2 新建工程对话框-2

单击图 7-9-2 所示界面中的“Next”按钮，进入图 7-9-3 所示的界面。该界面用于选择编程下载的目标芯片的类型与型号。注意：在编译设计文件前，应先选择下载的目标芯片，否则系统将以默认的目标芯片为基础完成设计文件的编译。本例未考虑下载到目标器件中，因此直接使用默认的芯片型号即可。

单击图 7-9-3 所示界面中的“Next”按钮，进入图 7-9-4 所示的界面。此界面用于设置第三方 EDA 工具软件的选用，一般情况下设置为“不使用”（在第三方工具软件选择界面不出现“√”）。

单击图 7-9-4 所示界面中的“Next”按钮，进入图 7-9-5 所示的界面。此界面显示了新建工程的摘要（Summary），包括所选目标器件型号、工程名称、顶层文件实体名称等。

新工程建立完成后，即可进行新的电路系统设计。在 Quartus Ⅱ环境下，执行“File”→“New”命令，弹出如图 7-9-6 所示的对话框，在该对话框中选择“Block Diagram/Schematic File”（模块/原理图文件）方式后单击“OK”按钮，进入 Quartus Ⅱ图形编辑方式的窗口界面，如图 7-9-7 所示。

2）编辑设计文件

在图形编辑区的任何一个空白位置双击，或者在图形编辑区右击，在弹出的快捷菜单中选择“Insert”→“Symbol as Block”选项，将弹出一个元件选择对话框。在该对话框中 Quartus Ⅱ列出了存放在\\Quartus\\Libraries 文件夹中的各种元件库，具体说明如图 7-9-8 所示。

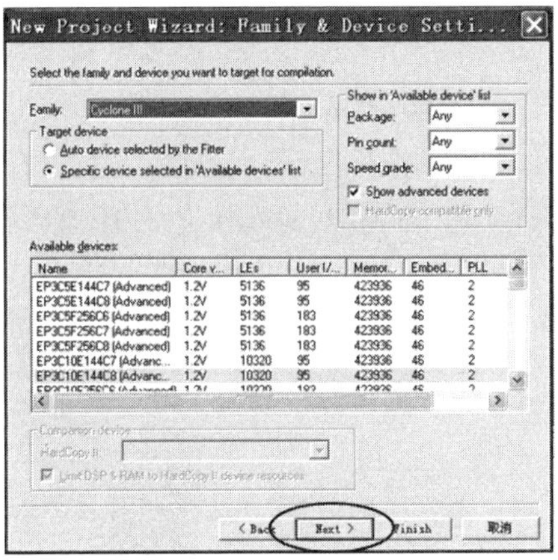

图 7-9-3　新建工程对话框-3

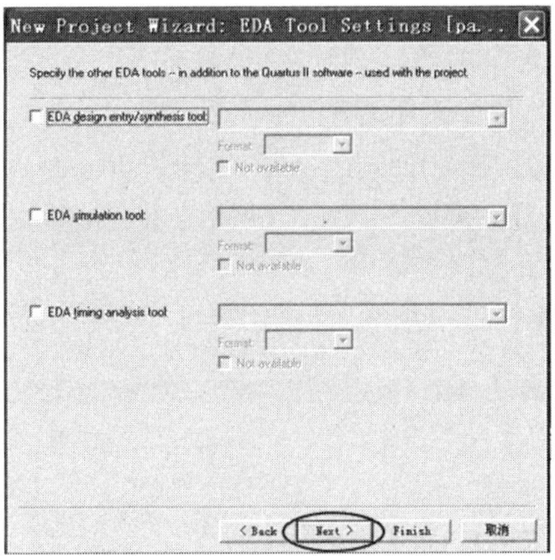

图 7-9-4　新建工程对话框-4

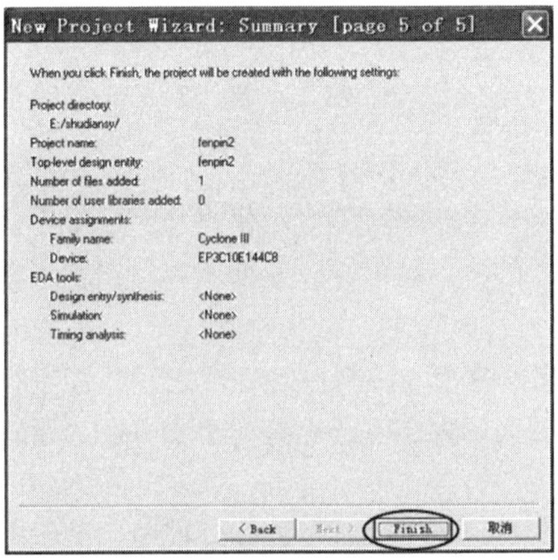

图 7-9-5　新建工程对话框-5

图 7-9-6　编辑文件类型选择对话框

图 7-9-7　图形编辑窗口

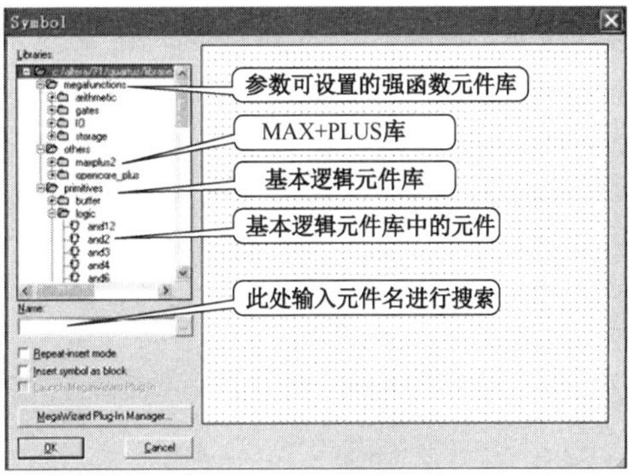

图 7-9-8　元件选择对话框

在库中找到相应的元件后单击，然后单击“OK”按钮即可获取该元件，回到图形编辑窗口后继续单击即可将该元件置于图形编辑区中鼠标指针所在位置处。如果只知道元件的名称，要进行快速查找，只需在元件选择窗格的“Name”文本框中输入元件名称，如果能找到匹配的型号，软件便会自动打开该元件所在的库及其在库中的详细位置。

如图 7-9-9 所示，在库中找到相应的元件 74LS74 和 INPUT、OUTPUT、VCC 后，按二分频器的原理图连接好线路，并将 INPUT 的名称设置为 CP，OUTPUT 的名称设置为 OUT。单击“保存”

图标，将文件保存在工程目录中，文件名称为默认的“fenpin2.bdf”。至此，原理图输入法设计的二分频电路完成。

3）**编译设计文件**

执行 Quartus Ⅱ主窗口中的“Processing”→“Start Compilation”命令，或者在主窗口上直接单击“开始编译”按钮，开始对 fenpin2.bdf 文件进行编译。编译过程可以在图 7-9-10 所示的状态（Status）窗口上看到（该窗口可以关闭，也可以通过“View”→“Utility Windows→Status”命令打开）。编译过程包括分析与综合、适配、编程和时序分析 4 个环节。

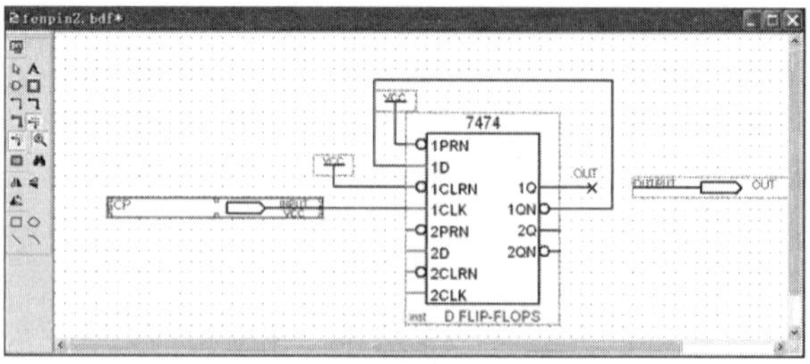

图 7-9-9 二分频电路原理

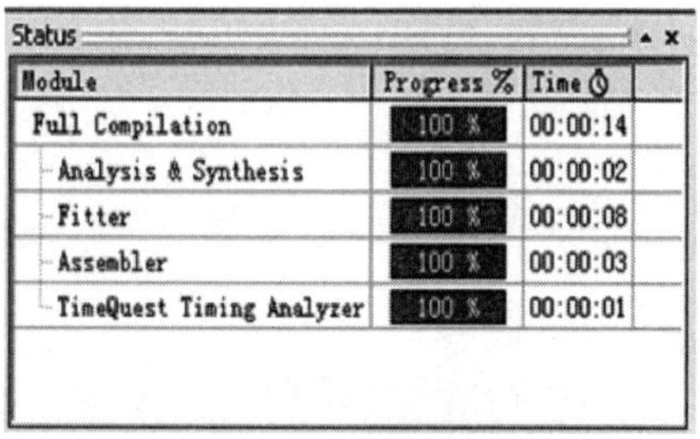

图 7-9-10 编译状态窗口

（1）分析与综合（Analysis&Synthesis）。在编译过程中，首先对设计文件进行分析和检查，如检查原理图的信号有无漏接、信号有无双重来源、文本输入文件中有无语法错误等。如果设计文件存在错误，就报告出错信息并标出错误的位置，供设计者修改。如果设计文件不存在错误，接着进行综合，通过综合完成设计逻辑到器件资源的技术映射。

（2）适配（Fitter）。适配是编译的第二个环节，只有当分析与综合成功完成之后才能进行。在适配过程中完成设计逻辑在器件中的布局和布线、选择适当的内部互连路径、引脚分配、逻辑元件分配等操作。

（3）编程（Assembler）。成功完成适配之后，才能进入编程环节。在编程过程中，产生多种形式的器件编程映像文件，如可以通过 MasterBlaster 或 ByteBlaster 电缆将设计逻辑下载到目标芯片中的编程文件。对 CPLD 来说，是产生 JEDEC 熔丝文件（电子器件工程联合会制定的标准格式，简称 JED 文件）；对于 FPGA 来说，是生成位流数据文件 BG（Bit-stream Generation）。

（4）时序分析（Timing Analyzer）。成功完成适配之后，设计编译还要进入时序分析环节。在时序分析中，计算给定设计与器件上的延时，完成设计分析的时序分析和所有逻辑的性能分析。

在编译开始后，软件自动弹出如图 7-9-11 所示的编译结果概要报告窗口，报告工程文件编译的相关信息，如下载目标芯片的型号名称、占用目标芯片中逻辑元件 LE（Logic Elements）的数目、占用芯片的引脚数目等。

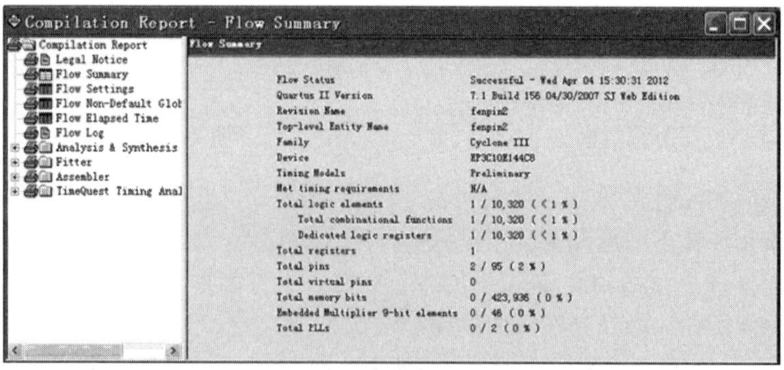

图 7-9-11 编译结果概要报告窗口

4）**仿真设计文件**

仿真需要经过建立波形文件、输入信号节点、设置波形参量、编辑输入信号、波形文件存盘、运行仿真器和分析仿真波形等过程。

（1）建立波形文件。执行 Quartus Ⅱ主窗口中的“File”→“New”命令，弹出编辑文件对话框，选择“Other Files”中的“Vector Waveform File”方式后单击“OK”按钮，弹出如图 7-9-12 所示的新建波形文件编辑窗口界面。

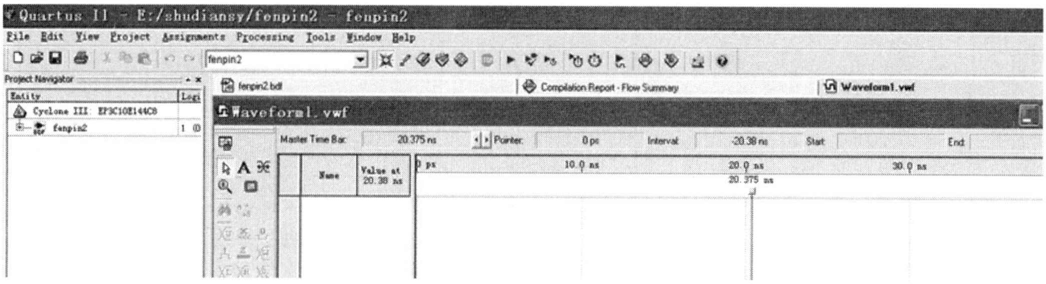

图 7-9-12　新建波形文件编辑窗口界面

（2）输入信号节点。在波形编辑方式下，执行“Edit”→“Insert Node or Bus”命令，或在波形文件编辑窗口“Name”栏中右击，在弹出的快捷菜单中选择“Insert Node or Bus”命令，弹出如图 7-9-13 所示的插入节点或总线对话框（Insert Node or Bus），在此对话框中单击“Node Finder”按钮，弹出如图 7-9-14 所示的节点发现者对话框（Node Finder）。

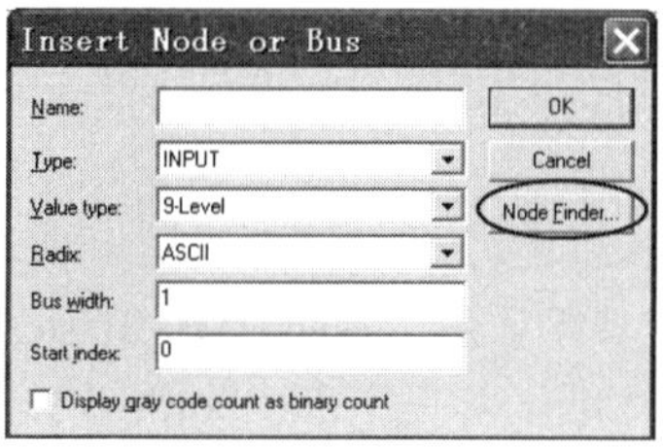

图 7-9-13　插入节点或总线对话框

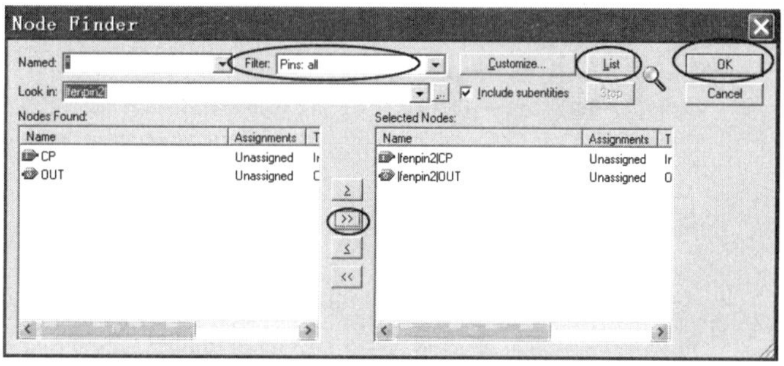

图 7-9-14　节点发现者对话框

在图 7-9-14 所示的对话框中，“Filter”下拉列表框中选择“Pins：all”选项后，单击“List”按钮，这时在窗口左边的“Nodes Found”（节点建立）列表框中将列出该设计工程的全部信号节点。若在仿真中需要观察全部信号的波形，则单击对话框中间的“>>”按钮；若在仿真中只需观察部分信号的波形，则首先将信号名选中，然后单击对话框中间的“>”按钮，选中的信号即进入到右边列表框（被选择的节点列表框）中。如需删除已选择的节点信号，也可将其选中后单击对话框中间的“<”按钮。节点信号选择完毕，单击“OK”按钮即可。在本例设计中，选择了所有的节点信号“CP”和“OUT”。

（3）设置波形参量。Quartus Ⅱ默认的仿真时间域是 1μs，如果需要更长时间观察仿真结果，可执行“Edit”→“End Time”命令，弹出如图 7-9-15 所示的“End Time”（设置仿真时间域）对话框，输入适当的仿真时间域（如 10μs），单击“OK”按钮完成设置。

（4）编辑输入信号。为输入信号编辑测试电平或数据示意图如图 7-9-16 所示。在仿真编辑窗口的左侧列出了各种功能选择按钮，主要分为工具按钮和数据按钮两大类。工具按钮（如文本工具、编辑工具等）用于完成诸如增加波形的注释、选择某段波形区域等操作；数据按钮用于为波形设置不同的数据，便于观察仿真结果。按钮的主要功能如图7-9-17所示。

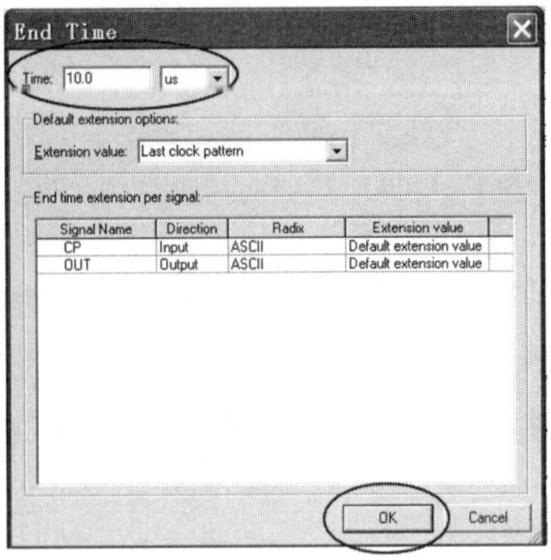

图7-9-15　设置仿真时间域对话框

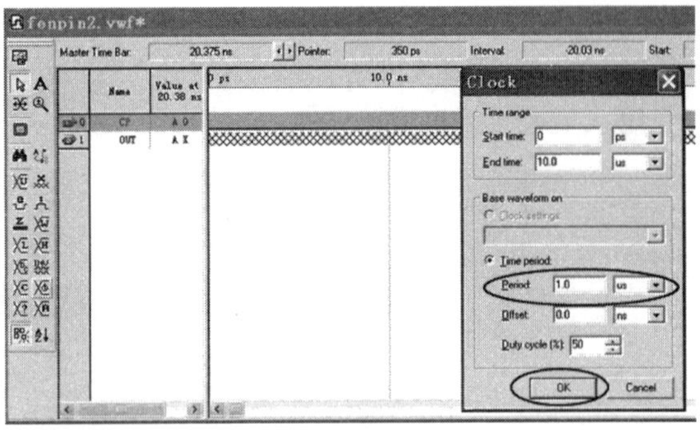

图7-9-16　为输入信号编辑测试电平或数据示意

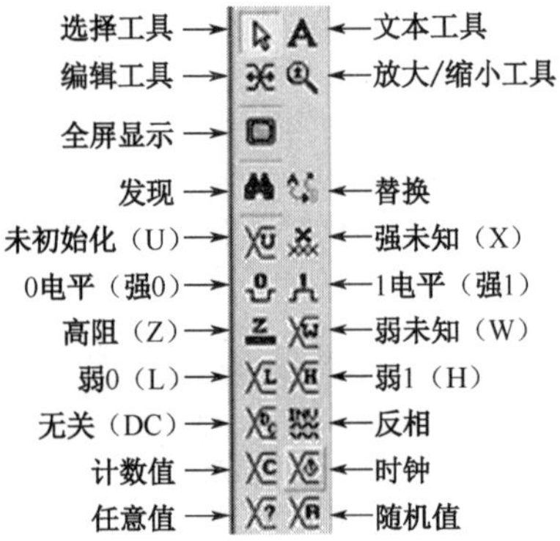

图7-9-17　按钮的主要功能

（5）波形文件存盘。执行“File”→“Save”命令，在弹出的“Save as”对话框中单击“OK”按钮，完成波形文件的存盘。在波形文件存盘操作中，系统自动将波形文件名设置为与设计文件名同名，但文件类型是.vwf。例如，波形文件存盘时，系统将二分频器设计电路的波形文件名自动设置为“fenpin2.vwf”，因此可以直接单击“OK”按钮存盘。

（6）运行仿真器。执行“Processing”→“Start Simulation”命令，或单击“Start Simulation”按钮，对二分频器设计电路进行仿真，仿真波形如图7-9-18所示，仿真结果验证了设计的正确性。

5）编程下载设计文件

如果有FPGA硬件开发平台支持，可对信号进行引脚锁定并重新编译后，借助USB Blaster下载工具将位流数据BG文件配置到FPGA中，即可实现二分频器的功能。本例中未涉及相应的开发平台，具体的引脚锁定和配置方法，请参考相关的软件操作说明文档。

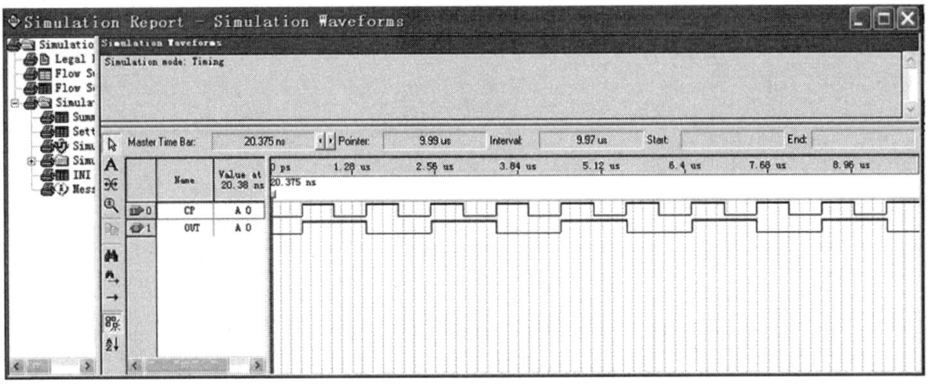

图7-9-18　二分频器的仿真波形

5. 注意事项

（1）注意不同类型文件的后缀名（原理图设计文件为.bdf，波形仿真文件为.vwf），不可随意更改。

（2）原理图绘制完成后请及时保存，原理图一经更改需重新进行保存和编译。

（3）观察仿真波形时，结束时间不宜设置过长（一般不超过 1s），否则可能导致仿真加载变慢，其结果的实时效果差，也不便于全面观察与分析。

6. 实验报告要求

（1）回顾设计过程，总结设计的大体方法和注意事项。

（2）画出完整的实验电路图。

（3）记录二分频电路仿真得到的波形并进行简要分析。

7. 预习要求与思考题

（1）预习要求。

① 了解 Quartus Ⅱ软件的基本操作方法。

② 熟悉 74LS74 的逻辑功能，熟练掌握其典型应用电路。

③ 写好预习报告，画出完整的二分频电路的原理图。

（2）思考题。

① 回顾并总结用 Quartus Ⅱ软件进行原理图设计输入和仿真的步骤。

② 用 Quartus Ⅱ软件进行仿真设计的优点、缺点及注意事项分别是什么？

③ 试用该软件设计一个二十四进制计数器，并进行仿真分析。

第 3 篇 高频电路、单片机、EDA 实验

第 8 章 高频电子线路实验

实验 8-1 高频小信号谐振放大器的设计与调试

1. 实验目的

（1）掌握小信号谐振放大器的基本工作原理。

（2）掌握谐振放大器的电压增益、通频带等参数的定义、测试及计算方法。

（3）了解高频小信号放大器动态范围的测试方法。

2. 实验原理

高频放大器与低频放大器的主要区别在于两者的工作频率范围和所需通过的频带宽度都有所不同，所以采用的负载也不相同。

高频放大器的中心频率一般在几百千赫兹到几百兆赫兹，但所需通过的频率范围和中心频率相比是很小的，或只需工作在某一个特定频率。因此，一般采用选频网络组成高频放大器。

高频小信号放大器电路由两部分组成：放大电路和选频电路。放大电路的作用是将直流电源转换成交流信号，实现对小信号的放大。选频网络一般采用电感和电容组件。

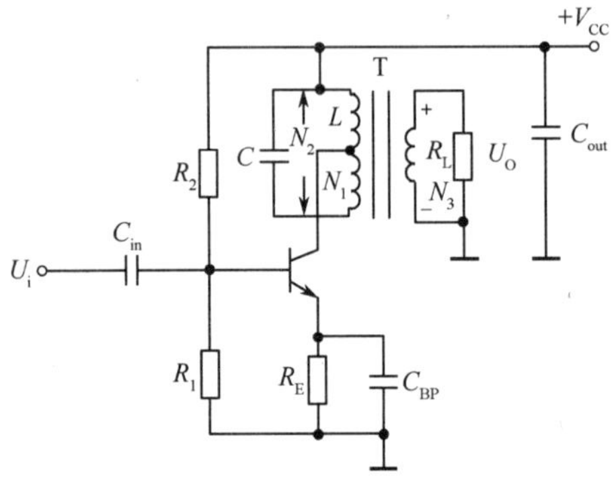

图 8-1-1 高频小信号谐振放大器电路原理

1）谐振放大器的元件参数计算

高频小信号谐振放大器电路原理图如图 8-1-1 所示。电路中，晶体管起信号放大作用，但随着频率的升高，放大倍数 β 将会逐渐降低，放大将不易实现，因此可以采用多级级联的方法。我们一般希望工作频率在所选择晶体管的低频区，即晶体管的 f_T 应尽量高，考虑到实际应用中成本的限制，一般取 f_T 大于工作频率的 10 倍。三极管 9018 的基本参数如表 8-1-1 所示。

表 8-1-1 9018 晶体管基本参数

晶体管型号	反压 V_{beo}	电流 I_{cm}	功率 P_{cm}	特征频率 f_T	β_{DC}	管子类型
9018	30V	0.05A	0.4W	1GHz	100	NPN

静态工作点选择：

$$V_{\mathrm{CEQ}}=5\mathrm{V},\ I_{\mathrm{CQ}}=4\mathrm{mA},\quad V_{\mathrm{CC}}=6\mathrm{V}$$

取 $V_E=1\mathrm{V}$ 时，有

$$R_E=\frac{V_E}{I_E}=\frac{1\mathrm{V}}{4\mathrm{mA}}=250\Omega$$

所以取 $R_E=240\Omega$，$V_B=1\mathrm{V}+0.7\mathrm{V}=1.7\mathrm{V}$，$I_B=I_C/\beta_{DC}=4\mathrm{mA}/100=0.04\mathrm{mA}$，

$$R_1=\frac{V_B}{I_{R1}}=\frac{1.7\mathrm{V}}{10I_B}=\frac{1.7\mathrm{V}}{0.4\mathrm{mA}}=4.25\mathrm{k\Omega}$$

$$R_2=\frac{V_C-V_B}{I_{R2}}=\frac{6\mathrm{V}-1.7\mathrm{V}}{11I_B}=\frac{4.3\mathrm{V}}{0.4\mathrm{mA}}=9.77\mathrm{k\Omega}$$

所以 R_1 取 4.3kΩ，R_2 取 10kΩ，

$$r_e=\frac{26\mathrm{mV}}{4\mathrm{mA}}=6.5\Omega,\ r_{b'e}=(1+\beta)\,r_e=101\times6.5=656.5\Omega$$

$$R_i=r_{b'e}/\!/R_1/\!/R_2=539\Omega$$

查手册得：$C_{CB}=1.3\mathrm{pF}$，回路中心频率为 10.7MHz，带宽为 500kHz，

$$Q_L=\frac{10.7\mathrm{MHz}}{500\mathrm{kHz}}=21.4$$

$$f_0=\frac{1}{2\pi\sqrt{LC_\Sigma}},\ LC_\Sigma=\frac{1}{(2\pi f_0)^2}=2.2124\times10^{-16} \tag{8-1-1}$$

若取 $L=2\mu\mathrm{H}$，$C_\Sigma\approx110\mathrm{pF}$

$$X_L=2\pi f_0L=134.5\Omega$$

$$R'_C=Q_LX_L=21.4\times134.5\Omega=2.88\mathrm{k\Omega}$$

$$A_v=-\frac{R'_C}{r_e}=\frac{2.88\mathrm{k\Omega}}{6.5\Omega}=-443\text{（输出功率匹配时增益）}$$

$$A_v\mathrm{dB}=20\lg443=53\mathrm{dB}$$

$$A_{uo}=\frac{u_o}{u_i}=\frac{N_3}{N_1-N_2}$$

$$C_i=C_{be}+(1+|A_v|)C_{bc}\approx|A_v|C_{bc}=443\times1.3\mathrm{pF}=580\mathrm{pF}$$

$$X_{Ci}=\frac{1}{2\pi f_0C_i}=186\Omega$$

$$Z_i\approx539\Omega-\mathrm{j}X_{Ci}=539\Omega-\mathrm{j}186\Omega=570\angle19^\circ$$

取 $X_{Cin}=\dfrac{Z_i}{10}\approx57\Omega\Rightarrow C_{in}=\dfrac{1}{2\pi\times10.7\times10^6\times57\Omega}=261\mathrm{pF}$

$$XC_{BP}=\frac{1}{10}(r_e/\!/R_E)\approx\frac{r_e}{10}=0.65\Omega\Rightarrow C_{BP}=\frac{1}{2\pi\times10.7\times10^6\times0.65\Omega}=22.8\mathrm{nF}$$

电容 C_{in} 和 C_{out} 是信号输入和输出的耦合电容，起到隔直的作用，使前后各级的直流电位不相互影响。高频放大器的耦合电容不宜过大，否则放大电路将对信号源或上级电路产生反射，它们的值一般取 1nF 以下。

发射极电容 C_{BP} 对高频交流信号相当于短路，从而消除偏置电阻 R_E 对高频信号的负反馈作用，提高高频信号的增益。

电阻 R_1、R_2、R_E 共同决定晶体管的静态工作点（包括基极直流电压和射极电流），可以使其工作在甲类放大状态。一方面保证晶体管导通正常工作，另一方面使晶体管有较大的放大倍数。

变压器 T 可自行绕制，也可使用电视中周变压器，相关电感参数及阻抗变换比另外计算。实际

电路增益计算应考虑 RC 折合到 LC 谐振回路及总谐振电阻 R_P 折合到 N_2-N_1 端的计算，C 选用高频瓷介电容器。

电感和电容组成的谐振电路起选频作用，选择所需频率的信号。可以根据公式计算出 L 和 C 的值，需要注意，实际的电感、电容组件值和标称值之间是有误差的，并且晶体管极与极之间存在分布电容，所以在实际电路中，电容应该由一个固定的电容和一个可调电容并联组成。如可调电容选取 25pF，固定电容的选择应与其取同量级，否则，固定电容值远大于 25pF 时，可调电容就不能有效地改变调谐频率值。

2）放大器的工作状态

在图 8-1-1 所示的电路中，V_B 是电路中晶体管基极相对地的直流电压。它的特点是当 V_B 为正且输入信号幅度较小，以保证输入信号在所有时间内落在晶体管的线性范围内。甲乙类甚至乙类、丙类放大状态中，交流信号 V_b 总有一部分小于 0，出现非线性失真。

本实验要实现的是小信号的线性放大，需要保持晶体管工作在甲类放大状态。另外，对甲类放大器，从小到大改变输入信号的幅度，可以使晶体管从线性放大器过渡到非线性状态，甚至到甲乙类放大器。三极管输出特性曲线如图 8-1-2 所示。

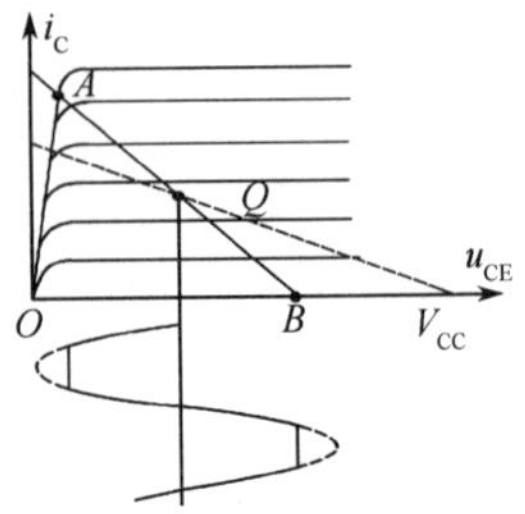

图 8-1-2　三极管输出特性曲线

3）主要参数

（1）谐振增益。放大器的谐振增益是指放大器在谐振频率上的电压增益，记为 A_{uo}，其值也可以用分贝（dB）表示。f_0 是谐振中心频率，当输入信号的频率刚好等于谐振频率时，放大增益最大。

$$A_{uo}=U_o/U_i \quad （输出电压与输入电压之比） \tag{8-1-2}$$

$$A_{uo}=20\lg(U_o/U_i)\text{dB} \quad （分贝表示） \tag{8-1-3}$$

（2）通频带。谐振回路具有选频作用，当工作频率偏离谐振频率时，放大器的电压放大倍数下降。当电压放大倍数 A_{uo} 下降到谐振电压放大倍数 A_{uo} 的 0.707 倍时，所对应的频率范围为放大器的通频带 BW。其数学表达式为

$$\text{BW}=2\Delta f_{0.7}=f_o/Q_L \quad （Q_L 为回路的等效品质因子）$$

3. 实验条件

（1）数字示波器　1 台
（2）函数信号发生器　1 台
（3）频率特性测试仪　1 台
（4）直流稳压电源　1 台
（5）数字万用表　1 块
（6）通用板　1 块
（7）电阻、电容、电感　若干

4. 实验内容

（1）实验电路如图 8-1-1 所示。设计制作中心频率为 10.7MHz、带宽为 1MHz 以内的高频小信号谐振放大器，电路供电电压为 6V，总电流小于 6mA，输出负载为 1kΩ 并联 100pF 电容。

（2）用数字万用表直流电压挡测量三极管的静态工作点。

（3）由函数信号发生器提供有效值为 5mV 的输入信号，测量电路的电压放大倍数。

（4）用频率特性测试仪测量电路的幅频特性曲线。

（5）改变电路中的 R_1、R_2、R_E 值，记录放大器对输入的高频小信号的交、直流回路输出。实验中，可以改变 LC 电路的谐振频率，观察非线性情况。

5. 注意事项

（1）电容和电感的取值。电感和电容组成的谐振电路起选频作用，可以根据公式计算出 L 和 C 的值，需要注意的是，实际的电感、电容组件值和标称值之间是有误差的，并且晶体管极与极之间存在分布电容，所以在实际电路中，电容 C 应该由一个固定的电容和一个可调电容并联组成。

（2）电路的布局。低频电路中，电路布局对电路效果影响不大，但在高频电路中，布局就是一门学问了。我们不能预知电路中隐藏的分布电容以及其他因素的影响，但按照电路图走向和与组件分布进行布局还是可以做到的。

（3）射极电阻 R_E 的选取。在 V_B 一定的情况下，如果 R_E 偏大，就会使射极电流偏小，这将影响晶体管的放大倍数。

（4）电路可能会产生高频自激，有效的解决方法如下。

① 给电源加上一个 10μF 的电解电容和一个 0.01μF～0.1μF 的旁路陶瓷电容，或串接一个低通滤波器（可以是 LC 低通滤波器）对电源电压进行缓冲和去耦。LC 低通滤波器电路如图 8-1-3 所示。

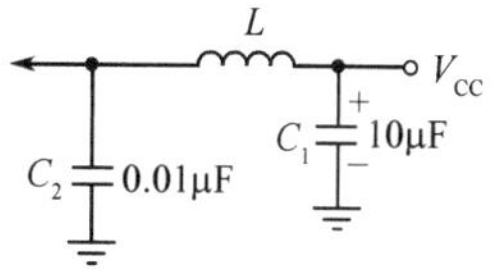

图 8-1-3　LC 低通滤波器电路

② 调节射极回馈电阻 R_E 的值，增大其阻值，但这样势必会降低放大倍数。因此，要在二者之间做好权衡。

（5）频率特性测试仪的输出端应接电路的输入端，频率特性测试仪的输入端应接电路的输出端。

6. 实验报告要求

（1）按要求整理实验数据。

（2）画出放大器幅频特性曲线。

（3）对实验结果进行分析讨论。

（4）写出本实验的心得与体会。

7. 预习要求与思考题

（1）预习要求。

① 复习高频小信号谐振放大器的工作原理。

② 了解高频小信号谐振放大器的基本参数的测量方法。

（2）思考题。

① 如何判断并联谐振回路是否处于谐振状态？回路的谐振频率 f_0 与哪些参数有关？用实验说明。

② 为什么说提高电压放大倍数 A_{uo} 时，通频带 BW 会减小？可采取哪些措施提高 A_{uo}？实验结果如何？

③ 在调谐振回路时，对放大器的输入信号有何要求？如果输入信号过大会出现什么现象？

④ 影响谐振放大器稳定性的因素有哪些？你在调整放大器时，是否出现过自激振荡，其表现形式如何？是采取什么措施解决的？

实验 8–2　LC 振荡器的研究

1. 实验目的

（1）熟悉电容三点式振荡器（考毕兹振荡器、克拉泼振荡器和西勒振荡器）的振荡原理及特点。

（2）学会数字频率计的使用方法。

2. 实验原理及电路

振荡器是一种将直流电源的能量变换为一定波形的交变振荡能量的电路。

LC 振荡器振荡应满足以下两个条件。

（1）相位平衡条件。回馈信号与输入信号同相，保证电路正回馈。在电路中表现为，集电极-

发射极之间和基极-发射极之间回路组件的电抗性质是相同的，它们与集电极-基极之间回路组件的电抗性质是相反的。在本实验电路中，集电极-基极间的电抗应呈现电感性，而集电极-发射极之间和基极-发射极之间的电抗应呈现电容性。

（2）振幅平衡条件。反馈信号的振幅应该大于或等于输入信号的振幅，即 $AF \gg 1$（A 为放大系数，F 为回馈系数）。

振荡器在接通电源后，由于电路中存在某种扰动，这些微小的扰动信号通过电路放大及正反馈使振荡幅度不断增大。当振荡幅度增大到一定程度时，导致晶体管进入非线性区，产生自给偏压，引起晶体管的放大倍数减小，最后达到平衡，即 $AF=1$，振荡幅度就不再增大了。

振荡器有一个 LC 并联谐振回路，由于其选频作用，因此使振荡器只有在某一频率时才能满足振荡条件。于是得到单一频率的振荡信号，这个振荡器就是正弦波振荡器。

LC 振荡器电路如图 8-2-1 所示，第一级为电容回馈三点式振荡器，第二级为射极输出器，VT_1 为振荡管。振荡回路由 L、C_1、C_2、C_3 和 C_4 组成，C_1、C_2 是反馈组件，构成反馈支路。

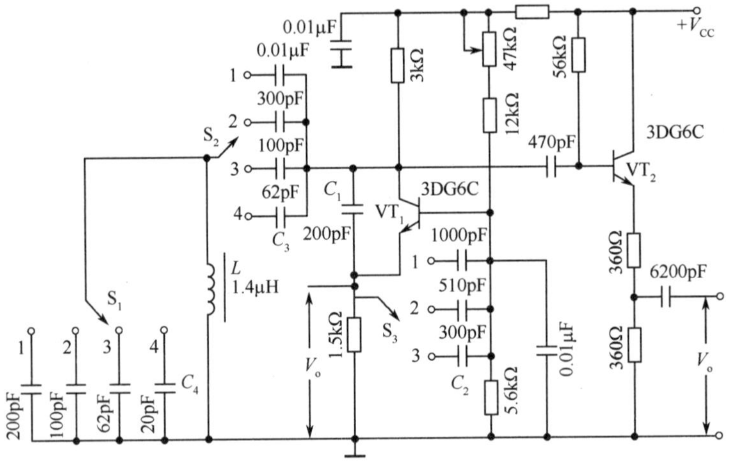

图 8-2-1　LC 振荡器电路

当 S_1、S_2 和 S_3 分别接到电路中的不同位置时，就可以分别构成考毕兹、克拉泼和西勒 3 种不同形式的振荡器。

考毕兹电路：S_1→悬空，S_2→1，S_3→任意。

克拉泼电路：S_1→悬空，S_2→2、3、4，S_3→任意。

西勒电路：S_1→1、2、3、4，S_1→2、3、4，S_3→任意。

3. 实验条件

（1）数字示波器　　1 台

（2）直流稳压电源　　1 台

（3）数字频率计　　1 台

（4）数字万用表　　1 台

（5）LC 振荡器实验板　　1 块

4. 实验内容及步骤

（1）根据实验电路和实验板，首先明确将实验电路分别改接成考毕兹、克拉泼、西勒 3 种振荡器时所对应的 S_1、S_2、S_3 的位置。

（2）在考毕兹电路中，调节静态工作点 V_e 分别为 1V、1.5V、2V 时（应在振荡器停振时进行），用示波器和频率计测量出 $C_1=200\text{pF}$，$C_2=510\text{pF}$ 时振荡器的输出幅度、频率及波形，要求用列表的方法整理实验数据。

（3）在考毕兹振荡器中，当 $V_e=1\text{V}$ 时，固定 $C_1=200\text{pF}$，改变 C_2 的值（C_2 分别为 1000pF、510pF、

300pF），测量出振荡幅度及频率，将测量结果整理列表。

（4）在克拉泼振荡器中，当 V_e=1.5V 时，固定 C_1=200pF，C_2=510pF，改变 C_3 的值（C_3 分别为 300pF、100pF、62pF），测量出振荡幅度及频率，将测量结果整理列表。

（5）在西勒电路中，当 V_e=2V 时，固定 C_1=200pF，C_2=510pF，C_3=100pF，改变 C_4 的值（C_4 分别为 200pF、100pF、62pF、20pF），测量出振荡幅度及频率，求出频率覆盖系数，将测量结果整理列表。

5. 注意事项

（1）实验前应检查连接线的好坏，使用时注意不要用力拉拔导线以防连接线损坏。

（2）注意电源的连接方法。

（3）判断电路是否满足起振条件。

6. 实验报告要求

（1）按实验内容要求画出测试电路，整理实验数据。

（2）对实验结果及实验中碰到的问题进行分析。

7. 预习要求及思考题

（1）预习要求。

① 复习 LC 振荡器电路的工作原理，画出 3 种振荡器的交流等效电路图。

② 计算各振荡器的工作频率。

（2）思考题。

① 在克拉泼振荡器中，当 C_3 变小为某一数值时，振荡器就会停振，说明停振的原因是什么？

② 同一振荡器在不同工作点时，振荡器输出的幅度为什么不同？3 种振荡器在同一工作点时，振荡器的输出幅度为什么不同？

③ 比较一下，利用数字频率计和示波器分别测量频率，各有什么优缺点？

实验 8-3　乘积型乘法器的应用

1. 实验目的

模拟乘法器是一种新型的集成器件，它利用晶体管的非线性特性，经过电路上巧妙安排，在输出中把两路输入信号抵消，仅保留由晶体管非线性所产生的两路输入信号的乘积项，从而获得良好的乘法特性。模拟乘法器是一个多用途器件，它与放大器相结合可以完成许多数学运算，如乘法、除法、乘方、开方等，除此之外，模拟乘法器还能用来进行各种频率变换，如平衡调制、混频、倍频、同步检波、鉴频、鉴相等。本实验的主要目的如下。

（1）了解 MC1496 型模拟乘法器的工作原理。

（2）利用 MC1496 型模拟乘法器完成平衡调制、混频、倍频、同步检波及鉴相等频率变换的几种功能。

2. 实验原理

MC1496 型模拟乘法器内部电路如图 8-3-1 所示。由图可知，该乘法器属于并联交叉耦合可变互导型。VT_1、VT_2 组成第一对差分放大器，VT_5 是它的恒流源；VT_3、VT_4 组成第二对差分放大器，VT_6 是它的恒流源。VT_1 和 VT_3 集电极连在一起，VT_2 和 VT_4 集电极连在一

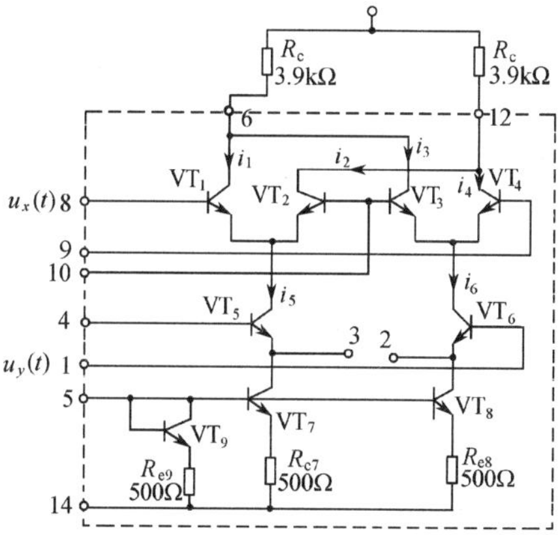

图 8-3-1　MC1496 型模拟乘法器内部电路

起，即 VT_1 的基极与 VT_3 的基极相连，从这种连接方式可以看出，第一对差分放大器的输入信号极性（对 $u_x(t)$来说）恰好与第二对差分放大器的输入信号的极性相反，当 $u_y(t)=0$ 时，$i_5=i_6$，图中引起电流变化量都是相反的，即

$$\Delta i_1=-\Delta i_2,\quad \Delta i_3=-\Delta i_4$$

$$u_o(t)=-(i_1+i_2)R_c+(i_3+i_4)R_c$$

$$\Delta u_o(t)=-(\Delta i_1+\Delta i_3)R_c+(\Delta i_3+\Delta i_4)R_c=0$$

可见，当 $u_y(t)=0$ 时，流过集电极负载 R_c 的电流变化量 $\Delta i_{RC}=0$，$u_o(t)$中不存在 $u_x(t)$的直流。同理，当 $u_x(t)=0$ 时，$u_o(t)$中也不存在 $u_y(t)$的直流。当同时加入 $u_x(t)$和 $u_y(t)$时，根据分析表明，在 $u_o(t)$中只存在 $u_x(t)$和 $u_y(t)$的乘积项，而没有它们的直流成分，VT_7、VT_8、VT_9 等组成具有负反馈电阻的镜像恒流源，电阻、R_{e8}、R_{e9} 为负反馈电阻，是为展宽动态范围而设的。MC1496 型模拟乘法器只适于频率较低的场合，一般工作在 1MHz 以下的频率。

MC1496 型模拟乘法器引脚排列如图 8-3-2 所示，u_x 和 u_y 信号分别从 8 脚和 1 脚输入。

用 MC1496 型模拟乘法器能实现各种频率变换器，下面分别介绍原理及电路。

1）利用 MC1496 实现振幅调制的电路及工作原理

利用 MC1496 实现振幅调制的实验电路如图 8-3-3 所示。

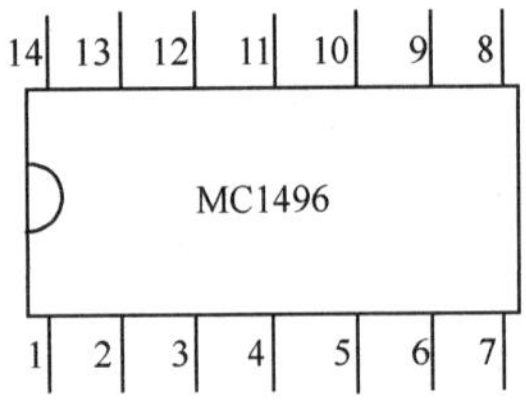

图 8-3-2　MC1496 型模拟乘法器引脚排列

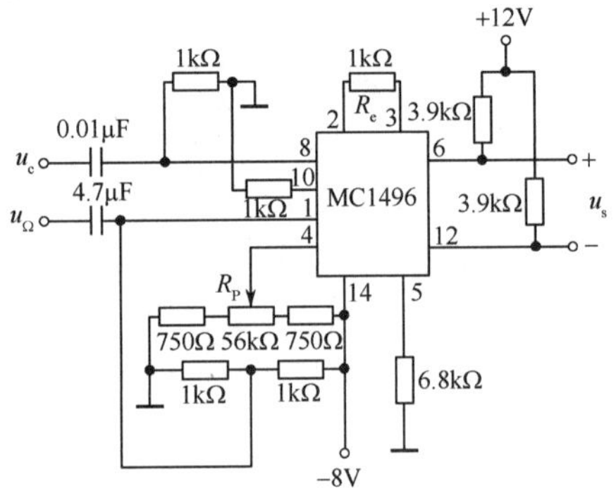

图 8-3-3　利用 MC1496 实现振幅调制的实验电路

（1）抑制载波双边带振幅调制信号产生原理。设载波电压为

$$u_c=U_c\cos\omega_c t \tag{8-3-1}$$

调制电压为

$$u_\Omega=U_\Omega\cos\Omega t \tag{8-3-2}$$

上面两式相乘结果为抑制载波双边带振幅调制信号

$$u_o=Ku_cu_\Omega=KU_cU_\Omega\cos\omega_c t\cdot\cos\Omega t$$

$$=\frac{1}{2}KU_cU_\Omega[\cos(\omega_c+\Omega)t+\cos(\omega_c-\Omega)t] \tag{8-3-3}$$

（2）普通振幅调制信号产生原理。设载波电压为 $u_c=U_c\cos\omega_c t$，调制电压为

$$u_\Omega=E_c+U_\Omega\cos\Omega t \tag{8-3-4}$$

上面两式相乘为普通振幅调制信号

$$U_s(t)=KU_c(E_c+U_\Omega\cos\Omega t)\cdot\cos\omega_c t=KU_cE_c 1+\frac{U_\Omega}{U_c}\cos\Omega t\ \cdot\cos\omega_c t$$

$$=KU_cE_c\cos\omega_c t+\frac{1}{2}KU_cU_\Omega[\cos(\omega_c+\Omega)t+\cos(\omega_c\Omega)t]$$

2）利用 MC1496 实现振幅解调的电路及工作原理

调幅波的解调，就是要求从调幅波中不失真地还原出调制信号，它是调制的逆过程。调幅波的解调有两类基本的解调方法，而同步检波适用于双边带信号和单边带信号的解调。

乘积型同步检波器采用一个模拟乘法器作为非线性器件，将输入信号与载波信号进行相乘运

算，再由低通滤波器从乘法器输出的乘积中取出所需的调制信号。振幅解调方框图如图 8-3-4 所示，实现同步检波方框图如图 8-3-5 所示。

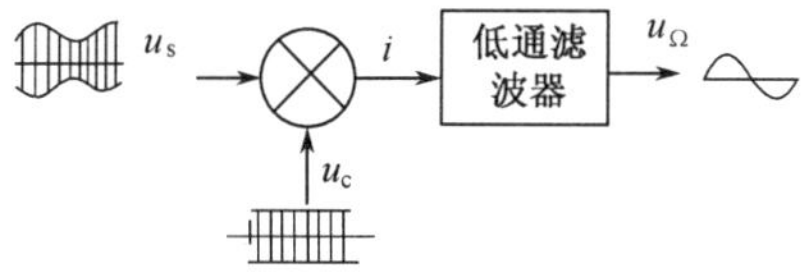

图 8-3-4　振幅解调方框图

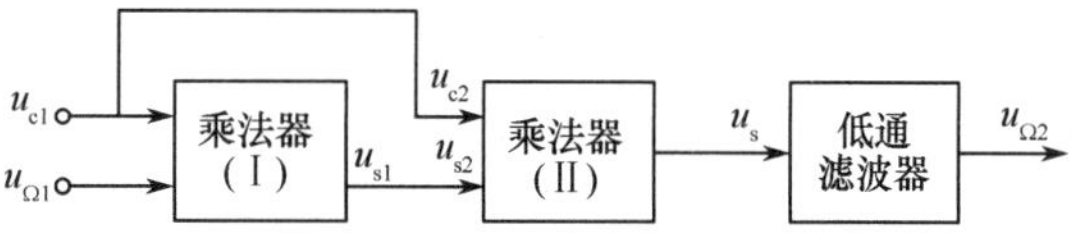

图 8-3-5　实现同步检波方框图

在图 8-3-5 中，乘法器（Ⅰ）产生调幅信号，乘法器（Ⅱ）完成调幅信号的解调，乘法器（Ⅰ）的实验电路如图 8-3-3 所示，乘法器（Ⅱ）是本实验的实验电路，乘积型振幅解调器实验电路如图 8-3-6 所示。

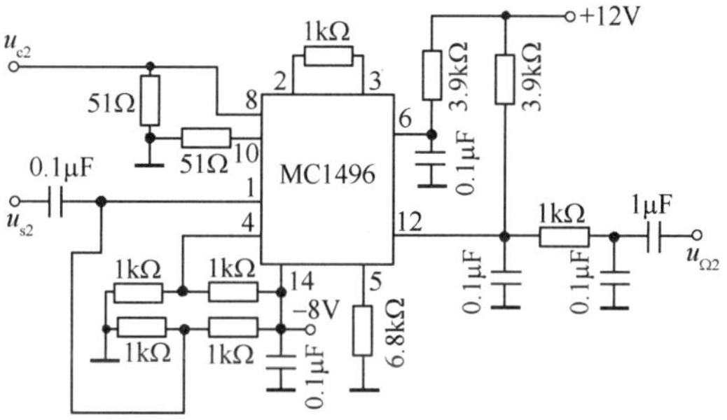

图 8-3-6　乘积型振幅解调器实验电路

设 $u_{c1}=u_{c2}=u_{c1}\cos\omega t$，$u_\Omega=U_\Omega\cos\Omega t$，

$$u_{s1}=u_{s2}=u_{c1}\cdot u_{\Omega1}=u_{c1}\cos\omega t\cdot u_{\Omega1}$$

$$u_{s3}=u_{s2}u_{c2}=u_{s1}\cdot u_{c1}=u_{c1}^2\cdot u_{\Omega1}=\frac{1}{2}u_{c1}^2\ (1+\cos2\omega t)\cdot u_{\Omega1}$$

由上式可知，其中含有 $u_{\Omega1}$ 的频率分量，经低通滤波器后滤波可得

$$u_{\Omega2}=K\cdot u_{\Omega1}\tag{8-3-5}$$

3）**利用 MC1496 实现混频的电路及工作原理**

混频器是一种典型的频率变换电路，即将某一个频率的输入信号变换成另一个频率的输出信号，而保持原有的调制规律不变，其输出信号的频率是两个输入信号频率的和或差。混频器的组成必须有非线性组件，常用的非线性组件有二极管、晶体三极管、场效应管、模拟乘法器等。当两个不同频率的信号经过非线性组件作用后，输出信号中含有许多新的频率分量，因此必须采用选频网络选出所需的频率分量。

混频器广泛应用于各种电子设备。在发射设备、接收设备和电子仪器中，利用混频器可以改变振荡源输出信号的频率；在频率合成器件中，常用混频器完成频率的加减运算，从而得到各种不同频率的信号。

混频器按工作原理可分为两大类，即叠加型混频器和乘积型混频器。叠加型混频器的原理是先将信号电压和本振电压叠加，再作用于非线性器件的混频。而乘积型混频是将信号电压和本振电压通过模拟乘法器直接相乘。本实验采用乘积型混频，下面侧重介绍乘积型混频的工作原理。

本实验采用 MC1496 模拟乘法器进行混频，其实质是将信号电压 u_s 和本振电压 u_L 通过模拟乘法器直接相乘，再由低通滤波器取出差频分量实现混频，因此称为乘积型混频器。乘积型混频器方框图如图 8-3-7 所示。

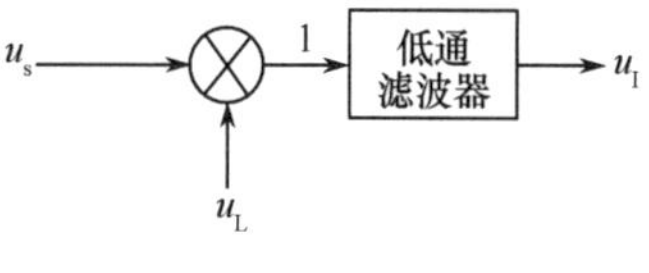

图 8-3-7　乘积型混频器方框图

设信号电压为 u_s

$$u_s=U_{sm}\cos\omega_s t,\ \ u_L=U_{Lm}\cos\omega_L t \tag{8-3-6}$$

则模拟乘法器的输出电流为

$$i=Ku_su_L=KU_{sm}U_{Lm}\cos\omega_s t\cos\omega_L t=\frac{1}{2}KU_{sm}U_{Lm}[\cos(\omega_L+\omega_s)t+\cos(\omega_L\pm\omega_s)t] \tag{8-3-7}$$

式中，K 为相乘增益，由低通滤波器取出差频分量，可获得中频输出电压 u_I。

由上式可以看出，乘积型混频的优点是输出电流中无用频率分量少，因而产生的各种干扰就比叠加型混频小，同时对本振电压的大小 u_{Lm} 无特别要求。随着模拟集成电路的发展，乘积型混频的应用广泛。本实验电路框图如图 8-3-8 所示。

6MHz 晶体振荡器和 1/6 分频器分别输出 6MHz 和 1MHz 的信号，用作本振信号，虽然是非正弦信号，但对混频结果没有影响。

乘法器相乘后经有源低通滤波器输出，便可获得差频信号。其有源低通滤波器电路原理如图 8-3-9 所示。

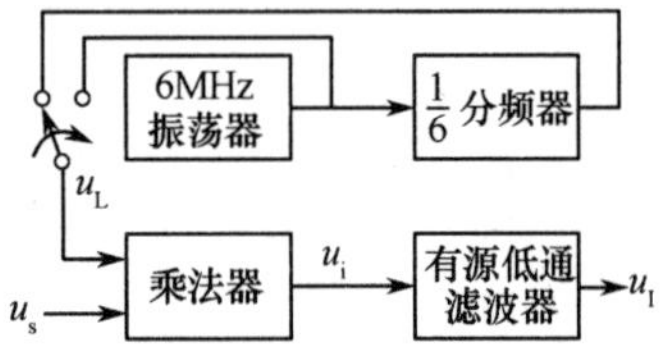

图 8-3-8　实验电路框图

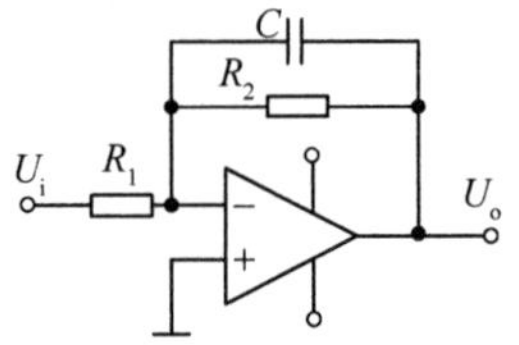

图 8-3-9　有源低通滤波器电路原理

其增益 $K=\dfrac{R_2}{R_1}$，截止频率 $f_c=\dfrac{1}{2\pi R_2 C}$，乘积型混频器实验电路如图 8-3-10 所示。

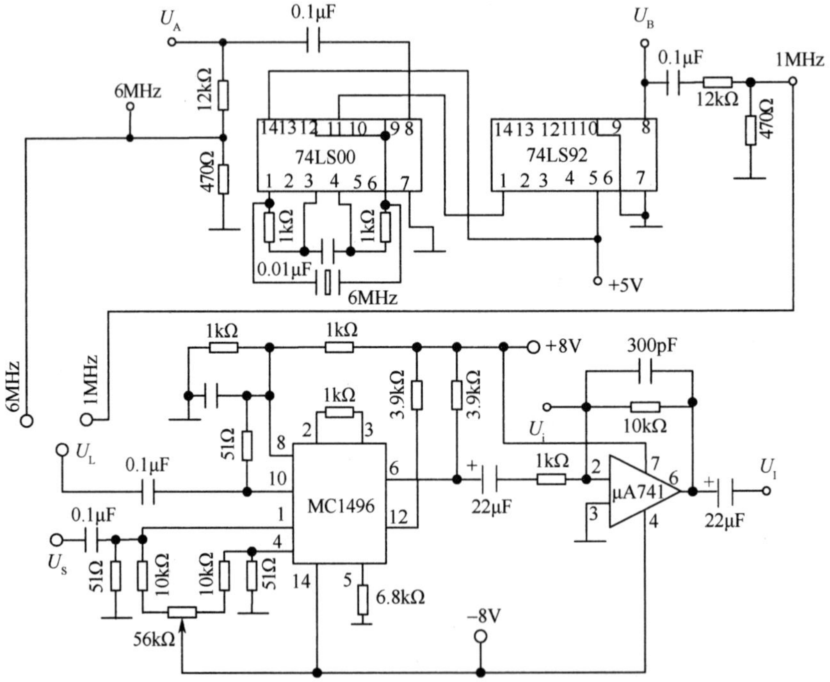

图 8-3-10　乘积型混频器实验电路

3. 实验条件

（1）数字示波器　1 台
（2）函数信号发生器　1 台
（3）直流稳压电源　1 台
（4）数字万用表　1 块
（5）实验电路板　3 块

4. 实验内容及步骤

1）乘积型振幅调制器实验内容

（1）用模拟乘法器实现普通调幅。

① 调制信号 $f_\Omega=1\text{kHz}$，$u_{\Omega1}=0.4\text{V}$，输入 $f_c=100\text{kHz}$，$u_{c1}=80\text{mV}$ 左右，调节 R_P 使电路产生普通调幅波，观察并记录此时 u_{s1} 的波形。

② 根据上面观察的波形，按调制系数的定义计算此时的调制系数 m_a，由图 8-3-11 可定义调制系数 m_a。

$$m_a=\frac{\frac{1}{2}(U_{max}-U_{min})}{\frac{1}{2}(U_{max}+U_{min})}=\frac{U_{max}-U_{min}}{U_{max}+U_{min}} \tag{8-3-8}$$

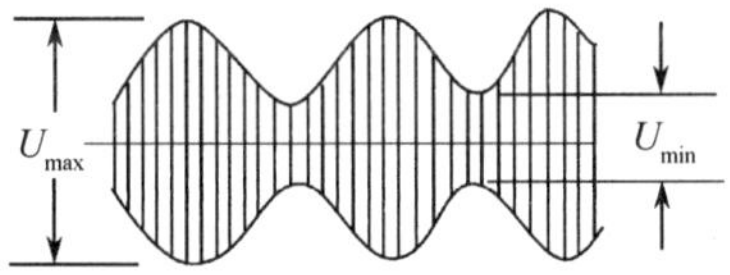

图 8-3-11　调幅波形

③ 改变调制信号的幅度，观察波形，并计算此时调制系数 m_a，绘出 $m_a \sim U_\Omega$ 曲线，将测量数据填入表 8-3-1 中。

表 8-3-1　调制系数的测量

U_Ω/V	U_{max}/V	U_{min}/V	m_a
0.10			
0.15			
0.20			
0.25			
0.30			
0.35			
0.40			

④ 调节 R_P，观察并记录过调制的输出波形。

（2）用模拟乘法器实现平衡调制。

① 输入载波信号 $f_c=100\text{kHz}$，$u_{c1}=80\text{mV}$，不加调制信号 $u_{\Omega1}$ 时，调节 R_P 使输出信号 u_{s1} 幅度达到最小。

② 保持载波信号 $f_c=100\text{kHz}$，$u_{c1}=80\text{mV}$，输入调制信号 $f_\Omega=10\text{kHz}$，$u_{\Omega1}=0.4\text{V}$，观察并记录输出信号 u_{s1} 的波形，特别注意 u_{s1} 在调制信号过零点时载波倒相现象。

2）乘积型振幅解调器实验内容

（1）将图 8-3-6 与乘积型调制器的图 8-3-3 中的 u_{c1} 与 u_{c2}，　u_{s1} 与 u_{s2} 分别相连。

（2）输入载波信号f_{c1}＝100kHz，u_{c1}＝u_{c2}＝80mV，调制信号$f_{\Omega1}$＝1kHz。$u_{\Omega1}$＝0.4V，调节振幅调制器中的电位器R_P，使u_{s1}端的输出为普通调幅波，此时观察输出信号$u_{\Omega2}$的波形，并与$u_{\Omega1}$比较。

（3）保持调制信号不变，改变载波频率为f_{c1}＝150kHz， u_{c1}＝80mV，观察并记录输出电压$u_{\Omega2}$的波形。

（4）保持调制信号不变，载波频率为f_{c1}＝100kHz，改变载波幅度时，观察对输出波形的影响。将测量数据填入表8-3-2中。

表8-3-2 u_{c1}与$u_{\Omega2}$曲线的测量

u_{c1}/mV	20	30	40	60	70	80	90
$u_{\Omega2}$/mV							

（5）保持输入载波信号不变，调制信号$u_{\Omega1}$＝0.4V，改变调制信号频率$f_{\Omega1}$，观察对输出信号$u_{\Omega2}$的影响。将测量数据填入表8-3-3中。

表8-3-3 $f_{\Omega1}$与$u_{\Omega2}$曲线的测量

$f_{\Omega1}$/kHz	1	2	3	4	5	6
$u_{\Omega2}$/mV						

（6）保持输入载波信号不变，调制信号 $f_{\Omega1}$＝1kHz，改变调制信号幅度，观察对输出信号 $u_{\Omega2}$的影响，画出关系曲线。将测量数据填入表8-3-4中。

表8-3-4 $u_{\Omega1}$与$u_{\Omega2}$曲线的测量

$u_{\Omega1}$/mV	100	200	300	400	500	600	800
$u_{\Omega2}$/mV							

3）乘积型混频器实验内容

（1）当u_L的频率为1MHz，u_s的频率为1.1MHz、幅度为0.5V_{PP}时，观察及测绘u_s、u_L、u_i和u_1各点波形。

（2）当u_L的频率为6MHz，u_s的频率为6.1MHz、幅度为0.5V_{PP}时，观察及测绘u_s、u_L、u_i和u_2各点波形。

（3）当u_L的频率为1MHz，u_s的幅度为0.5V_{pp}时，改变u_s的频率f_s（f_s<f_L）。测量输出信号u_1的频率和幅度，即测出有源低通滤波器的下通频带范围。将测量数据填入表8-3-5中。

表8-3-5 下通频带的测量

f_l＝f_L－f_s	1kHz	20kHz	40kHz	50kHz	80kHz	100kHz
U_l						

（4）当u_L的频率为1MHz，u_s幅度为0.5V_{pp}时，改变u_s的频率f_s（f_s>f_L），测量输出信号u_l的频率和幅度，即测出有源低通滤波器的上通频带范围。将测量数据填入表8-3-6中。

表8-3-6 上通频带的测量

f_l＝|f_L－f_s|	1kHz	20kHz	40kHz	50kHz	80kHz	100kHz
U_l						

（5）当u_L的频率为6MHz时，按（3）、（4）项实验内容要求，测出有源低通滤波器的上下通频带范围。

5. 注意事项

（1）实验前应检查连接线的好坏，使用时注意不要用力拉拔导线以防连接线损坏。

（2）注意正负电源的连接方法。

（3）注意输入信号的幅度大小。

6. 实验报告要求

（1）整理实验资料。

（2）按时间关系画出各频率变换的波形图及频谱变换图。

（3）在平衡调制的过程中会出现哪几种不正常的波形？试分析原因。

（4）写出本实验的心得与体会。

7. 预习要求与思考题

（1）预习要求。

① 复习振幅调制器、振幅解调器和混频器的工作原理。

② 了解 MC1496 模拟乘法器应用的相关知识。

（2）思考题。

① 在平衡调制电路中，若将载波信号的输入幅度改为 1V，电路是否还能实现平衡调制？此时输出波形是否会发生变化？

② 混频电路中出现寄生干扰与哪些因素有关？

实验 8-4　锁相环的应用

1. 实验目的

（1）了解锁相环路的工作原理、电路组成及性能特点。

（2）掌握锁相环路及其部件性能指标的测试方法。

（3）掌握集成锁相环的基本应用。

2. 实验原理

1）锁相环的工作原理

锁相环路是一种利用相位负反馈使输出信号与输入信号频率一致，相位差保持恒定值的误差控制系统。它由鉴相器、环路滤波器、压控振荡器等构成，如图 8-4-1 所示。

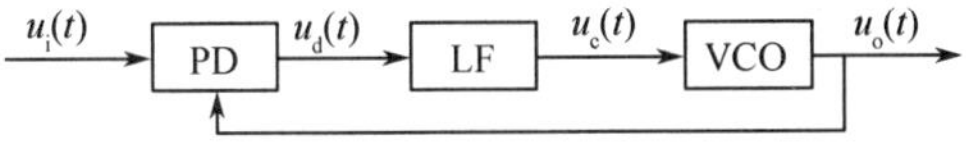

u_i（t）：输入信号；u_d（t）：误差信号；u_c（t）：控制信号；u_o（t）：输出信号

图 8-4-1　基本锁相环路的构成

其中，PD 对 $u_i(t)$的相位 $\theta_i(t)$与 $u_o(t)$的相位 $\theta_o(t)$之差 $\theta_e(t)$[即 $\theta_e(t)=\theta_i(t)-\theta_o(t)$]进行检测，其输出信号 $u_d(t)$是 $\theta_e(t)$的函数，即

$$u_d(t)=f[\theta_e(t)]$$

函数 $f[\theta_e(t)]$可以具有正弦形、三角形、锯齿形或其他特性。其电路有模拟乘法器、门鉴相器等形式。

LF 是一个线性电路，其传输电路可以用时域的 $F(P)$或频域的 $F(S)$（其中 P 为微分操作数，S 为拉普拉斯操作数）来描述。常见的 LF 电路有 RC 积分滤波器、无源比例积分滤波器、有源比例积分滤波器等形式。

VCO 的振荡角频率 $\omega_v(t)$随输入控制电压 $u_c(t)$而线性变化，可表示为

$$\omega_v(t)=\omega_o+K_oV_c(t)$$

式中，K_o 称为压控灵敏度或增益系数，单位为 rad/v・s；ω_o 为 VCO 的自由振荡角频率。它可以由 LC 振荡器、晶体压控振荡器、负阻压控振荡器、RC 压控振荡器等来实现。

当锁相环路工作时，输入信号相位 $\theta_i(t)$与回馈信号相位 $\theta_o(t)$在 PD 中进行比较，得到 $u_d(t)$，再经 LF 滤波得到控制电压 $u_c(t)$，$u_c(t)$控制 VCO，使之产生相对于 VCO 自由振荡角频率 ω_o 的相对偏移量。如果环路的输入角频率 ω_i 是常数，那么输出角频率 $\omega_v(t)$就会在 $u_c(t)$的控制下不断向 ω_i 靠近，当两者达到相等时，$\theta_e(t)$不再变化，$u_c(t)$也成为一个常数，VCO 的输出频率保持不变，环路达到锁定，因此在锁定状态下，进入 PD 的两路信号，即输入 $u_i(t)$与输出 $u_o(t)$的频率相等，而其相位差保持一个恒定值。

2）单片集成锁相环介绍

（1）单片集成锁相环 NE564 简介。NE564 是 Signetics 公司生产的最高工作频率达 60MHz 的单片集成锁相环，采用+5V 单电源供电，电路设计所使用的组件不多，关键步骤是设置中心频率和如何滤波两个方面。特别适用于高速数字通信中 FM 信号和 FSK（移频键控）信号的调制和解调，且不需要外接复杂的滤波器。

① NE564 工作原理及组成：芯片采用双极性工艺，电路由限幅器、鉴相器、压控振荡器、放大器、直流恢复电路和施密特触发器六部分组成，内部结构方框图如图 8-4-2 所示。

在图 8-4-2 中，限幅器由差分电路组成，可抑制 FM 信号的寄生调幅；鉴相器（PD）的内部含有限幅放大器，以提高对 AM 信号的抗干扰能力；4、5 脚外接电容组成环路滤波器，用来滤除比较器输出的直流误差电压中的纹波；2 脚用来改变环路的增益；3 脚为 VCO 的回馈输入端；VCO 是改进型的射极耦合多谐振荡器，有两个电压输出端，9 脚输出 TTL 电平，11 脚输出 ECL 电平。VCO 内部接有固定电阻，只需外接一个定时电容就可产生振荡；施密特触发器的回差电压可通过 15 脚外接直流电压进行调整，以消除 16 脚输出信号的相位抖动。NE564 的引脚图如图 8-4-3 所示。

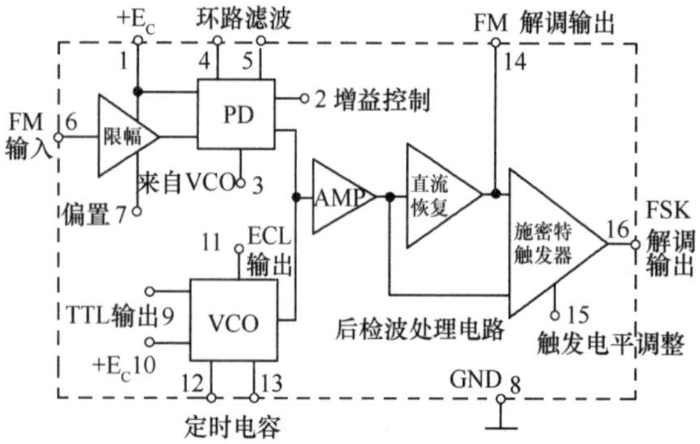

图 8-4-2 NE564 内部结构方框图

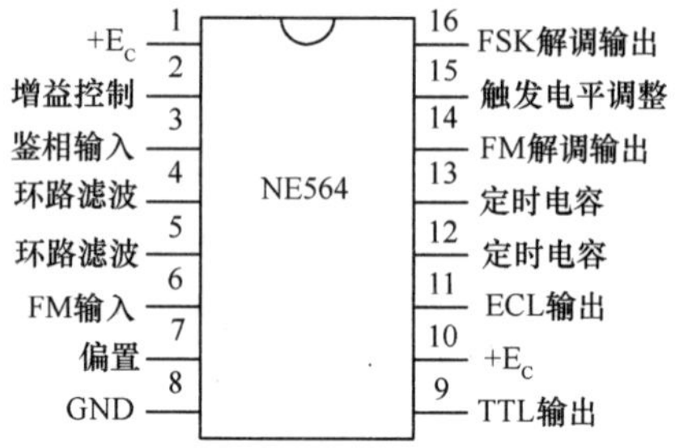

图 8-4-3 NE564 的引脚图

NE564 的主要参数为：NE564 的最高工作频率为 50MHz，最大锁定范围为±12%f_o，输入阻抗大于 50kΩ，电源工作电压 5～12V，典型工作电压为 5V，典型工作电流为 60mA，最大允许功耗为 40mV，在频偏为±10%、中心频率为 5MHz 时，输出的解调电压达 140mV（峰-峰值）输入信号为有效值大于或等于 200mV（有效值）。

② NE564 锁相环的应用：主要用作锁相倍频、锁相调频和锁相解调。

a. 锁相倍频器。锁相倍频的原理框图如图 8-4-4 所示，图中输出 $u_o(t)$不是直接送至 PD，而是经 N 次分频得到 $u'_o(t)$后送至 PD，$u'_o(t)$的频率为

$$\omega'_v(t)=\omega_v/N \tag{8-4-1}$$

当环路锁定后，进入 PD 的两路信号 $u_i(t)$与 $u'_o(t)$的频率相等，即 $\omega_i=\omega'_v$

由式（8-4-1）有 $\omega_i=\omega_v/N$，故

$$\omega_v=N\omega_i \tag{8-4-2}$$

即输出 $u_o(t)$的频率 ω_v 为输入 $u_i(t)$的频率 ω_i 之 N 倍，实现了 N 倍频。倍频实验原理电路如图 8-4-5

所示。本电路为二倍频器，其中 LS90 为二分频器：$f'_v=f_v/2$，当环路锁定后有：$f_i=f'_v=f_v/2$，即 $f_v=2f_i$。

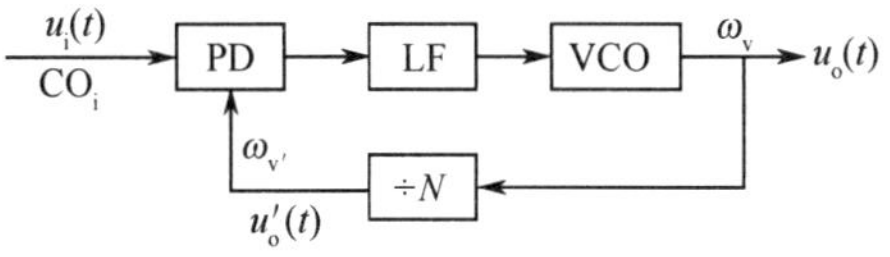

图 8-4-4　锁相倍频的原理框图

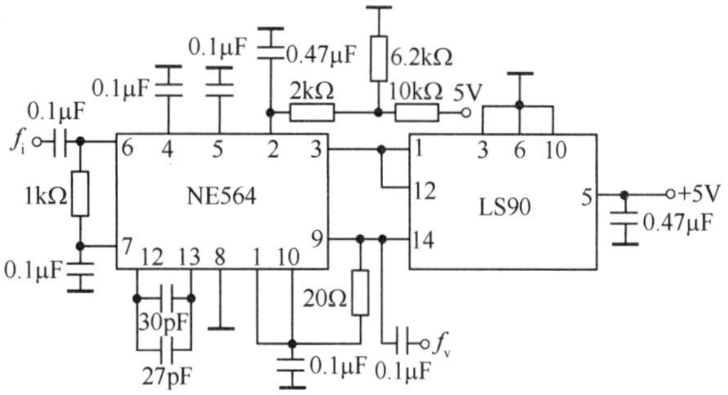

图 8-4-5　倍频实验原理电路

b. 锁相调频器。锁相调频的原理框图如图 8-4-6 所示，当环路锁定后，VCO 的中心频率被锁定在载波的频率上，调制信号 u_Ω 从 VCO 注入，直接对 VCO 的振荡频率进行调制，其调制灵敏度与 VCO 的控制灵敏度相同。锁相调频的实验电路如图 8-4-7 所示。

载波 u_i 从 NE564 的 6 脚输入，而调制信号 u_Ω 通过 0.47μF 隔直电容和 39kΩ 电阻衰减后加至变容二极管，以控制 NE564 内部 VCO 的振荡频率。电位器 R_{P1} 用来控制变容二极管的直流电压，调节它可以使调频电路工作在最佳状态。

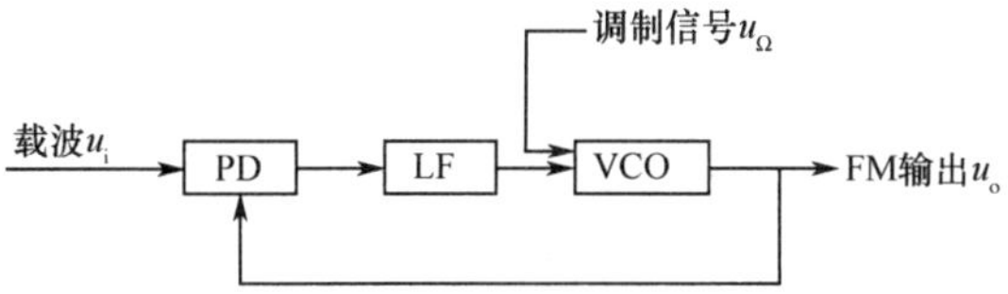

图 8-4-6　锁相调频的原理框图

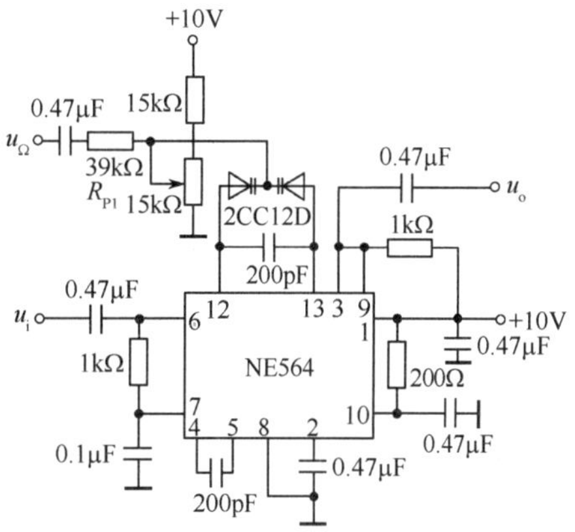

图 8-4-7　锁相调频的实验电路

如果不加调制信号 u_Ω，那么电路实际上就是一个一倍频器，输出 u_o 的频率就等于输入 u_i 的频率，改变输入 u_i 的频率，即可观察该锁相环的基本跟踪性能。

c. 锁相解调器。锁相解调的原理框图如图 8-4-8 所示。

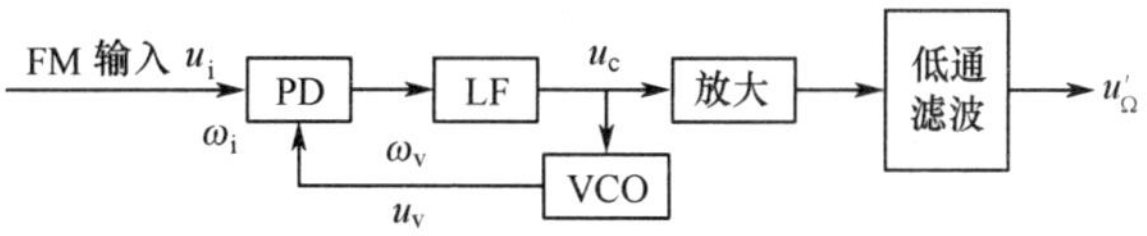

图 8-4-8　锁相解调的原理框图

环路正常工作时，VCO 的振荡频率 ω_v 跟踪输入 FM 波的频率 ω_i，因输入 u_i 是调频信号，故 u_i 与 u_v 鉴相并通过 LF 后产生低频信号 $u_c(t)$，其频率应与 u_i 中的调制信号 u_Ω 的频率一致，否则 ω_v 就不能跟踪 ω_i 的变化，$u_c(t)$通过放大和进一步的低通滤波后，就可得到 FM 波的解调信号 u'_Ω，u'_Ω 与 u_Ω 频率相等，只是幅度有所不同。

FM 解调电路如图 8-4-9 所示，电位器 R_{P2} 用来调节 2 脚的偏流，从而控制环路的增益，使电路工作在最佳解调状态。

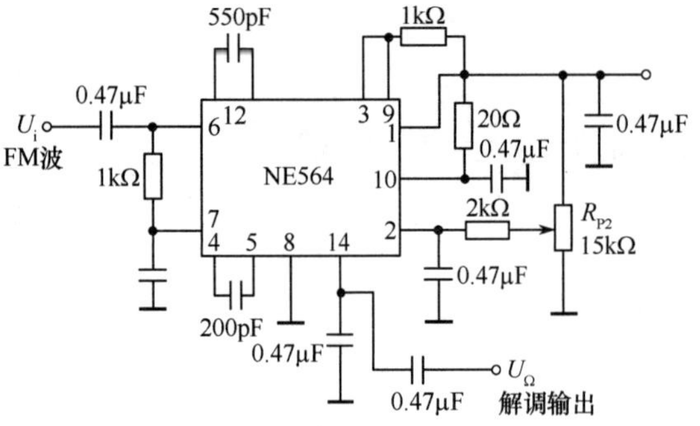

图 8-4-9　FM 解调电路

（2）CMOS 低频锁相环 CD4046 介绍。CMOS CD4046 锁相环是低频数字锁相环，在数字式倍频、频率合成器、数字锁相跟踪滤波器等中有重要的应用。

① CMOS CD4046 锁相环的工作原理及组成。图 8-4-10 所示为 CD4046 原理框图。在这个集成芯片中，内含两个相位比较器，其中 PC_1 是异或门比较器；PC_2 是边沿触发式数字相位比较器；还有一个压控振荡器 VCO；一个前置放大器 A_1；一个低通滤波器；输出缓冲放大器 A_2 和一个内部 5V 基准稳压电源 V_2。各引脚的作用说明如下。

引脚 16 接正电源电压 V_{DD}；引脚 8 接负电源 V_{SS}，在用一组电源时接地；6 脚和 7 脚用来接振荡电容 C；11 脚外接电阻 R_1、R_2 和电容 C，以控制 VCO 的振荡频率 f_0；5 脚为 VCO 的禁止端 INH，当 INH＝1（即为 V_{DD} 电平）时，VCO 停止振荡，当 INH＝0（即为 V_{SS} 电平）时，VCO 振荡；4 脚为 VCO 的输出；3 脚是比较输入端；14 脚是信号输入端；2 脚和 13 脚分别为相应比较器 PC_1 和 PC_2 的输出端，通过它们可外接低通滤波器，低通滤波器的输出经 9 脚送入 VCO 的控制端，10 脚是低通滤波器输出的缓冲放大输出端，用来检测控制电压 V_d；1 脚是 PC_2 的锁定指示输出，当 1 脚输出逻辑“1”时，电路输入锁定指示输出，反之指示失锁；15 脚是内设 5V 基准电压输出端，使用时要外接内部稳压管的偏置电阻 R_2。

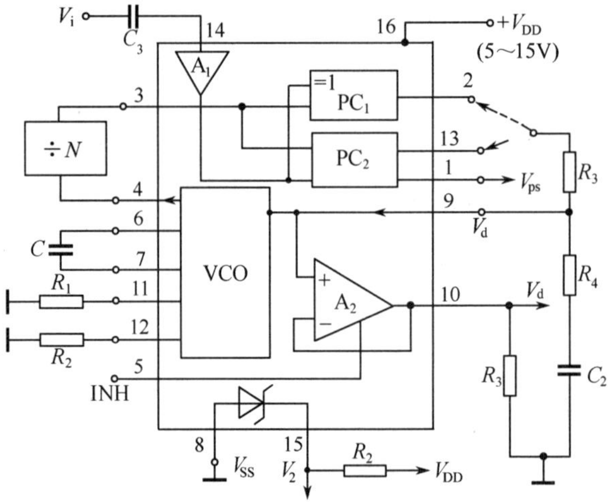

图 8-4-10　CD4046 原理框图

两个相位比较器可按不同的输入状态选择使用。异或门相位比较器在使用时要求两个作比较用的信号必须是占空比为 50%的波形。

② 锁相环 4046 外部组件的选择。由图 8-4-10 可知，VCO 的特性由外接组件 R_1、R_2 和 C 确定。两个相位比较器可按不同的输入状态选择使用。图 8-4-11（a）、（b）、（c）为 CD4046 中 VCO 在不同外部参数下的特性曲线，这些曲线与表 8-4-1 配合使用，可用作应用时的设计依据。

③ CD4046 锁相环的应用。CMOS 锁相环电路主要用于低频段的调频解调、频率合成、分相数据同步、相位锁定检波、伺服马达稳速等通信和电子控制电路，下面简单介绍几种常用电路。

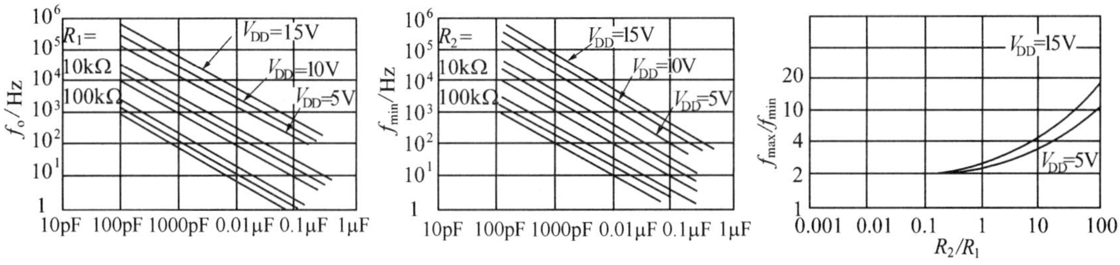

（a）R_1 与 f_0 曲线　（b）R_2 与 f_{min} 曲线　（c）f_{max}/f_{min} 与 R_2/R_1 曲线

图 8-4-11　CD4046 中 VCO 在不同外部参数下的特性曲线

表 8-4-1　PC 和 VCO 外部特性表

VCO	使用 PC I		使用 PC II	
	$R_2=\infty$	$R_2\neq\infty$	$R_2=\infty$	$R_2\neq\infty$
f_0	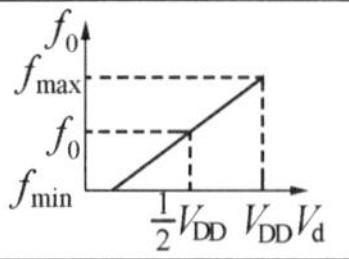	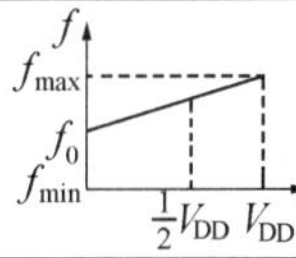	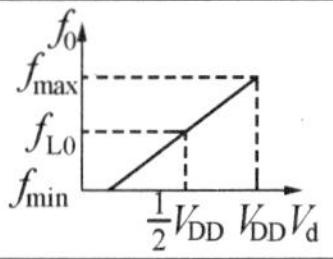	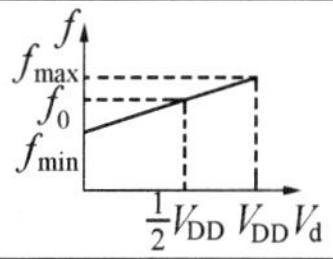
无输入信号	调节在 f_o 上		调节在 f_{min} 上	
锁定范围	f_L＝整个 VCO 覆盖范围内		$f_L=\frac{1}{2}(f_{max}-f_{min})$	
捕捉范围	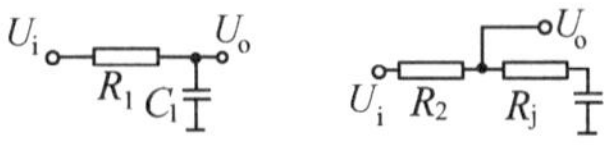		$2f_c=\frac{1}{\pi}\sqrt{\frac{2\pi f_L}{C_1}}\ f_c=f_L$	
两信号相位差	f_0 处 90° 锁定范围内为 0°～180°		锁定在 0° 上	
锁定谐波	能		不能	
噪声容限	高		低	
VCO 外部组件选择步骤	①给定 f_o。 ②用图 8-4-11（a）求得 R_1、C_1 值	①给定 f_o 和 f_L。 ②用图 8-4-11（b）求 f_{min} 决定 R_2、C_1。 ③求得 f_{max}/f_{min}，用图 8-4-11（c）求得 R_2/R_1。 ④再求得 L	①给定 f_{max} 时，$f_o=f_{max}/2$，求 f_o。 ②用图 8-4-11（a）求得 R_1、C_1	①给定 f_{min} 和 f_{max}，用图 8-4-11（b）求得 R_2、C_1，再求 f_{max}/f_{min}。 ②用图 8-4-11（c）求得 R_2/R_1

a. 调频波解调。CD4046 锁相环用于调频解调，其电路图如图 8-4-12 所示。此电路可用于调频中频在 1MHz 左右的调频接收机作解调，用 CD4046 作调频解调的优点是，线性好，失真小，且系统具有频率选择性。

b. 低频频率合成。PLL 最重要的应用是频率合成。所谓频率合成，是指用任一指定的基准频率（如晶振产生的高稳定频率基准）经过一些功能电路的作用，产生一系列所需要的稳定度与基准频率相当的其他频率信号。利用锁相实现频率合成的原理框图如图 8-4-13 所示。

当环路锁定后，则有 $f_o=\frac{N}{M}f_S$。其中，M 是一个固定数值，N 为可变量值，改变 N 就可得到不同的输出频率。当 N 也为固定数值时，此电路就实现了倍频。用 CD4046 实现 10 倍频的电路如图 8-4-14 所示。

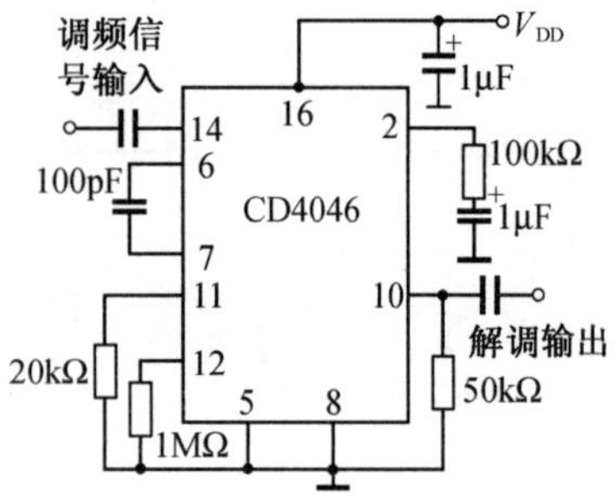

图 8-4-12　调频波解调电路

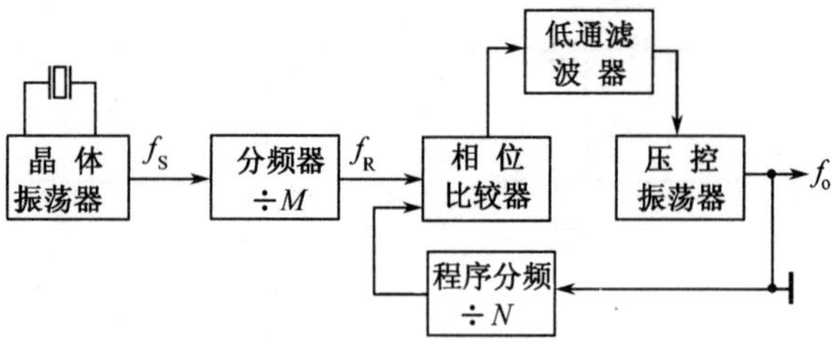

图 8-4-13　频率合成原理框图

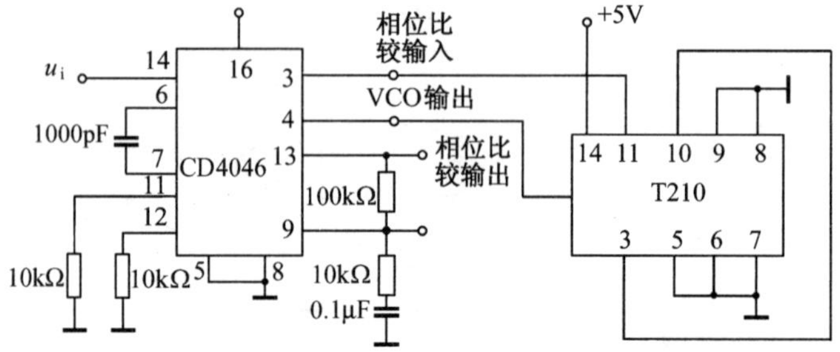

图 8-4-14　10 倍频电路

c. 电机稳速伺服系统。利用 CMOS CD4046 锁相环，可以精密地控制电机的转速。电机稳速系统框图如图 8-4-15 所示。在这一控制系统中只用 CD4046 的相位比较器 II。

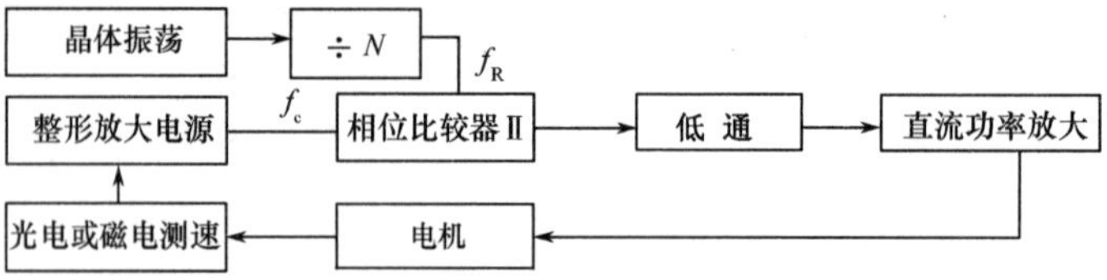

图 8-4-15　电机稳速系统框图

图中晶体振荡信号 f_S 经可编程控分频器÷N 后得 $f_R=f_S/N$，而电机转速经光电或磁电测速放大后得转速信号 f_c，当锁定后，应有 $f_c=f_R$。即 $f_c=f_S/N$，可以用测速电路使电机每转一周产生 m 个脉冲，则上述表示式可改写为

$$f_c=\frac{m}{N}f_S$$

只要控制 N 的数值，即可达到要求。

以上介绍了两种单片集成锁相环，NE564 为模拟环，适用于高频，最高工作频率可达 50MHz，但价格贵。CD4046 是数字环，适用于低频，最高工作频率在 1MHz 以下，价格便宜。可根据不同情况选用。

3. 实验条件

(1) 数字示波器　　1 台
(2) 函数信号发生器　　1 台
(3) 频率计　　1 台
(4) 直流稳压电源　　1 台
(5) 数字万用表　　1 块
(6) 实验电路板　　3 块

4. 实验内容及步骤

1）锁相倍频器

（1）测量 VCO 的自由振荡频率 f_0。

① 按实验电路图 8-4-5 连接电路，接通电源，找到输入输出点。

② 在不外加信号的条件下，接通直流稳压电源，用示波器观察输出点信号波形，该信号就是 VCO 产生的自由振荡波形，测出它的频率 f_0。

（2）观察倍频现象。

① 将信号源的输出点接到电路板的输入点，并将其频率 f_i 调到 $1/2f_0$ 附近，峰-峰值为 1.5V 左右，用示波器观察输入输出点的波形，轻微改变输入信号频率 f_i，输出信号频率 f_v 应随之改变，然后固定一个 f_i，将输入输出点的波形描绘下来。

② 将输入信号频率 f_i 在 $1/2f_0$ 附近缓慢改变，用示波器同时观察输入输出点的波形，每改变一次 f_i，测量输入输出信号的频率，并填入表 8-4-2 中。

表 8-4-2　倍频关系测量

f_i/kHz					
f_v/kHz					

（3）测量锁相环的捕获带宽和同步带宽。

环路的捕获带宽 $\Delta\omega_p$ 是对一定环路而言的能通过捕获而进入同步的最大起始频差。

环路的同步带宽 $\Delta\omega_H$ 是能够保持锁相环路锁定状态的最大固有频差。

测量过程如下。

① 将电路调到锁定状态，即输出信号能跟上输入信号的变化，用示波器同时观察两路信号，此时两路信号应该都稳定地显示在屏幕上。

② 把输入信号的频率缓慢调高，使电路刚好失锁，此时示波器上的输出信号波形不能稳定显示，记录下此时的输入信号频率 f_1（应为临界频率）。

③ 把输入信号的频率调低，使电路刚好锁定，此时输出信号又能跟上输入信号的变化，两路信号应该都稳定地显示在屏幕上，记录下此时的输入信号频率 f_2（应为临界频率）。

④ 继续调低输入信号频率，使电路再次刚好失锁，此时示波器上的输出信号波形又不能稳定显示，记录下此时的输入信号频率 f_3（应为临界频率）。

⑤ 把输入信号频率重新调高，使电路再次刚好锁定，此时输出信号又能跟上输入信号的变化，两路信号应该都稳定地显示在屏幕上，记录下此时的输入信号频率 f_4（应为临界频率）。

则该锁相环的捕获带宽、同步带宽分别为

$$\Delta f_p=\left[\frac{1}{2}(f_2-f_4)\right]\times 2=f_2-f_4 \text{（捕获带宽）}$$

$$\Delta f_H=\left[\frac{1}{2}(f_1-f_3)\right]\times 2=f_1-f_3 \text{（同步带宽）}$$

2）锁相调频器

（1）按实验电路图 8-4-7 连接电路，接通电源，但不接入载波 u_i 和调制信号 u_Ω。

（2）接通电源，用示波器观察输出信号 u_o，u_o 的频率即为锁相环 VCO 的自由振荡频率，调节电位器 R_{P1}，使 VCO 的频率约为 1MHz。

（3）将载波信号频率调至 1MHz 左右，幅度 2V 左右，接入电路，用示波器观察输出 u_o，这时 u_o 与 u_i 的频率应该相等，改变 u_i 的频率，u_o 的频率也跟着变化，这就是锁相环的跟踪现象。当 u_i 频率改变到一定程度后，u_o 不再跟随 u_i 变化，锁相环即为失锁状态。仔细调节 u_i 的频率范围，记下能跟踪的最小频率 f_{min} 和最大频率 f_{max}，两者之差即该锁相电路的跟踪范围。

（4）将调制信号 u_Ω 的频率调到2kHz左右，幅度约为2V（峰值），接入电路，用示波器同时观察 u_Ω 和输出 u_o，并细心调节电位器 R_{P1}，可以看到调频现象，改变 u_Ω 的频率，调频现象跟着改变。将此时的输入输出波形记录下来。

3）**锁相解调器**

（1）按实验电路图8-4-9连接电路，接通电源，不接调频波，用示波器观察NE564的9脚输出的自由振荡信号，频率应为1MHz左右。

（2）将实验电路图8-4-7中的调频波输出接至本实验的输入端，用示波器同时观察实验电路图8-4-7中的调制信号 u_Ω 和本实验的解调信号 u'_Ω。

（3）仔细调节图8-4-7中的电位器 R_{P1} 和本实验电路中的 R_{P2}，以及 u_Ω 的幅度，使 u'_Ω 波形和 u_Ω 波形基本一致，u'_Ω 即调频波的解调信号，解调后的信号频率应与 u_Ω 的频率相同，波形成线性关系，即不失真。

（4）当调制信号 u_Ω 的峰-峰值幅度为2V时，改变 u_Ω 的频率 f_Ω，测出解调信号 u'_Ω 的频率 f'_Ω 和幅度 u'_Ω。测量数据填入表8-4-3中。

表8-4-3 u'_Ω、f'_Ω 及 u'_Ω 的测量

f_Ω/kHz						
f_Ω'/kHz						
u_Ω'/V						

（5）当调制信号 u_Ω 的频率为2kHz时，改变 u_Ω 的幅度，测出解调信号 u'_Ω 的幅度。测量数据填入表8-4-4中。

表8-4-4 输入输出幅度的测量

u_Ω/V				
u_Ω'/V				

5. 注意事项

（1）实验前应检查连接线的好坏，使用时注意不要用力拉拔导线以防连接线损坏。

（2）注意正负电源的连接方法。

（3）仔细观察电路的频率变化。

6. 实验报告要求

（1）按实验步骤要求整理实验资料。

（2）画出必要的曲线。

（3）对实验结果进行分析讨论。

（4）写出本实验的心得与体会。

7. 预习要求与思考题

（1）预习要求。

① 了解锁相环NE564的基本性能和应用。

② 复习锁相倍频器、锁相调频器、锁相解调器的工作原理。

（2）思考题：如何判断环路处于锁定状态？你能想出一个简便的指示锁定的方法吗？

实验8-5 高频谐振功率放大器

1. 实验目的

（1）了解高频谐振功率放大器的工作原理及其负载阻抗、输入激励电压、电源电压等对高频谐

振功率放大器工作状态的影响。

（2）掌握高频功率放大器的设计方法。

（3）掌握高频谐振功率放大器的调谐、调整和主要技术指标的测量方法。

（4）熟悉高频仪器仪表的使用方法。

2. 实验原理

1）高频谐振功率放大器的工作原理

高频功率放大器是发射机的重要组成部分。它的主要任务是以高效率输出最大的高频功率。因此，高频功放一般工作在丙类状态（指调频调相体制而言），必须是 LC 谐振回路，以实现阻抗匹配。

这里只讨论窄带放大器，图 8-5-1 所示为一个谐振放大器的原理图，图中 V_{bb} 为基极直流偏压，V_{cc} 为集电极直流电压。为了得到丙类工作状态，V_{bb} 应为负值（NPN 管），即基极处于反向偏置。u_b 为基极激励电压，为了分析集电极电流与激励电压 u_b 的关系，最简单的办法是从图 8-5-2 所示的晶体管的转移特性曲线入手，工程上常采用折线近似进行处理。V_{DD} 称为截止电压或起始电压，硅管的 $V_{DD}=0.4\sim0.7V$。由图可知，只有 u_b 的正半周，并且大于 V_{bb} 和 V_{DD} 绝对值之和时，i_e 才流通。一周期内集电极电流在 $-\theta_c\sim+\theta_c$ 时间内导通，因此 θ_c 称为半通角或半截止角（当 $\omega t=\theta_c$ 时电流被截止），由图可见，$U_{bm}\cos\theta_c=V_{DD}+V_{bb}$，故得 $\cos\theta_c=\dfrac{V_{DD}+V_{bb}}{U_{bm}}$，图中画出了 u_b 和 i_c 的关系，采用折线近似后，集电极电流是尖顶余弦脉冲，对这余弦脉冲用傅里叶级数进行分解，可求出它的直流、基波与各次谐波的分量，即

$$i_c=I_{c0}+I_{c1m}\cos\omega t+I_{c2m}\cos2\omega t+\cdots+I_{cnm}\cos n\omega t+\cdots$$

式中，I_{c0}、I_{c1m}、I_{c2m}…各量完全取决于脉冲高度 I_{cm} 与半通角 θ_c，即

$$I_{c0}=I_{cm}\alpha_0(\theta_c)$$

$$I_{c1m}=I_{cm}\alpha_1(\theta_c)$$

……

$$I_{cn}=I_{cm}\alpha_n(\theta_c)$$

式中，α_0、α_1、…、α_n 是 θ_c 的函数，称为尖顶余弦脉冲的分解系数。

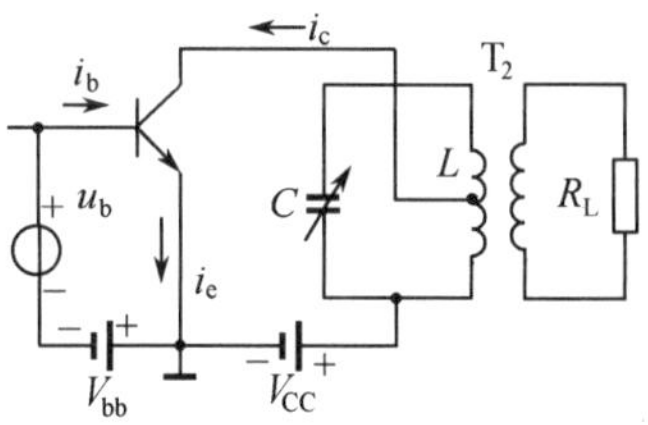

图 8-5-1　谐振放大器原理图

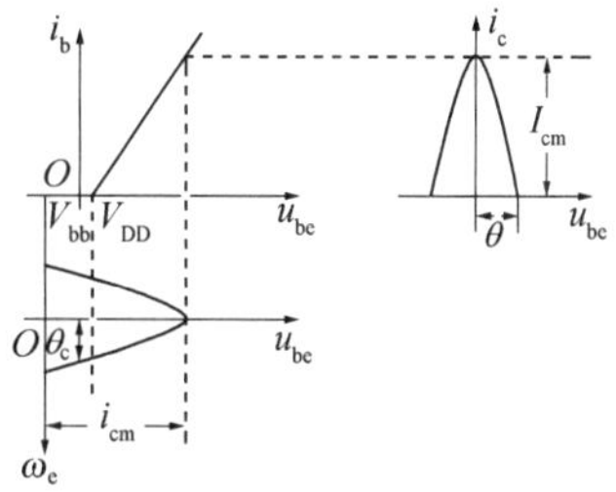

图 8-5-2　i_c 与 u_b 的关系

在发射机专业书中都有计算方法和图表，在此不列举了。从这些系数分析中 $\theta_c=120°$ 时 I_{c1m} 和 I_{cm} 达到最大值，因此在 I_{cm} 与负载阻抗为定值时，输出功率达到最大值，但这时放大器工作在甲乙类状态，集电极效率太低，一般不用。如单从效率考虑，θ_c 值越小，α_1/α_0 就越大，效率越高。效率虽高，但 i_c 小，功率也小，综合考虑，最佳半通角取 70°～80°。

综上所述，集电极电流 i_c 是脉冲状，包含许多谐波，失真很大，所以集电极电路内必须采用并联谐振回路或其他形式的选频网络，这样 i_c 的失真虽然很大，但经滤波电路滤除了各次谐波，使集电极回路的输出仍然得到基波频率的正弦波。

丙类高频功率放大器可工作在欠压状态、过压状态和饱和状态。因欠压状态效率低，而过压状态失真严重，谐波分量大，故这类放大器一般选在饱和状态。在晶体管功率放大器中，可以从改变

激励电压、基极偏压、集电极负载、集电极直流供电电压来改变放大器的工作状态。

当放大电路工作在饱和状态时，可以将集电极电流脉冲用傅里叶级数分解，求出它的直流分量、基波分量和高次谐波，从而可以计算出直流供给功率和交流输出功率及集电极效率。这时集电极输出功率为

$$P_{\sim}=\frac{1}{2}U_{\mathrm{c1m}}I_{\mathrm{c1m}}=\frac{1}{2}\ \frac{U_{\mathrm{c1m}}^{2}}{R_{\mathrm{c}}} \tag{8-5-1}$$

式中，R_c为集电极负载电阻。集电极电源供给的直流功率为

$$P_0=E_cI_{c0} \tag{8-5-2}$$

其效率为

$$\eta_c=\frac{P_{\sim}}{P_0} \tag{8-5-3}$$

现引入电压利用系数 $\xi=\frac{U_{\mathrm{c1m}}}{E_{\mathrm{c}}}$，它的含义是高频交流电压振幅占集电极直流供电电压的百分比。将 $\xi I_{c0}=I_{cm}\alpha_0(\theta_c)$、$I_{c0}=I_{cm}\alpha_0(\theta_c)$、$I_{c1m}=I_{cm}\alpha_1(\theta_c)$代入式（8-5-1）和式（8-5-2）可得

$$P_{\sim}=\frac{1}{2}\xi E_c\alpha_1(\theta_c)I_{cm},\quad P_0=E_c\alpha_0(\theta_c)I_{cm} \tag{8-5-4}$$

现在以一个输入功率为1W，输出功率为50W的功率放大器为例，计算各级工作状态。总功率增益为17dB，所以采用两级放大，前级输入1W，输出10W，增益为10dB，末级输入10W，输出50W，增益为7dB。关于集电极电源电压的选择，太低功率不够，太高又有晶体管击穿的危险，这是因为丙类放大时，集电极一发射极的瞬时电压接近于集电极电源电压 E_c 的两倍，所以 E_c 不允许选得太高，一般取28V。现分别估算末级和末前级的工作状态。

末级：输出功率50W，考虑输出匹配网络和输出滤波电路的插入损失0.3dB，则末级晶体管的实际输出功率要求达到53.6W。作为工程近似计算，可以认为集电极最小瞬时电压 $U_{\mathrm{emin}}=1.5\mathrm{V}$（集电极-发射极饱和压降），于是

$$U_{\mathrm{c1m}}=E_c-U_{\mathrm{emin}}=28-1.5=26.5\mathrm{V}$$

$$\xi=\frac{U_{\mathrm{c1m}}}{E_c}=\frac{26.5}{28}\approx0.95$$

由式（8-5-1）可得

$$R_c=\frac{U_{\mathrm{c1m}}^2}{2P_{\sim}}=\frac{26.5^2}{2\times53.6}\approx6.5\Omega$$

$$I_{\mathrm{c1m}}=\frac{U_{\mathrm{c1m}}}{R_c}=\frac{26.5}{6.55}\approx4.05\mathrm{A}$$

选 $\theta_c=80^\circ$，则 $\alpha_0(80^\circ)=0.286$，$\alpha_1(80^\circ)=0.472$。

$$I_{cm}=\frac{I_{\mathrm{c1m}}}{\alpha_1(80^\circ)}=\frac{4.05}{0.472}\approx8.581$$

$$I_{c0}=I_{cm}\alpha_0(80^\circ)=8.581\times0.286\approx2.45\mathrm{A}$$

$$P_0=E_cI_{c0}=28\times2.45=68.6\mathrm{W}$$

集电极损耗

$$P_0=P_0-P_{\sim}=68.6-53.6=15\mathrm{W}$$

$$\eta_c=\frac{P_{\sim N}}{P_0}=53.6\div68.6=78\%$$

包括损耗后的效率为 $\frac{50}{68.6}=73\%$。

末前级：设输出功率为 10W，E_c 与 U_{c1m} 的值与末级相同，则

$$R_c=\frac{U_{c1m}^2}{2P_{\sim}}=\frac{26.5^2}{2\times10}\approx35.1\Omega$$

$$I_{c1m}=\frac{U_{c1m}}{R_c}=\frac{26.5}{35.1}\approx0.75\text{A}$$

也选 $\theta_c=80°$，则

$$I_{cm}=\frac{I_{c1m}}{\alpha_1(80°)}=\frac{0.75}{0.472}\approx1.59\text{A}$$

$$I_{c0}=I_{cm}\alpha_0(80°)=1.59\times0.286\approx0.45\text{A}$$

$$P_0=E_cI_{c0}=28\times0.45=12.6\text{W}$$

$$P_c=P_0-P_{\sim}=12.6-10=2.6\text{W}$$

$$\eta_c=\frac{10}{12.6}\approx79\%$$

2）高频谐振功放的调谐与调整

谐振功放的设计基础是集电极回路或匹配网络对信号频率处于谐振状态，也就是集电极回路呈电阻性。经分析可知，只有集电极回路谐振时，输出电压最大，输出功率也大。无论容性失谐或感性失谐，输出功率都小，所以调整功放电路时，首先进行回路的调谐，调回路的电感或电容组件均可，本实验电路是调电容。调谐特性是指谐振功放集电极回路在谐振过程中，集电极平均电流 I_{c0}（或基极平均电流 I_B）及回路电压 u_L 的变化特性。调谐时 I_{c0}、I_{b0}、u_L 的变化曲线如图 8-5-3 所示，由图可知，当回路自然谐振频率 f_c 与信号源频率恰好一致时称为谐振，此时 I_{c0} 最小，u_L 最大，故可以以 I_{c0} 最小或 V_1 最大作为谐振指示。理论分析 I_{c0} 最小与 u_L 最大应同时出现，而实际放大器由于内部电容 C_{bc} 回馈，使 u_L 最大与 I_{c0} 最小往往不是同时出现。

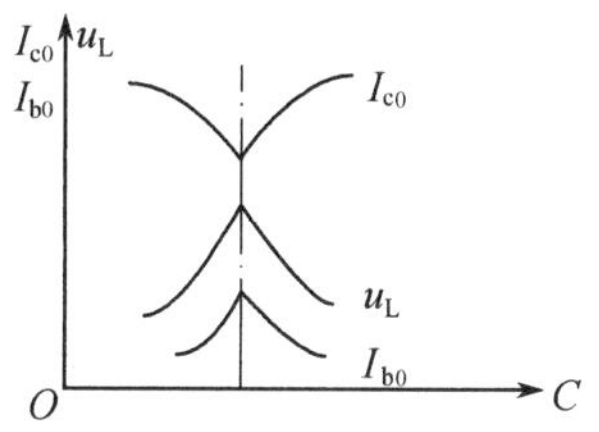

图 8-5-3　调谐时 I_{c0}、I_{b0}、u_L 的变化曲线

调谐在什么状态下进行好呢？由理论分析可知，放大器工作于欠压状态，i_c 是尖顶脉冲，且变化不大，而工作在过压状态，i_c 是凹顶脉冲，i_e 变化很明显，为使调谐明显，可在弱过压状态下进行，一般以 I_{c0} 最小谐振指示，当然也可以用 u_L 最大为调谐指示。

由调谐曲线可知，失谐时电流大，功放管功耗大，为保护功放管，在进行调谐时，应降低电源电压为工作电压的（$\frac{1}{2}\sim\frac{1}{3}$）$E_0$，或者减小激励电压，调谐后再恢复到正常值。

3）实验电路

高频功率放大器电路如图 8-5-4 所示。电路由三级电路组成。第一级为射随器，起隔离作用，改变射随器的电阻，可改变射随器的输出大小，以控制激励级输入的大小。第二级为功放激励级，为功放输出级提供一定的激励功率。第三级电路为功放级电路，该级选用 3DA1 为功放管，电源电压为 12V，射极电阻为 5.1Ω，起负反馈作用，放大器工作于丙类状态，采用电容调谐，变压器耦合输出，负载电阻 R_L 可用电位器进行调节。

3. 实验条件

（1）数字示波器　　　　1 台

（2）函数信号发生器　　1 台

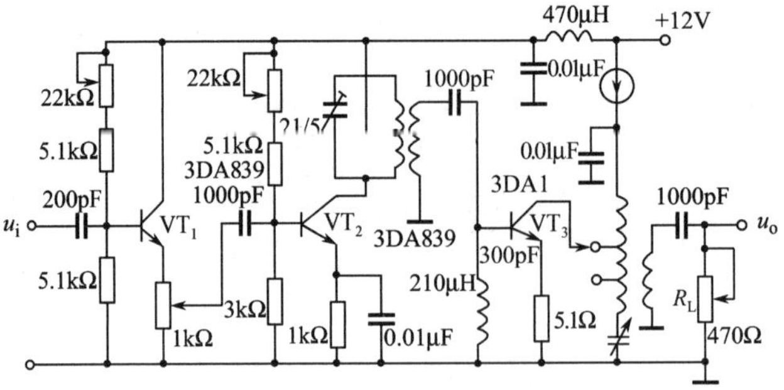

图 8-5-4　高频功率放大器电路

（3）直流稳压电源　　　　1 台

（4）数字万用表　　　　1 台

（5）实验电路板　　　　1 块

4. 实验内容及步骤

将电路图与实验板对照，找到功放级对应的元器件及测试点。

（1）调谐步骤。

① 不加电，调负载电位器，使 R_L 为 150Ω 左右。

② 激励电压 V_{bm} 为 0.8V、E_c 为 12V，接通电源，调节回路电容 C，使 I_{CD} 最小且输出波形不失真。

③ 调节负载电位器，使 $R_L=100\Omega$，调节 U_{bm} 的大小，使输出功率达 100mW 以上。

（2）测工作点。

① 当不加激励电压时，记下 VT_3 的各极直流电压及 I_{c0} 的值。

② 加上激励电压，$U_{bm}=1V$ 左右时，记下 VT_3 的各极直流电压 U_{c0}、U_{b0}、U_{e0} 及直流电流 I_{c0} 的值。

（3）改变抽头位置，观察对放大器工作状态的影响。

测试条件：$E_c=12V$，$R_L=50\Omega$，记下各个抽头时的 I_{c0}、U_{RL} 值。

（4）工作特性的测量。

① 测试条件：$f_c=10MHz$，$U_{bm}=1V$ 左右。

② 用双路稳压电源，分别对激励级和功放级供电。

③ 改变功放电源电压 E_c，测出对应的 I_{c0} 和 U_{RL} 值，注意调谐，用示波器观察并将所测数据填于表 8-5-1 中，并计算 P_L 和 η。

表 8-5-1　特性参数的测量

E_c/V	6	8	10	12	14	16	18
I_{c0}/mA							
U_{RL}/V							
P_L/mW							
H							

（5）负载特性的测量。

① 测试条件：$f_c=10MHz$，$u_b=1V$ 左右，$E_c=12V$。

② 改变 R_L 的值，测出对应的 I_{c0} 和 U_{RL} 值填于表 8-5-2 中，并计算 P_L、P_0（直流输入功率）、η，在测试过程中要注意波形不要失真。

表 8-5-2　负载特性的测量

R_L/Ω	30	50	75	100	150	250	350
I_{c0}/mA							
U_{RL}/V							
P_L/mW							
P_0/mW							
η							

5. 注意事项

（1）三级放大器应先单独调试好再进行联调。

（2）防止电路产生自激。

（3）注意各级三极管的工作状态。

6. 实验报告要求

（1）画出高频功放电路的实验电路及交流等效电路。

（2）整理工作特性的资料，算出各测试点的功率 P_L 及 η，绘出 I_{c0}、U_{RL}、P_L、η 随 E_c 变化的曲线，并从图上注明所对应的工作状态。

（3）整理负载特性的测量数据，算出所对应的测试点的功率 P_L，直流供给功率 P_0 及 η，描绘出 P_L、P_0、η、I_{c0}、U_{RL} 随负载变化的曲线，并进行分析讨论。

（4）写出对本实验的心得体会、建议和要求。

7. 预习要求与思考题

（1）预习要求。

① 复习高频功率放大器的工作原理。

② 掌握高频电子仪器的使用方法。

（2）思考题。

① 调谐和调整放大器的工作状态有什么不同？应注意什么问题？

② 调谐时，发现 I_{c0} 最小和 U_L 最大不同时出现，为什么？应如何进行调谐？

③ 用示波器监视输出波形时，发现负载电阻 R_L 越大，波形越大；而负载电阻 R_L 越小，波形越差，为什么？

④ 如何验证本实验电路工作于丙类状态？

第9章　单片机系统设计实验

实验9-1　发光二极管闪烁控制电路设计

1. 实验目的

（1）熟悉单片机的软件开发环境 Keil C。

（2）熟悉单片机仿真软件 Proteus。

（3）掌握单片机程序的基本结构和编程方法。

（4）掌握单片机时钟电路、复位电路、I/O 接口电路的设计方法，掌握使用单片机程序控制硬件电路工作的方法。

2. 实验原理

1）电路原理

本实验主要使用 P1.0 口的输出功能来控制一个发光二极管的闪烁，闪烁时间间隔 0.2s。当 P1.0 输出“0”时点亮发光二极管，当 P1.0 输出“1”时熄灭发光二极管。单片机完成上述功能，需要配备晶振电路和复位电路。发光二极管闪烁控制系统硬件电路如图 9-1-1 所示。

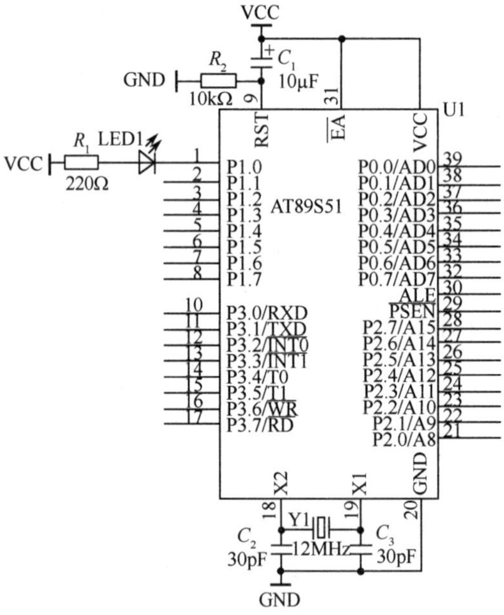

图 9-1-1　发光二极管闪烁控制系统硬件电路

2）程序设计

（1）延时程序设计。单片机指令执行的时间很短，晶振为 12MHz 的系统，机器周期为 1μs，一条指令执行时间为 1～4μs，与要求的闪烁时间间隔 0.2s 相差太大，因此，需要通过编写延时程序来达到要求。使用 C 语言开发单片机程序通常使用 for 语句或 while 语句设计延时程序，但 C 语言中无法准确计算程序时间，所以需要通过仿真方法进行尝试，可利用 Keil C 自带的工具或者使用

Proteus 软件进行仿真。

（2）程序流程。本程序是一个无限循环结构，开始时 P1.0 端口输出高电平，即令 P1.0 为“1”熄灭发光二极管，然后延时 0.2s，再使 P1.0 端口输出低电平，即令 P1.0 为“0”点亮发光二极管，然后延时 0.2s，完成一个有效循环，程序流程如图 9-1-2 所示。

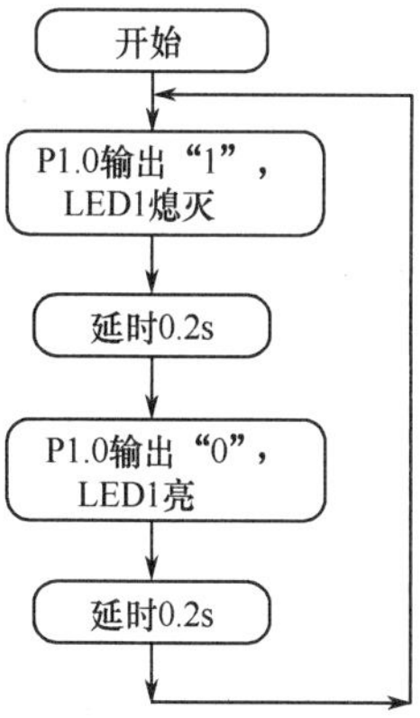

图 9-1-2　程序流程

3. 实验条件

计算机 1 台及 Proteus 仿真软件 1 套。

4. 实验内容及步骤

（1）使用 Proteus 仿真软件绘制硬件电路。

（2）编写 C 程序，使用 Keil C 进行编译生成 HEX 文件。

（3）将 HEX 文件调入 Proteus 中进行仿真调试，并观察实验结果。

5. 注意事项

（1）根据电路结构，注意使用 P1.0 输出低电平时才会点亮发光二极管。

（2）使用 C 语言开发单片机程序无法精确控制延时，为获得精确定时可使用软件仿真或汇编语言嵌套。

6. 实验报告要求

完成实验报告的撰写，包括设计思想、程序流程图、操作说明等。

7. 预习要求与思考题

（1）阅读教材中时钟电路、复位电路和 I/O 接口电路的相关内容，掌握单片机 I/O 接口的控制方法。

（2）熟悉 Proteus 仿真软件，掌握原理图设计和程序设计的一般方法。

（3）如何通过程序控制发光二极管的显示亮度？

实验 9-2　跑马灯设计

1. 实验目的

（1）熟悉单片机的软件开发环境 Keil C。

（2）熟悉单片机仿真软件 Proteus。

（3）掌握单片机程序的基本结构、时钟电路、复位电路、I/O 接口电路的设计方法。

2. 实验原理

1）电路原理

本实验是实验 9-1 的扩展，在已经掌握单个 I/O 引脚控制发光二极管的基础上，实现 P1.0～P1.7 分别控制 8 个不同的发光二极管的功能，8 个发光二极管 LED1～LED8 分别接在单片机的 P1.0～P1.7 接口上，输出“0”时，发光二极管亮，按照 P1.0→P1.1→P1.2→P1.3→…→P1.7→P1.6→…→P1.0 的顺序控制发光二极管点亮，重复循环，实现跑马灯的功能。跑马灯硬件电路如图 9-2-1 所示。

2）程序设计

（1）输出控制。发光二极管是顺序点亮的，因此可以首先令 P1 口输出 0xFE 点亮 LED1，然后将 P1 的内容循环左移，再输出便可完成发光二极管的顺序点亮。

（2）程序流程。首先令 P1 口输出 0xFE，再延时 0.2s，将 P1 的内容循环左移一位输出，然后程序再返回到延时函数。跑马灯程序流程如图 9-2-2 所示。

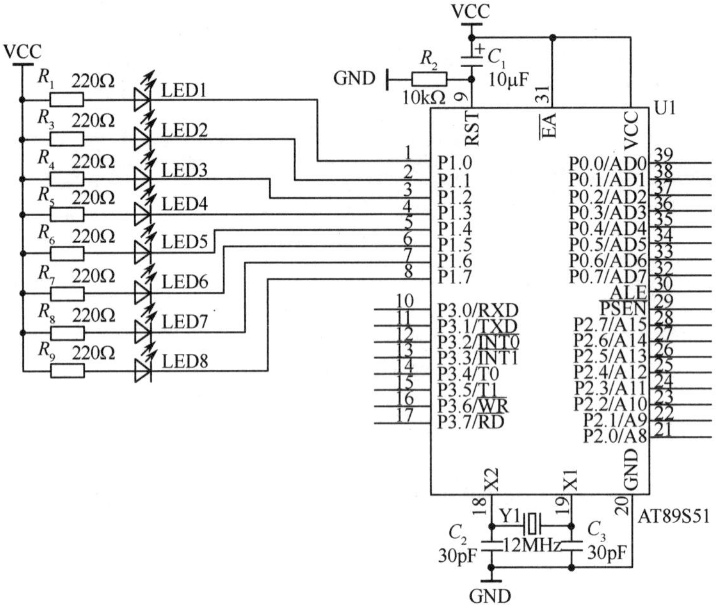

图 9-2-1　跑马灯硬件电路

3. 实验条件

计算机 1 台及 Proteus 仿真软件 1 套。

4. 实验内容及步骤

（1）使用 Proteus 仿真软件绘制硬件电路。

（2）编写 C 程序，使用 Keil C 进行编译生成 HEX 文件。

（3）将 HEX 文件调入 Proteus 中进行仿真调试，并观察实验结果。

5. 注意事项

（1）根据电路结构，注意使用 P1.0 输出低电平时才会点亮发光二极管。

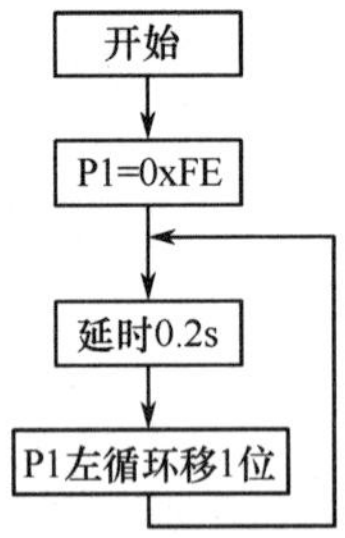

图 9-2-2　跑马灯程序流程

（2）注意 P1 口的移位操作是循环左移，如果只使用左移最终会使 P1 内容变为 0x00，8 个发光二极管会全部点亮。

（3）使用 C 语言开发单片机程序无法精确控制延时，为获得精确定时可使用软件仿真或汇编语言嵌套。

6. 实验报告要求

完成实验报告的撰写，包括设计思想、程序流程图、操作说明等。

7. 预习要求与思考题

（1）阅读教材中时钟电路、复位电路和 I/O 接口电路的相关内容，掌握单片机 I/O 接口的控制方法。

（2）熟悉 Proteus 仿真软件，掌握原理图设计和程序设计的一般方法。

（3）在尽量少占用程序存储空间的情况下，如何增加跑马灯的显示样式？

实验 9–3　模拟开关灯系统设计

1. 实验目的

（1）熟悉单片机的软件开发环境 Keil C。

（2）熟悉单片机仿真软件 Proteus。

（3）掌握单片机程序的基本结构。

（4）掌握单片机时钟电路、复位电路、I/O 接口电路的设计方法，掌握通过 I/O 引脚识别外部信号的方法。

2. 实验原理

1）电路原理

模拟开关灯系统硬件电路如图 9-3-1 所示，图中使用 P1.0 口来控制一个发光二极管的亮灭，使用 P3.0 的输入功能获取外部按键的开关状态，当按键 K_1 断开时 P3.0 口会获得高电平，此时读 P3.0 口时可以得到逻辑“1”，当按键 K_1 闭合时 P3.0 口会获得低电平，此时读 P3.0 口时可以得到逻辑“0”。在编写程序时可以通过判断 P3.0 的状态获得按键的开关状态。

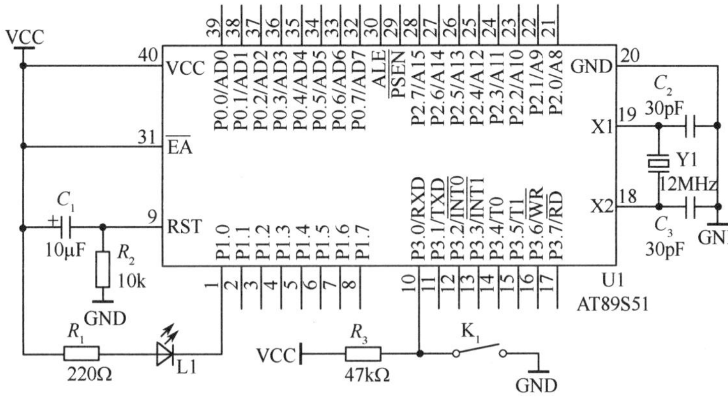

图 9-3-1　模拟开关灯系统硬件电路

2）程序设计

（1）开关状态检测。按键开关状态是从单片机的 P3.0 端口输入的，而输入的信号只有高电平和低电平两种。当开关 K_1 断开时，则输入高电平；当开关 K_1 闭合时，则输入低电平。单片机可以采用查询方式实时判断 P3.0 的状态，状态为“0”表示开关闭合，状态为“1”表示开关断开。

（2）输出控制。使用发光二极管的亮灭作为检测按键状态变化的指示，当检测到开关闭合时，令 P1.0 输出“0”点亮发光二极管 L1，当检测到开关断开时，令 P1.0 输出“1”熄灭发光二极管 L1。

（3）程序流程。程序为一无限循环结构，采用查询方式读取 P3.0 口的状态，然后判断是否为“1”，若为“1”，则使 P1.0 输出“0”，否则输出“1”，然后再进入下一次循环。模拟开关灯系统程序流程如图 9-3-2 所示。

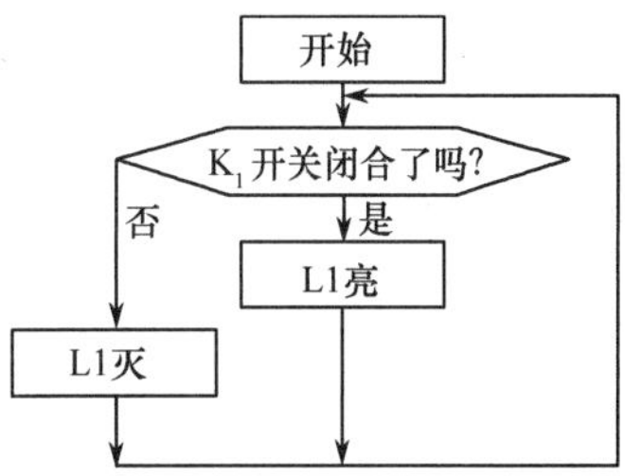

图 9-3-2　模拟开关灯系统程序流程

3. 实验条件

计算机 1 台及 Proteus 仿真软件 1 套。

4. 实验内容及步骤

（1）使用 Proteus 仿真软件绘制硬件电路。

（2）编写 C 程序，使用 Keil C 进行编译生成 HEX 文件。

（3）将 HEX 文件调入 Proteus 中进行仿真调试。

（4）使开关 K_1 分别处在闭合和开启状态，观察发光二极管 L1 的亮灭情况，如果没有达到预期效果继续修改程序，再重复步骤（2）～（4），直到功能正确。

5. 实验报告要求

完成实验报告的撰写，包括设计思想、程序流程图、操作说明等。

6. 预习要求与思考题

（1）阅读教材中时钟电路、复位电路和 I/O 接口电路的相关内容，掌握单片机 I/O 接口的控制方法。

（2）熟悉 Proteus 仿真软件，掌握原理图设计和程序设计的一般方法。

（3）如果采用中断方式实现按键的识别，硬件电路和软件编程应如何修改？

实验 9-4　简单按键识别系统

1. 实验目的

（1）熟悉单片机的软件开发环境 Keil C。

（2）熟悉单片机仿真软件 Proteus。

（3）掌握单片机程序的基本结构。

（4）掌握单片机时钟电路、复位电路、I/O 接口电路的设计方法，掌握按键消抖的处理方法。

2. 实验原理

1）电路原理

按键识别系统硬件电路如图 9-4-1 所示，利用 4 个发光二极管来指示系统的状态，驱动接口电路同实验 9-2。按键接口设计与实验 9-3 类似，由于 P3 口内部具有上拉电阻，因此省略了外部上拉电阻。当 SP1 闭合时，P3.7 输入为“0”；当 SP1 断开时，内部上拉电阻会使 P3.7 输入为“1”。

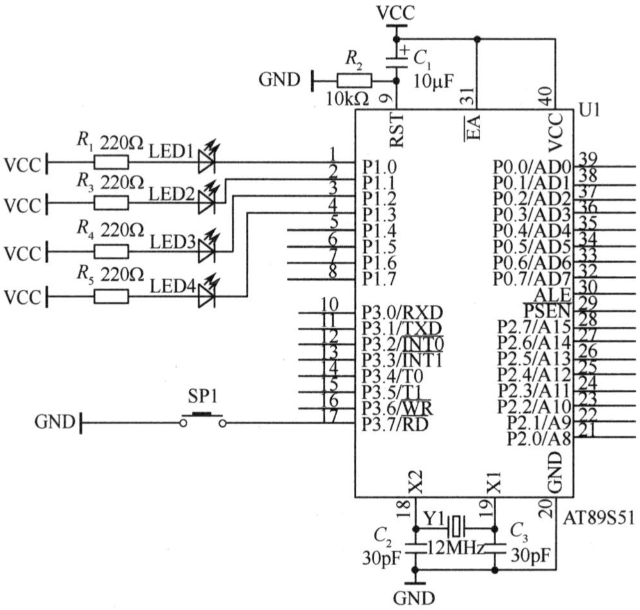

图 9-4-1　按键识别系统硬件电路

2）程序设计

（1）按键识别方法。按键从未按下到按下以及释放是一个完整的过程，当按下一个按键时，仅希望某个命令只执行一次，而在按键按下的过程中，不能有干扰进来，一旦有干扰，就可能造成误触发。因此，在按键按下的时候要把按键的机械接触干扰信号滤除。一般情况下，可以采用电容来滤除这些干扰信号，但此方法会增加硬件成本及硬件电路的面积，因此通常采用软件滤波的方法去除这些干扰信号。按键信号波形如图 9-4-2 所示。

图 9-4-2　按键信号波形

从图 9-4-2 中可以看出，在程序设计时从按键被按下之后延时 5ms 以上，再来检测一次，便可避开干扰信号区域，若按键真的已经按下，这时肯定输出为低电平，若这时检测到的是高电平，证明刚才是由干扰信号引起的误触发，CPU 就认为是误触发信号而舍弃这次的按键识别过程，从而提高了系统的可靠性。由于要求每按下一次，命令被执行一次，直到下一次再按下的时候，再执行一次命令，因此按键被识别之后，就可以执行这次的命令。此外，还要等待一个按键释放的过程，就是使按键恢复成高电平状态，当检测到 P3.7 输入为高电平即认为按键已经释放。

（2）程序流程。按键识别程序流程如图 9-4-3 所示，此处需要在程序中增加一个 10ms 的延时函数（通常使用循环语句实现），同时需要设定一个标志位（如 first_getkey）。当第一次检测到 P3.7 为“0”时，令 first_getkey 为 1，延迟 10ms 以后再次检测按键时如果 first_getkey 为 1，同时 P3.7 为“0”，此时才确认有一个有效按键输入。当获得有效按键输入以后使 P1 口数值加 1 并输出，通过二极管的状态便可以得知按键识别的情况。按键识别系统输出指示程序流程图如图 9-4-4 所示。

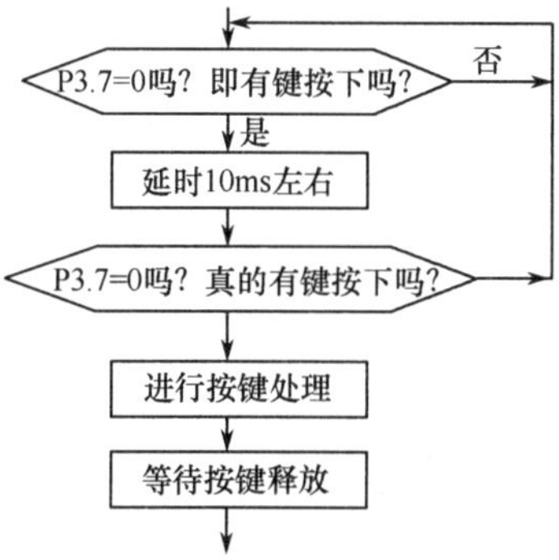

图 9-4-3　按键识别程序流程

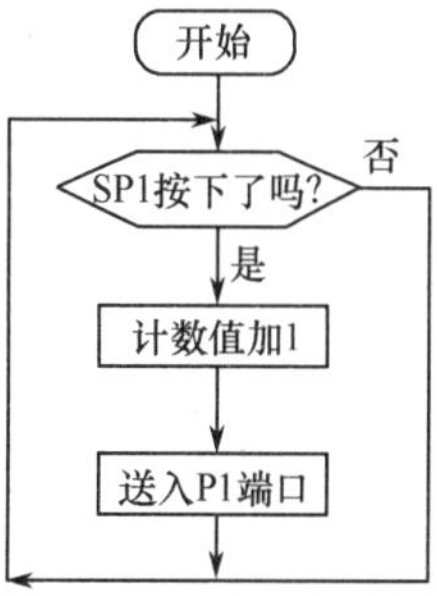

图 9-4-4　按键识别系统输出指示程序流程

3. 实验条件

计算机 1 台及 Proteus 仿真软件 1 套。

4. 实验内容及步骤

（1）使用 Proteus 仿真软件绘制硬件电路。

（2）编写 C 程序，使用 Keil C 进行编译生成 HEX 文件。

（3）将 HEX 文件调入 Proteus 中进行仿真调试。

（4）初始时刻二极管全部点亮（P1.0～P1.3＝0000），按下一次开关 SP1，计数值加 1，观察二极管变化情况，若功能不正确，则继续调试程序。

5. 注意事项

注意按键的消抖处理，避免按一次 SP1 使 P1 输出的增加值多于 1。

6. 实验报告要求

完成实验报告的撰写，包括设计思想、程序流程图、操作说明等。

7. 预习要求与思考题

（1）阅读教材中键盘接口及显示程序相关内容，掌握按键消抖的软件处理方法。

（2）熟悉 Proteus 仿真软件，掌握原理图设计和程序设计的一般方法。

实验 9-5　动态数码显示系统设计

1. 实验目的

（1）熟悉单片机的软件开发环境 Keil C。

（2）熟悉单片机仿真软件 Proteus。

（3）掌握数码管动态显示原理。

2. 实验原理

1）电路原理

实验中使用两个 4 位一体的共阳极数码管，数码管的内部结构可以参阅教科书数码管显示相关内容。数码管的 N1、N2、N3 和 N4 是数码管的公共阳极，在系统中命名为位码线，当其为高电平时点亮对应的数码管。数码管的 a、b、c、d、e、f、g、h 分别为段码线，当其为低电平时对应的段码位置被点亮。在此电路中使用的数码管是理想器件，不用考虑内部二极管的正向导通电压特性，此处只要在位码输入高电平，在段码输入低电平即可使数码管显示给定的内容。系统中使用 P2 口的 8 个 I/O 引脚分别控制不同的数码管，电路中的标号为 S1～S8，使用 P0 口的 8 个 I/O 引脚分别控制段码，标号使用 C1～C8 表示。

此外，电路中使用一个外部按键作为输入，电路结构与实验 9-3 相同。动态数码显示系统硬件电路如图 9-5-1 所示。

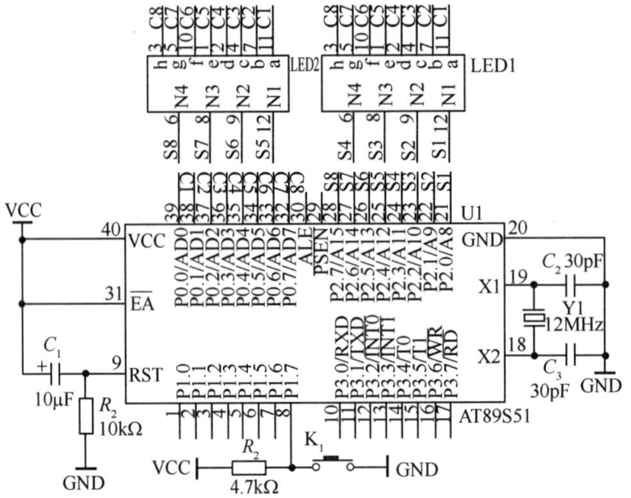

图 9-5-1　动态数码显示系统硬件电路

2）程序设计

（1）动态扫描方法。动态扫描显示采用各数码管循环显示的方法，当循环显示频率较高时，利用人眼的暂留特性，看不出闪烁显示现象，这种显示需要一个接口完成字形码的输出（字形选择），另一接口完成各数码管的循环点亮（数字选择）。

在进行数码显示时，要对显示单元开辟 8 个显示缓冲区，每个显示缓冲区装载显示的不同数据即可。

对于显示的字形码数据采用查表方法来完成。

（2）程序流程。动态数码显示系统程序流程如图 9-5-2 所示。程序是一个无限循环结构，每个循环周期为 2ms（通过延时函数完成）。每个周期均会检测按键 K_1 的输入情况，当开关断开时，程序将显示内容改为“12345”，当开关闭合时，程序将显示内容改为“HELLO”。每次主循环字形码和位选码变换一次，在显示输出时还要通过查表将需要显示的段码输出到 P0 口，位码输出到 P2 口。同时需要设定一个计数变量用于记录当前数码管的显示位置，计数变量的模为 5，每次主循环计数值加 1。

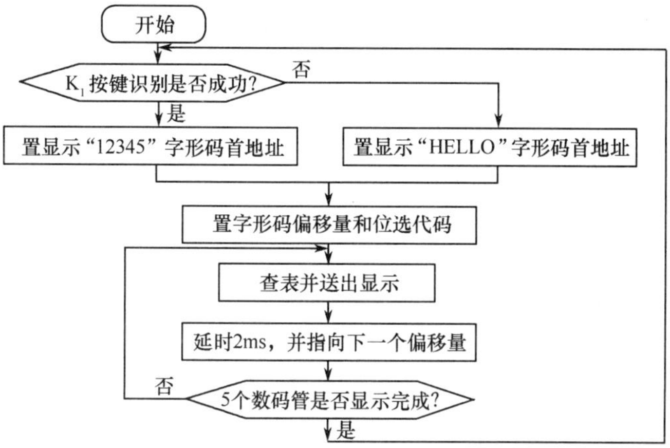

图 9-5-2　动态数码显示系统程序流程

3. 实验条件

计算机 1 台及 Proteus 仿真软件 1 套。

4. 实验内容及步骤

（1）使用 Proteus 仿真软件绘制硬件电路。

（2）编写 C 程序，使用 Keil C 进行编译生成 HEX 文件。

（3）将 HEX 文件调入 Proteus 中进行仿真调试。

（4）闭合开关，观察数码管是否显示“HELLO”字样。断开开关，观察数码管是否显示“12345”字样。反复调试直到显示预期效果。

5. 注意事项

（1）硬件电路中使用的是共阳极七段码数码管，注意显示段码的构成形式。

（2）注意动态显示过程中在进行不同数码管切换时的消隐处理，避免不同数码管显示内容的串扰。

6. 实验报告要求

完成实验报告的撰写，包括设计思想、程序流程图、操作说明等。

7. 预习要求与思考题

（1）阅读教材中键盘接口及显示程序相关内容，掌握数码管动态显示的软件处理方法。

（2）熟悉 Proteus 仿真软件，掌握原理图设计和程序设计的一般方法。

（3）如何通过软件设计来解决数码管动态显示过程中的串扰问题。

实验 9–6　4 × 4 矩阵式键盘识别系统设计

1. 实验目的

（1）熟悉单片机的软件开发环境 Keil C。

（2）熟悉单片机仿真软件 Proteus。

（3）掌握矩阵式键盘的识别方法。

2. 实验原理

1）电路原理

键盘识别系统硬件电路如图 9-6-1 所示，其中包括两个 4 位一体的数码管（电路结构同实验 9-5）和一个 4 ×4 的键盘。键盘为横向 4 行，使用 P3.0～P3.3 控制，网路标号分别为 RR1～RR3，纵向 4 列，使用 P3.4～P3.7 控制，网路标号分别为 CR1～CR3。由于 P3 口内部均有上拉电阻，因此不需要外部上拉电阻。

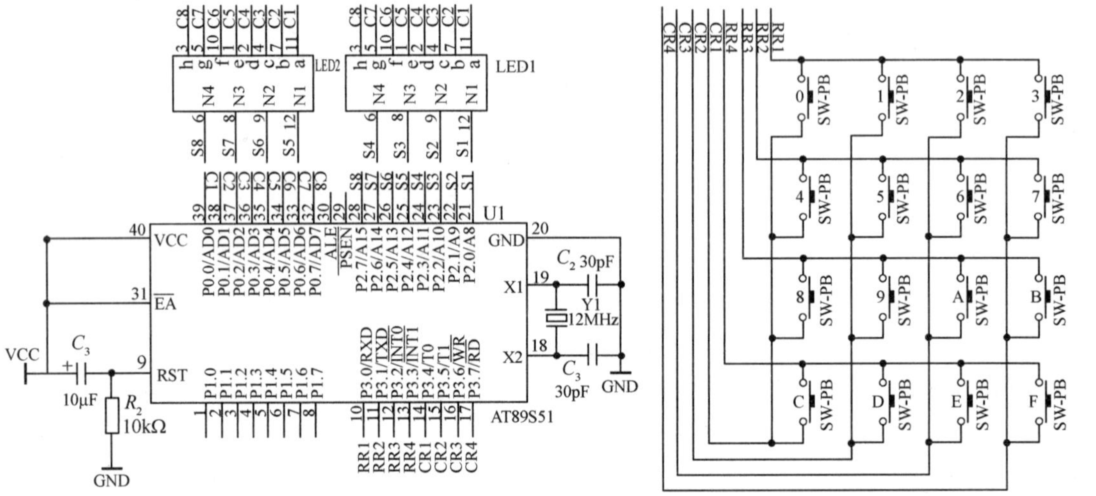

图 9-6-1　键盘识别系统硬件电路

2）程序设计

（1）动态扫描方法。每个按键有它的行值和列值，行值和列值的组合就是识别这个按键的编码。矩阵的行线和列线分别通过 P3.0～P3.3 和 P3.4～P3.7 与 CPU 通信。每个按键的状态同样需变成数字量“0”和“1”，开关的一端（列线）通过电阻接 VCC（在 P3 口内部具有上拉电阻），而接地是通过程序输出数字“0”实现的。键盘处理程序的任务是确定有无键按下，判断哪一个键按下，键的功能是什么；还要消除按键在闭合或断开时的抖动。在 P3 口的 P3.0～P3.3 和 P3.4～P3.7 中，一个输出扫描码，使按键的一端逐行动态接地，另一个读入按键状态，由行扫描值和回馈信号共同形成键编码而识别按键，通过软件查表，查出该键的功能。

同时，采用实验 9-5 中的数码管显示方法实时显示按键的数值，8 个数码管均显示按键数值。

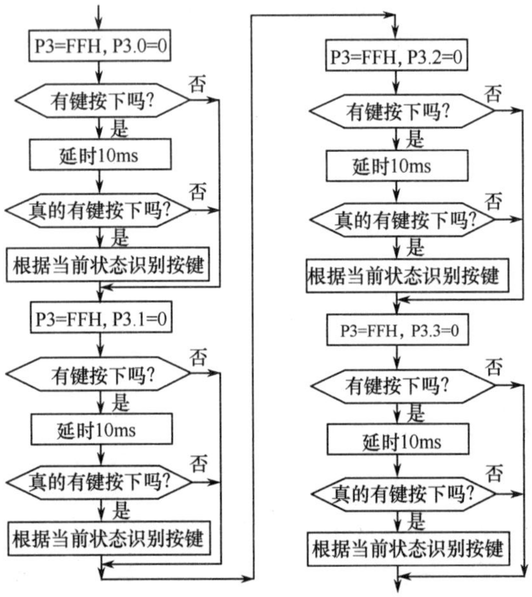

图 9-6-2　数组式键盘识别系统程序流程

（2）程序流程。数组式键盘识别系统程序流程如图 9-6-2 所示，令 P3 口输出全部为“1”，再令 P3.0 输出为“0”使第一行按键的一端接地，若此时第一行无有效按键按下，则 P3.4～P3.7 读取的数值全部为“1”；若有按键按下，则对应的 P3.4～P3.7 中读取的值存在“0”。为了消除按键的抖动，在第一次判断 P3.4～P3.7

非全“1”后，要延时 10ms 再进行判断，若此时 P3.4～P3.7 仍然非全“1”，则表明是有效按键，然后根据 P3.4～P3.7 中“0”的位置判断按键所处的列号，此处为了简便起见不考虑两个或两个以上按键同时按下的情况。若 P3.4 为“0”，则获取的按键编号为“0”，若 P3.4 为“1”、P3.5 为“0”，则获取的按键编号为“1”，若 P3.4 为“1”、P3.5 为“1”、P3.6 为“0”，则获取的按键编号为“2”，若 P3.4 为“1”、P3.5 为“1”、P3.6 为“1”、P3.7 为“0”，则获取的按键编号为“3”。

如果令 P3.0 输出为“0”时，P3.4～P3.7 读取的数值为“1111”，就说明此行无有效的按键按下，然后令 P3.1 输出为“0”，采用上面的方法识别第二行的按键，若获取有效按键，则编号依次为“4”“5”“6”“7”。

若第一、第二行均无有效按键，则识别第三行，编号依次为“8”“9”“A”“B”。

若第一、第二、第三行均无有效按键，则识别第四行，编号依次为“C”“D”“E”“F”。

3. 实验条件

计算机 1 台及 Proteus 仿真软件 1 套。

4. 实验内容及步骤

（1）使用 Proteus 仿真软件绘制硬件电路，电路如图 9-6-1 所示，用 AT89S51 的并行口 P3 接 4 × 4 矩阵键盘，以 P3.0～P3.3 作为输出线，以 P3.4～P3.7 作为输入线。

（2）编写 C 程序，使用 Keil C 进行编译生成 HEX 文件。

（3）将 HEX 文件调入 Proteus 中进行仿真调试。

（4）按照“0”～“F”的顺序依次按下按键，观察数码管是否显示“0”～“F”。反复调试直到显示预期效果。数组式键盘结构如图 9-6-3 所示。

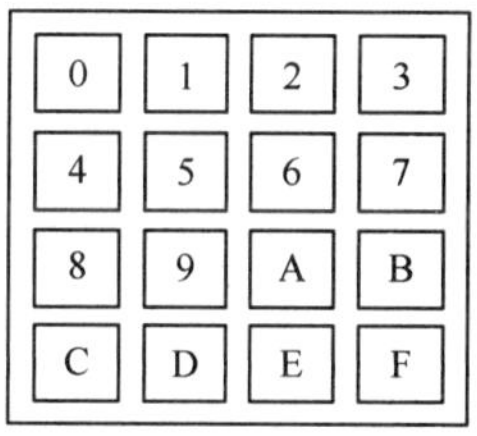

图 9-6-3　数组式键盘结构

5. 注意事项

注意按键消除抖动处理，同时注意按键识别后的编码顺序。

6. 实验报告要求

完成实验报告的撰写，包括设计思想、程序流程图、操作说明等。

7. 预习要求与思考题

（1）阅读教材中键盘接口及显示程序相关内容，掌握矩阵式键盘的识别方法。

（2）熟悉 Proteus 仿真软件，掌握原理图设计和程序设计的一般方法。

（3）如何结合外部中断来提高按键识别的效率？

实验 9-7　自动报时数字钟设计

1. 实验目的

（1）学会单片机开发工具的使用方法。

（2）掌握单片机软件开发的基本技巧，学会使用 C 语言开发单片机程序。

（3）通过设计一个自动报时数字钟，学会综合运用单片机的各种资源，如定时器、中断等实现最小系统控制功能。

2. 实验原理

使用单片机的定时器、中断等各种资源实现基本的小系统控制功能，结合按键输入和数码管输出实现数字钟的功能。

1）电路原理

（1）键盘电路。最小系统上设置了一个 2 行乘 8 列的矩阵式键盘，键盘接口电路如图 9-7-1 所示。电路结构采用总线扩展方式进行设计，同时使用 P13 和 P14 进行行选择，按键信号通过一片 74LS245 挂接到数据总线上，片选信号为 KEY_CS，为其分配的物理位址为 0xA100。

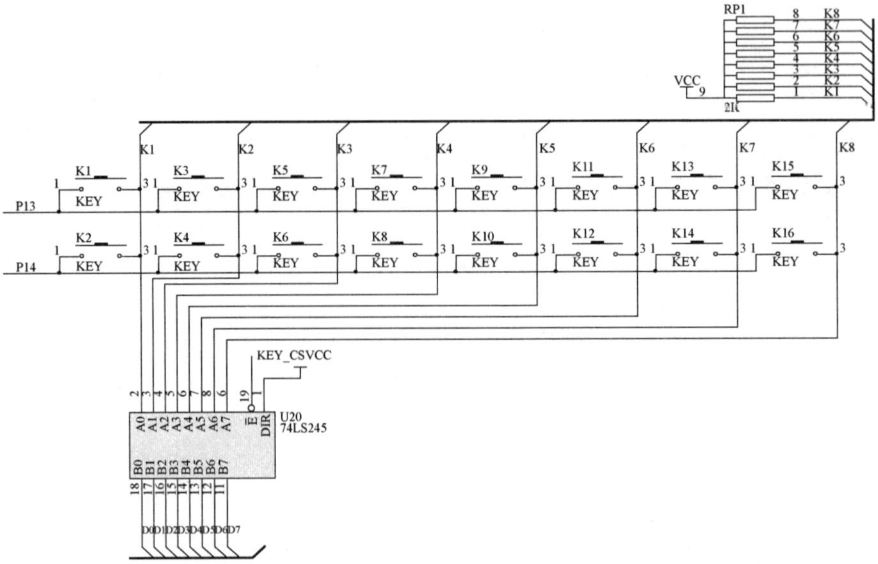

图 9-7-1　键盘接口电路

（2）数码管显示器电路。电路结构采用总线扩展方式进行设计，其中使用的数码管为 4 位一体的共阳极数码管。数码管显示器接口电路如图 9-7-2 所示。通过芯片 U15（74HC573）锁存，为数码管提供段码数据。通过芯片 U14（74HC573）、U13（74HC138）以及三极管 Q1～Q8 将低三位地址 A0～A2 进行硬件译码，为每个数码管提供一个唯一的物理位址，具体地址为 0xA000～0xA007。此外，本电路结构还考虑了不同数码管进行显示切换时的消隐问题，在编写程序时不用通过额外的处理进行消隐。由于为每个数码管都分配了一个固定的物理地址，在编写程序时只要将相应的段码数据写入到对应的地址当中便可以完成显示。

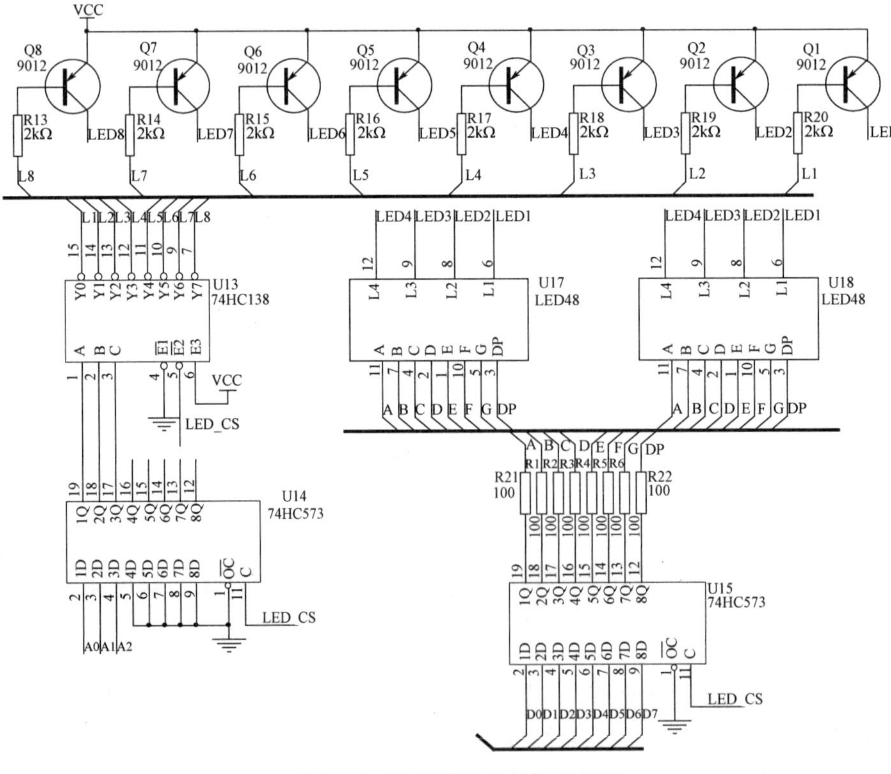

图 9-7-2　数码管显示器接口电路

2）**程序设计**

（1）按键识别程序流程。系统采用定时扫描的方式（扫描间隔为 4ms，内部定时器定时中断间隔为 2ms，每两次定时中断进行一次键盘扫描）进行键盘识别，设计程序时常要进行以下 4 个方面的处理。

① 每隔 4ms 读取一次键盘的数值，判断有无按键按下。具体方法是令 first_row＝0，second_row＝0，M_key＝KEY，判断 M_key 的值是否为 0xFF。如果等于 0xFF，说明没有按键按下；如果不等于 0xFF，说明有按键按下。

② 去除按键的机械抖动影响。通过设置状态标志位 first_getkey 来判断连续两次扫描键盘是否都检测到有按键按下。如果没有连续两次都检测到按键按下，那么按照按键抖动处理；否则，认为确实有按键按下。

③ 准确输出按键值 Keynum，并提供获得有效按键标志 getkey。

④ 防止按键冲突。在获得有效按键以后设定状态标志位 keyon 来实现每次只处理一个按键，且无论一次按键时间有多长，系统仅执行一次按键功能程序。

键盘识别程序流程如图 9-7-3 所示。

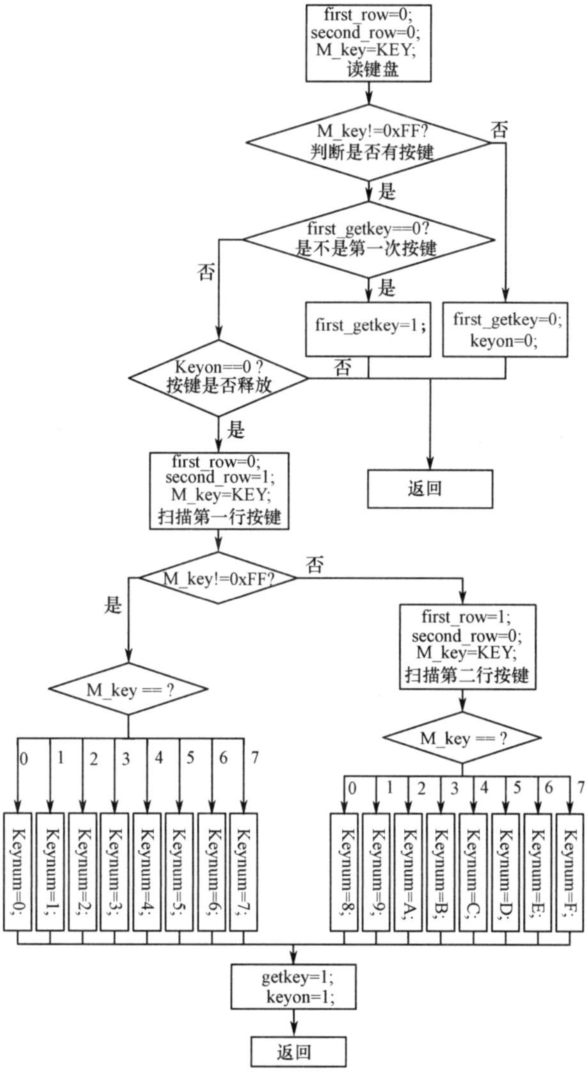

图 9-7-3　键盘识别程序流程

（2）数码管显示程序流程。使用内部定时器每 2ms 产生一次定时中断，系统在每进入到一次定时中断后更新一次显示内容，对于每个数码管来说其显示的周期为 16ms，由于显示频率足够高，人眼感觉不到闪烁的存在。数码管显示程序流程图如图 9-7-4 所示。

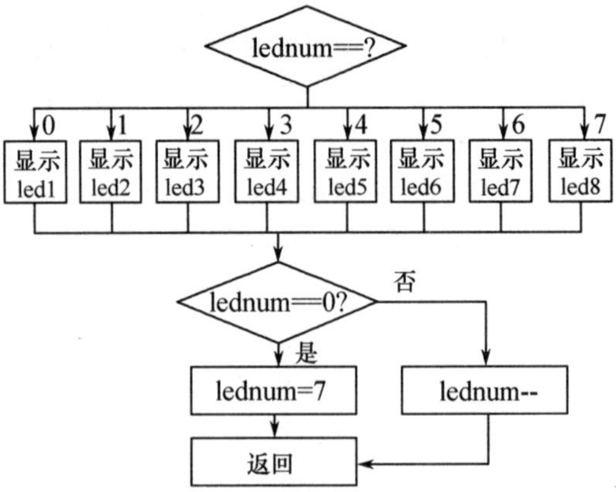

图 9-7-4　数码管显示程序流程

3. 实验条件

（1）单片机最小系统板。

（2）ISP 下载器。

（3）计算机。

（4）Keil C、Protues、AVR_fighter 等开发软件。

4. 实验内容及步骤

（1）基本部分（必做）。

① 使用数码管的低 6 位分别显示时、分、秒，使用第七位指示上午、下午，符号 A 表示上午，符号 P 表示下午。

② 可以通过按键分别调整小时位和分钟位。

③ 到达整点时以第八位数码管闪烁的方式报时，使用“8”作为闪烁的内容，闪烁频率为 2Hz，持续时间从 xx.00.00 到 xx.00.05。

（2）发挥部分（选做）。

在基本部分基础上考虑增加定点闹铃功能。实验按键设定闹铃的时间，包括小时和分钟的设定，当时钟到达设定时间后，使用数码管的闪烁作为闹铃指示，闪烁频率为 2Hz，直到使用按键取消闪烁显示。

5. 注意事项

（1）按键的硬件结构和识别原理。

（2）数码管的硬件结构和显示原理。

（3）定义系统功能键尽量方便简洁。

（4）在完成发挥部分内容时，设定闹铃时间的过程中注意不要影响正常的时间运行，同时注意显示接口的切换。

6. 实验报告要求

完成实验报告的撰写，包括设计思想、程序流程图、操作说明等。

7. 预习要求与思考题

（1）阅读教材中定时器、中断、键盘接口及处理程序、LED 显示器接口及显示程序相关内容，掌握单片机各种资源的使用方法和工作原理。

（2）熟悉 Keil C 单片机集成开发环境。

（3）熟悉 Proteus 仿真软件，并能仿真简单单片机程序。

实验 9-8　计算器设计

1. 实验目的

（1）通过设计一个简易计算器，学会综合运用单片机的各种资源，如定时器、中断等实现最小系统控制功能。

（2）掌握最小系统中按键、液晶显示器的使用方法。

2. 实验原理

使用按键输入和液晶输出实现计算器的功能，按键的工作原理参照实验 9-7 的相关内容。下面详细叙述液晶显示器的硬件结构和驱动原理。

1）电路原理

单片机最小系统中除了数码管显示器，还接入了一个液晶显示模块，其型号为 SMG12864C，可以显示 64 行 128 列的点阵数据，通过编写相应的程序可以显示英文、汉字或图形，可以实现比较复杂的用户操作接口。液晶显示器接口电路如图 9-8-1 所示，液晶模块的结构及操作控制请参阅 SMG12864C.PDF。

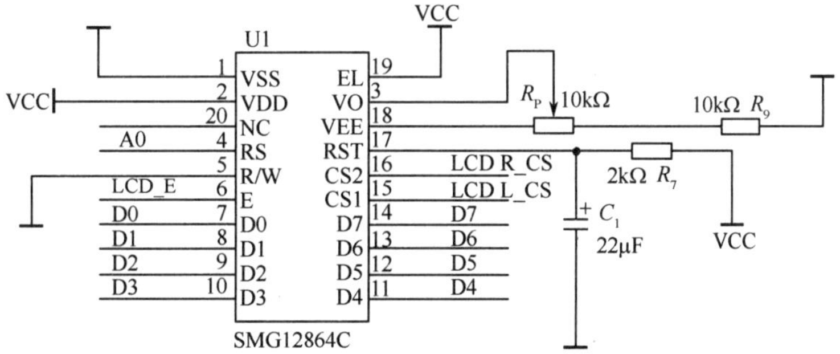

图 9-8-1　液晶显示器接口电路

在硬件设计中使用译码电路提供的 LCD_R_CS、LCD_L_CS、LCD_E 为液晶模块提供片选及使能信号。使用系统的地址信号 A0 控制向液晶写入的是命令字还是数据字。此外，将液晶的读写控制端接地，禁止从液晶中读数据，在向液晶中写入一个数据或命令后延时一段时间再向其中写入新的数据，避免由于液晶处在忙状态导致写入错误的情况发生。

2）液晶驱动程序

参阅附录 C-1。

3. 实验条件

单片机最小系统板、液晶显示器、ISP 下载器、计算机和 Keil C、Protues、AVR_fighter 等开发软件。

4. 实验内容及步骤

1）基本部分（必做）

（1）实现 8 位以内有效数字的加、减、乘、除四则运算，其中小数位置可自动调整。

（2）使用数码管显示输入的数据和计算结果。

（3）使用按键完成数据的输入，包括 10 个数字：“0～9”；小数点“.”；操作符：“＋”“-”“*”“/”“＝”。

（4）具有溢出和出错提示。

2）**发挥部分（选做）**

实现科学计数显示。

5. 注意事项

注意数据计算过程中的小数处理方法，同时考虑数据显示的科学性。

6. 实验报告要求

完成实验报告的撰写，包括设计思想、程序流程图、操作说明等。

7. 预习要求与思考题

（1）阅读教材中定时器、中断、键盘接口及处理程序、液晶显示器接口及显示程序相关内容，掌握单片机各种资源的使用方法和工作原理。

（2）熟悉 Keil C 单片机集成开发环境。

（3）如何增加其他的数据运算功能，如三角函数等。

第 10 章　EDA 技术实验

实验 10-1　跑马灯设计实验

1. 实验目的

（1）初步认识数字设计的基本思想。

（2）了解 FPGA 设计的基本流程。

（3）熟悉 Altera 公司 Quartus II 集成开发环境的使用。

（4）掌握 Verilog 硬件描述语言。

2. 实验原理

核心板上 LED 灯的连接图如图 10-1-1 所示。从图中可以看出，LED 灯的正极连接至 3.3V，负极连接至 FPGA 引脚。为了点亮 LED 灯，连接负极的 FPGA 引脚必须输出低电平。

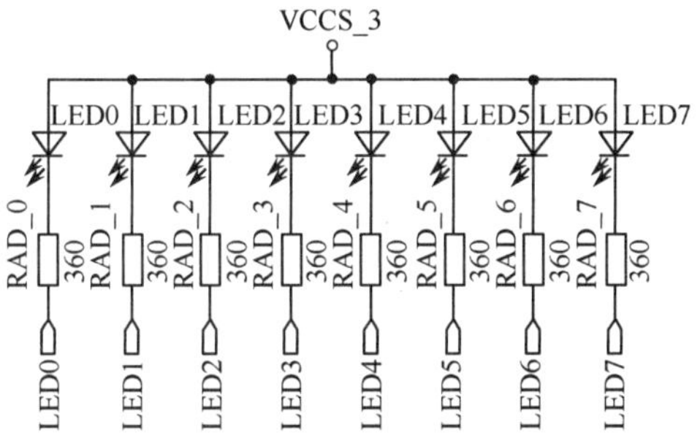

图 10-1-1　核心板上 LED 灯的连接图

为了使 LED 灯亮的时间为 200ms，连接到相应 LED 负极的 FPGA 引脚必须输出低电平 200ms。由于核心板上的时钟是 50MHz，如果输出低电平时间为 200ms，那么需要输出低电平的时钟周期数为：50 000 000×0.2＝10 000 000。为此，需要一个 24（2^{24}＝16 777 216>10 000 000）位的计数器对点亮的时钟周期进行计数，初始计数器为 0，当计数到 10 000 000 时，则熄灭当前点亮的 LED 灯，点亮下一个 LED 灯。

为了分别控制每个 LED 灯，定义一个 8 位的寄存器，寄存器中的每位分别控制一个 LED 灯，若把寄存器中的某一位设为 0，则点亮相应的 LED 灯；若某一位设为 1，则熄灭相应的 LED 灯。举例如下。

```
always @ (posedge clk)
    if (! reset)
        counter<= 24'b0;
    else
        counter<= counter+1;
always @ (counter)
    case (counter[23: 20])
    4'b0000:  led = 8'b1111_1110;
    4'b0001:  led = 8'b1111_1101;
    4'b0010:  led = 8'b1111_1011;
```

```
        4'b0011:  led = 8'b1111_0111;
        4'b0100:  led = 8'b1110_1111;
        4'b0101:  led = 8'b1101_1111;
        4'b0110:  led = 8'b1011_1111;
        4'b0111:  led = 8'b0111_1111;
        default:  led = 8'b1111_1111;
        endcase
```

按照前文和参考程序仿真、编译和下载程序，并查看运行结果。需要说明的是，在仿真时，由于计数器的计数值非常大，为10 000 000，循环一次要10 000 000个时钟周期，仿真的时间会很长，在观测时间内看不到计数器循环一次，所以在仿真时可以降低计数器的计数值，减少仿真时间，确保在观测时间内至少能看到计数器循环一次。

3. 实验条件

（1）EDA实验箱　　1台

（2）PC　　1台

（3）Quartus II软件　　1套

（4）+9V输出开关电源　　1个

4. 实验内容及步骤

（1）使用Verilog HDL语言设计一个简单的数字逻辑来控制核心板上8个LED灯的亮和灭，并循环点亮核心板上的8个LED灯，每个LED灯点亮的时间为200ms。

（2）在Quartus II集成开发环境里编译综合，并下载进实验板。

5. 注意事项

（1）EDA实验箱由核心板和扩展板组成，每块子板上都带有电源界面。使用时给任意一个电源接口供+9V的电，但千万不可给两个电源接口同时供电。

（2）EDA实验箱的下载器已经集成在开发板上，因此只需将USB连接到PC上即可。

（3）FPGA没有使用的I/O口应设置为输入三态。

（4）设计过程中养成随时保存程序的好习惯。

6. 实验报告要求

（1）阐述时钟分频及倍频的原理。

（2）用ModelSim画出仿真波形图。

（3）用程序来说明设计中体现同步时序电路设计思想的内容。

7. 预习要求与思考题

（1）熟悉Verilog HDL基本的语法和概念。

（2）用LED灯和按键实现其他的功能。

实验10-2　键盘扫描及数码管显示实验

1. 实验目的

（1）熟悉矩阵式键盘的动态扫描工作原理。

（2）掌握七段数码管的扫描显示原理。

（3）提高复杂FPGA数字逻辑设计及输入输出设计技能。

2. 实验原理

1）4×4扫描键盘原理

4×4扫描键盘原理如图10-2-1所示，KR0～KR3为行线输入端，初始化为带下拉电阻的输入口。KC0～KC3 为列线输出端，初始化为输出高电平。

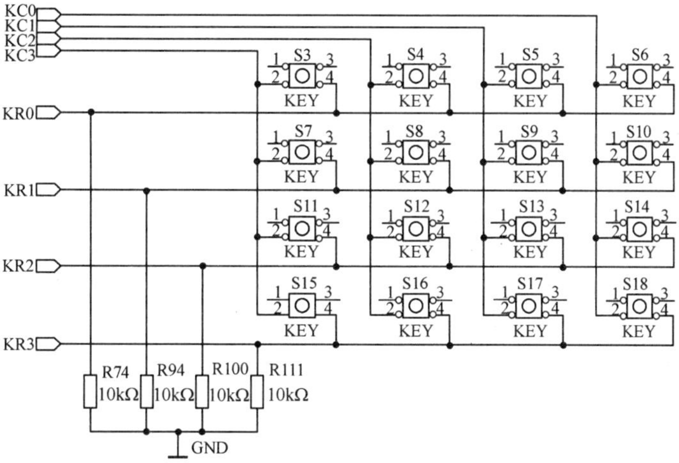

图 10-2-1　4×4 扫描键盘原理

键盘扫描方法：首先由输出口 KC0～KC3 向所有的列线输出高电平，读取各行线 KR0～KR3 的状态。若行线状态全为低电平，则表明无按键按下；若有高电平，则表明有按键按下。若有按键按下，先进行消抖，消抖结束，再对每列进行扫描，即 KC0～KC3 四条列扫描线分别输出高电平，在每次输出高电平期间，读取各行线 KR0～KR3 的状态，确定键值。例如，“0100”，此时若读取 KR0～KR3 的状态为“1000”，则表明按键 S5 被按下。在按键闭合和打开的瞬间会产生许多尖脉冲，持续时间为几毫秒到几十毫秒，因而在程序中，当检测到按键被按下后，便开始读取键值，每隔 4ms 读一次键值，直到连续 8 次读取的键值完全相同，则认为抖动已经消除。消抖时间为 4ms×8＝32ms。另外，本例只响应单个按键，若同时按下两个或两个以上的按键，则程序不响应。

2）七段数码管显示原理

七段数码显示器具有两种显示模式。一种是独立显示模式，即每个显示器具有单独的 8 根段码数据线和 1 根选通信号线，可以同时控制各个显示器的显示结果；另一种是扫描显示模式，即所有显示器共享数据线进行显示。七段数码管显示原理如图 10-2-2 所示。

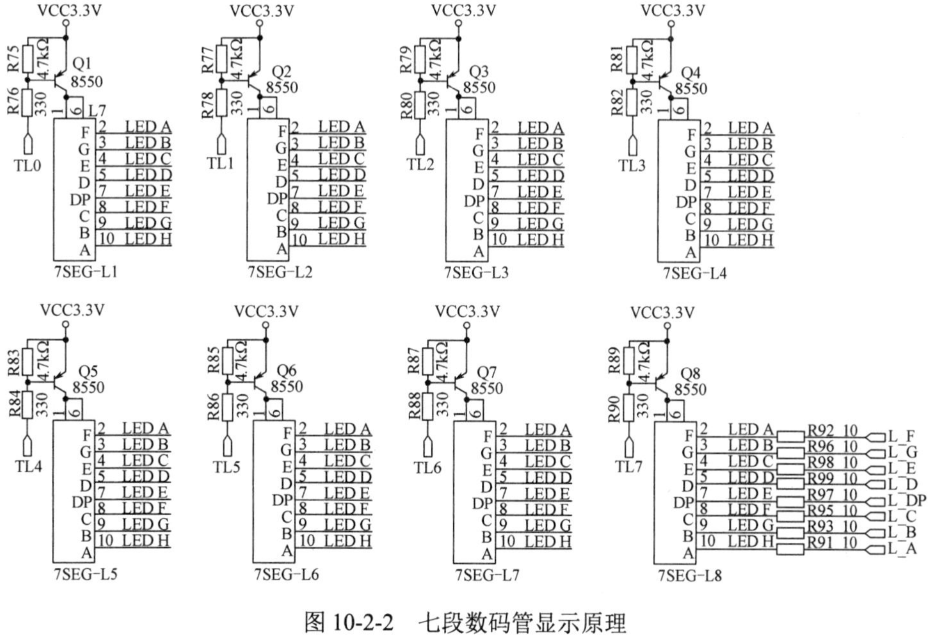

图 10-2-2　七段数码管显示原理

独立显示模式实现简单，但是需要很多信号线（8个要分别控制的话，一共需要9×8=72根信号线），因此实际中一般采用扫描显示模式。

七段数码管扫描显示的实现原理：由于人眼具有视觉暂留的特性，其影像在人眼的视网膜上仍旧会残存一段时间，因此当一个事物周期性地闪现在眼前，且其重复频率足够高时，这个事物的影像就会一直留在人眼的视网膜上，则在人眼看来这个事物就是连续存在的。对于每个显示器来说，如果让它每隔时间 T 闪现一次，而每次闪现时间为 t（满足 $t<T$），则当 T 足够小（如 $T=10$ms）时，我们看这个显示器就像是连续显示的了。若要同时显示8个显示器，则可以把每个周期 T 平均分成8段，每个显示器分别利用其中的一段时间进行显示（$t=T/8$）。

3. 实验条件

EDA实验箱、计算机及Quartus Ⅱ软件、+9V输出开关电源。

4. 实验内容及步骤

（1）根据键盘扫描的原理，编写行线扫描输出信号和列线数据读取信号。结合行线和列线的数据实现4×4行列式键盘的识别，并将每个按键的键值分别指定为“0～15”保存起来。

（2）根据数码管动态显示的原理，编写动态扫描显示程序控制数码管的L7和L8显示“00～99”之间的任意值。

（3）程序联调。将第（1）步得到的键值传送给数码管显示程序中的显示缓存区，使数码管的L7和L8位能将不同的按键值显示出来。

5. 注意事项

（1）键盘一定要进行消抖处理，且选择好消抖时间。

（2）数码管分为共阴极和共阳极两种，不同类型的数码管控制信号电平也不一样。

（3）数码管的刷新时间要控制好，让人眼感觉不出闪动。

（4）程序编写和调试时应注意按模块化的方法进行，编写一个模块即调试一个模块。

（5）设计过程中养成随时保存程序的好习惯。

6. 实验报告要求

（1）画出按键消抖的原理示意图。

（2）阐述数码管刷新显示的原理。

（3）分析实验中出现的问题及解决方法。

7. 预习要求与思考题

（1）按键抖动消除的方法。

（2）数码管的显示使人眼感觉不出闪烁的方法。

实验10-3 数字钟实验

1. 实验目的

（1）通过本实验熟悉较为复杂数字逻辑电路的设计。

（2）进一步熟悉模块化设计思路。

（3）理解数字钟的设计原理。

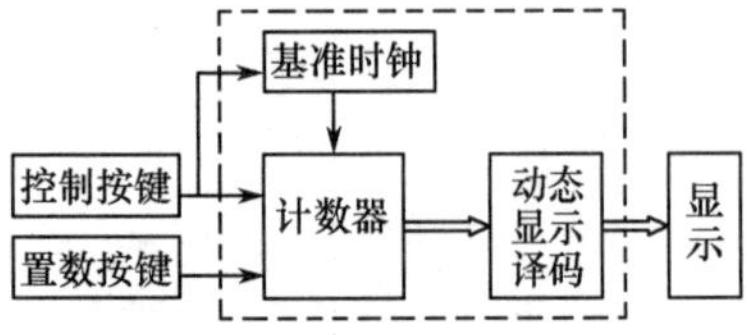

图10-3-1 数字钟显示原理

2. 实验原理

设计一个时钟产生模块，数字钟显示原理如图10-3-1所示，产生周期为1s的时钟和键盘扫描时钟。周期为1s的时钟触发秒的计时，计时到59s时产生分钟的进位，并触发分钟的计时，同样分钟计时到59分时产生小时的进位，并触发小时的计时。通过键盘上的某些键可以手动设置小时和分钟，时间和键值都会在数码管上显示出来。键盘部分参考前面的键盘扫描和数码管显示实验。

3. 实验条件

EDA 实验箱、计算机及 Quartus Ⅱ软件、+9V 输出开关电源。

4. 实验内容及步骤

（1）编写实现六十进制和二十四进制计数器的程序模块。

（2）将六十进制计数器和二十四进制计数器的程序模块按照时钟的时、分、秒进位关系进行级联，使其实现时钟的基本计时关系。

（3）编写七段动态显示数码管的显示程序，能控制 8 位数码管显示出“××-××-××”的界面，其中的“××”分别代表时、分、秒的显示值。

（4）结合独立按键或矩阵式键盘的扫描原理，编写键盘扫描程序实现开发板上的按键调整数字时钟时间的功能，如时、分、秒的加、减或直接输入数值修改。

（5）将各模块的程序进行联调，实现正常的走时、时间的显示和调整。

5. 注意事项

（1）时、分、秒的级联应注意采用同步方式。

（2）程序编写和调试时应注意按模块化的方法进行，编写一个模块即调试一个模块。

（3）设计过程中养成随时保存程序的好习惯。

（4）键盘的设定需人性化，要做到调整方便、实用。

6. 实验报告要求

提供仿真波形图，阐述程序设计中的同步时序电路设计理念、调试出现的问题及解决方法。

7. 预习要求与思考题

（1）本例显示的是时分秒，如何实现年月日的显示和运行？

（2）对本实验进行修改，加入用 LCD 显示时间的功能，或者其他的一些功能。

实验 10-4　串口通信实验

1. 实验目的

（1）了解串口通信的基本原理和实现方法。

（2）使用 Verilog HDL 编写串口通信的程序。

2. 实验原理

UART 是异步通信方式，通信的发送方和接收方各自有独立的时钟，传输的速率由双方约定。UART 的通信协议十分简单，以低电平作为起始位，高电平作为停止位，中间可传输 5～8bit 数据和 1bit 奇偶校验位，奇偶校验位的有无和数据比特的长度由通信双方约定。一帧数据传输完毕后可以继续传输下一帧数据，也可以继续保持为高电平，两帧之间保持高电平，持续时间可以任意长。本方案采用不添加校验位的方法，以提高数据传输效率。发送端发送数据时先发一个低电平，然后发送 8bit 数据，之后马上把信号拉高，从而完成一帧数据的传送。接收端接收到低电平时开始计数，然后接收 8bit 信息位后如果检测到高电平即认为已接收完一帧数据，继续等待下一帧起始信号低电平的到来，若接收完 8bit 数据后没有检测到高电平，则认为这不是一帧有效数据，将其丢弃，继续等待起始信号。串口异步时序关系如图 10-4-1 所示，收发可同时进行，互不干扰。

3. 实验条件

EDA 实验箱、计算机及 Quartus Ⅱ软件、+9V 输出开关电源及串口数据线。

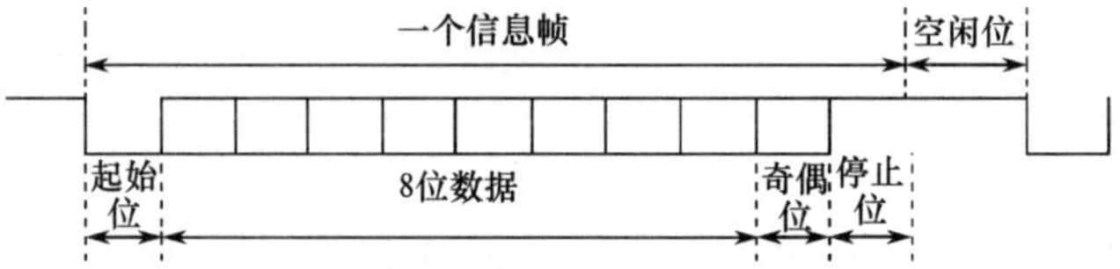

图 10-4-1　串口异步时序关系

4. 实验内容及步骤

（1）用 Verilog HDL 或 VHDL 编写串口通信的程序。

（2）实现与计算机的通信，通过键盘输入数据发送给 FPGA。

（3）FPGA 收到数据以后再将该数据返回给计算机。

（4）通过超级终端显示出来。

5. 注意事项

（1）编程时注意同步时序电路和有限状态机的设计方法。

（2）联机调试时注意串口数据线的 TX、RX 和 GND 的连接方法。

（3）程序编写和调试时应注意按模块化的方法进行，编写一个模块即调试一个模块。

（4）设计过程中养成随时保存程序的好习惯。

6. 实验报告要求

（1）阐述串口通信中怎样按次序地输出相关数据。

（2）提供 SignalTap 实时分析波形。

（3）提供不同波特率的串口通信方法。

7. 预习要求与思考题

（1）本例中编译后若时钟的时序不满足，应怎样修改设计？

（2）如何能够显示汉字字符？

实验 10-5　波形发生器实验

1. 实验目的

（1）熟悉 Quartus II 软件的不同功能。

（2）掌握数字电路设计的基本流程。

（3）了解用 Mega Wizard 定制 IP 模块的思想。

2. 实验原理

波形发生器实验框图如图 10-5-1 所示，采用先将波形文件存储进 FPGA 内部 RAM 空间，然后通过计数器计算寻址的方式将波形文件内容读取出来，输出给 D/A 转换器，形成各种输出波形。

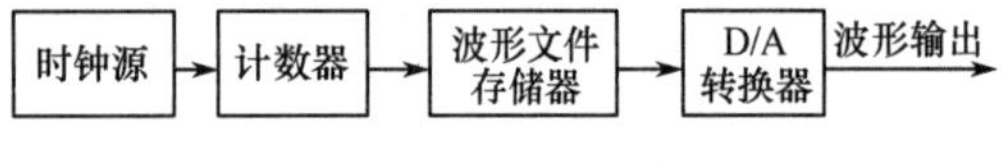

图 10-5-1　波形发生器实验框图

计数器实际上是一个地址发生器，通过改变计数器的计数值的变化，实现调整计数器产生的地址变化速率，从而改变输出的任意波形的频率。计数器产生的地址码提供读出内存中波形数据所需要的地址信号，波形数据被依次读出后送至 D/A 转换器，将之转变为模拟量后输出所需的波形。

波形的产生通过查表来完成。在 FPGA 芯片内部开辟一块 RAM 区域，将离散时间波形幅值存入其中。在需要时，按照相位与地址一一对应的关系从表中依次读出即可。由于 FPGA 芯片的硬件资源有限，如何有效地利用资源成为非常关键的一点，考虑到正弦波及三角波的周期性与对称性，因此在 RAM 表中只需存 1/2 周期的波形数据即可。在本设计中，一个波形周期内共采样 100 个点，相位分辨率为 3.6，而实际在 RAM 表中只需存 50 个采样点，这样就减少了芯片硬件资源的消耗。

3. 实验条件

EDA 实验箱、计算机及 Quartus Ⅱ软件、＋9V 输出开关电源。

4. 实验内容及步骤

（1）用 Verilog HDL 设计一个波形发生器。

（2）通过开关可以选择波形，如表 10-5-1 所示。

表 10-5-1　开关选择波形

输入端口	SW1	SW2	波　形	输入端口	SW1	SW2	波　形
wave_selc	0	0	ASK 调制的正弦波	fre	0	0	500kHz，每周期采样 100 点
	0	1	正弦波		0	1	1MHz，每周期采样 50 点
	1	0	三角波		1	0	2MHz，每周期采样 25 点
	1	1	BPSK 调制的正弦波		1	1	5MHz 每周期采样 10 点

（3）改变输出频率。用 3 个模块分别产生用于 ASK 及 BPSK 的正弦波、三角波。

（4）在顶层模块中通过输入端口选择不同波形和频率。

5. 注意事项

（1）编程时注意同步时序电路设计的方法。

（2）程序编写和调试时应注意按模块化的方法进行，编写一个模块即调试一个模块。

（3）设计过程中养成随时保存程序的好习惯。

6. 实验报告要求

（1）阐述 DDS 的原理。

（2）提供 ModelSim 的仿真波形。

（3）提供 SignalTap 的实时分析波形。

（4）总结经验及不足。

7. 预习要求与思考题

（1）怎样将波形文件存储进 FPGA 内部？

（2）实现 50MHz 以上波形输出，对输入时钟源频率有什么要求？

实验 10–6　信号采集、存储与回放实验

1. 实验目的

（1）熟悉 Quartus Ⅱ软件的功能。

（2）掌握 AD/DA 芯片的控制方法。

（3）掌握 LCD 显示控制方法。

（4）掌握 FPGA 控制 SRAM 内存的方法。

2. 实验原理

将待测信号进行数字采集、存储，并分别通过液晶屏和示波器将被测信号显示出来。由于待测信号为模拟信号，存储过程为数字方式，因此应该将模拟信号进行量化处理，然后存储到内存中，当需要显示时，从内存读出数据直接显示在液晶屏上，或者恢复为模拟信号，送往示波器输入端。因此，设计的重点是模拟信号的采样与处理、数字信号存储、液晶屏显示控制等方面。

该实验使用的模数转换芯片为 TI 公司的串行模数转换器 TLC549，典型时钟频率为 1.1MHz，8 位串行输出。根据 Nyquist 采样定理，待测信号频率至少要低于采样时钟的一半，为确保得到足够

的采样点规定待测信号频率要低于 1kHz。TLC549 内部结构图和时序控制图分别如图 10-6-1 和图 10-6-2 所示。

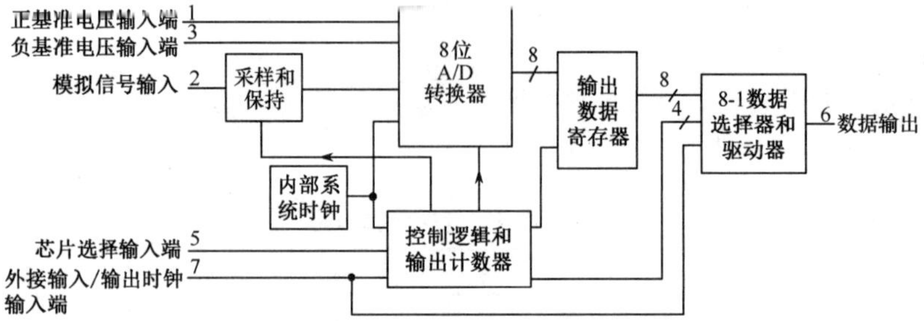

图 10-6-1 TLC549 内部结构图

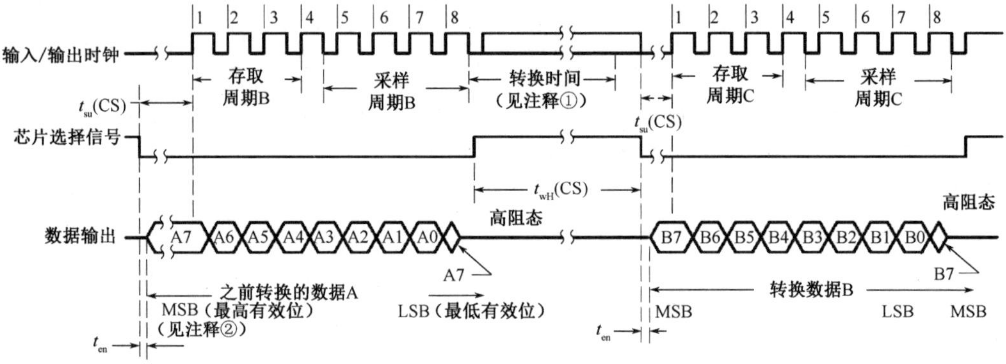

注释：① 转换周期为36个内部系统时钟周期，最大为17μs，当$\overline{CS}$变为低电平后，该片TCL549被选中，在第8个7个I/O时钟脉冲的下降沿启动A/D转换。

②当$\overline{CS}$变为低电平后，该片TCL549被选中，前次转换结果的最高有效位MSB (A7) 从数据输出端 (DATAOUT) 输出，剩下的7位数据 (A6～A0) 利用前7个I/O时钟的下降沿依次输出。B7～B0的输出同样遵循这个规律。

t_{su}(CS)：在$\overline{CS}$变为低电平后，I/O时钟脉冲开始正跳变的最小时间间隔。

t_{en}：在$\overline{CS}$变为低电平到数据输出端输出数据的最小时间。

t_{wH}(CS)：$\overline{CS}$为高电平的时间间隔。

图 10-6-2 TLC549 时序控制图

3. 实验条件

EDA 实验箱、计算机和 Quartus II 软件、+9V 输出开关电源。

4. 实验内容及步骤

（1）用 Verilog HDL 编写数据采集、SRAM 存储控制、LCD 显示控制、D/A 转换控制等程序。

（2）信号源产生信号并输出给 A/D 芯片，FPGA 控制 A/D 数据采集并进行存储。

（3）需要回放时，调用 SRAM 中的数据，将其输出给 LCD 或 D/A 芯片。

5. 注意事项

（1）SRAM 存储设计方法。

（2）LCD 显示器在控制方面的特点。

（3）程序编写和调试时应注意按模块化的方法进行，编写一个模块即调试一个模块。

（4）设计过程中养成随时保存程序的好习惯。

6. 实验报告要求

阐述系统工作原理，提供 SignalTap 实时分析波形以及 LCD 显示控制方法。

7. 预习要求与思考题

（1）A/D、D/A 芯片的使用。

（2）LCD 屏的显示控制时序。

第 4 篇　电子技术课程设计

第 11 章　模拟电子技术课程设计

课程设计 11-1　运算放大器电路设计

1. 设计目的

（1）了解运算放大器的供电特点及各种应用电路的设计。

（2）掌握较为复杂的模拟电路调试方法。

（3）进一步掌握运算放大器的典型应用。

（4）掌握芯片数据手册的查阅方法。。

2. 设计内容

利用运算放大器设计一个能产生正弦波信号和三角波信号，并将这两路信号按一定的关系进行相加、滤波、放大和比较的电路，具体要求如下。

1）**基本部分**

（1）三角波发生器：T＝0.1ms（±5%），$V_{p\text{-}p}$＝2V（±5%）。

（2）加法器：$U_{i2}=7U_{i1}+U_{o1}$。

（3）选频滤波器：f_{02}＝100Hz，低通。

（4）比较器：$V_{P\text{-}P}$＝2V（±5%）。

2）**发挥部分**

（1）自制正弦信号发生器替代图 11-1-1 中的低频信号源。

（2）正弦信号发生器峰-峰值：0.5V。

（3）正弦信号发生器频率：100Hz。

（4）增加比较器输出信号的稳定度。

3）**设计要求**

（1）系统电源不得超过±5V。

（2）建议先使用 Proteus 虚拟仿真软件进行仿真验证。

（3）所有电路使用通用电路板进行焊接，不允许使用电路模块或信号产生器芯片。

（4）预留 U_{i1}、U_{i2}、U_{o1}、U_{o2} 和 U_{o3} 的信号测试端子。

3. 设计说明

此设计是运算放大器的综合应用，将运算放大器的各种典型应用电路进行综合，构成了一个具有一定复杂度的电路系统。信号综合处理系统原理框图如图 11-1-1 所示。

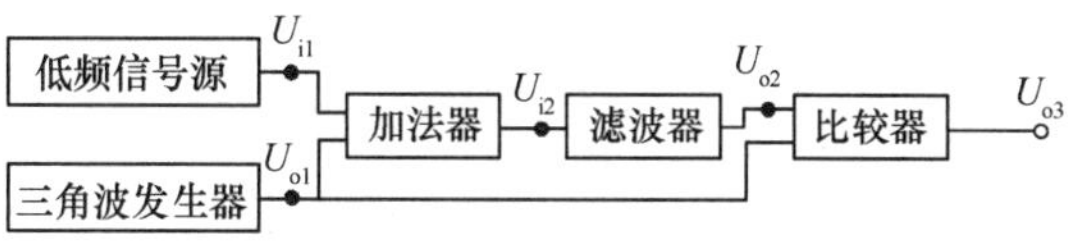

图 11-1-1　信号综合处理系统原理框图

系统首先将低频信号源产生的信号 U_{i1}（U_{i1pp}=0.5V，f_{oi1}=100Hz）和自制信号发生器产生的三角波信号 U_{o1}（T=1.0ms，V_{pp}=2V）送入加法器，相加得到 U_{i2} 信号。U_{i2} 经滤波器后去除三角波信号，得到峰-峰值为 7V 的不失真正弦波信号 U_{o2}。U_{o2} 和 U_{o1} 信号经比较器后在 1kΩ 负载上可得到峰-峰值为 2V 的输出信号。

（1）三角波发生器。三角波产生的电路很多，可以使用二极管、三极管、NE555、运算放大器或波形发生器芯片等各种不同的电路组合产生。最简单的三角波电路是利用 RC 充放电实现的。在一定的条件下，若 RC 的参数选择适当，其充放电的波形就会接近一个三角波，这种电路简单，但其电路参数的选择较麻烦，波形效果不理想。

使用两个运算放大器，其中一个产生方波，另一个将方波进行积分也能得到三角波。使用这种电路相对而言设计较难，但其参数选择方便，波形效果也较好。设计者可根据实际条件合理地选择设计方案。

（2）加法器。加法器的典型电路主要有两种：同相加法器和反相加法器。这两种加法器的电路存在细微的差别，设计者可选择使用器件较少的反相加法器进行设计，以减小设计的复杂程度，提高电路的稳定性。

（3）滤波器。滤波器通常分为无源滤波器和有源滤波器两种。根据题目的要求，滤波器需要将 100Hz 正弦波和 1kHz 三角波叠加后的信号进行选择性滤波，去除高频的三角波信号，保留正弦波信号，并进行放大。因此，可以确定必须使用有源低通或带通滤波器进行设计。同时，要想保持原有正弦波信号的不失真，应该尽可能地将滤波器的带外衰减度增大，使用二阶滤波器可有效达到目的。

（4）比较器。比较器的电路结构较为简单。一般的比较器虽然具备电路简洁、灵敏度高的特点，但是对于本设计来说，应根据实际情况，适当地选择抗干扰性能较好的滞回比较器，对提高最后一级输出方波的稳定度有一定的作用。

（5）正弦波发生器。正弦波发生器可以利用运算放大器和电阻、电容等进行设计，也可以使用 LC 振荡电路、波形发生器芯片等进行设计。此题中为达到简洁而高性价比的目的，推荐选用运算放大器进行设计。

4. 仪器设备及参考器件

（1）仪器设备。直流稳压电源、函数信号发生器、示波器和万用表。

（2）参考器件：LM324、电阻、电容等，其他。

5. 设计报告

（1）按照技术指标及要求，设计完整的系统框图及电路图。

（2）电路参数计算及方案论证。

（3）电路模块的分析。

（4）系统指标的测量。

（5）心得体会。

课程设计 11-2　音频放大电路设计

1. 设计目的

（1）掌握运算放大器的工作原理及其典型应用。

（2）掌握低频小信号放大电路和功放电路的设计方法。

（3）了解语音频率的基本特点。

（4）熟悉驻极体话筒的基本结构及使用方法。

（5）掌握芯片数据手册的查阅方法。

2. 设计内容

设计制作一个能采集语音信号，并能将其进行处理和功率放大，从而推动喇叭发声的音频功率放大器。同时，要求该功率放大器也可将提供的音乐源信号进行功率放大。具体要求如下。

1）基本部分

（1）前置放大器：输入信号 U_i≤10mV，输入阻抗 R_i≥100kΩ，共模抑制比 K_{CMR}≥60dB。

（2）有源带通滤波器通带频率：300Hz～3kHz。

（3）功率放大器：P_{om}≥0.5W（负载阻抗 4Ω，电源电压不超过±5V）。

（4）输出功率连续可调。

2）发挥部分

（1）减小输入信号幅度，使 U_i≤5mV 能正常工作。

（2）增加输出功率：P_{om}≥5W（U_i=5mV，负载阻抗 8Ω，电源电压不超过±12V）。

（3）增加音频输入接口，可对 PC 或 MP3 等电子设备提供的信号进行功率放大。

3）设计要求

预留信号输入、输出及测试端子。

3. 设计说明

音频功率放大器是一种将微弱的低频信号进行放大并推动喇叭发声的设备。该设计要求制作出一种能对特定频率范围的信号进行放大的电路，以有效地滤除外界噪声的干扰，从而保证放大器对语音信号的放大效果。典型音频放大电路系统框图如图 11-2-1 所示。

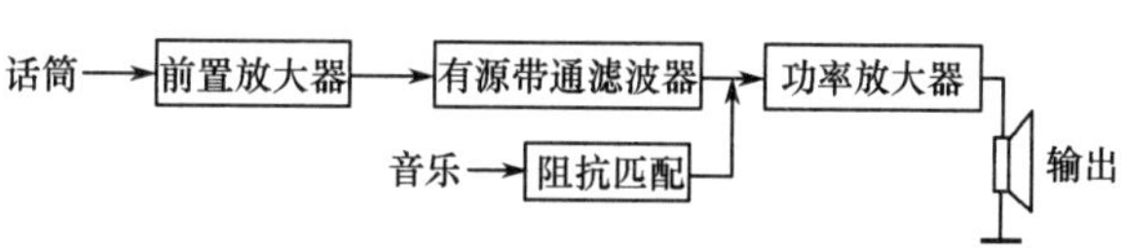

图 11-2-1　典型音频放大电路系统框图

（1）前置放大器。前置放大器的作用是将声音传感器送出的微弱声音信号进行放大。较为常见的声音传感器主要是驻极体话筒，这种传感器的结构可参考图 14-1-3。由于该传感器输出的信号较弱，在设置对其进行放大的电路时应特别注意输入阻抗的大小，一般而言，设计者可采用输入阻抗较大的 CMOS 结构的运算放大器，如 LF351、LF356 等。

（2）有源带通滤波器。有源滤波器的种类很多，通常按照通带性能可以划分为低通滤波器（LPF）、高通滤波器（HPF）、带通滤波器（BPF）、带阻滤波器（BSF）等。图 11-2-2 所示为典型的二阶有源低通滤波器的结构，二阶有源高通滤波器的结构如图 11-2-3 所示。选择合适的低通和高通滤波器参数，便可组成本设计中要求的带通滤波器。

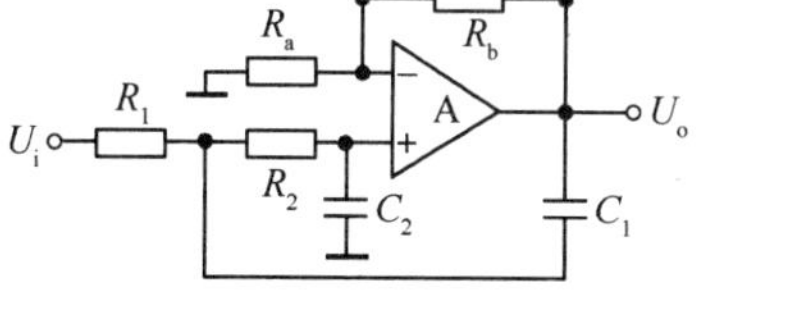

图 11-2-2　典型的二阶有源低通滤波器的结构

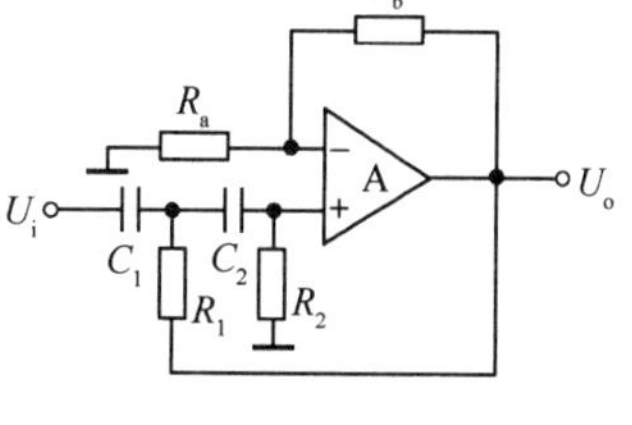

图 11-2-3　二阶有源高通滤波器的结构

（3）功率放大器。功率放大器的主要作用是向负载提供功率，对功率放大器而言要求做到输出功率尽量大，转换效率尽量高，非线性失真尽量小。

功率放大电路的形式很多，有双电源供电的 OCL 互补对称功放电路、单电源供电的 OTL 功放电路、BTL 桥式推挽功放电路和变压器耦合功放电路等。这些电路都各有特点，可根据设计要求和实验条件综合考虑。

常见的集成音频功率放大器件有 LM386、TDA2003、TDA2030、TDA2822 等。可通过阅读厂商提供的 PDF 资料，选择一种性价比高的芯片完成功放电路的设计。

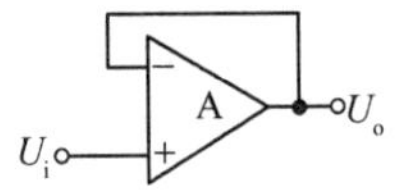

图 11-2-4　电压跟随器电路

（4）阻抗匹配。阻抗匹配电路的作用是将前后级电路有效地连接起来，实现信号最大功率传输并尽可能减小前后级干扰。典型的阻抗匹配电路是放大倍数为 1 的电压跟随器电路，如图 11-2-4 所示。该电路主要利用了运算放大器输入阻抗大、输出阻抗小的特性。此外，用三极管组成的射极跟随器电路、场效应管组成的源随器电路等都可用来完成阻抗匹配电路的设计。

4. 仪器设备及参考器件

（1）仪器设备：直流稳压电源、函数信号发生器、示波器和万用表。

（2）参考器件：LF351、TDA2003、LM386，电阻、电容等，4Ω 大功率负载（大功率扬声器）及其他。

5. 设计报告

（1）按照技术指标及要求，设计完整的系统框图及电路图。

（2）电路参数计算及方案论证。

（3）电路模块的分析。

（4）系统指标的测量。

（5）心得体会。

课程设计 11–3　可调恒压恒流电源设计

1. 设计目的

（1）掌握恒压源和恒流源的工作原理。

（2）掌握恒压恒流电路的设计、制作与调试方法。

（3）了解各种稳压电路的典型特性。

（4）掌握芯片数据手册的查阅方法。

2. 设计内容

设计制作一个高效率可调恒压源电路和恒流源电路，具体要求如下。

1）基本部分

（1）输出电压 U_o 可调范围：2.5～12V。

（2）最大输出电流 I_{omax}：400mA。

（3）U_i 从 15V 变到 20V 时，电压调整率 $S_U \leq 2\%$（$I_o = 400mA$）。

（4）I_o 从 0 变到 400mA 时，负载调整率 $S_I \leq 5\%$（$U_2 = 18V$）。

（5）输出纹波电压峰-峰值 $U_{OPP} \leq 0.5V$（$U_i = 18V$，$U_o = 12V$，$I_o = 400mA$）。

（6）DC-DC 变换器的效率 $\eta \geq 70\%$（$U_i = 18V$，$U_o = 12V$，$I_o = 400mA$）。

（7）恒流输出 I_{cc}：100～500mA 可调（测试负载 20Ω），稳定度优于±2%。

（8）恒压源具有短路保护功能，解除短路后能自动恢复输出。

2）发挥部分

（1）进一步提高 DC-DC 变换器效率，使 $\eta \geq 80\%$。

（2）扩大恒压源最大输出电流，使 I_{omax} 达到 1A。

（3）设置过热保护电路，温度下降后能自动恢复输出。

（4）增加恒流源电路的过流指示，在输出电流达到 520mA±10mA 时指示过流。

3）**设计要求**

（1）预留输入、输出及测试端子。

（2）U_i用实验室的直流稳压电源提供。

（3）允许使用芯片和芯片级以下的器件，不能使用成品模块。

3. 设计说明

电源是任何电子设备必不可少的能量之源。电源质量的好坏、体积大小、性能参数以及电源的发展状况影响着电子设备的发展。纵观电源的发展历程，可以看到近些年电源发展的一个大的变革，电源已悄然由原来的线性稳压电源走上了开关稳压电源的变革之路。

在倡导节能减排的大环境下，电源的改进首先必须注重效率。下面介绍几种典型的电源设计方案仅供参考。恒压恒流电源系统框图如图 11-3-1 所示。

1）**DC-DC 变换电路**

DC-DC 变换，即将直流电压转换为直流电压，通常包含升压变换和降压变换。由此设计要求可知，此 DC-DC 变换为降压电路，降压电路形式很多，主要包括线性降压电路和开关降压电路。

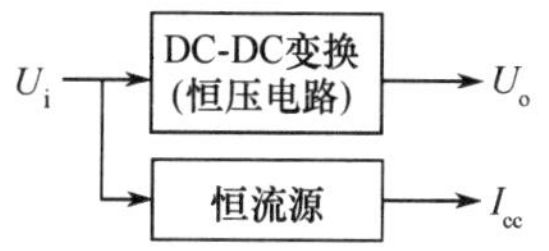

图 11-3-1　恒压恒流电源系统框图

（1）设计方案一：使用线性降压电路设计。图 11-3-2 所示为 W78 系列线性稳压电路。这种电路的优点是结构简单，实现容易，成本低廉，但也存在各种缺点，如输入端和输出端压差不能太大、降压转换效率较低，发热量大，电路体积较大等。

（2）设计方案二：使用开关降压电路设计。图 11-3-3 所示为典型的 Buck 开关降压电路。该电路引入了储能元件 L，通过 PWM 控制器输出的信号驱动 MOSFET 的周期性导通与关闭，高电位时 MOSFET 导通向 L 提供能量，同时给 C 和负载提供能量；低电位时 MOSFET 截止，由于 L 中的电流不能突变，因此通过 L、负载和 VD 构成电流回路继续供电。这样，通过开关管 MOSFET 的周期性开关变化，实现了能量的传递过程。由于在整个过程中开关管并未始终导通，因此能量的利用率变高，损耗减少了很多。

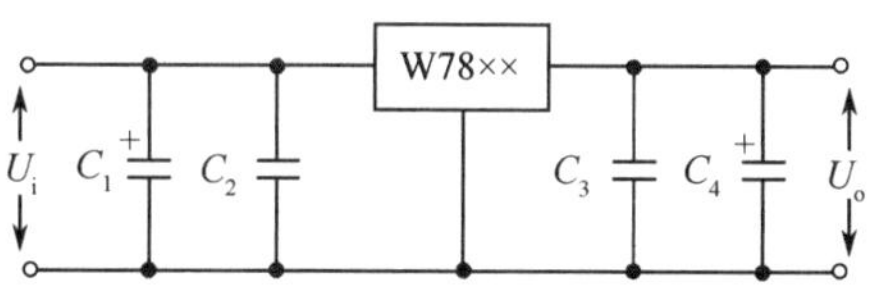

图 11-3-2　W78 系列线性稳压电路

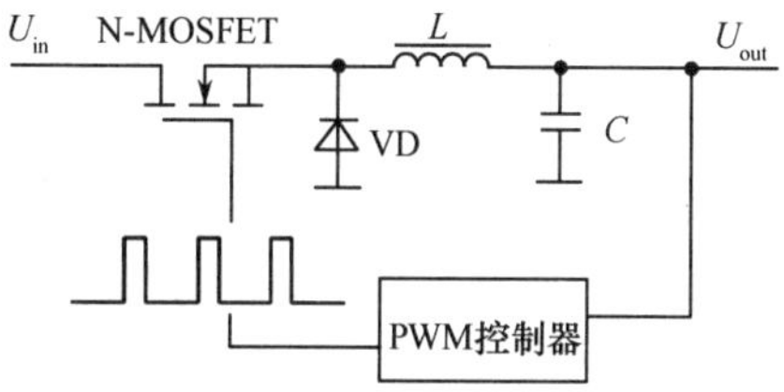

图 11-3-3　典型的 Buck 开关降压电路

开关电源具有效率高、体积小、输入输出允许压差大、发热小、集成度高等特点，是目前电源行业发展的主导方向，因此在多数轻便型或大功率设备上都有它的踪影。选择好一款合适的 PWM 控制芯片，配合其外围元件便能方便地完成开关电源的设计。常用的集成中、小功率 PWM 控制芯片包括 MC34063、LM2596、LM2576、UC3842/3/4、TL494、SG3525 等，其使用方法、典型设计及应用技巧请自行阅读 PDF 资料。

2）**恒流源电路**

恒流源电路，即能向负载提供恒定电流大小输出的电路。两种典型的恒流源电路如图 11-3-4 所示。图中 R_L 为负载，当负载在一定范围内变化时，该电路流过负载的电流能保持恒定不变。图 11-3-4（a）加入了反馈，电路能及时根据负载的变化而做出相应的调整，而图 11-3-4（b）中恒流效果相对较差。

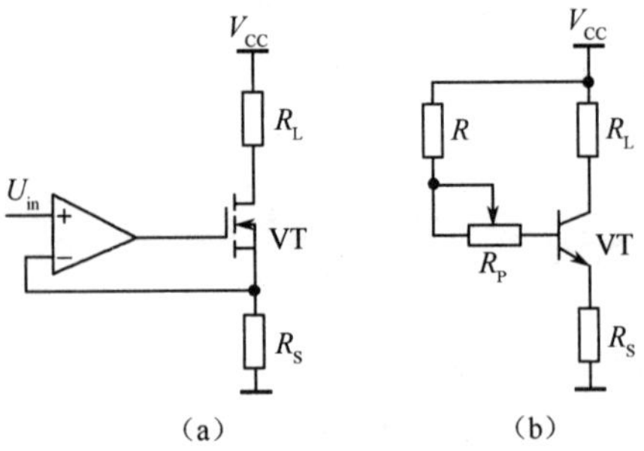

图 11-3-4　两种典型的恒流源电路

4. 仪器设备及参考器件

（1）仪器设备：直流稳压电源 1 台，万用表 2 台，大功率负载或滑动变阻器 1 个。

（2）参考器件：MC34063、LM2576、UC3842 电阻、电容、电感、二极管、接线柱等。

5. 设计报告

（1）按照技术指标及要求，设计完整的系统框图及电路图。

（2）电路参数计算及方案论证。

（3）电路模块的分析。

（4）系统指标的测量。

（5）心得体会。

课程设计 11–4　水温控制系统

1. 设计目的

（1）了解温度传感器的性能，掌握温度传感器的应用。

（2）熟悉集成运算放大器的线性和非线性应用。

（3）掌握电路系统设计与调试的方法。

（4）掌握芯片数据手册的查阅方法。

2. 设计内容

设计制作一套能对水进行加热，并能对水温（≥室温）进行恒温设定和控制的电路系统。具体要求如下。

1）设计指标

（1）测温和控温范围：室温至 60℃。

（2）控制精度：±1℃。

（3）控温通道输出：220V，10A。

2）设计要求

（1）不允许使用数字输出型温度传感器进行设计。

（2）使用通用电路板焊接或 PCB 完成该电路的制作，不允许使用成品模块。

（3）电路设计建议使用 Proteus 虚拟仿真软件进行仿真验证。

3. 设计说明

温度控制器的基本组成框图如图 11-4-1 所示。本电路由温度传感器、K−℃变换器、放大器、控制温度设置、数字电压表等部件组成。温度传感器的作用是把温度信号转换成电流或电压信号，K−℃变换器将热力学温度 K 转换成摄氏温度℃。信号经放大和刻度定标（0.1V/℃）后由 3 位半数字电压表直接显示温度值，并同时送入比较器与预先设定的固定电压（对应控制温度点）进行比较，由比较器输出电平高低变化来控制执行器件（如继电器）工作，实现温度自动控制。

（1）温度传感器。建议采用 AD590 集成温度传感器进行温度-电流转换，它是一种电流型二端器件，其内部已做修正，具有良好的互换性和线性。有消除电源波动的特性，输出阻抗达 10MΩ，转换当量为 1μA/K。器件采用 B-1 型金属壳封装。

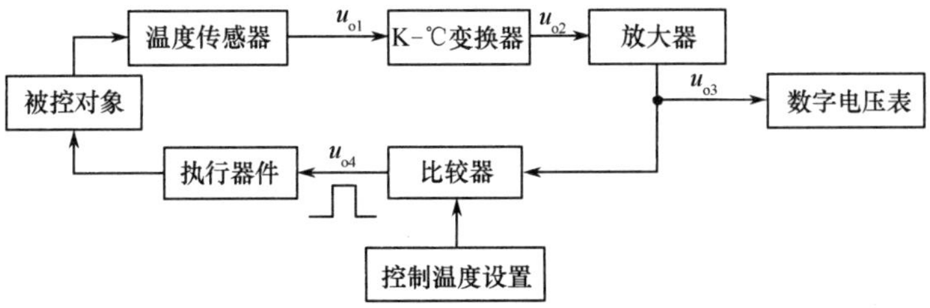

图 11-4-1　温度控制器的基本组成框图

温度-电压变换电路如图 11-4-2 所示。由图可得

$$u_{o1}=1\mu A/K\times R=R\times 10^{-6}V/K$$

若 $R=10k\Omega$，则 $u_{o1}=10mV/K$。

（2）K-℃变换器。因为 AD590 的温控电流值采用热力学温度，而在温控中需要采用摄氏温度，由运放组成的加法器可实现这一转换。K-℃变换电路如图 11-4-3 所示。

元件参数的确定和 $-U_R$ 选取的指导思想为：0℃（273K）时，$u_{o2}=0V$。

（3）放大器。设计一个反相比例放大器，使其输出 u_{o3} 满足 100mV/℃。用数字电压表可实现温度显示。

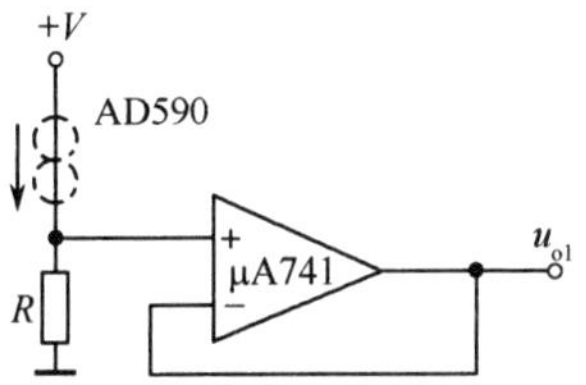

图 11-4-2　温度-电压变换电路

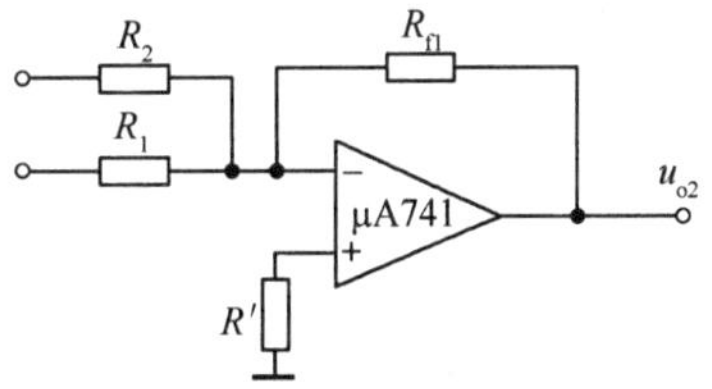

图 11-4-3　K～℃变换电路

（4）比较器。由电压比较器组成，如图 11-4-4 所示。图中 U_{REF} 为控制温度设定电压（对应控制温度），R_{f2} 用于改善比较器的迟滞特性，决定控温精度。

（5）继电器驱动电器。继电器驱动电路如图 11-4-5 所示。当被测温度超过设定温度时，继电器动作，使触点断开停止加热；反之，当被测温度低于设置温度时，继电器触点闭合，进行加热。

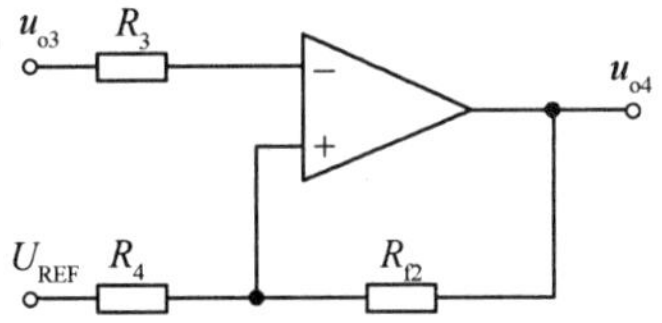

图 11-4-4　比较器

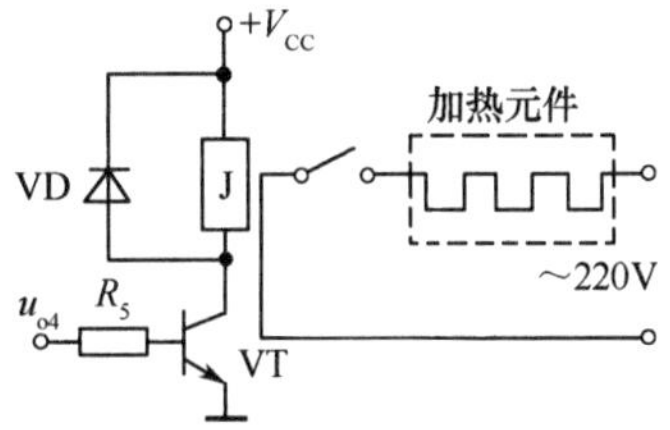

图 11-4-5　继电器驱动电路

（6）调试要点和注意事项。用温度计测传感器处的温度 T（℃），如 $T=27$℃（300K）。若取 $R=10k\Omega$，则 $u_{o1}=3V$，调整 U_R 的值使 $u_{o2}=-270mV$，若放大器的放大倍数为-10 倍，则 u_{o3} 应为 2.7V。测比较器的比较电压 U_{REF} 的值，使其等于所要控制的温度乘以 0.1V，若设定温度为 50℃，则 U_{REF} 的值为 5V。比较器的输出可接 LED 指示灯。把温度传感器加热（可用电吹风吹），在温度小于设定值前，LED 应一直处于点亮状态；反之，则熄灭。

如果控温精度不良或过于灵敏造成继电器在被控点抖动，可改变电阻 R_{f2} 的值。

4. 仪器设备及参考器件

（1）仪器设备：直流稳压电源、数字万用表、温度计和电吹风。

（2）参考器件：μA741、AD590，继电器或晶闸管，电阻、电容、电位器、二极管、三极管、发光二极管及其他。

5. 设计报告

（1）按照技术指标及要求，设计完整的系统框图及电路图。

（2）电路参数计算及方案论证。

（3）电路模块的分析。

（4）指标的测试方法及测试结果。

（5）心得体会。

第 12 章 数字电子技术课程设计

课程设计 12-1 简易数字频率计设计

1. 设计目的

（1）理解频率计的测频原理。

（2）掌握模拟、数字电路混合设计与调试的方法。

（3）进一步熟练掌握模拟器件和数字集成电路的应用。

（4）掌握芯片数据手册的查阅方法。

2. 设计内容

设计制作一套能测量并显示正弦波、方波和三角波信号频率的电路，具体要求如下。

1）设计指标

（1）测量信号种类：正弦波、方波、三角波。

（2）输入信号电压（$V_{p\text{-}p}$）：50mV～5V。

（3）测频范围：1～9999Hz。

（4）测频误差：±1Hz（当输入＜100Hz 时），±2%（当输入≥100Hz 时）。

2）设计要求

（1）系统电源不得超过±5V。

（2）电路设计建议使用 Proteus 虚拟仿真软件进行仿真验证。

（3）不允许使用测频模块或测频专用芯片。

3. 设计说明

数字频率计是一种用十进制数字显示被测信号频率的数字测量仪器，它的基本功能是测量正弦波、方波等周期信号的频率，用途非常广泛。

测量频率的基本方法：将周期信号转换为 TTL 信号，然后记录时间 T 秒内 TTL 信号的脉冲数量 N，最后通过运算公式 $f=N/T$ 即可得到信号的频率。如果将时间定为 1s，则 1s 内记录的信号脉冲数量 N 即该信号的频率值。

（1）设计方案一：使用基本的中规模数字器件可实现数字频率计的设计。数字频率计的基本原理框图如图 12-1-1 所示。

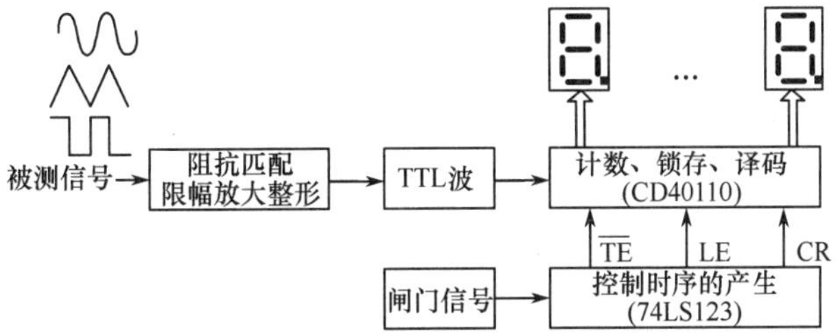

图 12-1-1 数字频率计的基本原理框图

由图 12-1-1 可知，数字频率计的工作流程为：被测周期信号经放大、整形后送入计数器，计数器在闸门信号的有效时间内，对输入信号的周期进行计数，将得到的计数值经处理后显示在数码管上。若选择闸门信号为1s，则计数值只需经过译码处理后显示在数码管上即得到的被测信号频率值。每次测得的数据在数码管上显示并保持一定的时间，直到获得新的被测信号频率后刷新显示。这样就完成一个计数、锁存、显示的过程，之后的测量则周而复始地进行。

根据频率计的工作原理，结合上述原理框图可得到数字频率计各控制信号的时序关系。数字频率计的工作时序如图12-1-2所示。

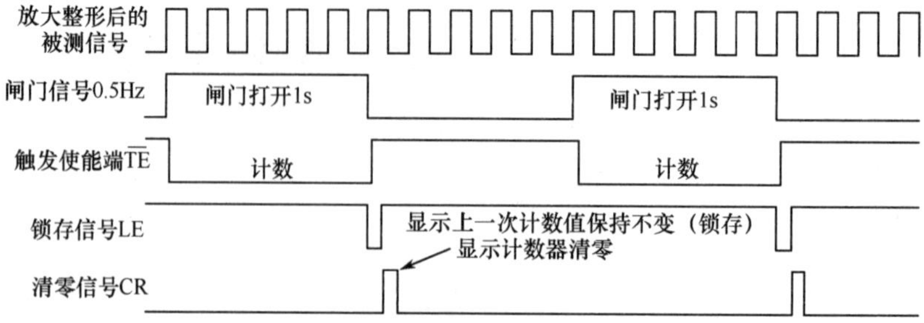

图12-1-2　数字频率计工作时序

（2）设计方案二：使用单片集成频率计芯片ICM7216D，只需外接少量的元件即可构成10MHz数字频率计。10MHz单片数字频率计电路如图12-1-3所示。

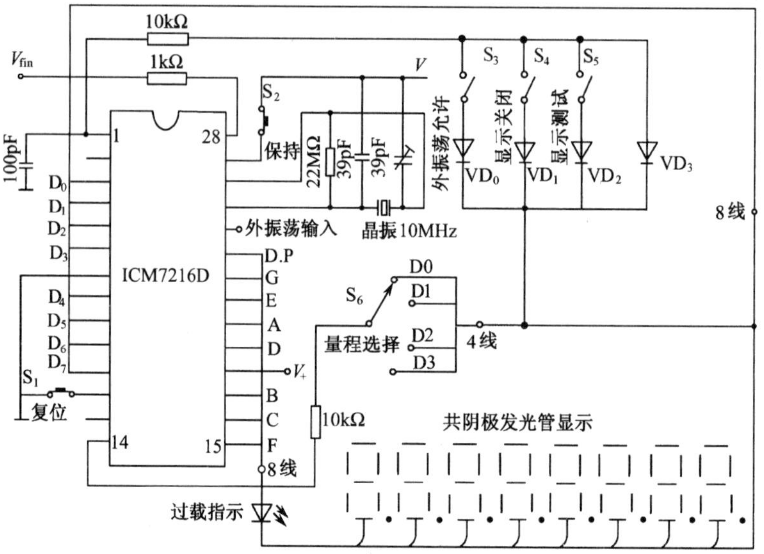

图12-1-3　10MHz单片数字频率计电路

（3）设计方案三：使用单片机或可编程逻辑器件进行频率测量，其框图如图12-1-4所示。使用该设计需要具备一定的程序基础，但其硬件结构简单，测频精度可通过修改程序方便地调整。

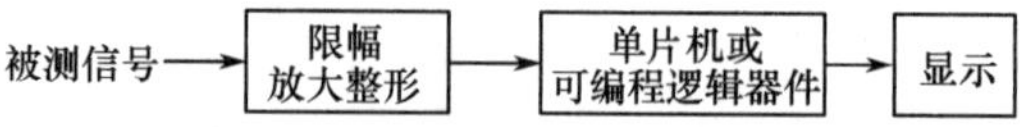

图12-1-4　单片机或可编程逻辑器件设计频率计框图

以上3种方案供设计者参考，选择方案时可根据实际条件进行选择。

4. 仪器设备及参考器件

（1）仪器设备：直流稳压电源、函数信号发生器、示波器、万用表及多功能计数器。

（2）参考器件（方案一）：七段共阴极数码管，CD40110、74LS123、NE555、LM358、LM311、

74LS74、74LS90、74LS04，电阻、电容、1N4148 二极管、晶振及其他。

5. 设计报告

（1）按照技术指标及要求，设计完整的系统框图、工作时序图及电路图。

（2）电路参数计算及方案论证。

（3）电路模块的分析。

（4）系统指标的测量。

（5）心得体会。

课程设计 12-2　数字时钟设计

1. 设计目的

（1）理解数字时钟的工作原理。

（2）熟练掌握中规模计数器芯片的综合应用。

（3）进一步熟练掌握复杂数字集成电路的设计与调试方法。

（4）掌握芯片数据手册的查阅方法。

2. 设计内容

设计制作一个能在数码管上显示时、分、秒，并能自动走时和手动调时的数字时钟，具体要求如下。

1）设计指标

（1）时钟：24 小时制。

（2）具备时、分、秒三级校时。

（3）上电后时钟自动运行。

（4）误差：优于 1s/h。

2）设计要求

（1）系统使用＋5V 电源供电。

（2）电路设计建议使用 Proteus 虚拟仿真软件进行仿真验证。

（3）不允许使用集成时钟芯片。

3. 设计说明

本设计要求制作一个简易的数字时钟，能实时显示时、分、秒，并且能进行时间的调整。

数字时钟通常可以分解为 4 个模块：秒信号产生模块、六十进制和二十四进制计数模块、显示模块和校时模块等。理解了各模块的含义及相互之间的信号衔接关系便可以设计出能自动走时的简易数字时钟。

（1）设计方案一：使用基本的中、小规模数字器件可进行数字时钟的设计，其基本原理框图如图 12-2-1 所示。

由图 12-2-1 可知，若要提高时钟的走时精度，则务必要提高秒信号的精确度。秒信号的产生电路多种多样。例如，由 NE555 构成的多谐振荡器可以产生秒信号；由晶振和非门组成的振荡电路经分频后可以产生秒信号；由专用的秒信号产生芯片也可以产生秒信号。其性能特点各不一样，建议设计者选择一种符合设计要求且性价比高的方案。

（2）设计方案二：使用单片机或可编程逻辑器件也可完成数字时钟的设计，其原理框图如图 12-2-2 所示。

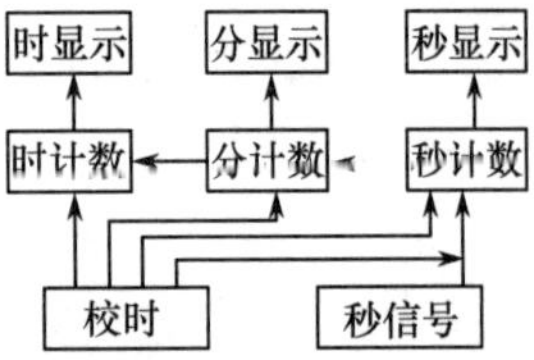

图 12-2-1 中、小规模数字器件设计数字时钟基本原理框图

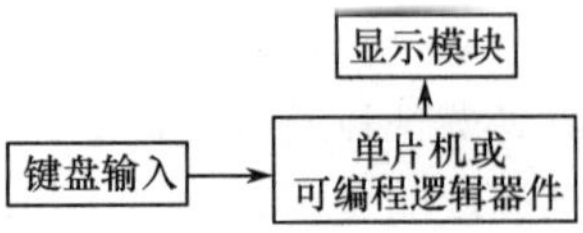

图 12-2-2 单片机或可编程逻辑器件设计数字时钟原理框图

该方案集成度较高，秒信号产生、计时和显示驱动均由单片机或可编程逻辑器件完成，在一定范围内进行功能的调整和精度的校正只需通过修改程序即可完成，但要求设计者具备一定的编程基础。

以上两种设计方案供设计者参考，制作时应根据提供的条件和实际情况进行选择。

4. 仪器设备及参考器件

（1）仪器设备：直流稳压电源、函数信号发生器、示波器、万用表、多功能计数器。

（2）参考器件（方案一）：七段共阳极数码管，74LS190、74LS74、74LS51、74LS00、74LS47、74LS04、74LS124、NE555，电阻、电容、晶振及其他元件。

5. 设计报告

（1）按照技术指标及要求，设计完整的系统框图、工作时序图及电路图。

（2）电路参数计算及方案论证。

（3）电路模块的分析。

（4）系统指标的测量。

（5）心得体会。

课程设计 12–3 数字电压表设计

1. 设计目的

（1）理解数字电压表的组成及工作原理。

（2）掌握数字电压表的设计与调试方法。

（3）掌握芯片数据手册的查阅方法。

2. 设计内容

设计制作一个测量和显示直流电压大小的电路，具体要求如下。

1）设计指标

（1）测量范围：直流，0～3V。

（2）显示分辨率：优于 0.02V。

（3）测量误差：±2%V。

（4）具有过量程指示。

2）设计要求

（1）系统允许使用±5V 电源供电。

（2）不允许使用集成电压测量模块。

3. 设计说明

电压表是进行电压测量的重要仪表，也是进行电路调试的好帮手。电压表通常由阻抗转换电路、测量电路、计算处理电路和显示电路组成。

（1）设计方案一：利用双积分电路设计而成的数字电压表，也称为双积分式数字电压表。该电压表包括模拟积分器、电压比较器、多路选择开关、主门及控制电路、计数及译码显示电路、时钟脉冲振荡器和主控脉冲振荡器等部分。双积分式数字电压表原理框图如图 12-3-1 所示。

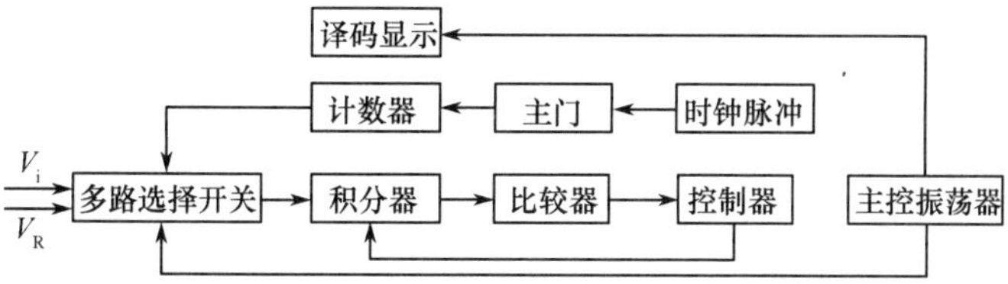

图 12-3-1 双积分式数字电压表原理框图

（2）设计方案二：使用 3 位半集成 A/D 转换器芯片 MC14433，只需要外加少量数字芯片和其他元器件便可以完成数字电压表的设计。3 位半数字电压表电路原理图如图 12-3-2 所示。

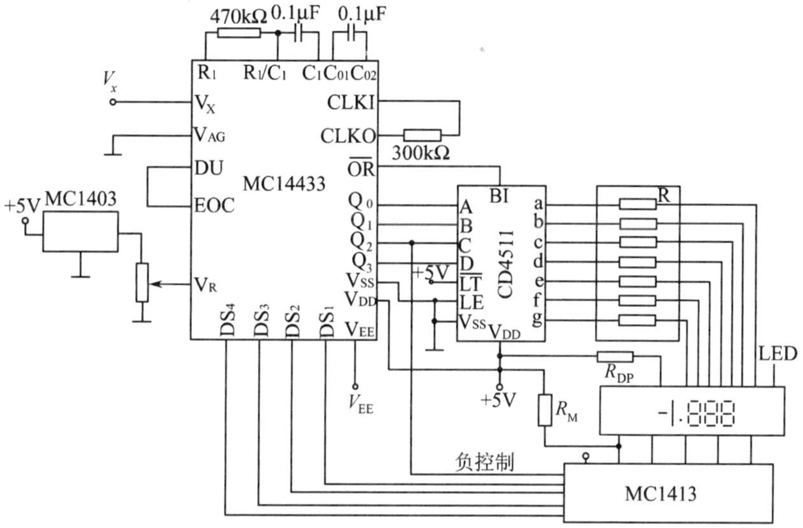

图 12-3-2 3 位半数字电压表电路原理图

该方案选用了集成 A/D 转换器芯片，并且芯片内还集成了数码管显示驱动电路，大大简化了设计难度。

（3）设计方案三：使用单片机和 A/D 转换器芯片进行设计，其原理框图如图 12-3-3 所示。被测电压信号通过 A/D 转换器后直接输出量化的数字信号，该数字量由单片机采集并计算处理后即可转化为电压值，同时，单片机控制显示器将电压值显示出来即可。该方案在进行数据处理和误差校正时比较方便，但要求设计者具有一定的编程基础。

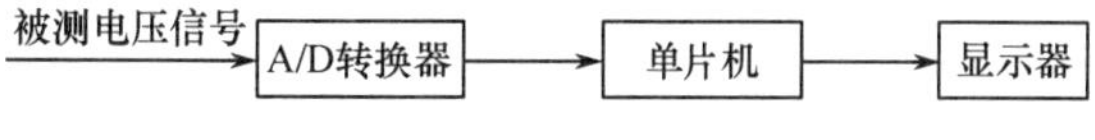

图 12-3-3 数字电压表原理框图

以上 3 种设计方案供设计者参考，制作时应根据实际条件进行选择。

4. 仪器设备及参考器件

（1）仪器设备：直流稳压电源、示波器、万用表。

（2）参考器件（方案一）：七段共阳极数码管，74LS190、74LS74、74LS374、74LS00、74LS47、CD4051、LM311、LM358，电阻、电容、电位器、稳压二极管及其他元件。

5. 设计报告

（1）按照技术指标及要求，设计完整的系统框图、工作时序图及电路图。

（2）电路参数计算及方案论证。

（3）电路模块的分析。

（4）系统指标的测量。

（5）心得体会。

课程设计 12-4　简易电容测试仪设计

1. 设计目的

（1）了解 555 芯片的内部结构，掌握其电路设计与应用。

（2）了解电容测量的基本原理。

（3）掌握电路系统设计与调试的方法。

（4）掌握芯片数据手册的查阅方法。

2. 设计内容

设计制作一个能测量和显示电容器容值大小的电路，具体要求如下。

1）设计指标

（1）测量电容范围：100pF～999nF。

（2）至少设计两个量程：1～999pF，1～999nF。量程切换可采取机械开关或按钮等实现。

（3）测量误差：±2%。

2）设计要求

（1）使用 3 位数码管显示测量结果，用红、绿两种颜色的发光二极管显示不同量程时的单位。

（2）使用通用电路板焊接完成该电路的制作，不允许使用集成模块和电容测量的专用芯片。

（3）电路设计建议使用 Proteus 虚拟仿真软件进行仿真验证。

3. 设计说明

电容测量是利用电容充放电的特性实现的，本设计中利用电容和单稳态电路，将电容的大小转换成电平脉冲的持续时间，通过计数器在单稳态脉冲持续时间内对某一基准频率进行计数，进而得到电容量的大小。电容测量仪原理框图如图 12-4-1 所示。

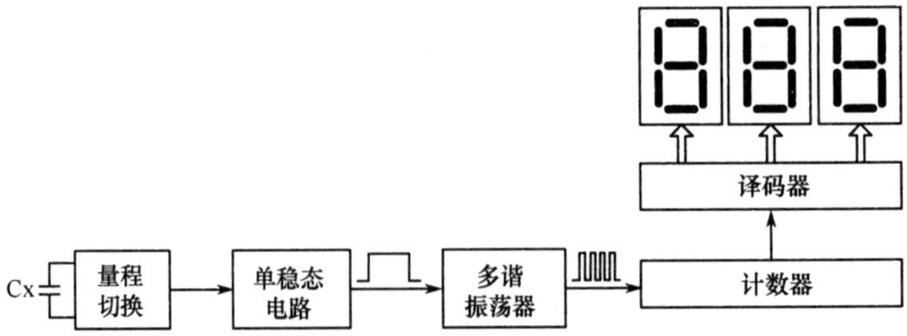

图 12-4-1　电容测量仪原理框图

（1）单稳态电路。实现单稳态电路的集成芯片很多，仅选择 555 时基电路即可达到设计的要求，将电容的变化转换为输出高电平脉冲宽度的变化。

（2）多谐振荡器。多谐振荡器的电路组成形式多样，此处可采用 555 时基芯片构成多谐振荡器，电路简洁、可靠。

（3）计数器及译码器。计数和译码电路主要对固定脉冲时间内多谐振荡器的振荡周期个数进行计数和译码。此设计可选择计数和七段译码一体的芯片 CD40110，也可使用 74LS161 计数器芯片与 74LS48 七段译码器组合或其他类似的芯片。

（4）显示器。采用数码管进行显示既简单又清晰，选择数码管或译码器时应注意一一对应，共阴极的数码管只能选用共阴极输出型的译码芯片进行组合。

4. 仪器设备及参考器件

（1）仪器设备：直流稳压电源、函数信号发生器、示波器、万用表。

（2）参考器件：NE555，74LS161、74LS48、CD40110、74LS00、74LS04 等，1 个七段共阴极数码管，电阻、电容、电位器、开关、发光二极管及其他元件。

5. 设计报告

（1）按照技术指标及要求，设计完整的系统框图及电路图。

（2）电路参数计算及方案论证。

（3）电路模块的分析。

（4）系统指标的测量及使用方法。

（5）心得体会。

第13章　高频电子技术课程设计

课程设计13-1　调频接收机的设计

1. 设计目的

（1）了解调频接收机的工作原理及组成。

（2）掌握调频接收机的设计方法。

（3）掌握调频接收机的测试方法。

2. 设计内容

设计装调一个能接收空中调频电台信号，并能解调出其中的语音信号，再经放大推动扬声器发声的调频接收机。具体要求如下。

1）设计指标

（1）频率范围：87～108MHz。

（2）灵敏度：优于10μV，选择性优于40dB。

（3）信噪比：≥50dB。

（4）频响：80～15000Hz，±1dB。

（5）失真度：80～15000Hz≤2%。

（6）输出功率：≥0.5W（负载8Ω）。

2）设计要求

（1）直流电源的参数不得超过9V/1A。

（2）自拟设计方案，画出电路原理图，列出元件清单，画出印制电路板图。

（3）在调时过程中要考虑采用高频电路三点跟踪的调试方法。

（4）测试并记录总机技术指标。

（5）为减小调试工作量，建议采用大规模集成电路完成。

3. 设计说明

调频接收机原理框图如图13-1-1所示，接收信号从天线输入，天线可用拉杆天线，总长度为1.5m，调试时可用1.5m的铜线代替。带通滤波器，可以自制，也可用成品，其频率范围为87～108MHz，带外抑制为20dB。高频放大一般采用共基极电路，输入阻抗低，便于与天线匹配。本振为LC正弦振荡电路，调谐电容可与高频放大调谐电容联调，采用双联可变电容器，也可采用变容二极管。本振频率 F_c=（87＋10.7）～（108＋10.7）MHz。本振信号与接收信号经过混频，差出10.7MHz中频信号，经过10.7MHz陶瓷中频滤波器，中频滤波器主要满足选择性的要求，且插入损失较大。中放放大器应具有足够大的放大倍数，对信号进行限幅，被放大的中频信号经解调电路，还原成音频信号，经过50μs的去加重网络，再经过低放和功放去推动扬

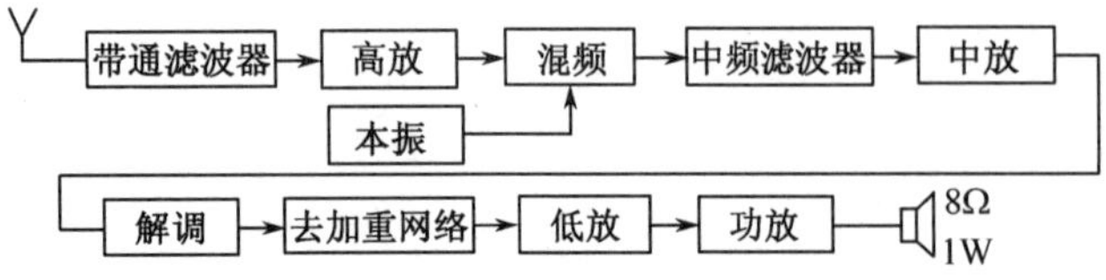

图13-1-1　调频接收机原理框图

声器发音，其参考原理图如图 13-1-2 所示。

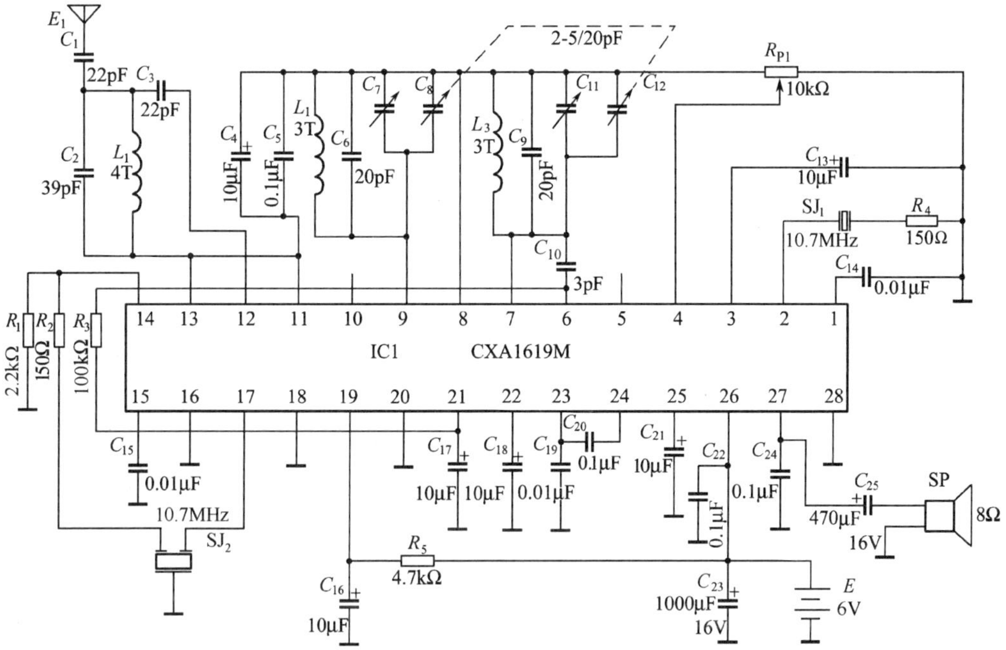

图 13-1-2　0.5W 调频接收机原理图

由于该电路复杂程度较大，实际制作时建议采用大规模集成电路，如 CXA1019/1191/1619，或者其他大规模集成芯片完成，以减小调试工作量，更好、更快地完成设计要求。

4. 仪器设备及参考器件

（1）仪器设备：函数信号发生器、扫频仪、频率计、示波器、失真度测试仪、万用表。

（2）参考器件：CXA1019/1191/1619，10.7MHz 陶瓷滤波器，导线、电阻、电容、电感若干，扬声器（1W，8Ω）。

5. 设计报告

（1）设计计算过程，并画出电路图。

（2）整理实验数据，画出陶瓷滤波器的幅频特性曲线。

（3）对实验结果进行分析讨论，写出心得体会及对本实验的建议。

课程设计 13–2　频率合成器的设计

1. 设计目的

（1）了解频率合成器的工作原理、组成。

（2）掌握频率合成器的设计方法和调试方法。

（3）培养综合应用电路的能力。

2. 设计内容

设计装调一个高频频率合成器。具体要求如下。

1）设计指标

（1）频率范围：87～108MHz。

（2）频率分辨率：100kHz。

（3）输出电压：$V_{P\text{-}P} \geqslant 3V$。

（4）频率稳定度：$\Delta f/f_0 < 10^{-5}$。

2）设计要求

（1）设计好线路，列出元器件清单。

（2）选择好测试仪器，拟定测试方法，根据设计的电路，安装并调试好电路。

（3）观察参考信号源的波形，测量参考信号的频率和 5min 内的频率稳定度。

（4）开环，测量 VCO 的频率和 5min 内的频率稳定度。

（5）使环路处于锁定，当可变分频器预置从 1739～2159 变化时，测出 VCO 相应的频率。

（6）当环路锁定在某一频率上，测量 VCO 在 5min 内的频率稳定度，并与参考信号源比较。

3. 设计说明

目前，频率合成器的应用已日益广泛，成为通信设备、广播电视设备、测试设备等的主要组成部分，使得从大量频率中选择某一工作频率变得极为精确又方便。频率合成的方法有两种，即直接式和间接式。目前应用最为广泛的是锁相式频率合成器。下面简单地对锁相式频率合成器进行介绍。

锁相式频率合成器基本组成框图如图 13-2-1 所示，它是由基本锁相环加上可编程序分频器构成的，所以又称为数字式频率合成器。

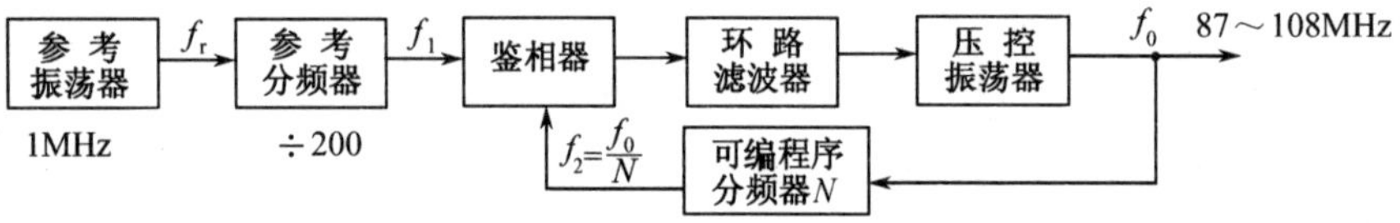

图 13-2-1 锁相式频率合成器基本组成框图

锁相频率合成的基本方法：锁相环路对高稳定度的参考振荡器锁定，环路串接可编程的程序分频器，通过编程改变程序分频器的分频比 N，从而得到 N 倍参考频率的稳定输出。

下面以目前应用比较广泛的调频广播发射机中锁相式频率合成器为例，进一步说明其工作原理。其锁相分频单元电路原理图如图 13-2-2 所示，压控振荡器如图 13-2-3 所示，这两个部分就组成了频率合成器，线路中预置开关预置的发射频率为 100MHz。

1）可编程序分频器（射频取样分频器）

可编程序分频器是由 10 分频器 IC_1 和可编程分频器 IC_2～IC_4 组成的。10 分频器采用一块 11C9D（也可采用 E12013）数字集成块，固定 10 分频，电平为 ECL 电平，但最后转换为 TTL 电平，送到可编程分频器上。可编程分频器由 3 块 SN74LS193 二进制计数器和 3 组四刀两位微型预置开关 S_1、S_2、S_3 组成。通过预置开关编程，可使分频次数在 1740～2160 内变化（实际上程序表为 1739～2159，间隔为 2），最后输出固定的 5kHz 脉冲信号。因此，分频次数的多少取决于发射频率的多少。具体公式如下。

理论分频次数

$$N=f_0/（Mf_N）$$

实际分频次数

$$N=f_0/50\text{kHz}-1$$

式中，f_0 为发射频率；M 为预分频次数（这里预分频 f_N 为基准比较频率，$f_N=5\text{kHz}$）。

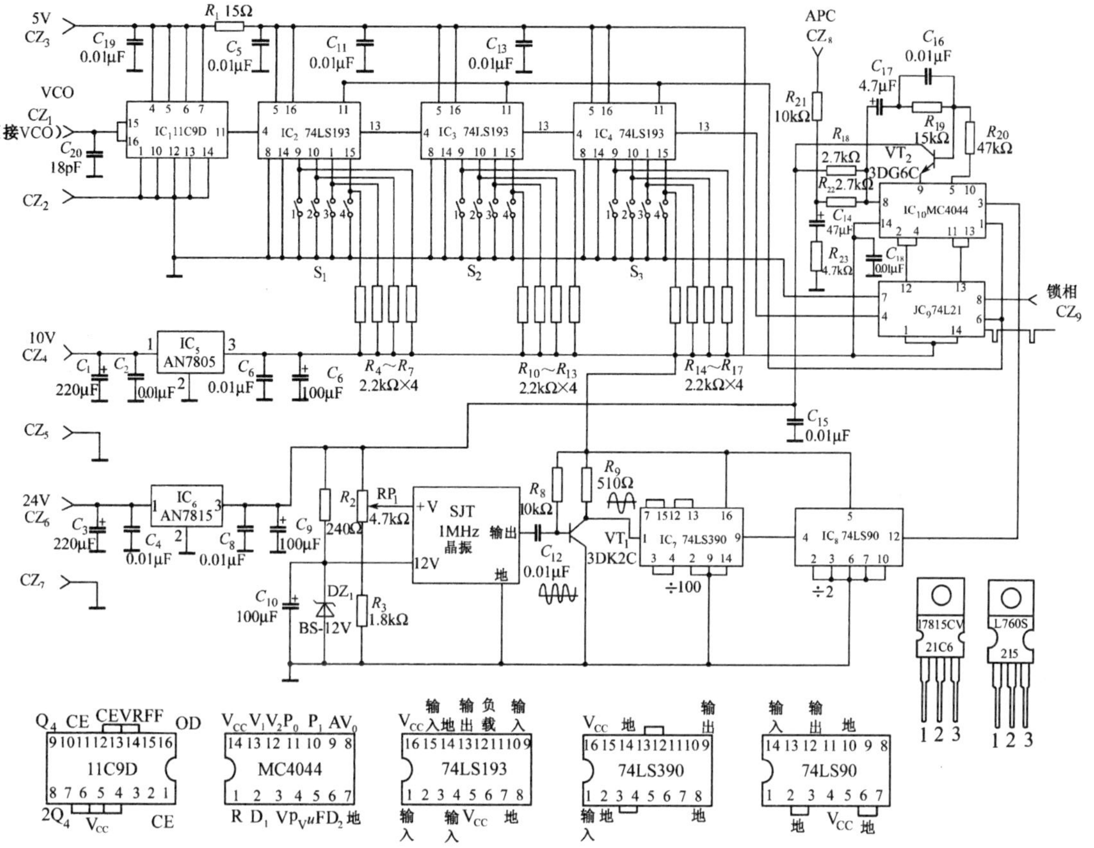

图 13-2-2 锁相分频单元电路原理图

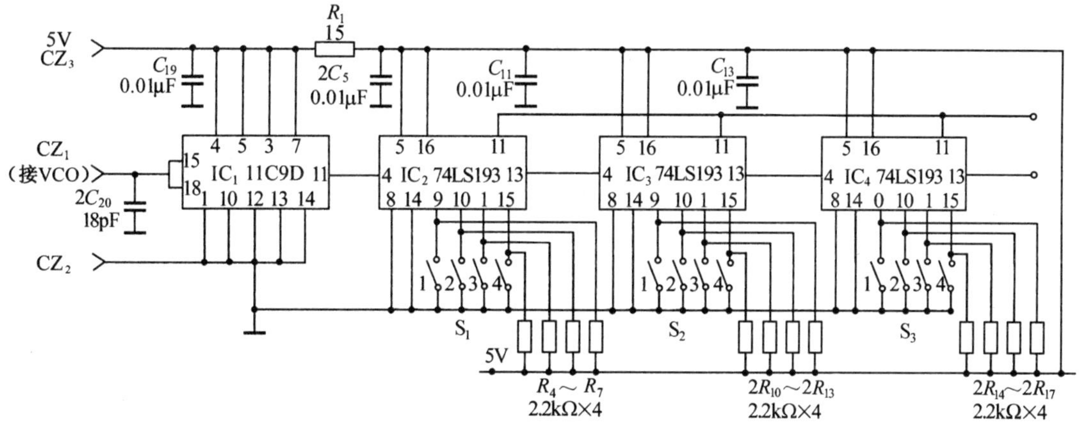

图 13-2-3 压控振荡器

由于相邻发射频率相差 0.1MHz，因此相应分频间隔为 2，另外因为“0000，0000，0000”为一状态，所以实际编程数需减 1，即 $20f_0$（MHz）−1 次。

一块 74LS193 最大只能构成十六进制减法计数器，而对于 1740～2160 次分数，就需由 3 块 74LS193 组成 3 位十六进制计数器来完成。

S_3、S_2、S_1 分别是 IC_4、IC_3、IC_2 的输入预置数，有 4 位 $(DCBA)_2$。因此，在确定分频次数 N 时，先将十进制数转化为十六进制数，对应 S_3、S_2、S_1 数再转化成二进制数，由此确定 S_3、S_2、S_1 各开关的位置。

例如：当发射频率为 100MHz 时，求程序分频编程是多少？

解：分频次数 $N=20f_0-1=20\times100-1=1999$ 次

$$1999\div16=124\ \cdots\ 余15=S_1$$
$$124\div16=7\ \cdots\ 余12=S_2$$
$$7=S_3$$

事实上，$N=(7CF)_{16}=1999$

因此，IC_2 的预置数为 $S_1=(F)_{16}=(1111)_2=(DCBA)_2$

IC_3 的预置数为 $S_2=(C)_{16}=(1100)_2=(DCBA)_2$

IC_4 的预置数为 $S_3=(7)_{16}=(0111)_2=(DCBA)_2$

所以，由上述得出 100MHz 的实际编程数是 1999。

程序编码为 $S_1=1111$　　$S_2=1100$　　$S_3=0111$

即　　$(\underbrace{0111}_{S_3}\underbrace{1100}_{S_2}\underbrace{1111}_{S_1})$

开关预置 on 为 0，预置 off 为 1（0 为低电平 0V，1 为高电平 5V）。把 S_1 上的 1、2、3、4 开关拨到 off 处即为 1111；把 S_2 上的 1、2 开关拨到 off 处，3、4 开关拨到 on 处即为 1100；把 S_3 上的 1 开关拨到 on 处，2、3、4 开关拨到 off 处即为 0111。射频取样分频器框图如图 13-2-4 所示。

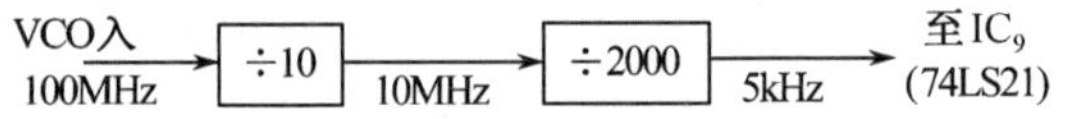

图 13-2-4　射频取样分频器框图

2）**可编程分频器** 74LS193

可编程分频器 74LS193 的接线图如图 13-2-5 所示。它是一个预置 N 进制的计数器，这里称为 N 分频器。只要在输入端 D、C、B、A 上预置数字电平“0”或“1”，则构成 N 进制减法计数器，$N=(DCBA)_2$。若预置十二进制减法计数器，则 D 端＝C 端＝1，B 端＝A 端＝0，即 D、C 端输入＋5V 电平，B、A 端输入 0V 电平，可通过开关 S 预置，开关 S 的 1、2 拨到 off 处，3、4 拨到 on 处。当 74LS193 的 4 脚（减计数 CP）输入正脉冲信号，频率为 f，初始状态为 12，减法计数到 $Q_DQ_CQ_BQ_A=0000$ 时，13 端借位输出一负脉冲，经与门电路 IC_9 触发 11 脚进行置数操作，使 $Q_DQ_CQ_BQ_A=DCBA=1100$，此时减法计数器从 12 开始，下一个脉冲到达时，计数器开始做减法计数，经过 12 个脉冲以后，计数器状态回到 $Q_DQ_CQ_BQ_A=0000$ 状态，输出借位脉冲，进行置数操作，这样循环往复。1 位十二进制减法计数器时序图如图 13-2-6 所示。SN74LS193（预置十二进制时）工作顺序如表 13-2-1 所示。

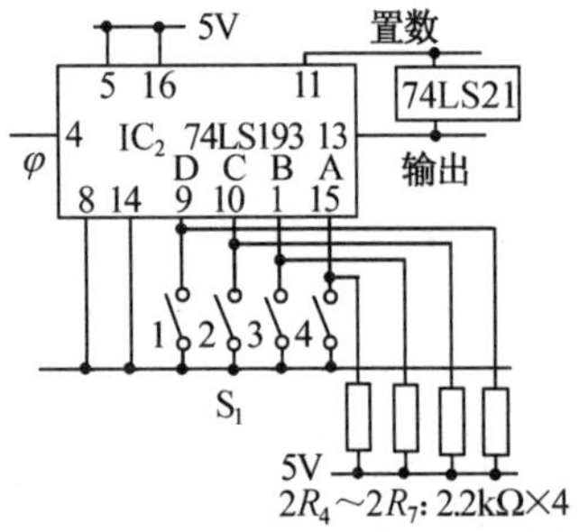

图 13-2-5　可编程分频器 74LS193 的接线图

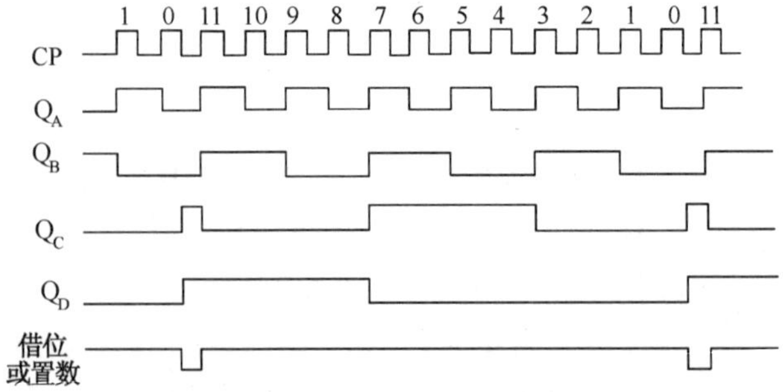

图 13-2-6　1 位十二进制减法计数器时序图

表 13-2-1　SN74LS193（预置十二进制时）工作顺序

CP 脉冲	Q_A	Q_B	Q_C	Q_D	借位脉冲（13 脚）	置数脉冲（11 脚）
初态	0	0	1	0	1	0
1	0	0	0	1	1	0
2	0	0	0	0	1	0
	1	1	0	0	⊔	⊔
0	1	0	1	1	1	0
1	1	0	1	0	1	0
2	1	0	0	1	1	0
3	1	0	0	0	1	0
4	0	1	1	1	1	0
5	0	1	1	0	1	0
6	0	1	0	1	1	0
7	0	1	0	0	1	0
8	0	0	1	1	1	0
9	0	0	1	0	1	0
10	0	0	0	1	1	0
11	0	0	0	0	1	0
	1	1	0	0	⊔	⊔

3）**参考晶振分频器的组成**

参考晶振分频器是由供电电路、晶振器和整形电平转换电路及分频器组成的，其电路原理图如图 13-2-7 所示。SJT 是具有温度补偿装置的晶体振荡器，振荡频率为 1MHz。供电电压是＋12V，由 24V 供电电路提供，供电电路将＋15V 直流电压经 R_2、C_{10}、VD_1 串联稳压后，在 VD_1 稳压管正端输出稳定的＋12V 电压给晶振器，晶振器的＋V 端由 R_{P1} 和 R_3 分压提供，微调 R_{P1}，可使晶振频率得到微调，从而得到较准确的 1MHz 参考频率。整形电路由 VT_1、R_3、R_4 组成，目的是把晶振器输出的 1MHz 正弦波整形成近似方波，并把晶振器输出电平转换成 TTL 电路电平，以触发 74LS390 固定 100 分频，再触发 74LS90 固定的 2 分频，即将 1MHz 晶振进行固定 200 分频后变成 5kHz 方波脉冲，作为参考频率，送鉴频/鉴相器 MC4044 与射频取样分频器输出的 5kHz 脉冲进行比较。

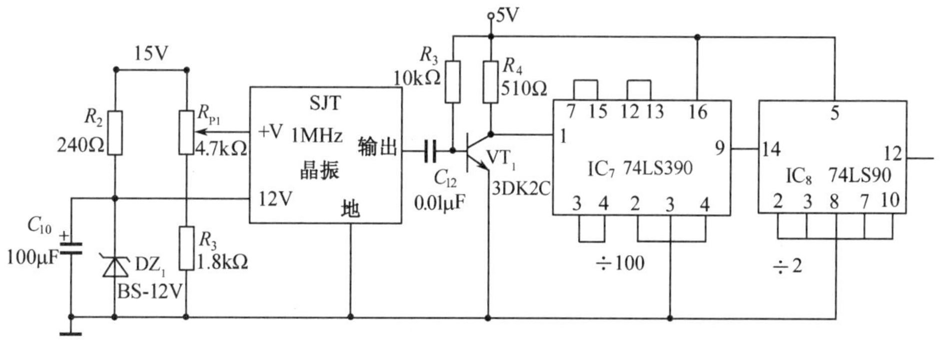

图 13-2-7　参考晶振分频器电路原理图

4）**鉴相器**

鉴相器由 MC4044 构成，它是一种新型数字式鉴频/鉴相中规模集成电路，具有鉴频和鉴相的功能，不需要辅助捕捉电路即能实现宽带捕捉和保持。此集成电路包括比相器、恒压泵电路和达林顿电路三部分。比相器主要对两路信号进行相位比较，由相位差大小决定输出脉冲宽度。泵源电路是将输入的脉冲电压宽度转换成电流形式输出。达林顿电路是由两级晶体管组成的。

MC4044 内部电路原理图如图 13-2-8 所示。

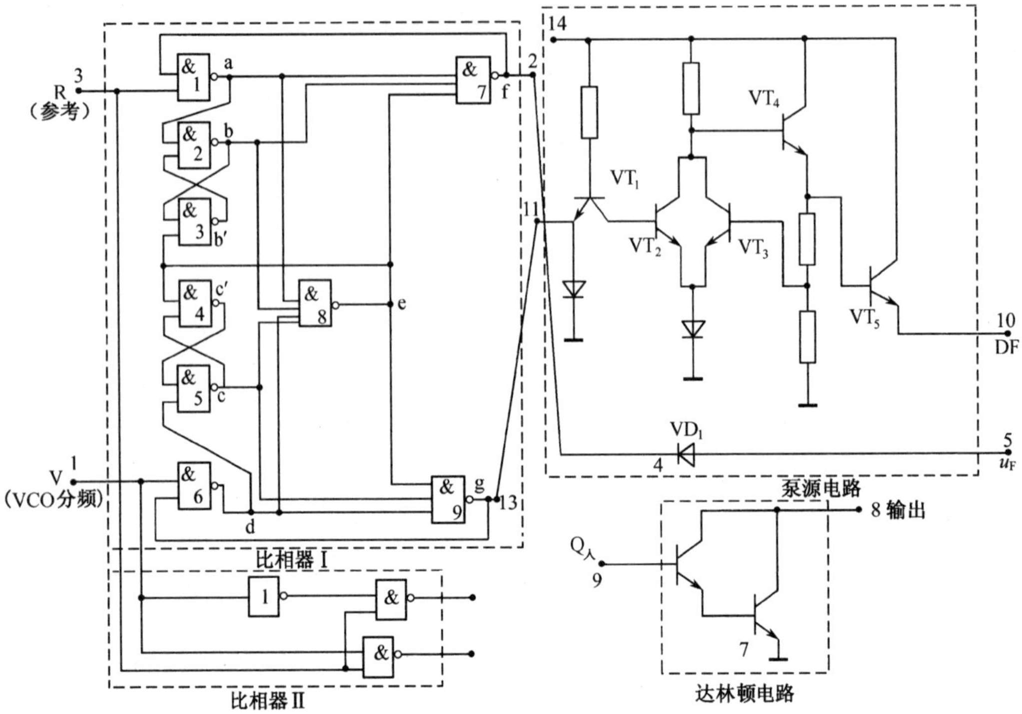

图 13-2-8　MC4044 内部电路原理图

比相器由比相器 I 和比相器 II 两部分组成，实际只使用比相器 I，其原理为：比相器 I 由 9 个"与非"门组成，门 1 及门 7、门 6 及门 9 组成一个 R-S 触发器，门 2 及门 3、门 4 及门 5 各组成 R-S 触发器，R、V 分别表示基准信号（参考信号）和压控振荡器分频信号 5kHz 的输入端，f、g 为其输出端。

首先介绍 R-S 触发器的原理，如图 13-2-9 所示。

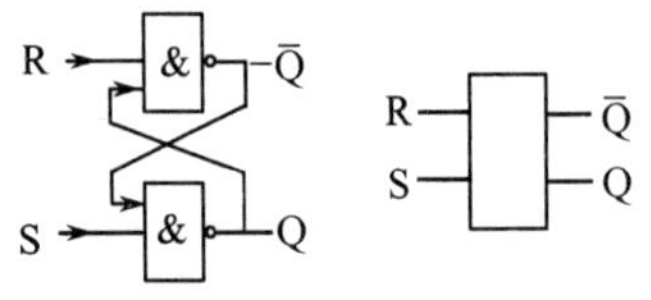

R–S触发器的结构　　R–S 触发器的符号

逻辑输入		输出
S	R	Q^{n+1}
0	0	Q^n 不定
0	1	1
1	0	0
1	1	Q^n

图 13-2-9　R-S 触发器的结构、符号及真值表

R-S 触发器由两个与非门组成，当两个输入端为 1 时，输出状态不变。当 R=0，S=1，则 Q = 0。当 R=1，S=0，则 Q=1。R-S 触发器实质是一个存储单元。

比相器 I 上各点逻辑关系如下。

$$a=\overline{R\cdot f},\ d=\overline{V\cdot g},\ f=\overline{a\cdot b\cdot e},\ g=\overline{c\cdot d\cdot e},\ e=\overline{a\cdot b\cdot c\cdot d}$$

由上述关系式可知：

① e 总是高电平。因为 a、b、c、d 中实际总有一个低电平，所以 e 为高电平。假如 e 为低电

平，则 a、b、c、d 必然都为高电平。而 e 为低电平，由图 13-2-8 所示的比相器 I 可知，b′、c′必然为高电平，这样，使 a 与 b、c 与 d 必然相反，与假设 e 为低电平矛盾，从而可以证明 e 不可能为低电平。

② f、g 不可能同时为低电平。因为 e 总是高电平，所以 a、b、c、d 不可能同时为高电平，f、g 就不可能同时为低电平。

③ f、g 可以同时为高电平。

④ f、g 可以一个是高电平，一个是低电平。

由比相器 I 部分逻辑图画出在输入信号各种情况下的波形，如图 13-2-10 所示。设输入信号占空比为 1∶1，从图中可以看出，不管 f_R 和 f_V 之间存在相位差还是频率差，输出误差脉冲起始于先后来到的两个输入脉冲的下降沿。

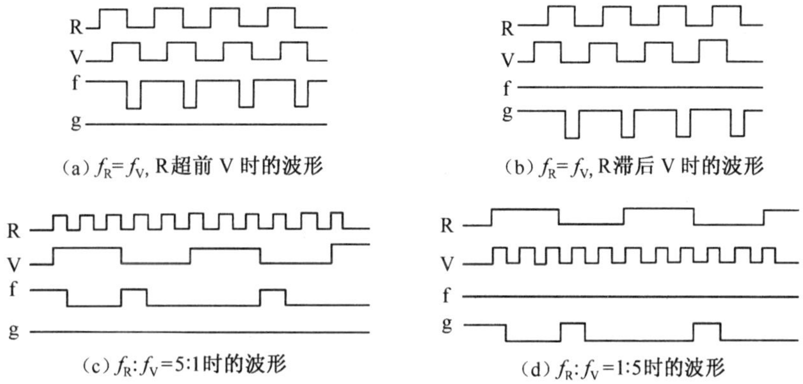

图 13-2-10　在输入信号各种情况下比相器 I 的波形图

① 在 $f_R=f_V$ 情形下，f_R 相位超前 f_V，则 f 端输出负脉冲，g 端输出稳定的高电平。设 θ_e 为负脉冲的宽度，V_m 为脉冲幅度，则比相器部分输出电压为

$$V_0=V_g-V_f=V_m\theta_e/2\pi$$

② 当 f_R 相位滞后 f_V（$f_R=f_V$），则 f 端输出脉冲始终为高电平，g 端有负脉冲输出。此时，比相器部分输出电压为

$$V_0=V_g-V_f=-V_m\theta_e/2\pi$$

由以上两个公式可以得到鉴相特性如图 13-2-11 所示。

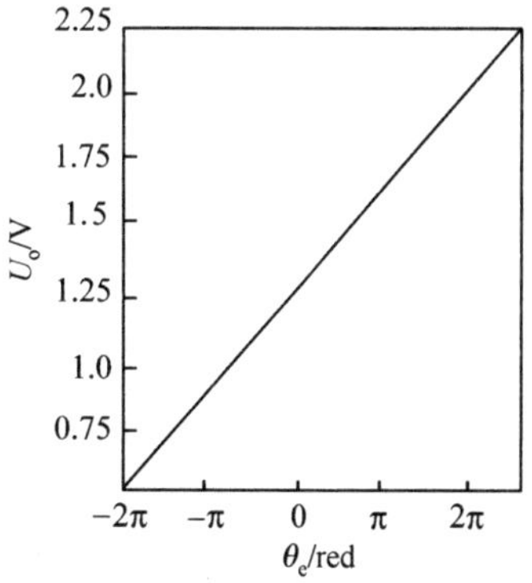

图 13-2-11　鉴相特性

输出负脉冲宽度 θ_e 包含两个输入信号的相位信息，相位差越大，输出负脉冲宽度越宽，最后比相器部分输出脉冲幅度最大。

鉴相灵敏度：$K_a = dV_0/d\theta_e = V_m/2\pi$

MC4044 的鉴相灵敏度为 0.12V/弧度，其鉴相范围为± 2π。

③ 当 $f_R \neq f_V$ 时，比相器部分以鉴频方式工作。当 $f_R > f_V$ 时，f 端输出负脉冲，g 端输出高电平。比相器部分输出电压为

$$V_0 = V_g - V_f = V_m（1 - f_V/f_R）$$

式中，f_R 为 R 端输入信号频率；f_V 为 V 端输入信号频率；V_m 为脉冲的幅度。

④ 当 $f_R \neq f_V$，且 $f_R < f_V$ 时，f 端输出高电平，g 端输出负脉冲。比相器部分输出电压为

$$V_0 = V_g - V_f = V_m（f_R/f_V - 1）$$

因此，频率相差越大，输出电压越大。

由上述分析可知，MC4044 鉴相器既有鉴相能力，又有鉴频能力。

MC4044 有一个泵源电路，它有两个输入端与比相器部分两个输出端相连，泵源输出端直接与有源滤波器相连，比相器 f 端与泵源 VD_1 负极相连，当 f 端为低电平时，VD_1 导通；当 f 端为高电平时，VD_1 截止。比相器 g 端与 VT_1 的发射极 e 相连，当 g 端为低电平时，VT_1 的 be 结导通，VT_2 的 b 极电位降低，VT_2 导通减弱，其 c 极电位升高，促使 VT_4、VT_5 导通加强。VT_3 的 b 极电位取自 VT_4 的 e 极电阻一部分。由于 VT_3 与 VT_2 组成具有恒流作用的差分放大器，这样促使 VT_3、VT_2 的电流重新分配，达到新的平衡，使 VT_5 持续地输出电流。当 g 端由低电平转为高电平时，VT_1 的 be 结截止，VT_2 的 b 极电位升高，VT_2 导通，VT_4、VT_5 截止。由此，泵源电路起着一个开关作用，它输出一个恒定电流，其持续时间对应于比相器输出脉冲宽度。这个电流送到有源滤波器中，使 VT_2 和达林顿管导通，C_{17} 充电，如图 13-2-12 所示。这个电流持续时间越长，C_{17} 充电电压越大，这个电流结束后，VT_2 和达林顿管就截止，有源滤波器输出电压为 MC4044（8 脚）C_{17} 上的电压。

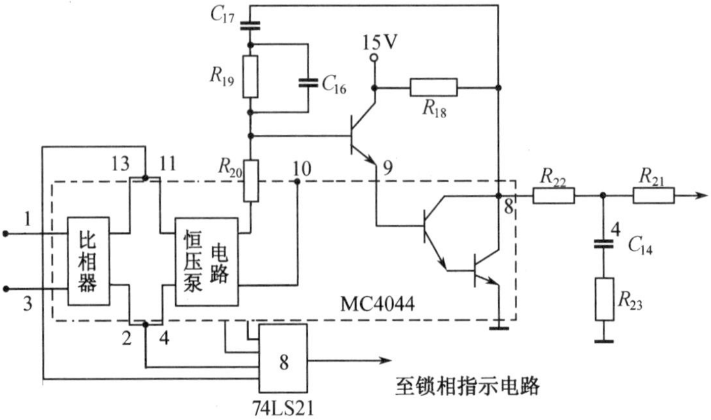

图 13-2-12　MC4044 外部电路

有源滤波器由 VT_2 跟随器和 MC4044 内部达林顿管组成。它是一个并联电压负反馈放大器，负反馈支路对高频成分反馈量很大，使得增益减小。对低频反馈量小，增益大，从而起到滤除高频成分的作用。由 R_{22}、R_{21}、C_{14}、R_{23} 组成 T 形的低通滤波器，使输出只保留直流成分。

为什么鉴相器后面要加入有源滤波器、低通滤波器组成环路滤波器呢？因为锁相稳频系统是一个相位反馈系统，其反馈目的是使 VCO 的振荡频率自有偏差的状态逐步过渡到准确的标准值。另外，VCO 本身又是调频，也就是说，VCO 的瞬时频率总是偏离其标准值的，那么锁相环路是否会把这种频率偏移抑制掉呢？我们认为，如果不采取措施，锁相环会把这种频率偏移抑制掉，这是不符合调频要求的。从调频理论知道，调频时引起相位偏移与调制信号的角频率成反比，频率越低，相位偏移越大，因此锁相环路反馈量就越大。也就是说，随着调制音频信号的频率不同，锁相环路

反馈就不同，对 VCO 调频功能抑制程度不同，特别是低音频段抑制更为强烈。另外，鉴相器的输出是一个脉冲波，要变成一个直流电压去控制 VCO 就需要平滑滤波器，把所有脉冲的交流成分（包括基波及其各次谐波）全部滤除，保留其直流成分。对滤波器的要求是严格的，因为只要有残留交流成分存在，它送到 VCO 就会产生调频噪声，这是不允许的。所以，一般在鉴相器的输出端加入一套环路滤波器。环路滤波器包括一级有源滤波器和一级低通滤波器，以滤除比相器输出脉冲的基波和谐波成分，其总幅频特性的通带在几赫兹以下，以阻止调制的音频信号再送到 VCO 起调制反作用，既保证锁相环路调整只控制载频处于准确的标准值，又不影响调频。

射频取样分频器和参考晶振分频器输出的脉冲分别送至 MC4044 的 1、3 脚上，由后沿触发比相器工作。当两个频率不同或相位不同时，比相器 13 脚或 2 脚有低电位脉冲输出，两者（两个频率）相差越大，低电位的脉冲就越宽。13 脚或 2 脚分别分两路输出：一路送到 74LS21 的 12、13 脚的四与门输入端，使 8 脚（输出端）为低电平去控制锁相指示电路，锁相指示灯不亮；另一路经泵源电路控制有源滤波器的充放电，输出一个与低电位脉宽成比例的误差电压，该电压由 R_{22}、C_{14} 和 R_{23} 组成低通滤波器，作为 V_{APC} 送到 VCO 的变容管 VD_1、VD_2 之间，使振荡中心频率和相位产生相应变化，反复循环，最终使其回到由参考晶振所决定的频率和相位上，实现相位锁定。此时使 74LS21 的 12、13 脚都为高电平，其 8 脚输出一个负尖脉冲（长时间高电平）去控制锁相指示电路，锁定后锁相指示灯亮，如图 13-2-12 所示。

5）**压控振荡器** VCO

压控振荡器（VCO）电路原理图如图 13-2-13 所示。它属于电感三点式振荡器，用低噪声场效应管 J310 作为振荡管，用两对变容二极管直接接入振荡回路作为压控器件。

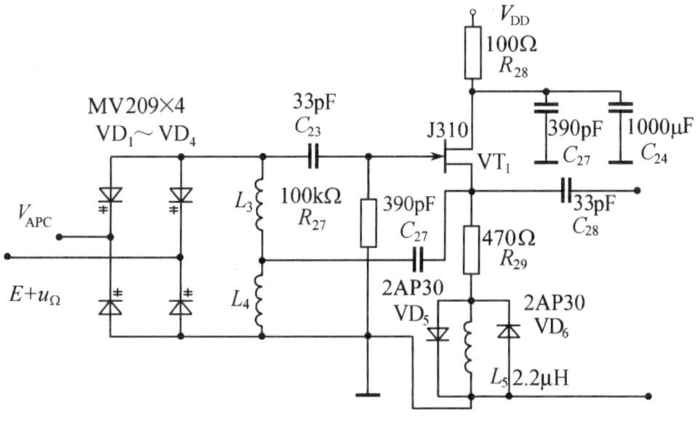

图 13-2-13　压控振荡器电路原理图

图 13-2-13 所示电路可以简化成图 13-2-14 所示的电路。

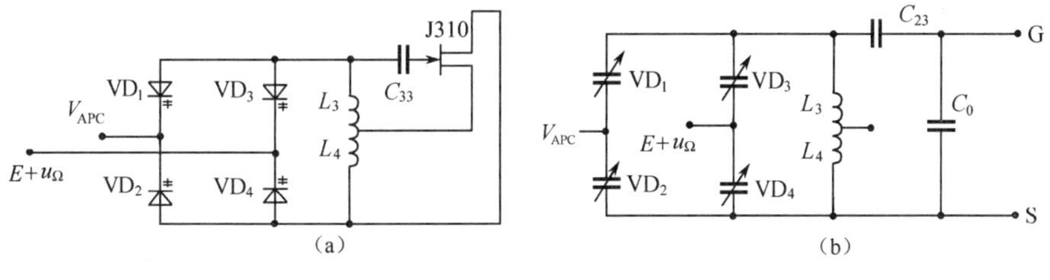

图 13-2-14　压控振荡器简化电路

其振荡频率为

$$f_0=1/2\pi(LC)^{1/2}$$

式中，$L=L_3+L_4+2M$，$C=1/2(C_{VD1}+C_{VD3})+C_0/\!/C_{23}$。

由于变容二极管的特性曲线，当 u_Ω 变化时，C_{VD3}、C_{VD4} 也随着 u_Ω 而变化，因此 f 也随着变化而形成调频波。

4. 仪器设备及参考器件

（1）仪器设备：函数信号发生器、直流稳压电源、频率计、示波器、数字万用表。

（2）参考器件（主要器件）：MC4044、E12013（或 11C9D）、74LS193、74LS90、74LS390、74SL21，场效应管 J310，晶振 1MHz，变容二极管 MV209。

5. 设计报告

（1）设计计算过程，并画出电路图。

（2）整理实验数据，描绘参考信号和 VCO 的频率随时间变化的曲线。

（3）对实验结果进行分析讨论，并写出心得体会及对本实验的建议。

课程设计 13–3　调频发射机的设计

1. 设计目的

（1）了解调频发射机的工作原理及组成。

（2）掌握调频发射机的设计方法。

（3）掌握调频发射机的调试及测试方法。

2. 设计内容

设计装调一个调频发射机。具体要求如下。

1）基本部分

（1）发射频率：100MHz。

（2）发射半径：>10m。

（3）发射功率：>10mW。

（4）供电电源：<5V。

（5）天线：<50cm。

（6）输入方式：MIC 和 3.5mm 单声道接口。

2）发挥部分

（1）供电电源：1.5V。

（2）发射半径：>50m。

（3）发射频率：80MHz、90MHz、100MHz、105MHz 可选。

3）设计要求

（1）设计好线路，列出元器件清单，画出电路印制板图。

（2）拟订好测试方案，列出所需的仪器清单。

（3）测试总机技术指标。

（4）不允许使用调频发射模块。

3. 设计说明

本设计要求制作调频小功率发射机，通常小功率发射机采用直接调频方式实现。小功率调频发射机原理框图如图 13-3-1 所示。

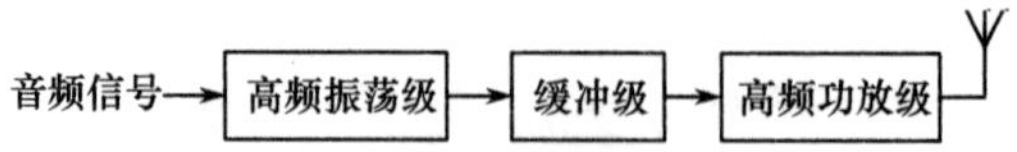

图 13-3-1　小功率调频发射机原理框图

图中“高频振荡级”主要是产生频率稳定、中心频率符合指标要求的正弦波信号，且其频率能受到外加音频信号电压调变；“缓冲级”主要是对调频振荡信号进行放大，以提供末级所需的激励功率，同时对前后级起一定的隔离作用，从而避免末级功放的工作状态变化直接影响振荡级的频率稳定度；“高频功放级”的任务是确保高效率输出足够大的高频功率，并馈送到天线进行发射。

由于设计和调试具有一定的难度，建议采用集成芯片（如 BA1404、BH1415、BH1417 等）进行电路设计，以减小调试工作量。

4. 仪器设备及参考器件

（1）仪器设备：函数信号发生器、扫频仪、频率计、示波器、数字万用表及调频收音机。

（2）参考器件：三极管 9014、9018，漆包线、电阻、电容、电位器、驻极体话筒、耳机插座，集成芯片 BA1404。

5. 设计报告

（1）设计方案论证。

（2）各模块参数计算及电路图。

（3）写出心得体会及对本实验的建议。

第14章 电子技术综合课程设计

课程设计14–1 声光控制节电开关设计

1. 设计目的

（1）掌握声光控制节电开关的设计、组装与调试方法。

（2）熟悉模拟分立元件的使用、数字集成电路的应用及数据手册的查阅方法。

（3）掌握声、光传感器的工作原理及应用。

（4）掌握秒计时信号的产生方法。

2. 设计内容

设计制作一个能根据光线强弱和声音大小控制电灯开启与关闭的电路，具体要求如下。

1）设计指标

（1）光线强度控制：白天开关不工作，夜间开关工作。

（2）声音控制：击掌声音可触发开关开启。

（3）开关导通指示：LED发光二极管。

（4）开关导通时间：每次有效触发导通时间为6s，不可重复触发。

（5）显示：开关导通用LED发光二极管指示，数码管显示开关每次触发的时间。

2）设计要求

（1）可使用基本的模拟器件和中小规模数字集成芯片完成，也可采用模拟电路与单片机结合完成，各小组根据实际情况自行选择一种方案完成设计。

（2）电源无须自制，但系统供电只允许使用单电源，并且电压不得超过＋5V。

（3）所有电路要求使用通用电路板进行焊接，不得借助购买的模块或实验箱。

（4）电路设计建议使用Proteus虚拟仿真软件进行仿真验证。

3. 设计说明

声光控制节电开关的产品外形如图14-1-1所示，本设计的声光控延时开关电路原理框图如图14-1-2所示。模拟电路部分主要完成声音信号的采集、放大与整形，光信号强度的采集与比较等。数字电路部分则主要完成计时与显示等功能。

图14-1-1 声光控制节电开关的产品外形

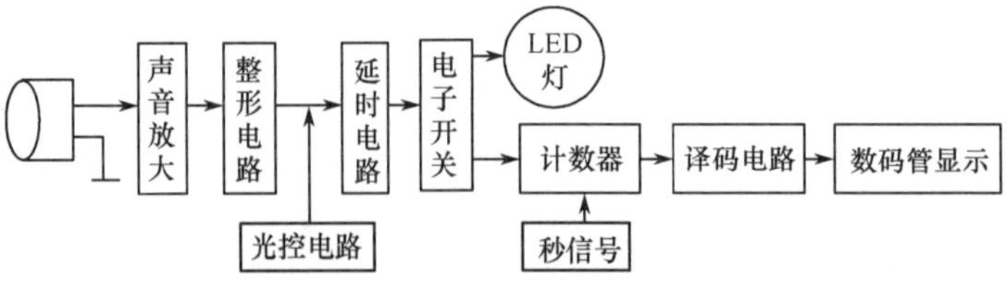

图14-1-2 声光控延时开关电路原理框图

系统的工作流程为：白天条件下，无论声音强度多大，开关始终处于断开状态，即发光二极管（LED灯）处于熄灭状态，且数码管也处于熄灭状态；黑夜环境中（用黑色套管套住感光器件模拟黑夜环境），当声音强度大于某设定值时，发光二极管（LED 灯）点亮，计时电路开始工作，数码管实时显示计时时间，待 6s 时间到，发光二极管（LED 灯）熄灭，数码管也随之熄灭；反之，当声音强度小于某设定值时，发光二极管保持熄灭状态，数码管也保持熄灭状态。

1）**声音传感器**

声音传感器主要是将声音信号转变为电信号，通常需要配合一定的外围电路共同完成此功能。较为常见的声音传感器主要为驻极体话筒（话筒芯），其外形及典型电路可参考图 14-1-3，它内置了一个场效应管，通过简单的外围电路即可将声音信号转化为电压信号，使用非常方便。

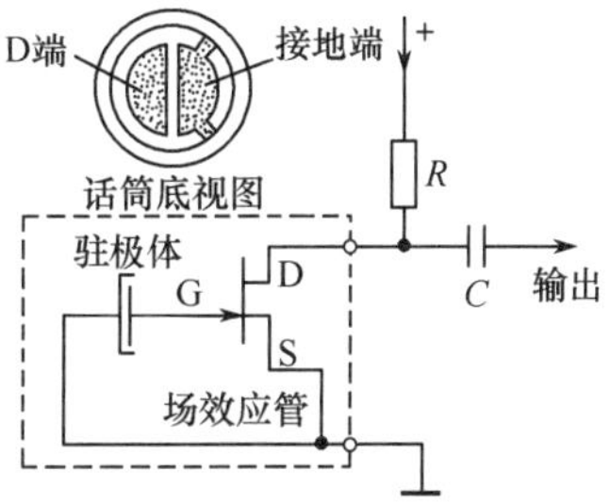

图 14-1-3　驻极体话筒的外形及典型电路

2）**光强度传感器**

光强度传感器的种类很多，既有数字接口的，也有模拟的。

数字式光强度传感器通常使用在要求较高的场合，测量精度高，能进行定量的测量，但价格也比较高。数字式光强度传感器通常还需要配合 CPU 才能进行数据的读取，使用较为复杂，此处不具体讲述。

模拟光强度传感器应用广泛，典型的代表就是光敏电阻。光敏电阻就是将光强度直接转化为电阻大小的一种传感器，其特性为：通常情况下，在光强度较高时呈现的电阻较小；反之，则电阻较大。光敏电阻在电路中使用起来非常方便，只需串接一个电阻后接入电源即可将光强度转化为电压值。光敏电阻的外形、结构及典型电路如图 14-1-4 所示。

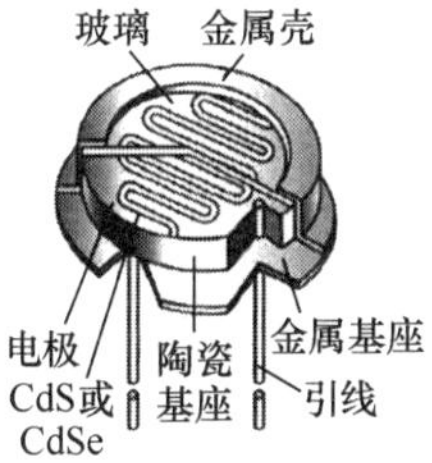

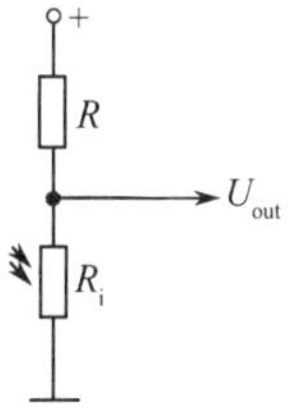

图 14-1-4　光敏电阻的外形、结构及典型电路

3）**放大电路**

基本的放大电路通常由三极管和电阻、电容等组成，主要包括共发射极放大电路、共集电极放大电路和共基极放大电路，称这类电路为分立元件组成的放大电路。这类放大电路的性能受外围参数、布局、布线及环境条件等的影响较大，使用过程中调试参数较为麻烦，但其成本低廉，在一些要求较低的小产品中经常可见。图 14-1-5 所示为驻极体话筒信号放大的一个简单的共发射极放大电路。该电路简洁，易实现，图中给出的参数仅供参考。

集成运算放大器芯片是电子设计爱好者和科研工作者常用的器件，具有集成度较高、性能优良、设计简单、性价比高等特点。设计者使用时，只需对照其数据手册设计好外围电路及参数即可获得较好的电路效果。图 14-1-6 所示为由运算放大器芯片组成的简单的反相放大电路。

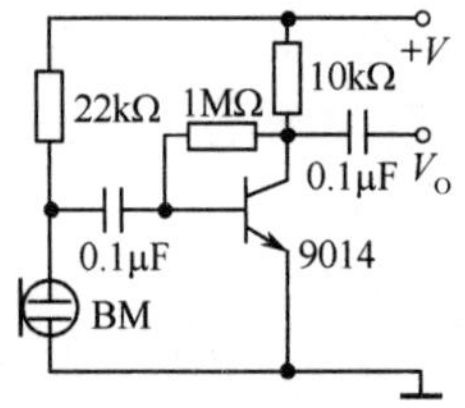

图 14-1-5　简单的共发射极放大电路

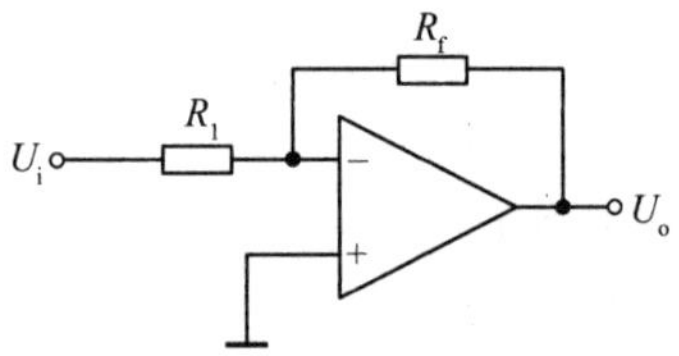

图 14-1-6　简单的反相放大电路

4）秒信号的产生

秒信号的产生主要分为两种形式。第一种是直接产生，即由多谐振荡电路直接产生周期或某一电平宽度为 1s 的信号。这种电路简洁，成本低廉，但往往精度较低，容易受温度、湿度等自然条件的影响，一般应用在成本控制严格而精度要求不高的场合。例如，使用 555 电路可构成频率为 1Hz 的多谐振荡器，获取 1s 的周期信号，如图 14-1-7 所示。该电路要求 R_1 和 R_2 的阻值均大于或等于 1kΩ，R_1 加上 R_2 应小于或等于 3.3MΩ。其振荡周期由 R_1、R_2 和 C 共同决定，计算公式为 $T=0.7(R_1+R_2)C+0.7R_2C$。第二种是采用晶体振荡器产生某一谐振频率后通过分频电路进行分频，得到 1Hz 的信号，分频电路的系数与晶体振荡器 Y 的参数有关，具体使用时应根据实际情况进行计算与设计，其典型的结构框图如图 14-1-8 所示。这种电路产生的秒信号误差主要来自晶体振荡器，而晶体振荡器的精度很高，一般可达 10^{-6} 以上。如果需要进一步提高该电路的精度，也可采用温补晶振或对晶振进行恒温处理等。当然，若使用单片机设计，则只需将单片机自身的时钟通过编程控制定时器计数后得到需要的时间即可，精度与上述第二种形式同数量级。

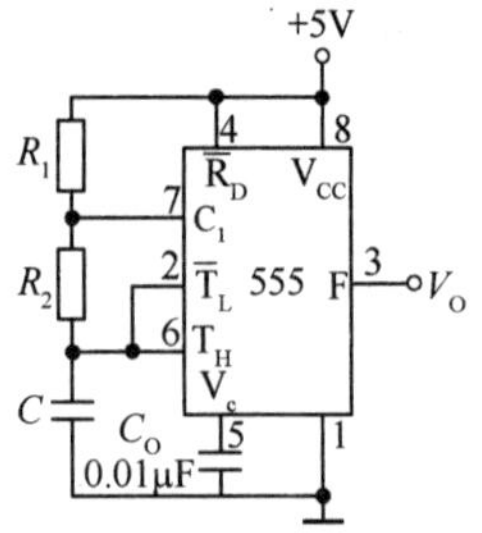

图 14-1-7　多谐振荡器电路

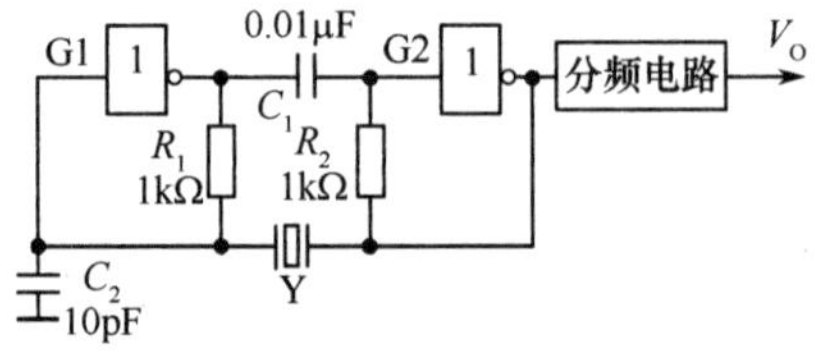

图 14-1-8　石英晶体振荡器的结构框图

5）延时电路

延时电路的设计方法很多，RC 充放电电路、单稳态电路等均可。图 14-1-9 和图 14-1-10 给出了简单的 RC 延时电路和单稳态延时电路的典型形式，这类电路延时精度很低，受环境的影响也比较大。尤其是图 14-1-9 所示电路，该电路在输入脉冲宽度较窄的情况下容易导致电容充电未达到饱和，从而使延时电路输出低电平的时间较少，产生较大的误差。图 14-1-10 所示电路则能有效弥补图 14-1-9 所示电路的不足，该电路每次低脉冲触发后产生的高电平时间为：$T_H=1.1RC$。

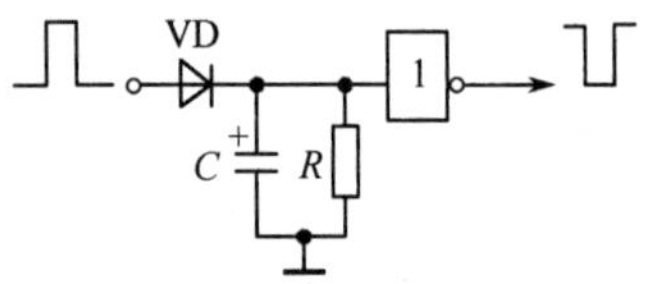

图 14-1-9　简单的 RC 延时电路

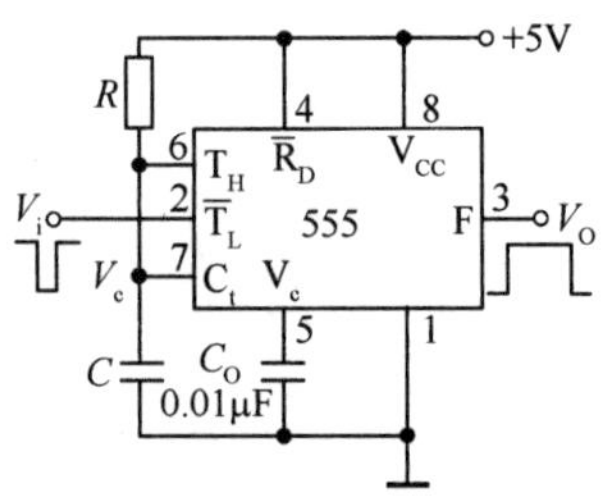

图 14-1-10　单稳态延时电路

提高延时精度的有效解决办法是采用单片机或其他可编程器件进行计时。该方法是以晶振周期为标准时间，而晶振受外部环境影响较小，其精度一般可达 10^{-6} 以上。但是，该方法要求设计者能很好地掌握可编程器件的应用，设计成本也相对增加。设计小组应根据自己的实力，选择合适的方案进行设计。

6）**计数及显示**

计数显示的方案主要包括中小规模集成数字芯片处理和单片机处理两种。使用集成数字芯片设计的计数及显示原理框图如图 14-1-11 所示。这种方式主要采用计数器对秒信号进行计数，再将计数值通过译码后在数码管上显示出来。该方案电路较为麻烦，但思路简单，无须编程即可实现。

图 14-1-11　计数及显示原理框图

使用单片机进行计数显示的电路非常简单，但需要设计者能熟练地运用单片机 C 语言或汇编语言进行编程。这两种设计方式都能完成题目的要求，但训练重点各不相同。

4. 仪器设备及参考器件

（1）仪器设备：直流稳压电源、函数信号发生器、数字示波器和数字万用表。

（2）参考器件：NE555、NE556、74LS161、74LS48、74LS00、74LS04、74LS74、74LS90 等，1 位七段共阴极数码管，LM324、LM358、LM311，驻极体话筒、光敏电阻，2S9014 三极管、电阻、电位器、电容、普通二极管、发光二极管、晶振及其他元件。

5. 设计报告

（1）按照技术指标及要求，设计完整的系统框图及电路图。

（2）电路参数计算及方案论证。

（3）电路模块的分析。

（4）指标的测试方法及测试结果。

（5）心得体会。

课程设计 14-2　智能节水控制电路设计

1. 设计目的

（1）掌握单稳态电路的工作原理及典型应用。

（2）了解传感器的种类及使用方法。

（3）掌握弱电控制强电的实现方法。

（4）熟悉抗干扰电路设计的基本方法。

（5）掌握芯片数据手册的查阅方法。

2. 设计内容

设计制作一个能自动识别人手或物体靠近水龙头时便自动开启水阀的控制电路，具体要求如下。

1）**基本部分**

（1）检测装置的有效检测范围：<15cm。

（2）检测装置有效感应范围：30°±5°。

（3）有效信号消失持续时间达 2s 则自动断水。

（4）每次持续出水时间达到 8s 则发出声、光报警信号。

（5）水龙头电磁阀的开启与关闭用 LED 指示的亮、灭指示。

2）**发挥部分**

（1）每次出水时间达到 15s 则强行断水。

（2）设置重启功能，强行断水后按复位键（不断电），所有电路能恢复正常工作。

（3）增强电路的抗干扰性能。

（4）设计出能驱动 5V/1A 的大电流驱动电路。

（5）尽量降低待机功耗。

3）**设计要求**

（1）使用通用电路板焊接制作，全部使用集成芯片及分立元器件完成。

（2）电路设计建议使用 Proteus 虚拟仿真软件进行仿真验证。

（3）系统只允许使用一路＋5V 直流电源供电。

（4）尽量降低设计成本，提高产品的性价比。

3. 设计说明

自动出水的节水水龙头在宾馆、酒店等随处可见，其控制核心就是智能节水控制电路。该电路通过检测是否有人或物靠近水龙头区域，若有则检测电路将信号传给控制阀自动出水，待检测不到人或物后则自动关闭水阀，既节水、卫生，又方便、实用。智能节水控制电路系统框图如图 14-2-1 所示，主要包括检测处理电路、延时电路、秒信号产生电路、计数电路、报警电路、驱动电路等。

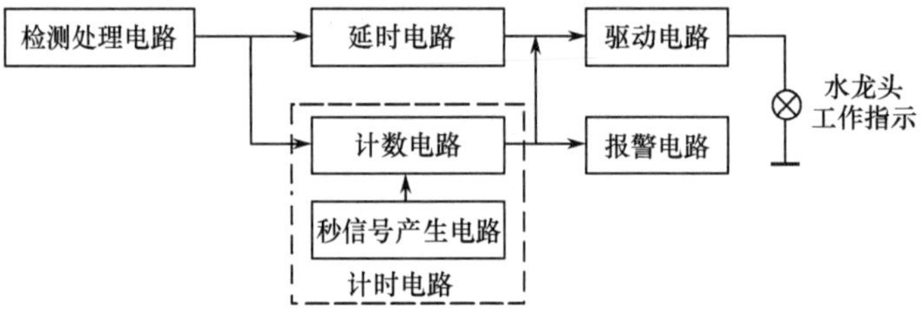

图 14-2-1　智能节水控制电路系统框图

（1）检测处理电路。检测处理电路的作用是可靠地检测出指定范围内人或物的存在，并输出相应的有效信号。

检测电路无疑要用到传感器。传感器的种类很多，能够检测人或物的传感器包括红外线传感器、热释红外传感器、超声波传感器、微波雷达等。从性价比方面考虑，红外线传感器、热释红外传感器、超声波传感器等成本较低，适合进行实验电路制作或产品的开发。

处理电路则应该将捕捉的有效信号进行放大、滤波及抗干扰等各方面的处理。

（2）延时电路。延时电路的目的是要实现在特定信号的触发下输出一段时间的持续电平信号。比较常见的延时电路包括 NE555 构成的单稳态触发器和 74LS123 等集成暂稳态触发芯片构成的暂稳态电路。其每次触发产生的延时时间可由外部电阻、电容等参数进行调节，具体计算公式请参考芯片数据手册。

（3）计时电路。计时电路由秒信号产生电路和计数电路组成。秒信号主要为计时电路提供基准时间信号。产生秒信号的方法有：使用 NE555 多谐振荡器产生 1Hz 的信号、使用晶振和分频电路产生 1Hz 的信号或使用秒信号产生的集成芯片产生 1Hz 信号等。计数电路通过记录 1Hz 脉冲的数量来反映计时时间的长短，该部分可使用中规模计数器芯片（如 74LS161、74LS160 等）即可完成。

有条件的话也可直接选用单片机，通过编程完成整个计时电路和延时电路的功能。

（4）驱动电路。低压大电流直流设备的驱动电路种类很多，如继电器隔离驱动、MOSFET 驱动、大功率三极管驱动等。典型电路及设计方法请自行查阅资料。

（5）报警电路。报警电路产生声、光报警信号。声音的产生可直接使用有源蜂鸣器，光信号则可用 LED 来产生，电路结构都比较简单，此处不再做详细介绍。

4. 仪器设备及参考器件

（1）仪器设备：直流稳压电源、函数信号发生器、数字示波器和数字万用表。

（2）参考器件：74LS161、74LS123，NE555，红外线传感器等，LED、电阻、电容、电位器、轻触按键及其他元件。

5. 设计报告

（1）按照技术指标及要求，设计完整的系统框图及电路图。

（2）电路参数计算及方案论证。

（3）电路模块的分析。

（4）指标的测试方法及测试结果。

（5）心得体会。

课程设计 14–3　数控音量调整电路设计

1. 设计目的

（1）掌握系统设计与调试的方法。

（2）熟悉并掌握功率放大器的工作原理及设计方法。

（3）掌握中小规模集成芯片的应用。

（4）掌握按键消抖电路的原理与设计方法。

（5）掌握芯片数据手册的查阅方法。

2. 设计内容

设计制作一个能用按键调整音量，并能显示音量大小的功率放大器，具体要求如下。

1）设计指标

（1）功率放大器带宽：单声道 200Hz～10kHz。

（2）功率：＞0.3W（负载：8Ω/0.5W 扬声器）。

（3）音量设置：按键可调，调整挡位≥8 挡。

（4）显示：能显示音量等级。

（5）电源电压：单路＋5V。

2）设计要求

（1）使用通用电路板焊接制作，但不能使用数控调音芯片。

（2）音量调整应能从无声调至最大，每挡音量应有明显的大小区别。

（3）系统中的部分电路建议使用 Proteus 虚拟仿真软件进行仿真验证。

3. 设计说明

数控调音量音频功率放大器原理框图如图 14-3-1 所示，K1 和 K2 分别为音量加和音量减的两个按键。K1、K2 键的信号经消抖处理后为一标准脉冲，该脉冲控制计数器进行加、减计数。计数值一方面传输给八选一模拟开关的地址线，在 0～7 对应的不同地址时选择 R_1～R_8 中不同的电阻接地，音频信号经 R 与该电阻分压后送入后级功率放大电路进行放大。由于 R_1～R_8 电阻值的不同，会直接改变输入至功率放大器中音频信号的大小，从而使输出信号的功率也会发生变化，进而改变扬声器音量的大小。计数器的计数值同时传给七段译码器进行译码，驱动数码管显示对应的计数值，即当前声音信号的等级。

（1）八选一模拟开关。八选一模拟开关可采用 CD4051 实现。该芯片在 CBA 端口输入不同的二进制数据地址时能将 3 引脚与 1、2、4、5、12、13、14、15 引脚中的某一引脚导通，具体的使用方法请参照 CD4051 的数据手册。CD4051 引脚及逻辑功能表如图 14-3-2 所示。

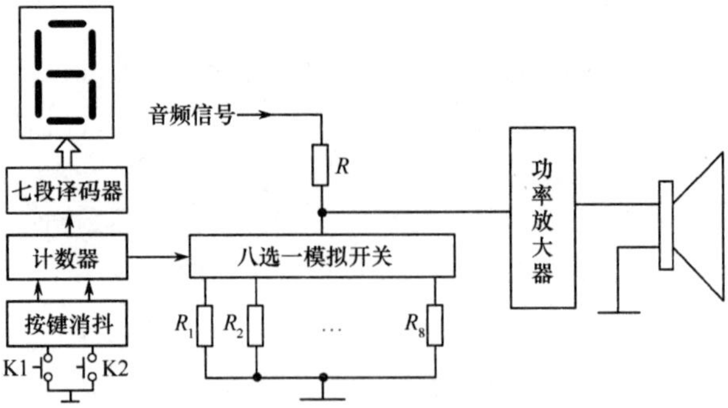

图 14-3-1 数控调音量音频功率放大器原理框图

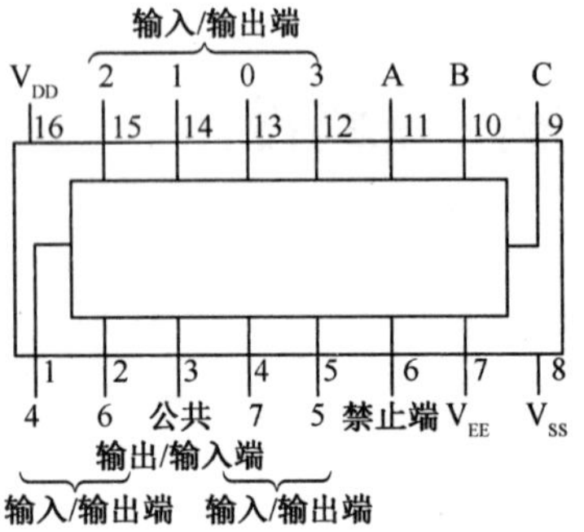

输入状态				“接通”通道		
禁止端	C	B	A	CD4051B	CD4052B	CD4053B
0	0	0	0	0	0X,0Y	cx,bx,ax
0	0	0	1	1	1X,1Y	cx,bx,ay
0	0	1	0	2	2X,2Y	cx,by,ax
0	0	1	1	3	3X,3Y	cx,by,ay
0	1	0	0	4		cy,bx,ax
0	1	0	1	5		cy,bx,ay
0	1	1	0	6		cy,by,ax
0	1	1	1	7		cy,by,ay
1	*	*	*	无	无	无

*无关条件

图 14-3-2 CD4051 引脚及逻辑功能表

（2）功率放大器。功率放大器的种类很多，集成功放芯片的型号也很多，如 LM386、TDA2822、TDA2030 等。它们的外围电路通常都比较简单，设计者应针对不同的设计指标要求选择性价比较高的芯片进行设计。

（3）按键消抖。由于普通按键在按下的瞬间会产生许多的高低电平毛刺，称其为按键抖动。按键抖动往往会给电路带来很大的负面影响，如按一次声音加键本应该使声音音量加大一个等级，而由于按下的过程中有抖动，因此一次按键会被系统识别为多次按键，不能精确控制音量。在这个设计中，应采用 D 触发器、RC 电路等对按键进行消抖，以达到良好的控制效果。

（4）计数器和七段译码器。计数器的种类繁多，使用方法却大同小异。计数值要求为 0～7，因此，应选择八进制以上的计数器进行设计。

七段译码器则应与数码管配合使用。七段译码器主要分为共阳极输出型和共阴极输出型，若选择共阴极的数码管，则对应选择共阴极输出型的七段译码器；否则将无法实现预先设计的功能。

4. 仪器设备及参考器件

（1）仪器设备：直流稳压电源、函数信号发生器、数字示波器、数字万用表、MP3 或其他音乐播放机。

（2）参考器件：CD4051、74LS161、74LS48、74LS00、74LS04、74LS74 等，LM386、TDA2822，1 位七段共阴极数码管，电阻、电容、轻触按键、扬声器及其他元件。

5. 设计报告

（1）按照技术指标及要求，设计完整的系统框图及电路图。

（2）电路参数计算及方案论证。

（3）电路模块的分析。

（4）指标的测试方法及测试结果。

（5）心得体会。

课程设计 14-4　直流电机转速测量仪设计

1. 设计目的

（1）了解红外光电传感器的典型应用方法。

（2）掌握转速测量装置的结构及测量的原理。

（3）掌握单片机开发及其典型外围电路的应用。

（4）了解并掌握直流电机速度调节与控制的方法。

（5）掌握电路系统设计与调试的方法。

（6）掌握芯片数据手册的查阅方法。

2. 设计内容

设计制作一个能对直流电机的转速进行测量和显示的装置，具体要求如下。

1）基本部分

（1）显示刷新频率：优于 1Hz。

（2）转速测量误差：±1%。

（3）显示分辨率：1 转/秒。

2）发挥部分

（1）电机转速控制：按键控制。

（2）能通过按键设定电机的匀速转动值并由系统控制其保持匀速转动。

（3）其他。

3）设计要求

（1）系统能准确测量并实时显示小型直流电机的转速。

（2）自行设计电机速度控制电路，允许采用手动方式进行调速。

（3）使用通用电路板或 PCB 完成该电路的制作。

3. 设计说明

转速即单位时间内运动物体转动的圈数。要测量物体的转速，必须设计合适的外围电路将物体的转动反映到电信号的周期性变化中来。通过单片机在预设的闸门时间内对周期性变化的电信号脉冲进行计数即可通过计算得到该物体的转速值，最后将转速值显示出来即成为转速测量装置。电机转速测量仪的原理框图如图 14-4-1 所示。

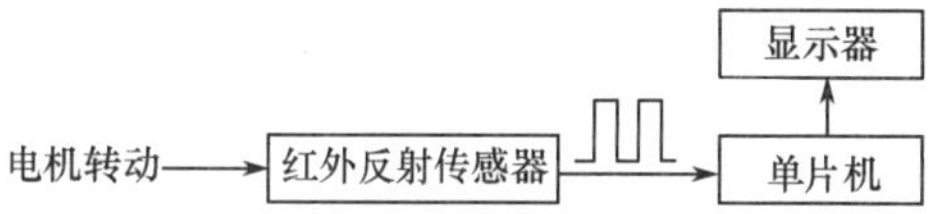

图 14-4-1　电机转速测量仪的原理框图

（1）光电转换。采用光电转换装置的目的是将物体的转动反映到光的变化，最终转化为电信号的变化。如图 14-4-2 所示，采用反射式光电传感器进行设计，反射式光电传感器包含红外发射部分和红外接收部分，发射的红外线遇到黑色物体或无障碍物均不会反射，只有遇到反射强度较大的白色物体表面才会有大的反射作用。

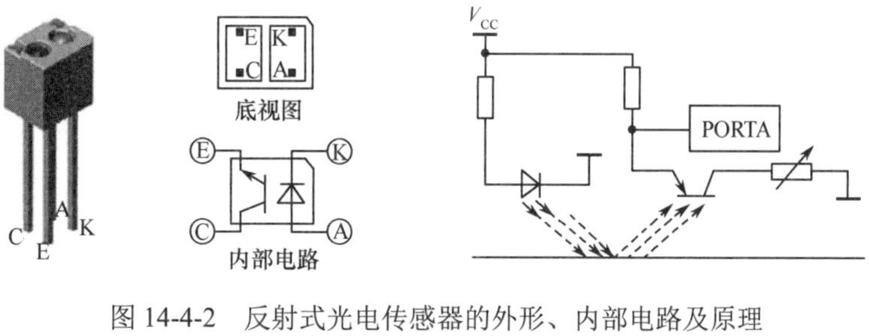

图 14-4-2　反射式光电传感器的外形、内部电路及原理

如果在电机轴上固定一圆盘，将其涂成黑白相间的颜色作为红外传感器的反射面，并在合适的位置装上红外反射式传感器即可有效地实现将电机的转动转化为电信号的变化。红外反射测速装置如图 14-4-3 所示。

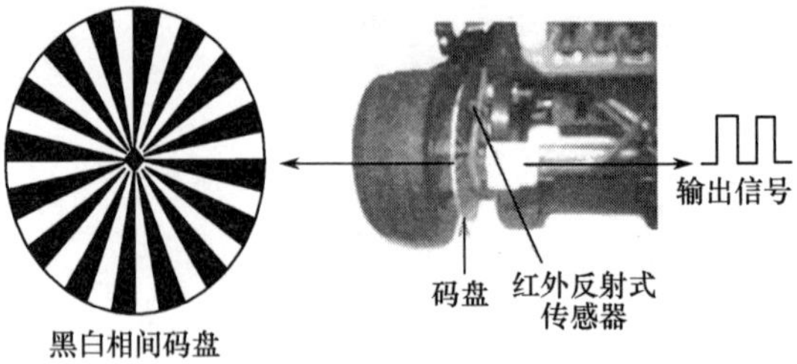

图 14-4-3　红外反射测速装置

（2）转速测量。利用比较器电路或兼容 TTL 电平的数字芯片等将红外传感器变化的电信号转化为标准的 TTL 信号，经单片机采集，在预设时间内对 TTL 信号进行计数，即可得到电机的转速值。

（3）显示器及电机速度控制。显示的方法很多，设计者请参考课程设计 14-6，选择合适的显示方案。

直流电机的速度通常与其电压或工作的电流紧密相关。改变电机的转速可采用改变平均功率和改变电压或电流的办法来实现。电机转速控制原理如图 14-4-4 所示。

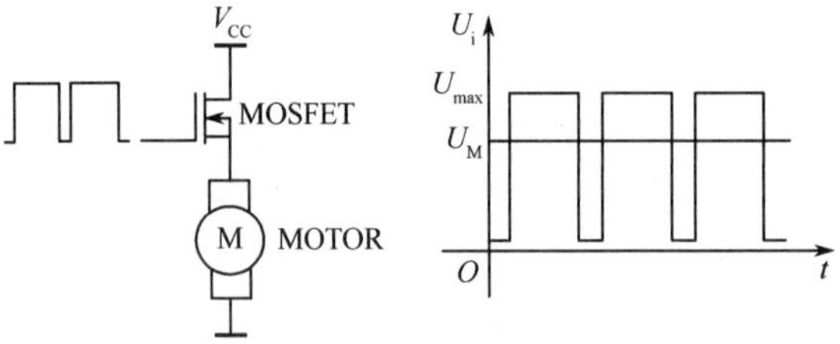

图 14-4-4　电机转速控制原理

4. 仪器设备及参考器件

（1）仪器设备：直流稳压电源、函数信号发生器、数字示波器和数字万用表。

（2）参考器件：AT89S51/52、STC89C51/52、ST178、LM393、小型 5V 直流电机，4 位一体共阴极数码管，电阻、电容、电位器、开关、三极管、发光二极管及其他元件。

5. 设计报告

（1）按照技术指标及要求，设计完整的系统框图及电路图。

（2）电路参数计算及方案论证。

（3）电路模块的分析。

（4）指标的测试方法及测试结果。

（5）心得体会。

课程设计 14–5　温度测量与控制系统设计

1. 设计目的

（1）了解并掌握温度传感器的典型应用。

（2）掌握单片机的开发流程及外围电路的典型应用。

（3）了解继电器或 MOSFET 的结构，掌握其特性及使用方法。

（4）掌握电路系统设计与调试的方法。

（5）掌握芯片数据手册的查阅方法。

2. 设计内容

设计并制作一套能在 30～80℃范围内实现温度测量和控制的电路系统。具体要求如下。

1）基本部分

（1）设计一个温度测量电路，其输出电压能随电热元件温度的变化而变化；记录温度在 30～80℃范围内每变化 5℃对应的模拟电压值。

（2）以数字方式显示温度值。

（3）先将电热元件温度稳定地控制在 40℃（保持至少 1min），然后快速升温至 60℃，并将温度稳定地控制在 60℃（保持至少 2min），同时分别用 LED 指示灯指示升温中、温度达到 40℃和温度达到 60℃。

（4）超温报警：温度超过恒温值±1℃持续 10s 以上则发出光报警信号。

2）发挥部分

（1）可以将电热元件温度稳定地控制在 30～80℃的任一指定温度值，温度值可以设定；尽量缩短升温时间，减小温度起伏。

（2）从 40℃升温至 60℃的时间可设置，并尽量保持匀速升温。

（3）其他。

3）设计要求

（1）用一台 30V/2A 的可调直流稳压电源供电。

（2）采用 20Ω/30W 的空心瓷管电阻（或水泥电阻）作为加热元件。

（3）不能使用数字温度传感器。

（4）使用通用电路板或 PCB 完成该电路的制作。

3. 设计说明

恒温控制系统的实现原理比较简单，其系统原理框图如图 14-5-1 所示。

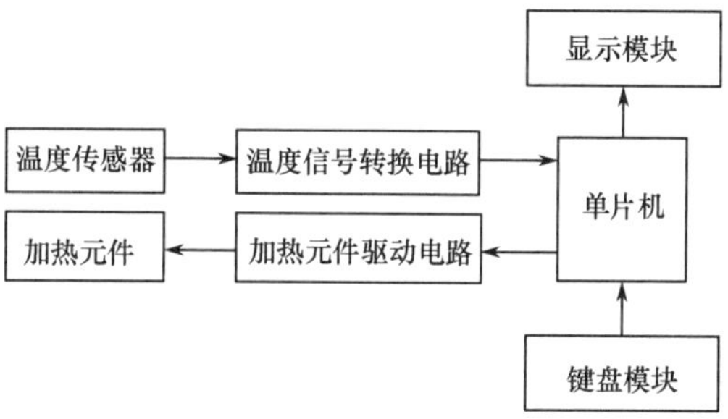

图 14-5-1　恒温控制系统原理框图

单片机为整个系统的核心部分，温度传感器的信号经转换后传给单片机，单片机处理后得到温度值，控制显示模块显示当前温度，并将温度值与用户通过键盘模块设定的恒温值进行比较，做出加热控制，使系统达到温度恒定状态。

1）测温电路

测温电路主要由温度传感器和信号放大电路、A/D 转换器等组成。温度传感器的种类较多，主要可分为数字式集成温度传感器和模拟温度传感器两大类，两类温度传感器的外形如图 14-5-2 所示。

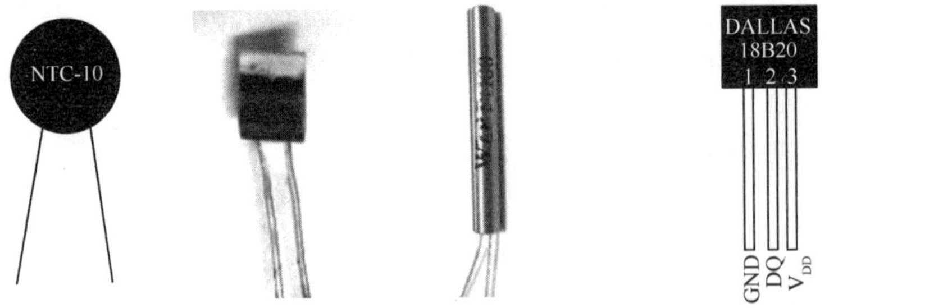

热敏电阻　Pt100裸片　Pt100温度传感器　DS18B20

（a）模拟温度传感器　（b）数字式集成温度传感器

图 14-5-2　两类温度传感器的外形

模拟温度传感器通常指能将温度变化直接转化为元件参数变化的传感器，这种传感器一般将温度的变化转化为电阻的变化，要得到温度值，需结合必要的外围电路先将电阻的变化转换为电压的变化，再使用 A/D 转换器将模拟电压转换为数字信号，并由单片机读取与处理得到温度值，这种方法得到的温度值分辨率低、误差大，其典型结构如图 14-5-3 所示。若需要使用模拟温度传感器得到更为精确的电压值，则需要加上电桥、放大电路等。Pt100 模拟温度传感器测温电路框图如图 14-5-4 所示。

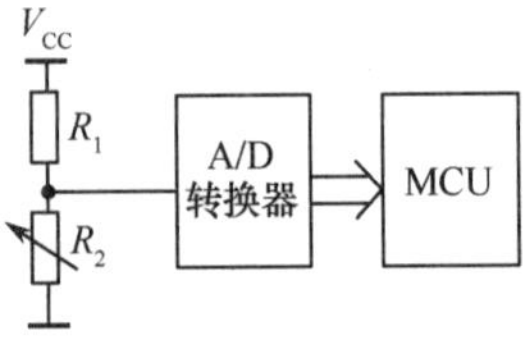

图 14-5-3　模拟温度传感器的典型结构

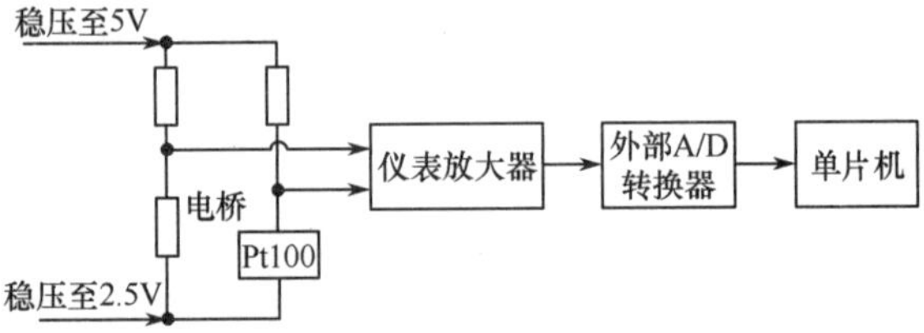

图 14-5-4　Pt100 模拟温度传感器测温电路框图

数字式集成温度传感器的典型型号有 DS18B20。这种传感器将温度转换和 ADC 采集电路集成在同一个芯片内部，集成度大大增加，使用更为简单，体积大大减小，可靠性大大增强。DS18B20 典型电路连接方式如图 14-5-5 所示，具体操作方法请参考 DS18B20 的数据手册。

2）**温度控制**

温度控制部分主要包含加热元件驱动电路和加热元件。加热元件一般可采用功率合适的水泥电阻或阻值合适的电炉丝。加热元件驱动电路则要能承受大功率电器回路的大电流。简单的办法是采用继电器作为控制开关，既起到高低压隔离作用，又能实现大功率的控制。继电器的外形及结构如图 14-5-6 所示。

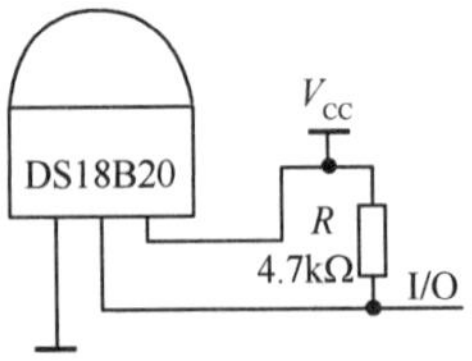

图 14-5-5　DS18B20 典型电路连接方式

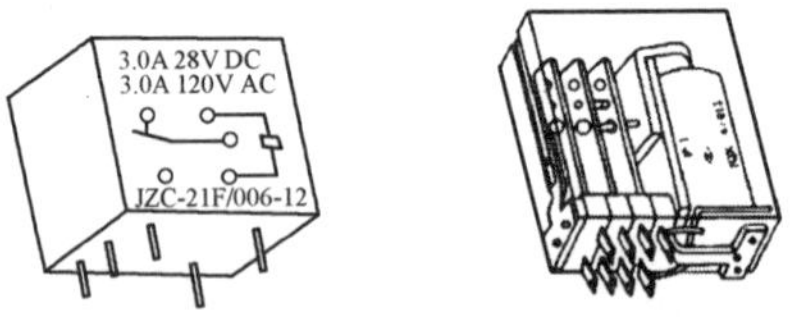

图 14-5-6　继电器的外形及结构

非隔离式大功率控制则通常采用大功率三极管或场效应管，这类器件体积小，结合单片机产生 PWM 信号控制可实现线性加热功率的调整，控制方便、精度高；但是使用大功率三极管或场效应管控制大功率电器时应考虑将控制信号加光耦进行隔离以增强抗干扰性能，如图 14-5-7 所示，还应根据器件工作时的耗散功率大小选择加装合适的散热片。

3）**温度显示及参数设定**

温度显示可以采用数码管或液晶显示器，设计者可根据题目要求的指标选择合适的显示方案。

参数设定需通过用户键盘进行设置。设置的模式有多种，可采取直接控制温度加、减的方法，也可采用直接输入恒定温度值的方法。根据本设计要求，建议采用矩阵式键盘达到设定温度直接输入的目的，这样人机界面比较友好。

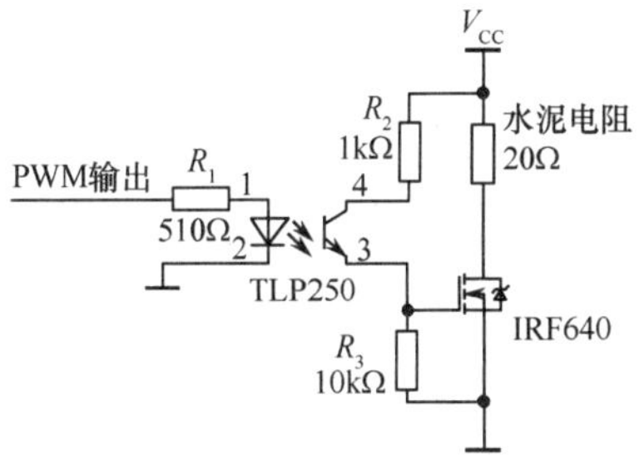

图 14-5-7 光耦隔离驱动 MOSFET

4. 仪器设备及参考器件

（1）仪器设备：直流稳压电源、测温万用表和数字万用表。

（2）参考器件：M430G2553 或 STC12C5A60S2 开发板，Pt100，功率 MOSFET、功率三极管，LCD1602 或 LCD12864 液晶显示模块，水泥电阻或电炉丝，电阻、电容、电位器、开关、发光二极管、轻触按钮及其他元件。

5. 设计报告

（1）按照技术指标及要求，设计完整的系统框图及电路图。

（2）电路参数计算、算法介绍及方案论证。

（3）电路模块的分析。

（4）指标的测试方法及测试结果。

（5）心得体会。

课程设计 14–6 基于单片机的频率计设计

1. 设计目的

（1）掌握频率测量的原理及方法。

（2）熟练掌握单片机的开发与应用。

（3）掌握单片机外围电路的设计与应用。

（4）掌握电路系统设计与调试的方法。

（5）掌握芯片数据手册的查阅方法。

2. 设计内容

设计制作一个测量与显示周期信号频率的电路，具体要求如下。

1）**基本部分**

（1）测量信号类型：正弦波、方波、三角波。

（2）测量信号幅度（峰-峰值）：0.5～5V。

（3）测量信号频率范围：1Hz～9.999kHz。

（4）显示分辨率：1Hz，测量误差为±1%。

（5）测量闸门时间 1～10s 连续可调，调整步长为 1s，并实时显示闸门时间。

2）**发挥部分**

（1）测量 TTL 波形的频率扩展为 1MHz。

（2）基本要求中 3 种波形的测量频率均扩大至 1MHz。

（3）测量误差缩小为±0.1%。

（4）增加 TTL 信号（<1kHz）的占空比测量功能。

（5）其他。

3）**设计要求**

（1）使用通用电路板或 PCB 设计制作电路。

（2）不允许使用成品电路模块。

3. 设计说明

频率即周期性信号在单位时间（1s）内重复的周期次数。要测量信号的频率，只需预设一个闸门时间（T），在有效的闸门时间内对周期信号进行计数（N），再通过计算公式 $F=N/T$ 即可计算出该周期信号的频率。频率计的原理框图如图 14-6-1 所示。

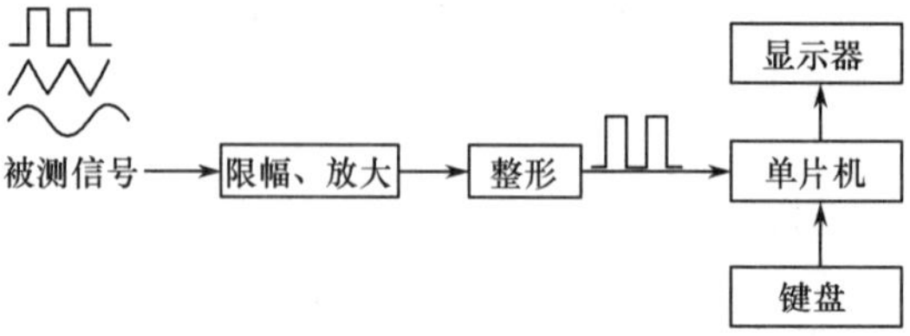

图 14-6-1 频率计的原理框图

（1）信号预处理。信号预处理部分主要完成将输入信号放大、衰减、整形等，使其输出单片机能识别的 TTL 信号。

（2）单片机。单片机可对预处理后的 TTL 信号进行采集并进行计数与计算等处理，将计算结果输出到显示器进行显示。闸门时间的设置也由单片机进行处理，此设计中单片机是人机交互界面控制的核心。

（3）显示器。显示的方法多种多样，可采用数码管，也可采用液晶显示器进行显示，设计者可根据题目要求的指标选择合适的方案。

4. 仪器设备及参考器件

（1）仪器设备：直流稳压电源、函数信号发生器、数字示波器和数字万用表。

（2）参考器件：AT89S51/52、STC89C51/52，LM311、LM358、7404，4 位一体共阴极数码管，轻触按钮、电阻、电容、电位器、开关、二极管、发光二极管及其他元器件。

5. 设计报告

（1）按照技术指标及要求，设计完整的系统框图及电路图。

（2）电路参数计算及方案论证。

（3）电路模块的分析。

（4）指标的测试方法及测试结果。

（5）心得体会。

课程设计 14–7 波形发生器设计

1. 设计目的

（1）了解并掌握直接数字频率合成（DDS）的原理及方法。

（2）熟练掌握单片机或 EDA 开发流程。

（3）掌握电路系统设计与调试的方法。

（4）掌握芯片数据手册的查阅方法。

2. 设计内容

用 DDS 的原理设计制作一个能产生正弦波和其他各类波形，并能通过按键调整波形频率的电路，具体要求如下。

1）基本部分

（1）产生波形：正弦波。

（2）频率范围：100Hz～1kHz，调整步长为 100Hz。

（3）幅度范围（峰-峰值）：0～5V。

（4）可显示输出信号频率。

2）发挥部分

（1）产生波形：方波、三角波、正弦波（通过按键切换），并用 3 个发光二极管指示。

（2）频率范围：100Hz～200kHz，调整步长为 100Hz、1kHz、10kHz 3 种。

（3）可采用键盘直接输入设定频率值。

（4）其他。

3）设计要求

（1）使用通用电路板或自制 PCB 完成该电路设计。

（2）不允许使用成品模块。

3. 设计说明

本设计的核心是实现直接数字频率合成（DDS），其原理框图如图 14-7-1 所示。

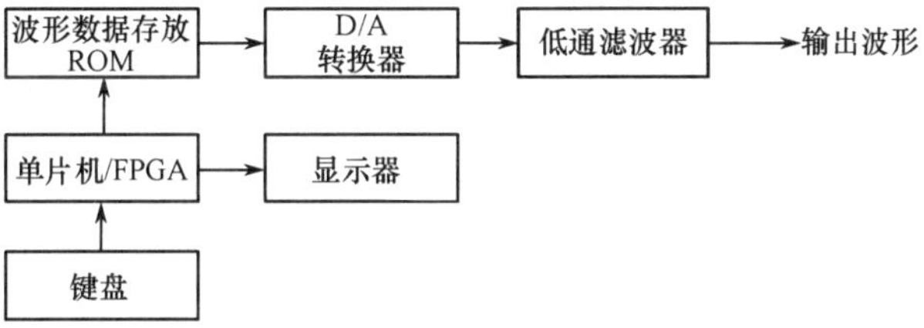

图 14-7-1　直接数字频率合成原理框图

通过单片机或 FPGA 可编程芯片，将预先存储在 ROM 中的波形数据从 I/O 端口输出后送至 D/A 转换器转化为阶梯式连续的模拟信号输出，再将该信号经过低通滤波器即可得到平滑的波形。同样，由单片机或 FPGA 读取键盘并控制显示实现频率的调整、显示及波形的切换功能。

1）键盘与显示

键盘与显示是设计的重要人机交互部分。键盘部分可采取独立式按键或矩阵式键盘实现输入控制，如图 14-7-2 所示。独立按键编程简单，但占用 I/O 端口较多；而矩阵式键盘则节省 I/O 端口，编程相对复杂，对于按键较多或 I/O 端口紧张的场合通常采用矩阵式键盘。

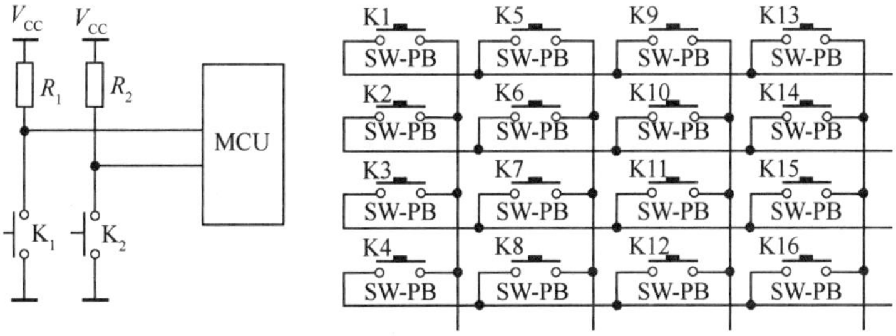

（a）独立式按键　　　（b）矩阵式键盘

图 14-7-2　独立式按键和矩阵式键盘

显示部分既可采用数码管，也可采用液晶显示器进行显示。采用数码管显示包含动态显示和静态显示两种。静态显示需占用大量的 I/O 端口，动态显示相对静态显示而言，占用的 I/O 端口大大减少，但编程相对复杂。

采用液晶显示器不需要太多的 I/O 端口，能同时显示大量的信息，但价格相对而言较高。一块 LCD1602 液晶显示器分两行显示，可同时显示 32 个字符。LCD12864 或更高端的液晶显示器则能显示更多的信息，并且支持汉字的显示。设计者可根据实际情况选择合适的显示方案。

2）DDS 原理

DDS 原理是将已知的波形数值点送到 D/A 转换器还原成完整的波形信号。

DDS 原理框图如图 14-7-3 所示，波形存储器为一 ROM，存放方波、正弦波、三角波和其他波形的数据。当 ROM 地址变化时，数模转换器（DAC）将此波形数据转化成电压波形，此电压波形的频率与 ROM 地址变化的速率成正比。DDS 采用相位累加技术，即采用一个加法器代替计数器来产生 ROM 的地址。每一个周期，储存于相位递增累加器的常数都会被加到累加器的当前结果上。

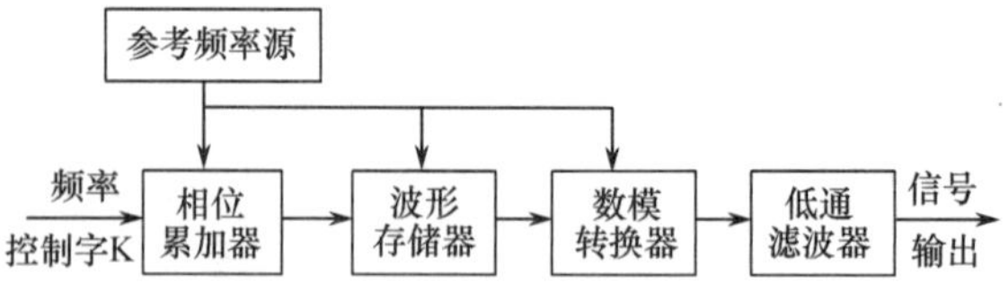

图 14-7-3　DDS 原理框图

通过改变相位递增累加器的常数，可改变每个周期的波形点数，从而改变频率。其值越小，则输出点数越多，输出波形频率就小；反之，则频率就大。数模转换器输出的分段式模拟电压信号经低通滤波器后即可得到平滑的波形信号。

按照 Naquist 原理，DDS 输出信号频率可达 $0.5f_c$，但考虑到实际低通滤波器的限制，最高输出频率一般为 $0.4f_c$。

DDS 的分辨率在累加器的位数 N 足够大的时候，可以达到很高的分辨率。例如，累加器时钟频率为 10MHz，累加器位数为 24 位，则频率的分辨率为 $10\text{MHz}/2^{24}=0.0625\text{Hz}$。

3）D/A 转换器

D/A 转换器的主要功能是实现 D/A 转换。通常情况下，D/A 转换器可分为电压输出型和电流输出型两种。不同类型的 D/A 转换器的外围电路也不相同，设计者可参考芯片厂商提供的资料进行设计。

衡量 D/A 转换器性能指标的重要参数包括转换速度和转换精度。目前，市面上的 D/A 芯片转换精度主要有 8 位、10 位、12 位、16 位等。当然，与 D/A 转换器相关的参数还有很多，如串行控制、并行控制、参考电压大小、参考电压极性、噪声系数等。总之，精度越高、速度越快的 D/A 转换器的价格也越高。

D/A 转换器的输出电压与参考电压和数字端口输入的转换数据有关。改变参考电压可改变 D/A 转换器输出电压值的范围。实际使用时请参考芯片数据手册。

4）低通滤波器

低通滤波器可分为无源低通滤波器和有源低通滤波器两大类。通常情况下，有源低通滤波器电路较复杂，但滤波效果较好。图 14-7-4 给出了两类低通滤波器的一般电路结构形式。

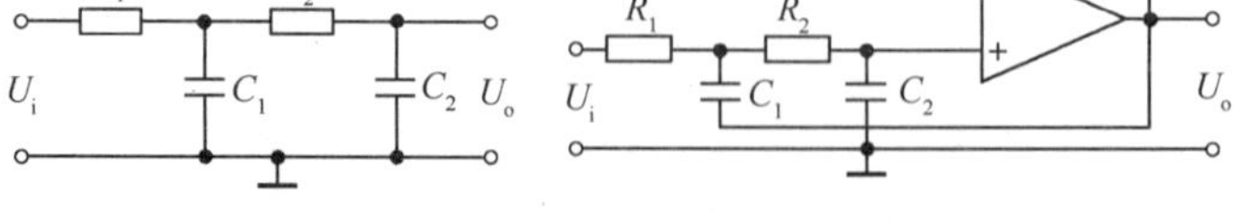

（a）　　（b）

图 14-7-4　两类低通滤波器的一般电路结构形式

4. 仪器设备及参考器件

（1）仪器设备：直流稳压电源、数字示波器和数字万用表。

（2）参考器件：AT89S51/52、STC89C51/52、DAC0800、OP07，4 位一体共阴极数码管，电阻、电容、电位器、开关、发光二极管、晶振、轻触按钮及其他元器件。

5. 设计报告

（1）按照技术指标及要求，设计完整的系统框图、电路图及程序源代码。

（2）电路参数计算及方案论证。

（3）电路模块的分析。

（4）指标的测试方法及测试结果。

（5）心得体会。

课程设计 14-8　自动增益控制放大器设计

1. 设计目的

（1）了解自动增益控制的概念、原理及实现方法。

（2）掌握自动增益控制电路的设计与制作。

（3）掌握单片机软件的开发流程。

（4）掌握电路系统设计与调试的方法。

（5）掌握芯片数据手册的查阅方法。

2. 设计内容

用运算放大器设计一个电压放大电路，其输入阻抗不小于 100kΩ，输出阻抗不大于 1kΩ，并能够根据输入信号的幅值自动调整增益。具体要求如下。

1）基本部分

（1）放大器带宽不窄于 100kHz；放大器的增益有 4 挡，即 0.2、0.5、2 和 5，并能够以数字方式切换增益。

（2）测量并显示输入、输出信号幅度及当前放大器的增益。

（3）输入一个幅度为 0.1～5V 的可调直流信号时，要求放大器输出信号电压在 0.5～2V 范围内，设计电路根据输入信号的情况自动调整到相应的最大增益。

2）发挥部分

（1）设计自动增益控制放大器，当输入直流信号幅度在 0.1～5V 变化时，放大器输出幅度控制在 1V±0.2V 的范围内。

（2）当输入一个频率不超过 100kHz、幅度范围为 0.1～10V（$V_{P\text{-}P}$）的交流信号时，要求放大器输出信号电压控制在 1V±0.2V（峰-峰值）的范围内。

（3）其他。

3）设计要求

（1）可控增益放大器必须使用运算放大器进行设计，不允许使用程控放大器芯片。

（2）自行选择测试仪器、设计测试方法。

（3）使用通用电路板或 PCB 完成该电路的制作。

3. 设计说明

自动增益控制电路在电子产品中应用非常广泛，电路的主要功能是实现对输出信号幅度的自动控制，其组成框图如图 14-8-1 所示。

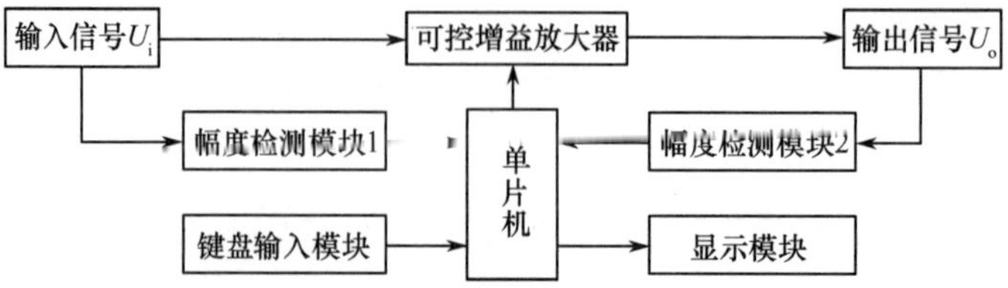

图 14-8-1 自动增益控制电路组成框图

1）可控增益放大器

可控增益放大器是自动增益放大器系统的核心电路，其主要特点是能对其增益进行控制，便于和可编程设备进行直接的连接，从而达到自动增益控制的目的。可控增益放大器的实现方法较多，包括电压控制增益、数字量开关控制增益等。

（1）电压控制增益。电压控制增益的典型集成电路芯片有 AD603 等，它主要是通过改变控制电压的大小来实现增益的控制，本题要求不允许使用程控放大器芯片，这里不再讨论。

（2）数字量开关控制增益。数字量开关控制增益的典型结构如图 14-8-2 所示，由图可知，改变可控增益放大器的增益只需要改变其中的 R_F，当 R_F 设计为程控电阻网络时，整个电路就实现了程控电压增益的目的。

程控电阻网络的设计方法有多种，其典型结构如图 14-8-3 所示。在图 14-8-3 中，只要将 K_1 至 K_n 用数控模拟开关（如 CD4051、CD4052 等）、场效应管或继电器替代即形成程控电阻网络，但设计的程控电阻网络阻值变化范围小、分辨率低，不能满足更高的要求。可以直接选用集成数字电位器芯片（如 X9313WP）或 T 形电阻网络的 D/A 转换器芯片直接替代程控电阻网络。该类芯片与运放结合便能轻松实现高增益、高分辨率的可控增益放大器。T 形电阻网络的 D/A 转换器和运算放大器构成的可控增益放大器如图 14-8-4 所示。

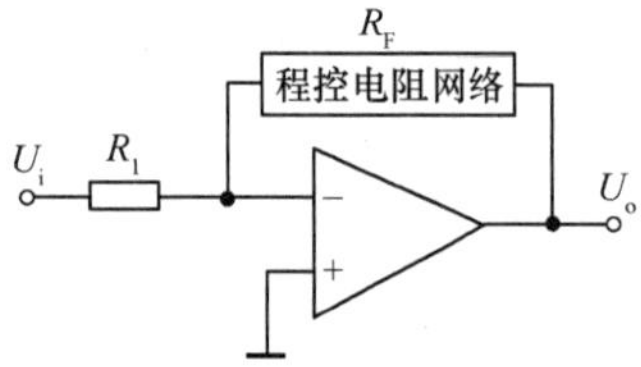

图 14-8-2 数字量开关控制增益的典型结构

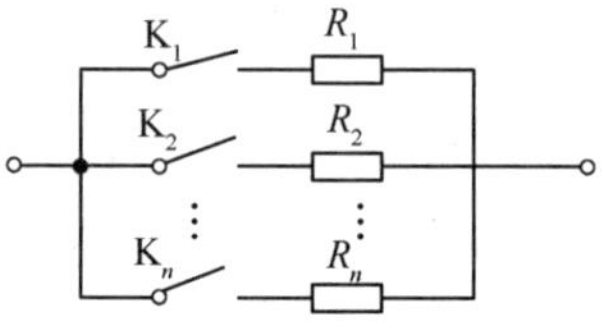

图 14-8-3 程控电阻网络的典型结构

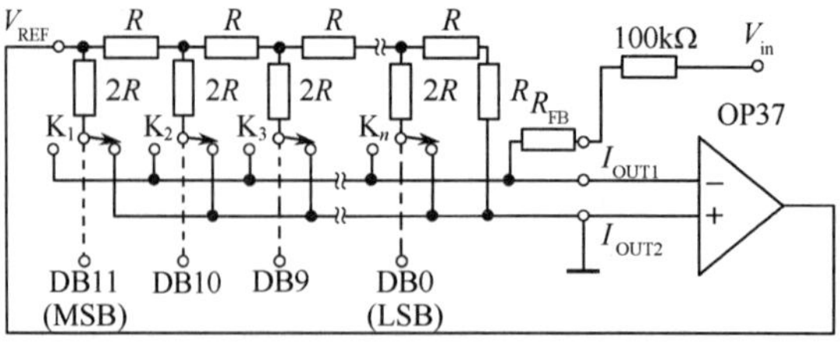

图 14-8-4 T 形电阻网络的 D/A 转换器和运算放大器构成的可控增益放大器

2）幅度检测模块及单片机

幅度检测的主要目的是测量输入和输出信号幅度，得到放大器的实际增益，即可计算出放大器增益的调整量。设计中要求测量交流和直流信号的幅度，但交流信号的频率不高，因此，完全可以选用对信号直接进行 A/D 转换的方法，单片机采集到电压转换值后计算出交流或直流信号的幅度。

A/D 转换器应依据被测信号的频率和幅度参数进行选择。此设计中对 A/D 转换速率等要求不高，若选择独立的 A/D 转换器芯片对信号幅度进行测量，则设计难度增加，且性价比较低。因此，建议直接选用一款内置 A/D 转换器的高性能单片机来实现，如 MSP430 系列的 M430G2553 等。

3）**键盘和显示模块**

键盘及显示模块的种类很多。根据设计的需要选择矩阵式键盘及 LCD1602 或 LCD12864 液晶模块进行设计可以更好地满足发挥部分设计的要求，也可实现良好的人机交互界面。

4. 仪器设备及参考器件

（1）仪器设备：直流稳压电源、函数信号发生器、数字示波器和数字万用表。

（2）参考器件：DAC7811、X9313WP 或 CD4051，OP37、OPA2227、TLC085 等，M430G2553 开发板，电阻、电容、二极管、轻触按键、液晶显示模块及其他元器件。

5. 设计报告

（1）按照技术指标及要求，设计完整的系统框图及电路图。

（2）电路参数计算、软件算法分析及方案论证。

（3）电路模块的分析。

（4）指标的测试方法及测试结果。

（5）心得体会。

附录 A 常用实验元器件引脚图及功能表

附录 A-1 常用数字集成电路引脚图

附图 A-1-1～附图 A-1-67 所示为常用数字集成电路引脚图。

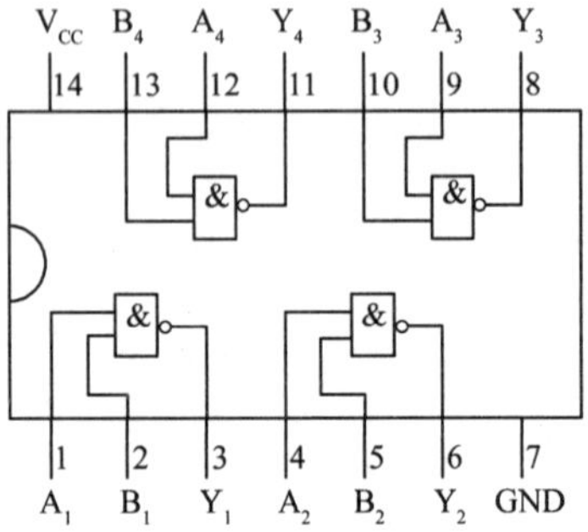

附图 A-1-1 74LS00 2 输入端四与非门

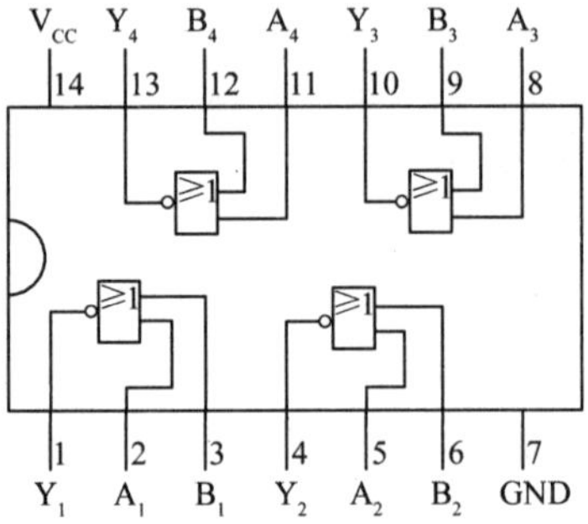

附图 A-1-2 74LS02 2 输入端四或非门

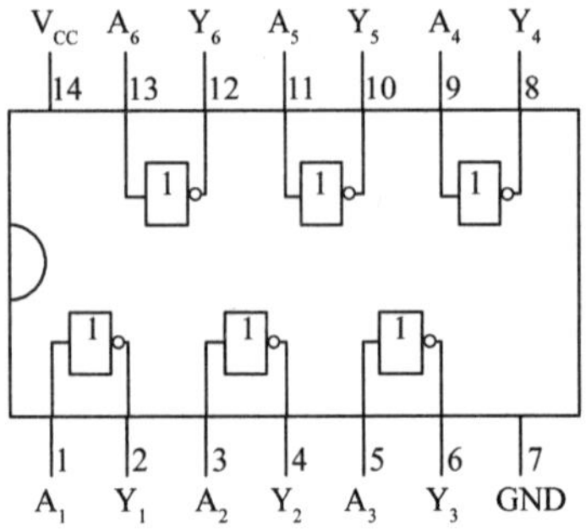

附图 A-1-3 74LS04 六反相器

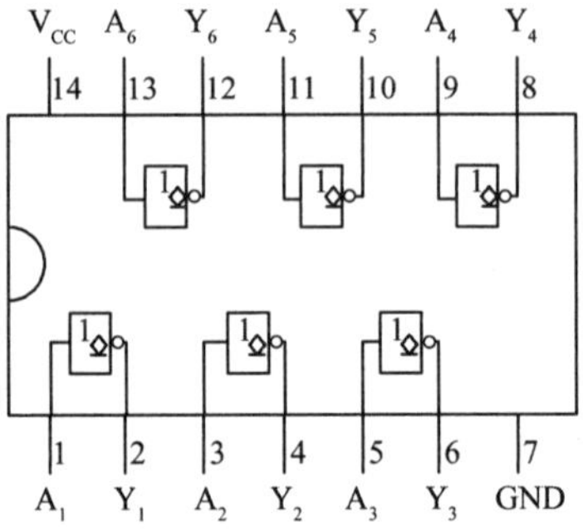

附图 A-1-4 74LS06 六反相缓冲/驱动器（OC）

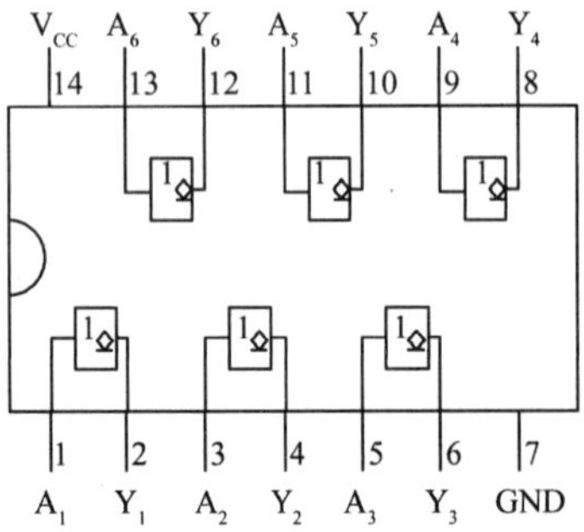

附图 A-1-5 74LS07 六缓冲/驱动器（OC）

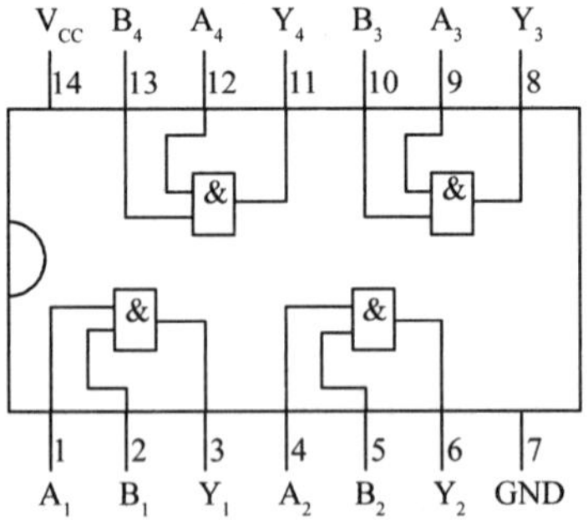

附图 A-1-6 74LS08 2 输入端四与门

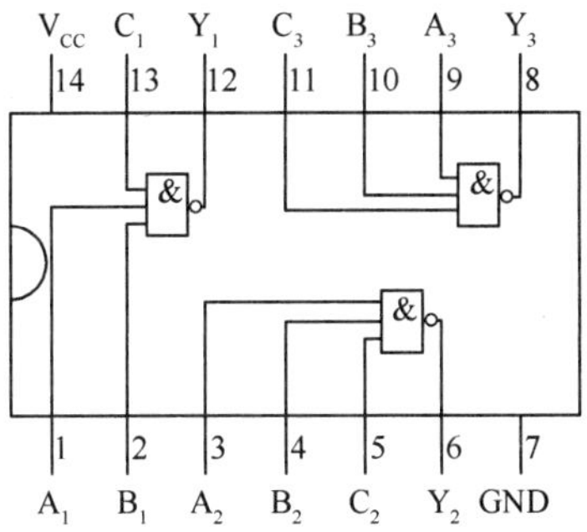

附图 A-1-7　74LS10 3 输入端三与非门

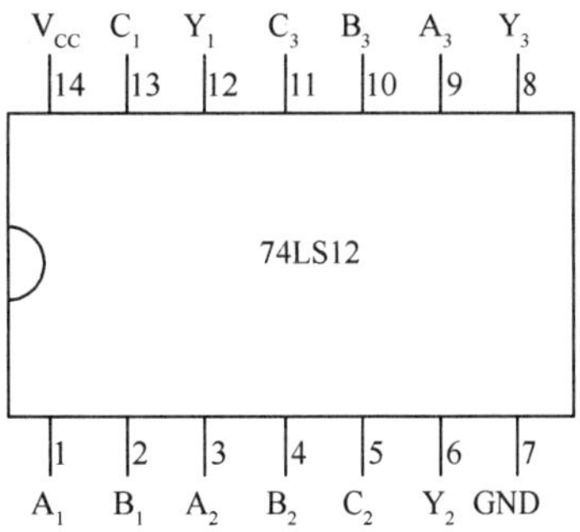

附图 A-1-8　74LS12 3 输入端三与非门（OC）

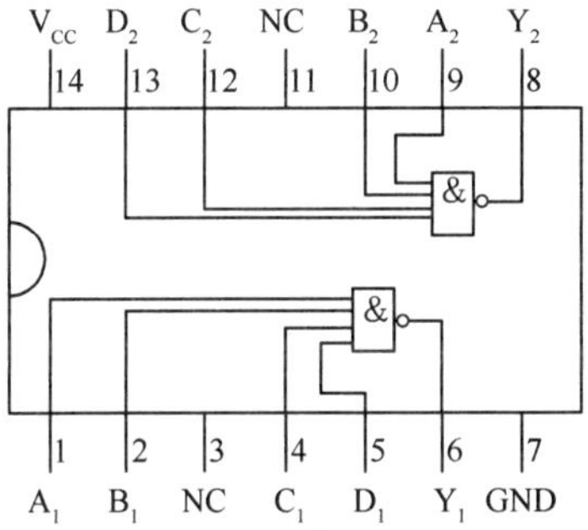

附图 A-1-9　74LS20 4 输入端双与非门

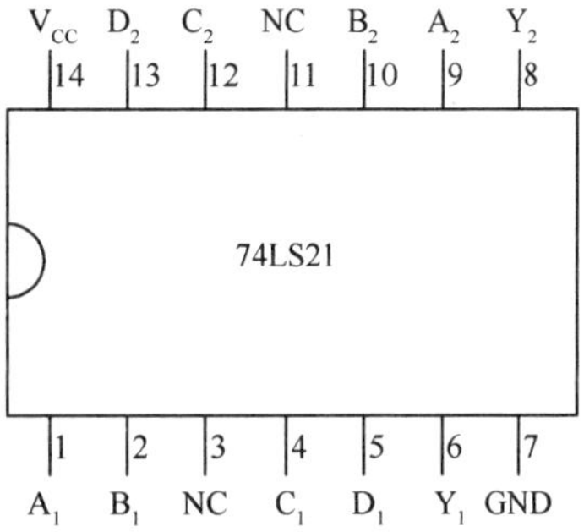

附图 A-1-10　74LS21 4 输入端双与门（OC）

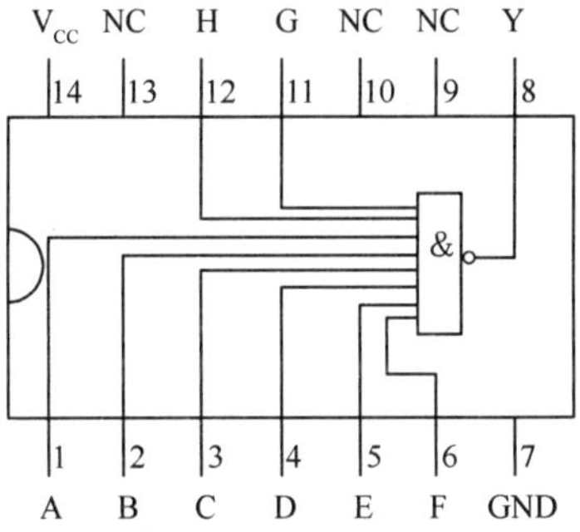

附图 A-1-11　74LS30 8 输入端与非门

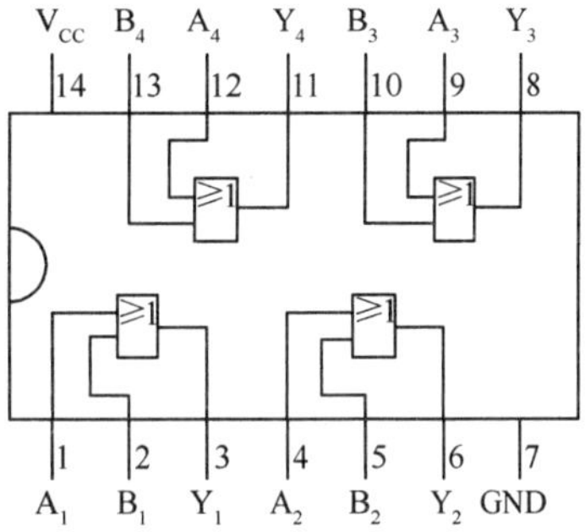

附图 A-1-12　74LS32 2 输入端四或门

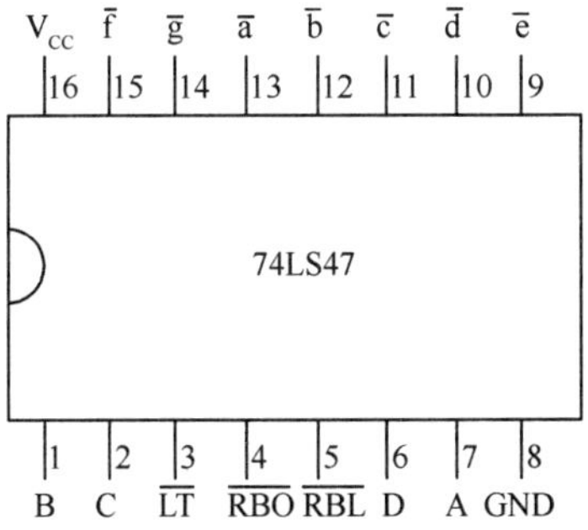

附图 A-1-13　74LS47/74LS247 BCD-七段译码器/驱动器

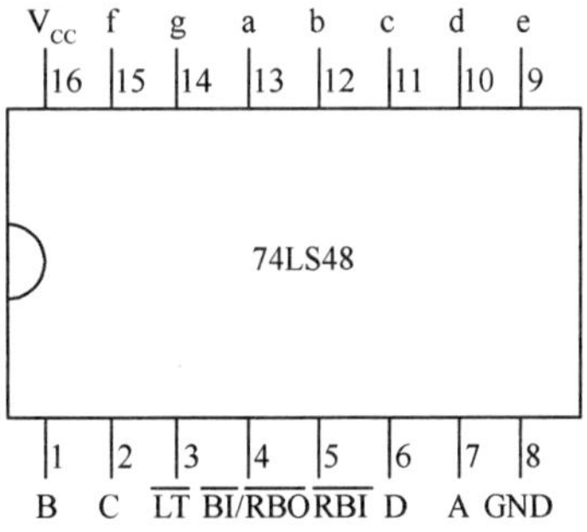

附图 A-1-14　74LS48/74LS248 BCD-七段译码器/驱动器

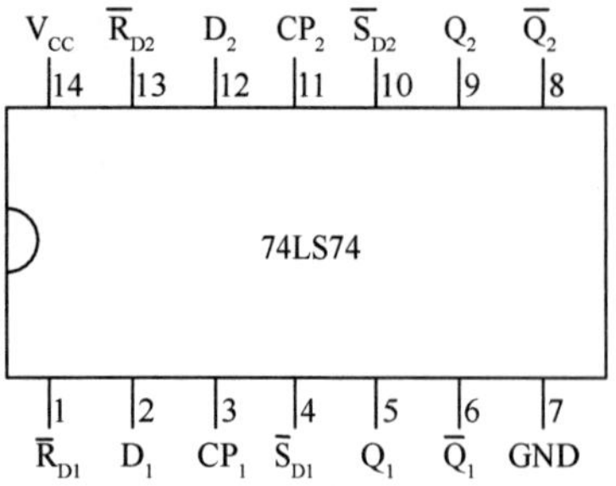

附图 A-1-15 74LS74 双 D 触发器
（带置位、复位、正触发）

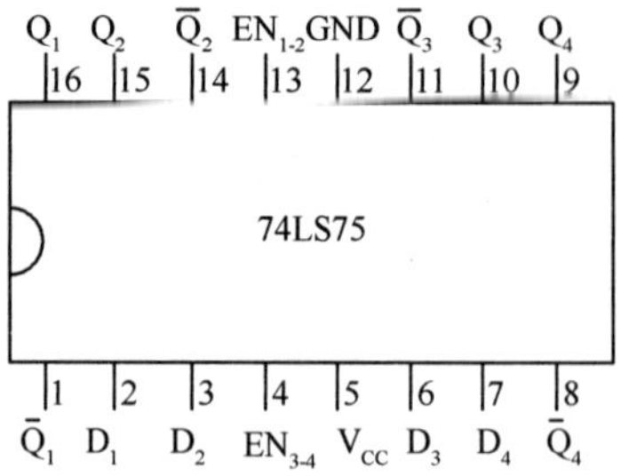

附图 A-1-16 74LS75 4 位双稳态 D 型锁存器

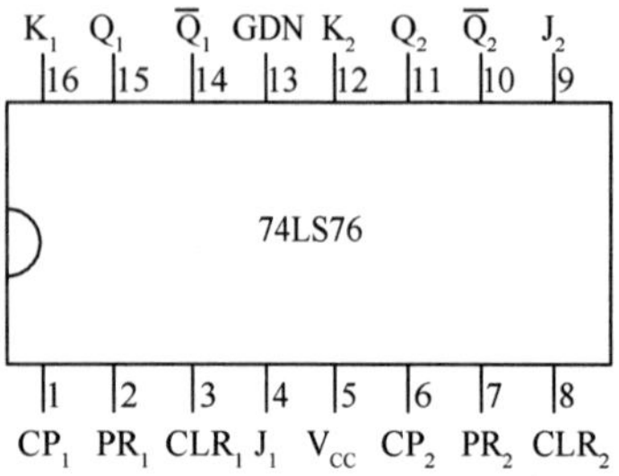

附图 A-1-17 74LS76 双 JK 触发器

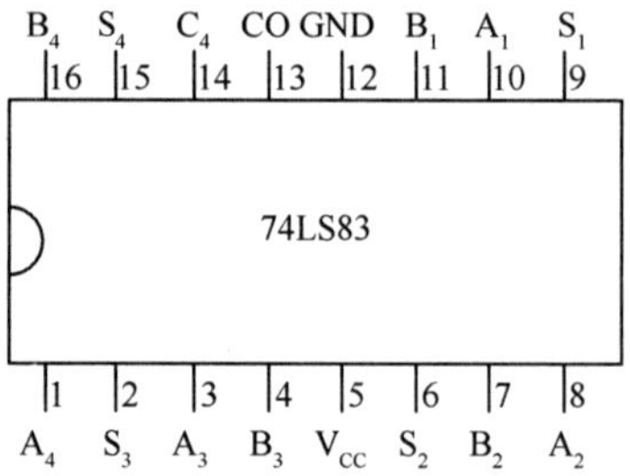

附图 A-1-18 74LS83 4 位二进制快速进位全加器

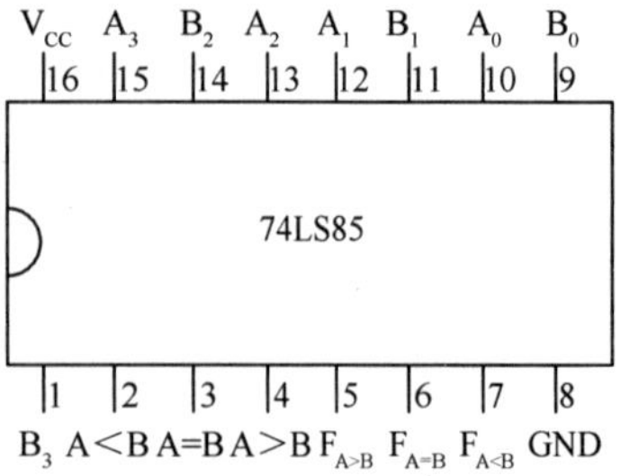

附图 A-1-19 74LS85 4 位二进制数比较器

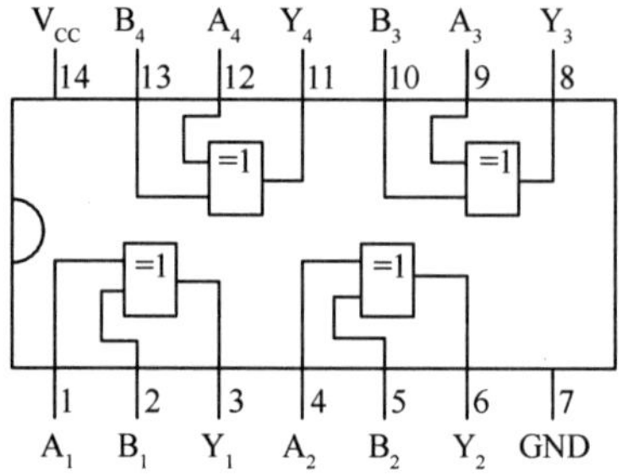

附图 A-1-20 74LS86 2 输入端四异或门

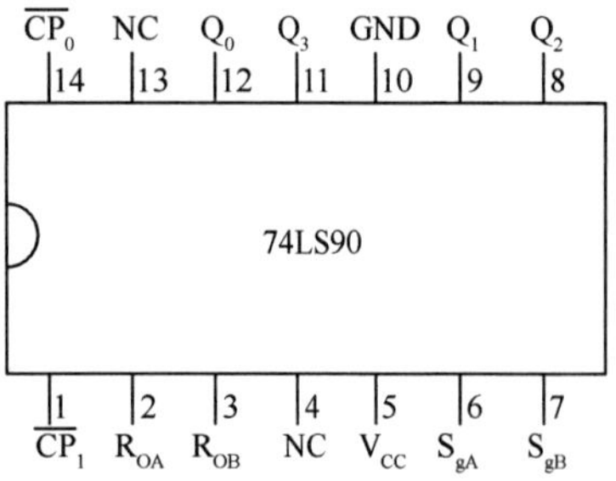

附图 A-1-21 74LS90 十进制计数器（2、5 分频）

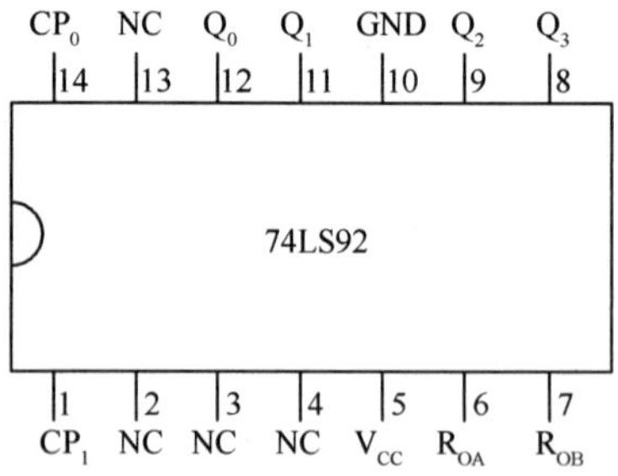

附图 A-1-22 74LS92 十二分频计数器（2、6 分频）

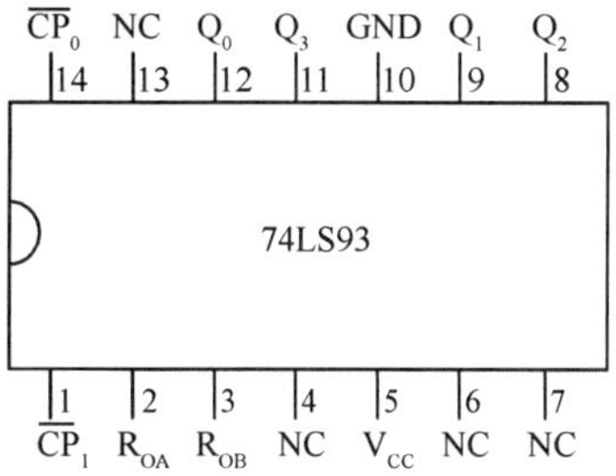

附图 A-1-23 74LS93 4 位二进制计数器（2、8 分频）

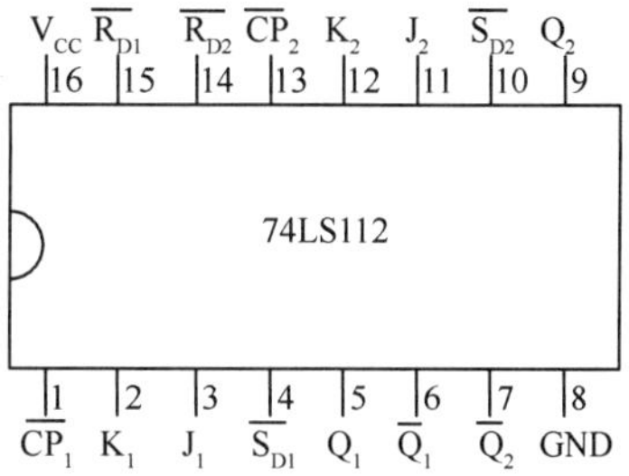

附图 A-1-24 74LS112 双 JK 触发器

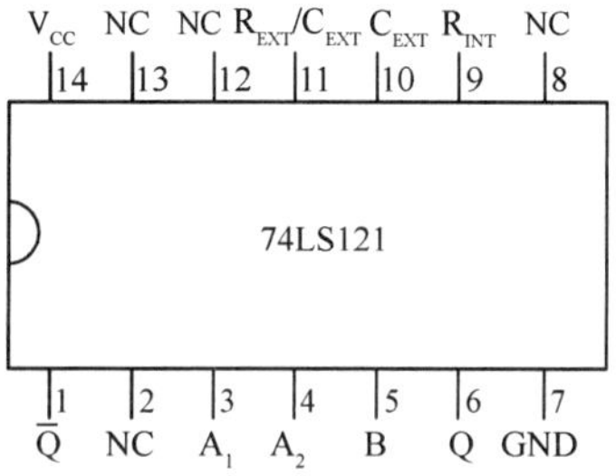

附图 A-1-25 74LS121 单稳态触发器

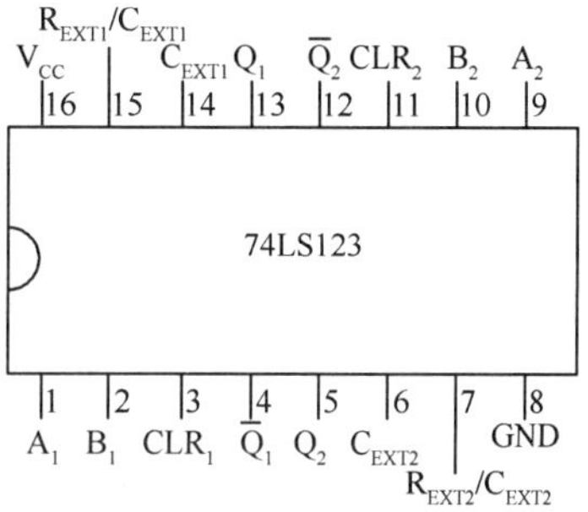

附图 A-1-26 74LS123 双可重触发单稳态触发器

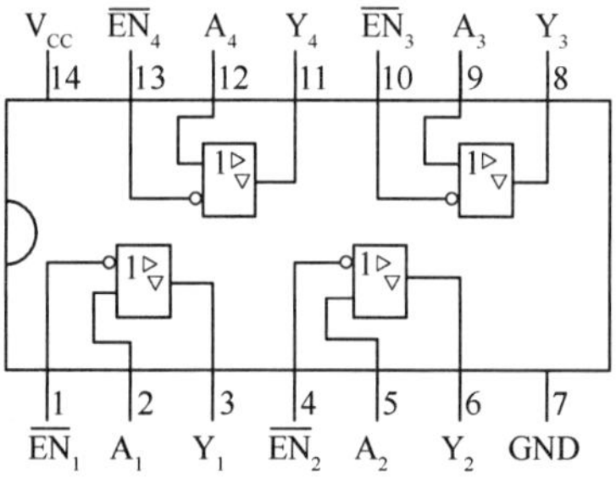

附图 A-1-27 74LS125 三态输出的四总线缓冲门

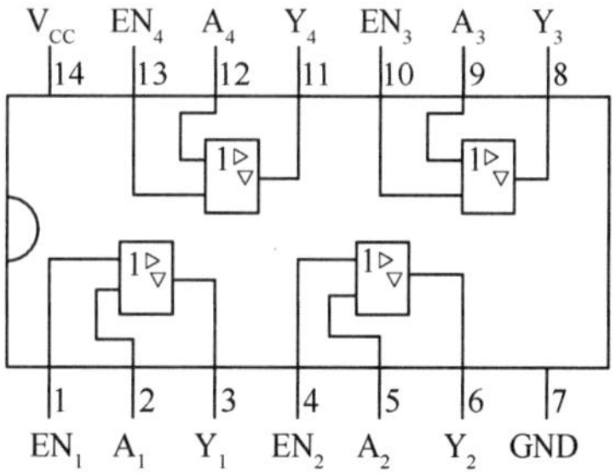

附图 A-1-28 74LS126 三态输出的四总线缓冲门

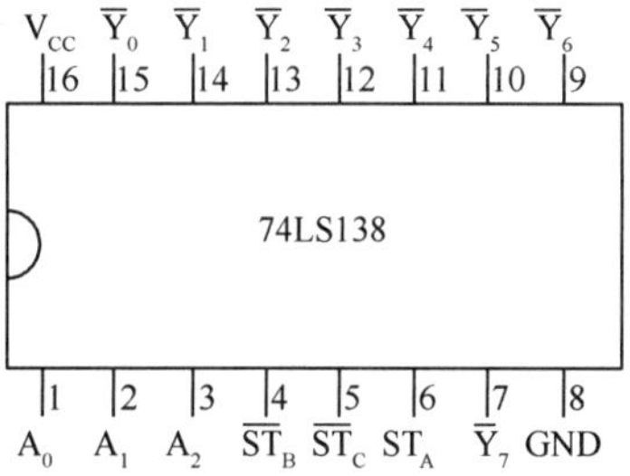

附图 A-1-29 74LS138 3 线-8 线译码器

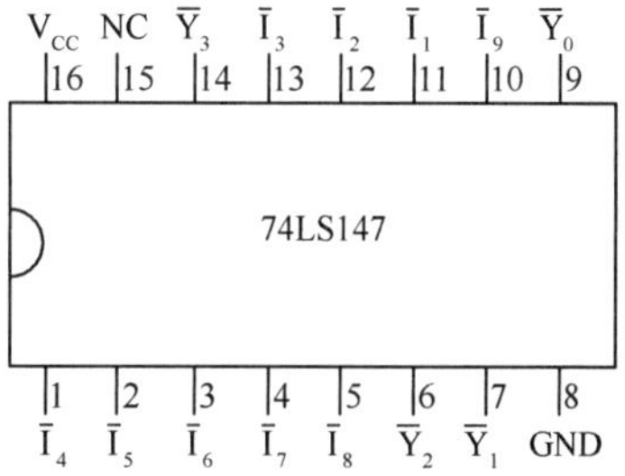

附图 A-1-30 74LS147 10 线-4 线优先编码器

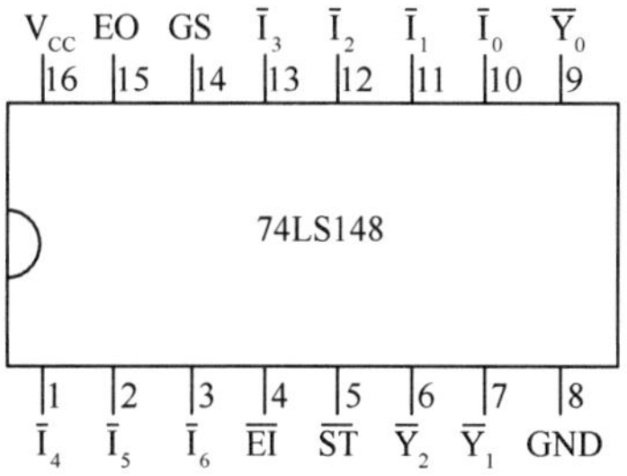

附图 A-1-31 74LS148 8 线-3 线优先编码器

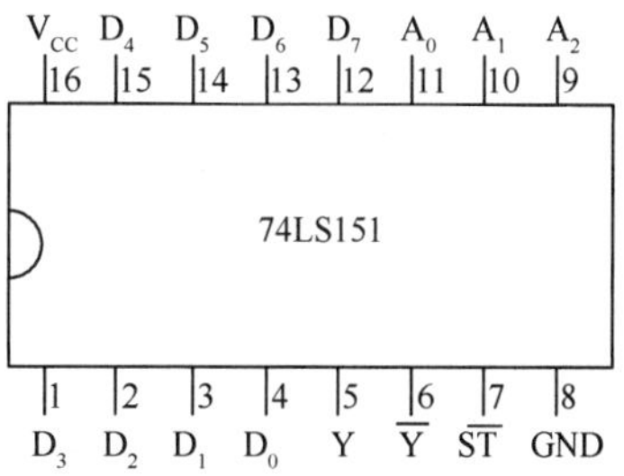

附图 A-1-32 74LS151 8 选 1 数据选择器

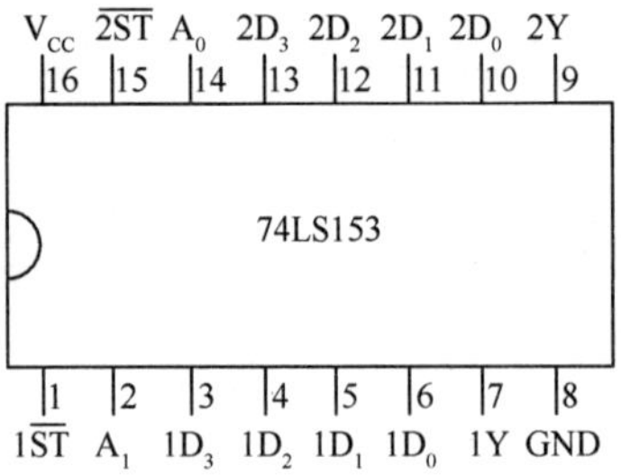

附图 A-1-33 74LS153 双 4 选 1 数据选择器（有选通输入端）

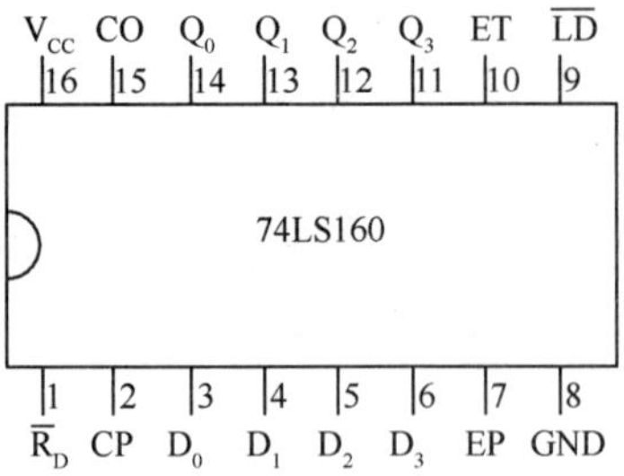

附图 A-1-34 74LS160 可预置 BCD 计数器（异步清零）

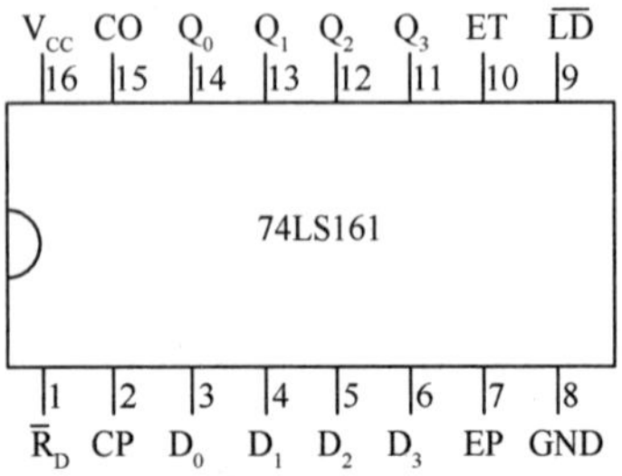

附图 A-1-35 74LS161 可预置 4 位二进制同步计数器（异步清零）

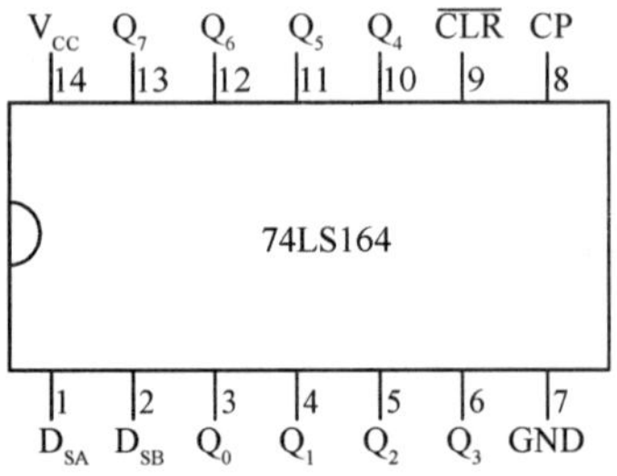

附图 A-1-36 74LS164 8 位串行输入/并行输出移位寄存器

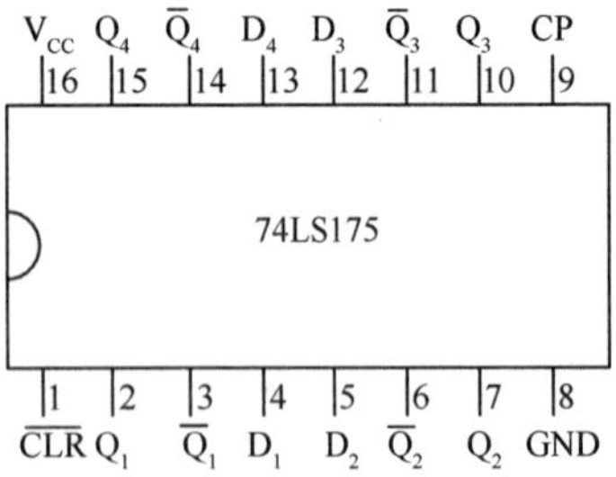

附图 A-1-37 74LS175 四 D 触发器

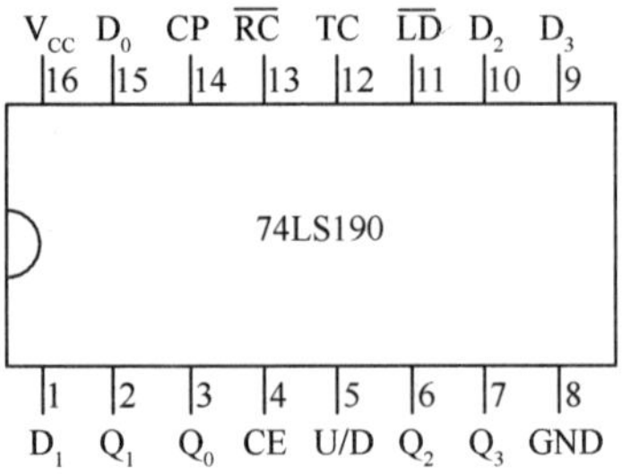

附图 A-1-38 74LS190 BCD 同步加/减计数器

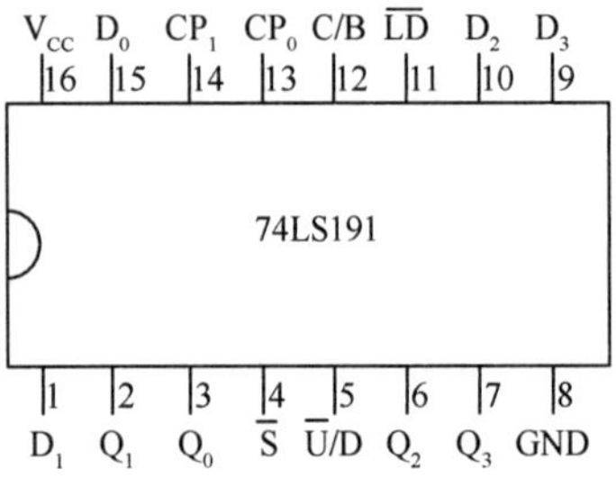

附图 A-1-39 74LS191 单时钟同步二进制加/减计数器

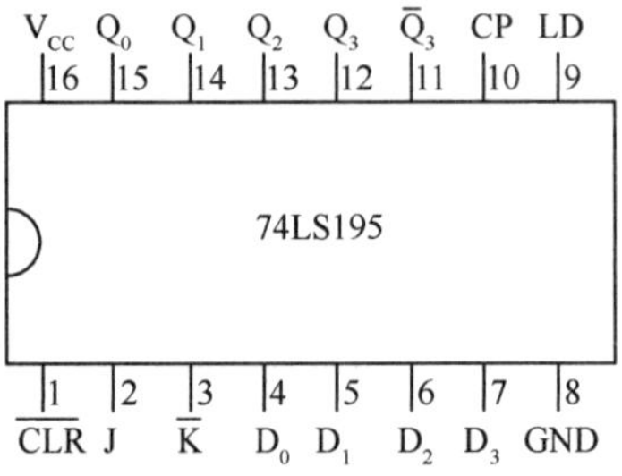

附图 A-1-40 74LS195 4 位通用移位寄存器

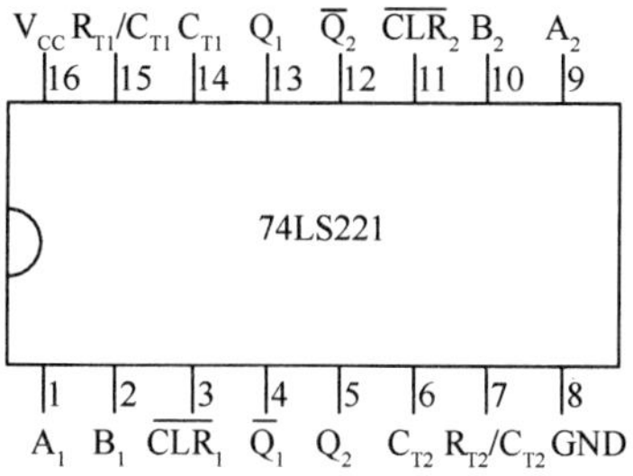

附图 A-1-41　74LS221 双稳态多谐振荡器

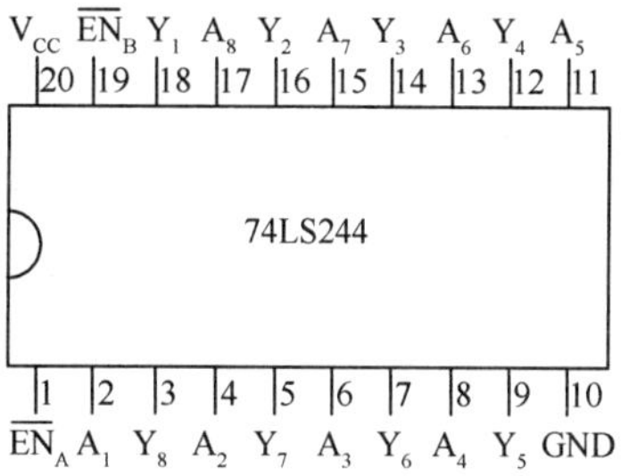

附图 A-1-42　74LS244 八同相三态缓冲器

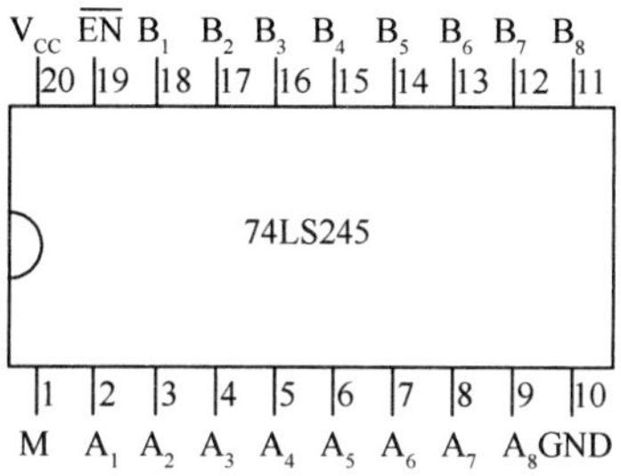

附图 A-1-43　74LS245 八同相三态收发器

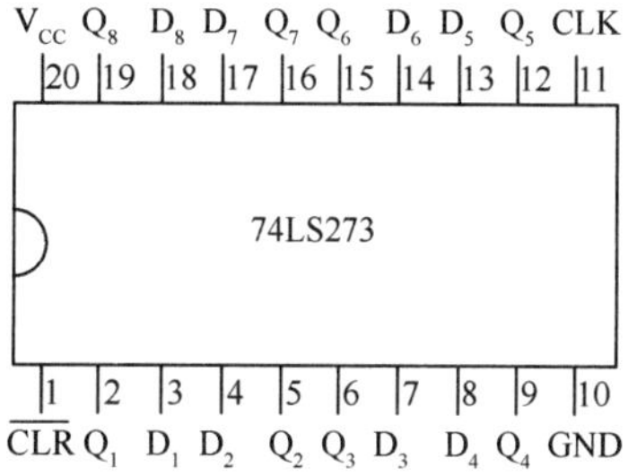

附图 A-1-44　74LS273 八 D 触发器

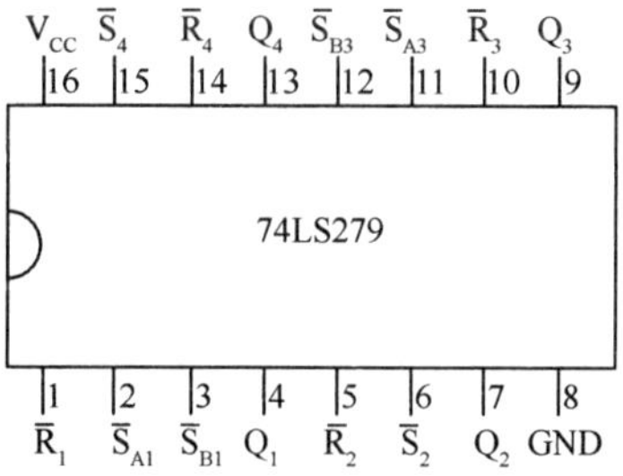

附图 A-1-45　74LS279 四 R-S 锁存器

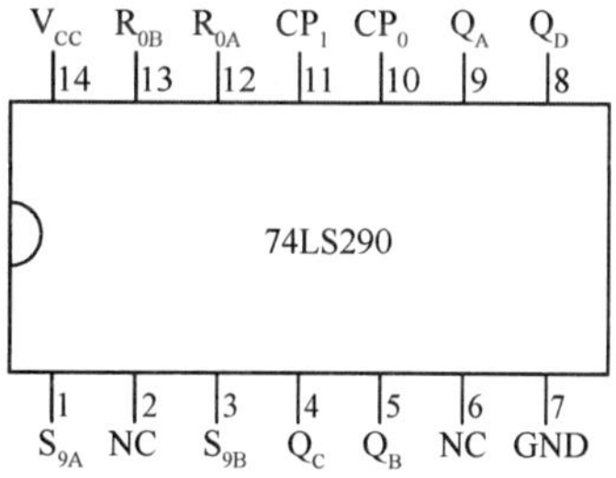

附图 A-1-46　74LS290 十进制计数器

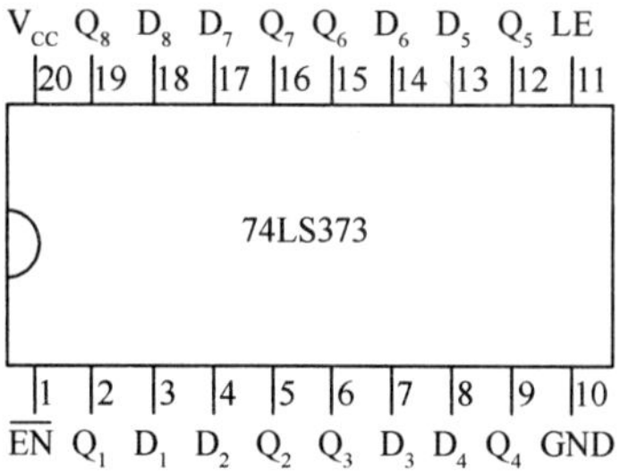

附图 A-1-47　74LS373 八 D 锁存器（三态同相）

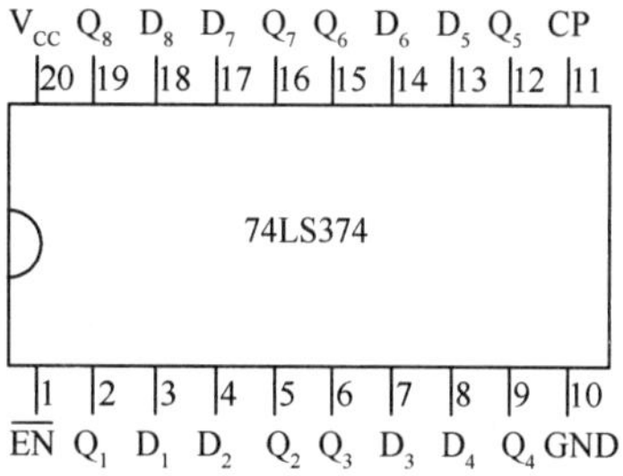

附图 A-1-48　74LS374 八 D 触发器（三态同相）

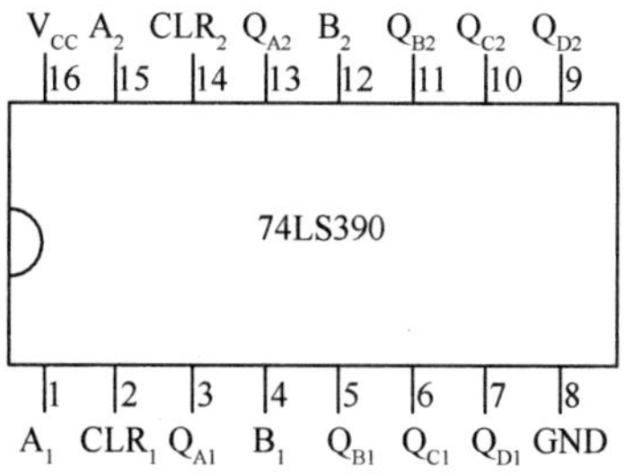

附图 A-1-49　74LS390 双十进制计数器

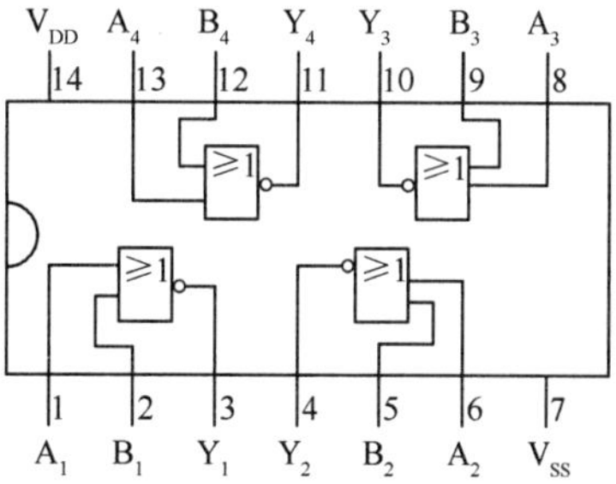

附图 A-1-50　CC4001 2 输入端四或非门

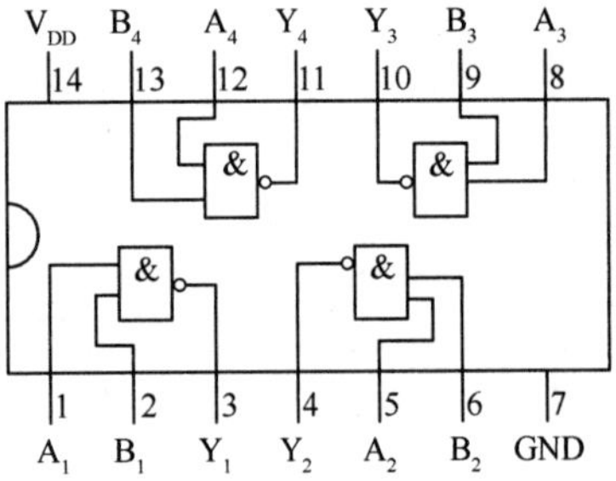

附图 A-1-51 CC4011 2 输入端四与非门

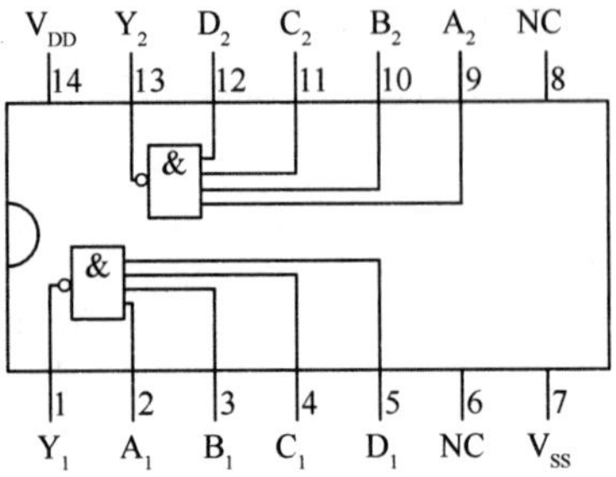

附图 A-1-52 CC4012 4 输入端双与非门

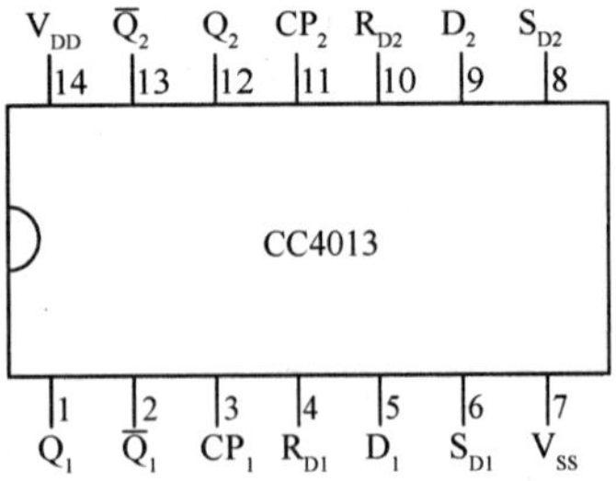

附图 A-1-53 CC4013 双 D 触发器

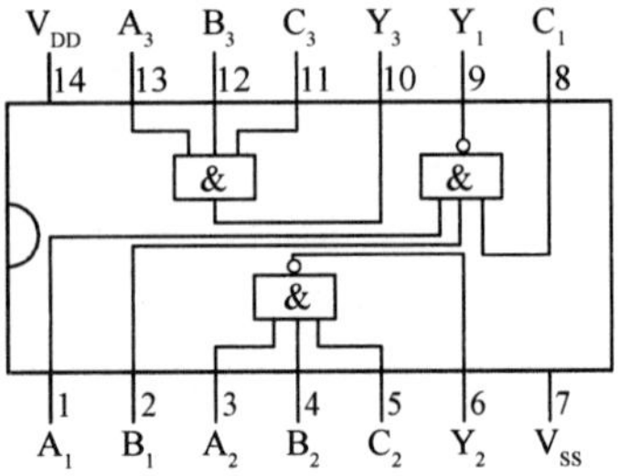

附图 A-1-54 CC4023 3 输入端三与非门

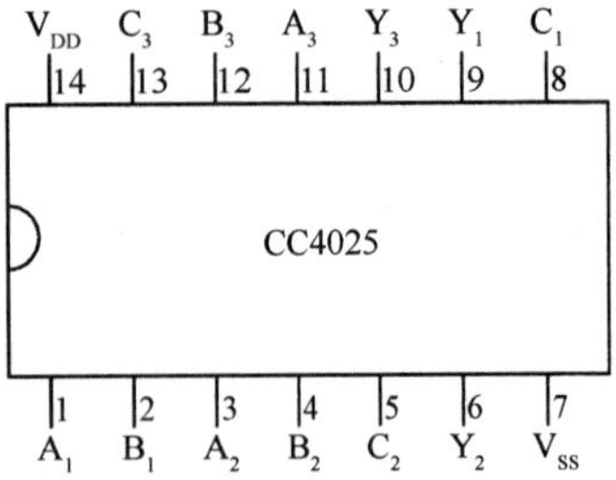

附图 A-1-55 CC4025 3 输入端三或非门

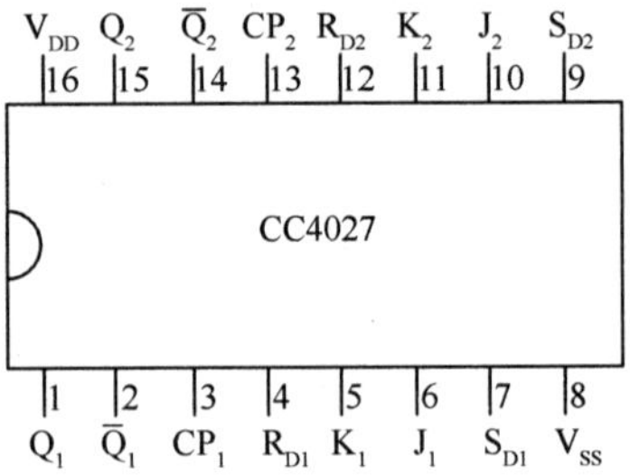

附图 A-1-56 CC4027 双 JK 触发器

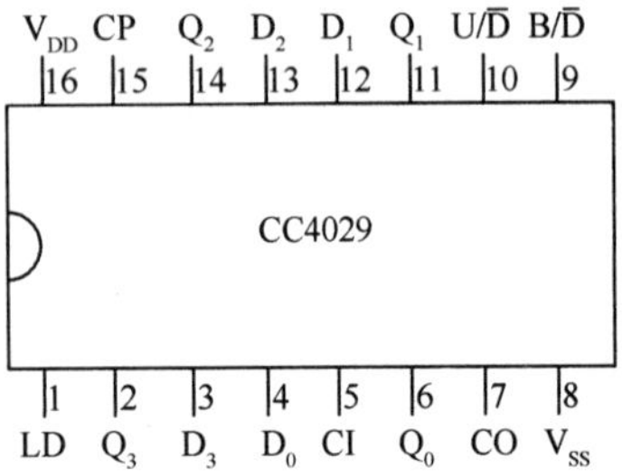

附图 A-1-57 CC4029 4 位二进制/十进制加/减计数器（有预置）

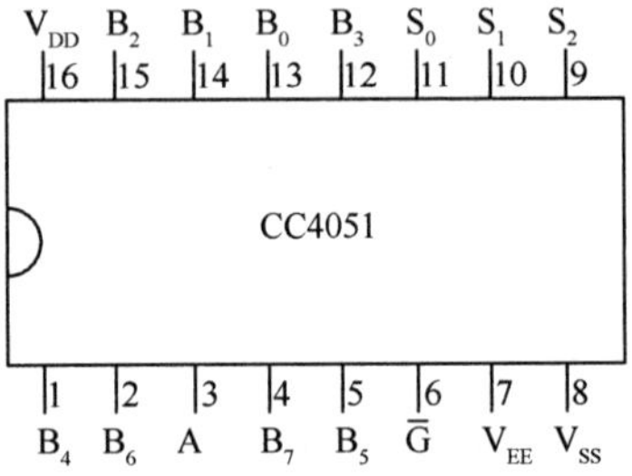

附图 A-1-58 CC4051 模拟多路转换器/分配器（八选一模拟开关）

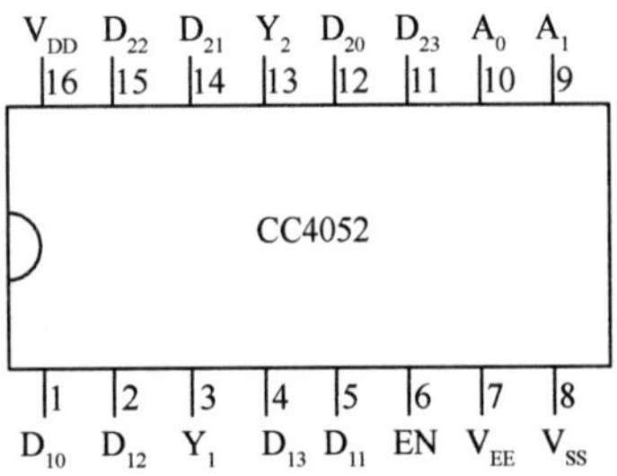

附图 A-1-59 CC4052 双 4 选 1 多路转换开关

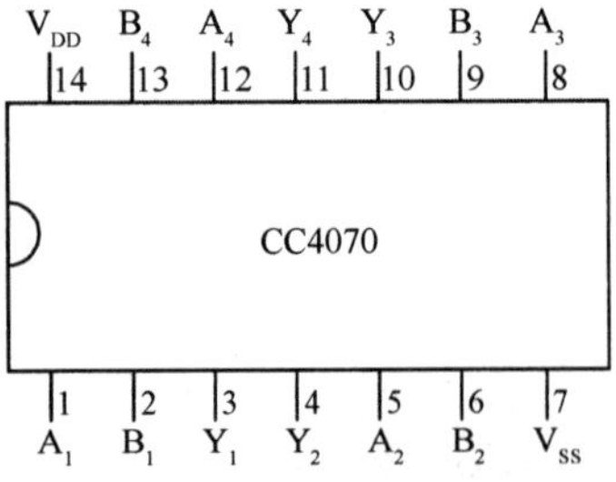

附图 A-1-60 CC4070 四异或门

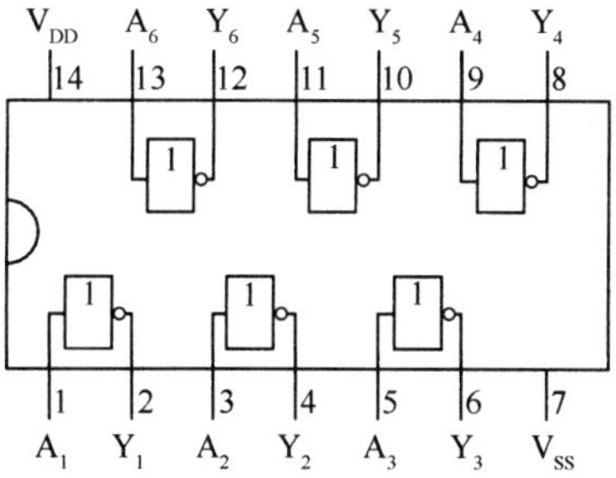

附图 A-1-61　CC4069 六反相器

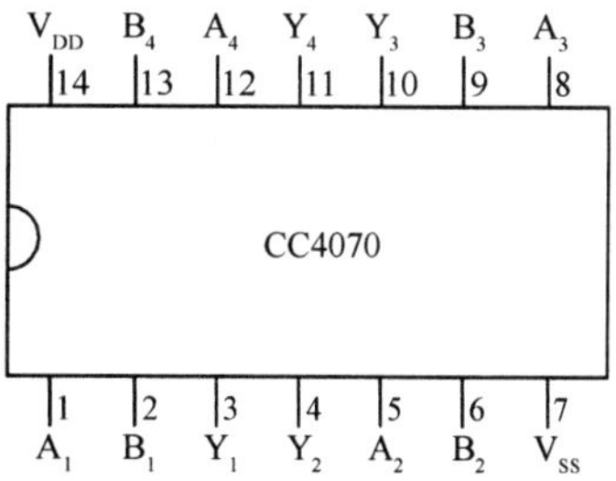

附图 A-1-62　CC4070 可重触发单稳态触发器

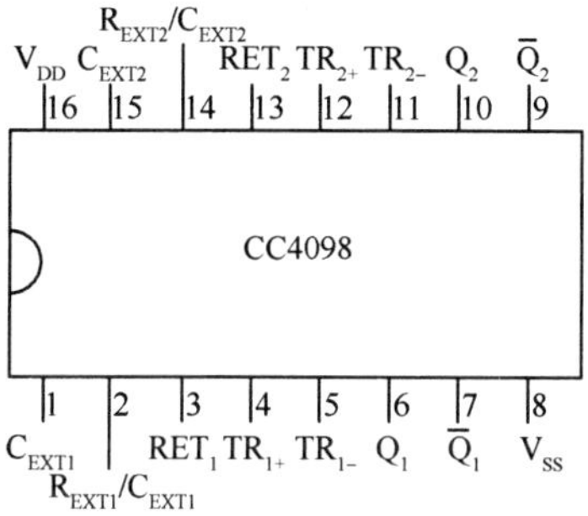

附图 A-1-63　CC4098 可重触发单稳态触发器

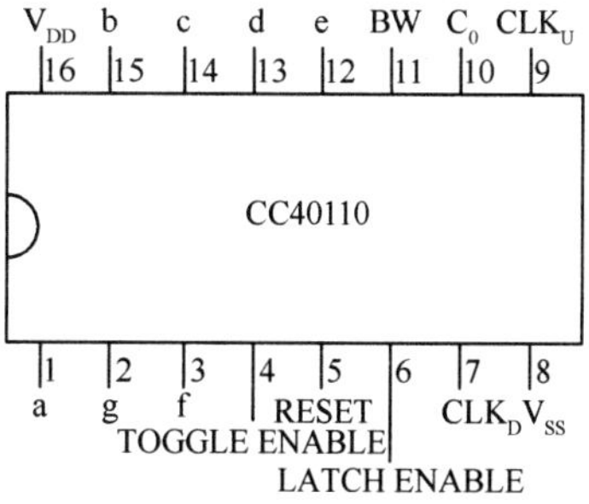

附图 A-1-64　CC40110 十进制加减计数/译码/锁存/驱动器

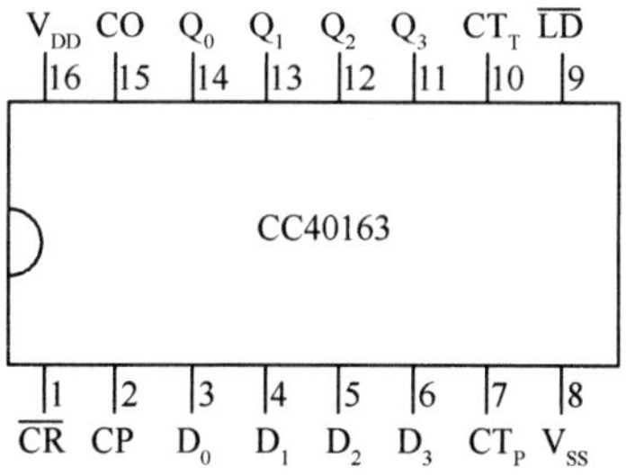

附图 A-1-65　CC40163 4 位二进制同步计数器

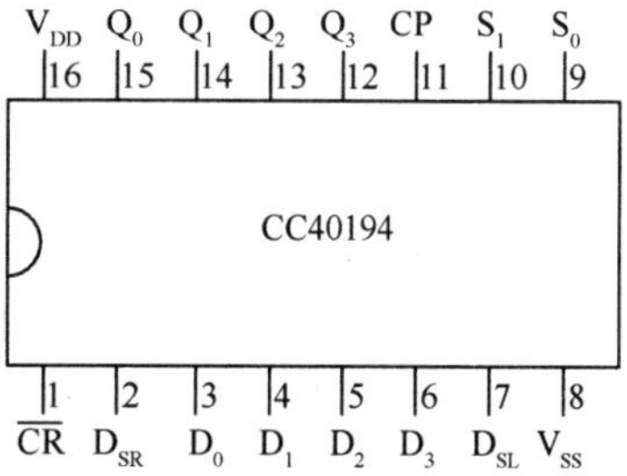

附图 A-1-66　CC40194 4 位双向移位寄存器

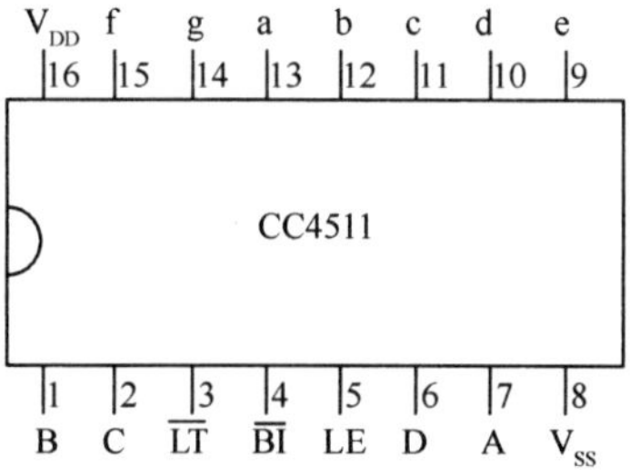

附图 A-1-67　CC4511 BCD 码锁存七段译码器

附录 A–2　常用数字集成电路功能表

附表 A-2-1～附表 A-2-9 所示为常用数字集成电路功能表。

附表 A-2-1　74LS74 功能表

输　入				输　出	
预置	清除	时钟	D	Q	$\overline{Q}$
S_D	R_D	CP			
0	1	×	×	1	0
1	0	×	×	0	1
0	0	×	×	1	1
1	1	↑	1	1	0
1	1	↑	0	0	1
1	1	0	×	Q_0	Q_0

附表 A-2-2　74LS112 功能表

输　入					输　出		功能说明
S_D	R_D	CP	J	K	Q	$\overline{Q}$	
0	1	×	×	×	0	1	异步置 0
1	0	×	×	×	1	0	异步置 1
1	1	↓	0	0	Q^n	Q^n	保持
1	1	↓	0	1	0	1	置 0
1	1	↓	1	0	1	0	置 1
1	1	↓	1	1	Q^n	Q^n	计数
1	1	1	×	×	Q^n	Q^n	保持
0	0	×	×	×	1	1	不允许

附表 A-2-3　74LS123 功能表

输　入			输　出	
CLEAR	A	B	Q	$\overline{Q}$
0	×	×	0	1
×	1	×	0	1
×	×	0	0	1
1	0	↑		
1	↓	1		
↑	0	1		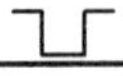

附表 A-2-4　74LS138 功能表

输　入					输　出							
使能		选择										
ST_A	$\overline{ST_B}+\overline{ST_C}$	A_2	A_1	A_0	$\overline{Y_0}$	$\overline{Y_1}$	$\overline{Y_2}$	$\overline{Y_3}$	$\overline{Y_4}$	$\overline{Y_5}$	$\overline{Y_6}$	$\overline{Y_7}$
×	1	×	×	×	1	1	1	1	1	1	1	1
0	×	×	×	×	1	1	1	1	1	1	1	1
1	0	0	0	0	0	1	1	1	1	1	1	1
1	0	0	0	1	1	0	1	1	1	1	1	1
1	0	0	1	0	1	1	0	1	1	1	1	1
1	0	0	1	1	1	1	1	0	1	1	1	1
1	0	1	0	0	1	1	1	1	0	1	1	1
1	0	1	0	1	1	1	1	1	1	0	1	1
1	0	1	1	0	1	1	1	1	1	1	0	1
1	0	1	1	1	1	1	1	1	1	1	1	0

附表 A-2-5　74LS148 功能表

输入									输出				
ST	IN_0	IN_1	IN_2	IN_3	IN_4	IN_5	IN_6	IN_7	$\overline{Y_2}$	$\overline{Y_1}$	$\overline{Y_0}$	$\overline{Y}_{EX}$	$\overline{Y_s}$
1	×	×	×	×	×	×	×	×	1	1	1	1	1
0	1	1	1	1	1	1	1	1	1	1	1	1	0
0	×	×	×	×	×	×	×	0	0	0	0	0	1
0	×	×	×	×	×	×	0	1	0	0	1	0	1
0	×	×	×	×	×	0	1	1	0	1	0	0	1
0	×	×	×	×	0	1	1	1	0	1	1	0	1
0	×	×	×	0	1	1	1	1	1	0	0	0	1
0	×	×	0	1	1	1	1	1	1	0	1	0	1
0	×	0	1	1	1	1	1	1	1	1	0	0	1
0	0	1	1	1	1	1	1	1	1	1	1	0	1

附表 A-2-6　74LS151 功能表

输入				输出	
选择			选通	Y	$\overline{Y}$
A_2	A_1	A_0	$\overline{ST}$		
×	×	×	1	0	1
0	0	0	0	D_0	$\overline{D_0}$
0	0	1	0	D_1	$\overline{D_1}$
0	1	0	0	D_2	$\overline{D_2}$
0	1	1	0	D_3	$\overline{D_3}$
1	0	0	0	D_4	$\overline{D_4}$
1	0	1	0	D_5	$\overline{D_5}$
1	1	0	0	D_6	$\overline{D_6}$
1	1	1	0	D_7	$\overline{D_7}$

附表 A-2-7　74LS161 功能表

CP	R_D	LD	EP	ET	工作状态
×	0	×	×	×	异步清零
↑	1	0	×	×	同步置数
×	1	1	0	1	保持
×	1	1	×	0	保持（但 C=0）
↑	1	1	1	1	计数

附表 A-2-8　74LS164 功能表

输入				输出			
$\overline{CLR}$	CP	D_{SA}	D_{SB}	Q_0	Q_1	…	Q_7
1	×	×	×	0	0		0
1	0	×	×	Q_{00}	Q_{10}		Q_{70}
1	↑	1	1	1	Q_{0n}		Q_{6n}
1	↑	0	×	0	Q_{0n}		Q_{6n}
1	↑	×	0	0	Q_{0n}		Q_{6n}

附表 A-2-9　74LS279 功能表

输　入		输　出	输　入		输　出
$\overline{S}$	$\overline{R}$	Q	$\overline{S}$	$\overline{R}$	Q
1	1	Q_0	1	0	0
0	1	1	0	0	×

注：对于有两个 $\overline{S}$ 输入（即 $\overline{S_A}$ 和 $\overline{S_B}$ ）的锁存器：$\overline{S}$ =1，即 $\overline{S_A}$ 和 $\overline{S_B}$ 均为 1；$\overline{S}$ =0，即 $\overline{S_A}$ 和 $\overline{S_B}$ 任意一个为 0。

附录 A–3　其他集成电路引脚图

如图 A-3-1～附图 A-3-24 所示为其他集成电路引脚图。

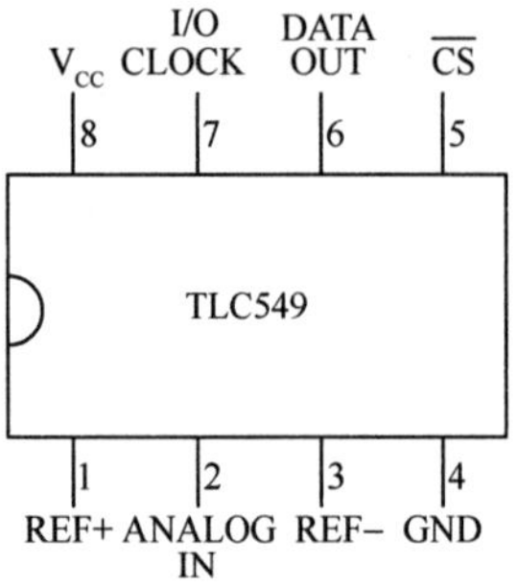

附图 A-3-1　TLC549 8 位 A/D 转换器

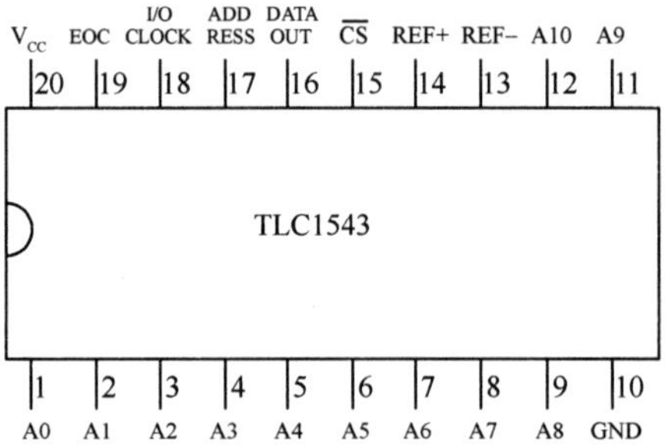

附图 A-3-2　TLC1543 10 位 A/D 转换器

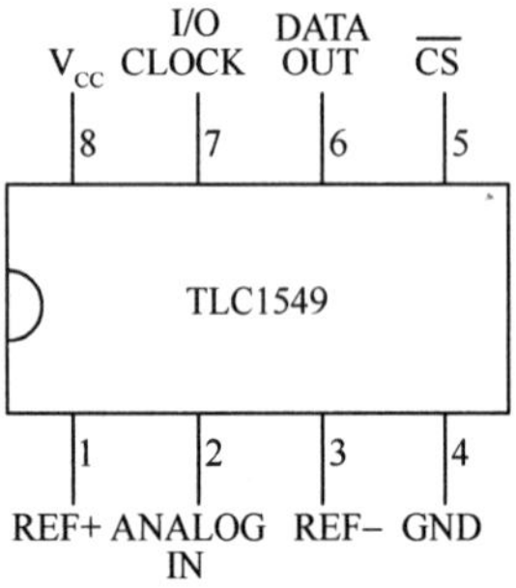

附图 A-3-3　TLC1549 10 位 A/D 转换器

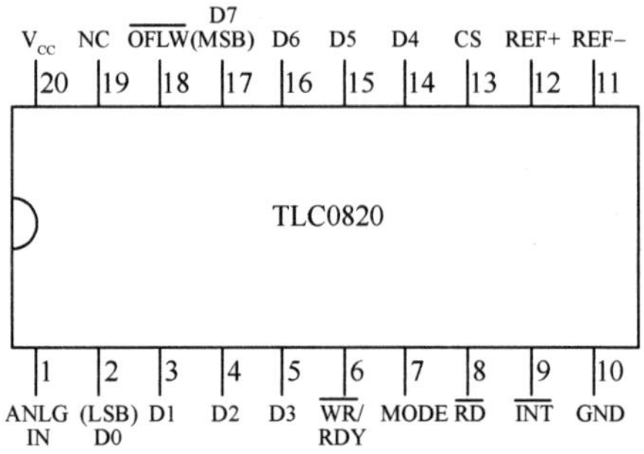

附图 A-3-4　TLC0820 8 位 A/D 转换器

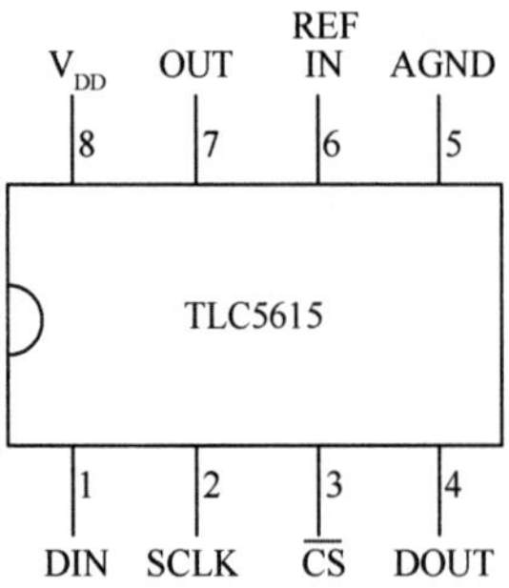

附图 A-3-5　TLC5615 8 位 D/A 转换器

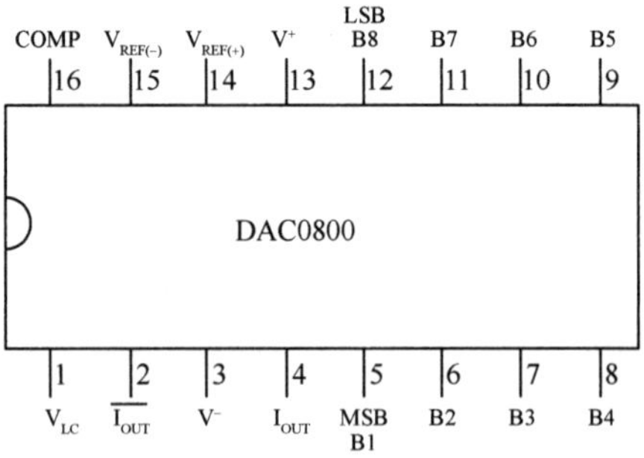

附图 A-3-6　DAC0800 10 位串行 D/A 转换器

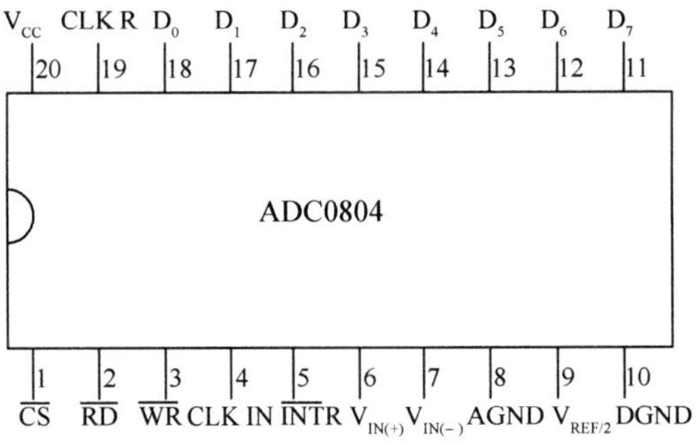

附图 A-3-7　ADC0804 8 位 A/D 转换器

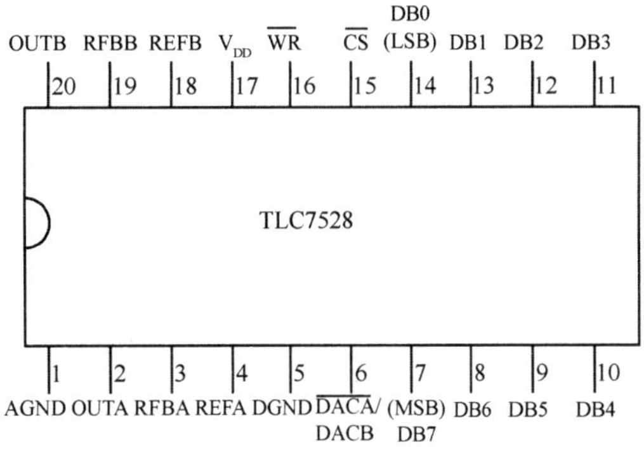

附图 A-3-8　TLC7528 双路、8 位 D/A 转换器

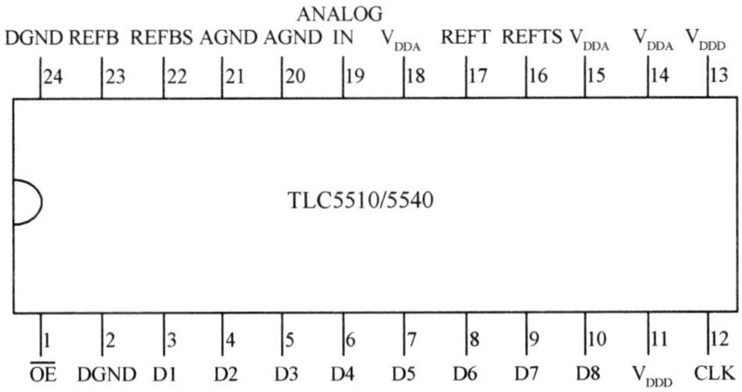

附图 A-3-9　TLC5510/5540 8 位高速 A/D 转换器

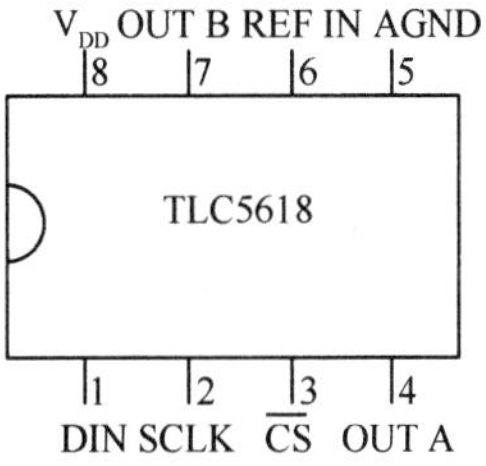

附图 A-3-10　TLC5618 8 位 D/A 转换器

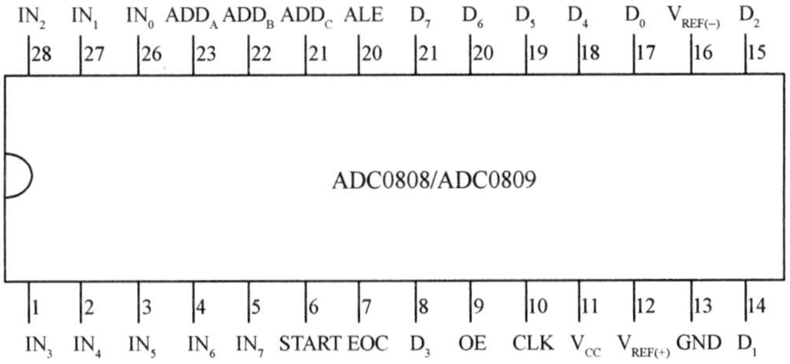

附图 A-3-11　ADC0808/ADC0809 8 位 A/D 转换器

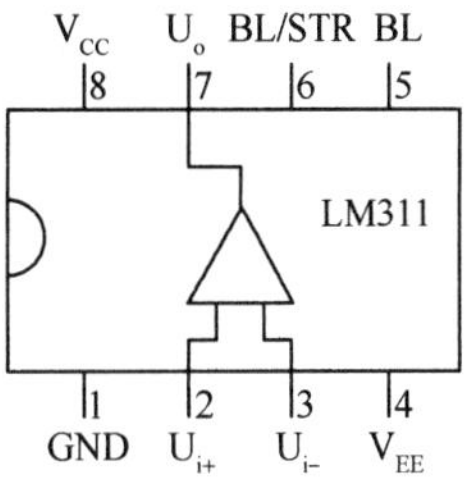

附图 A-3-12　LM311 集成电压比较器

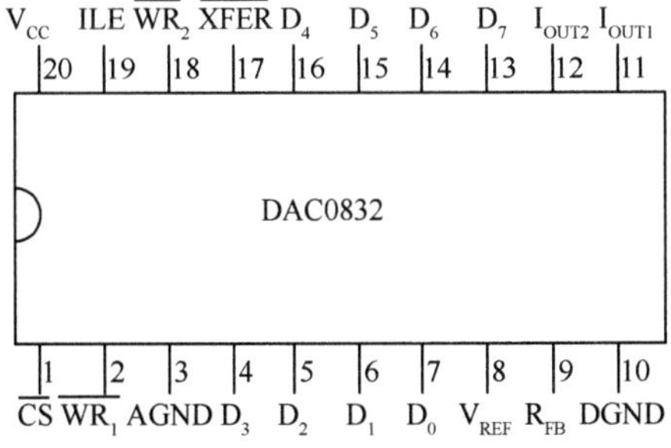

附图 A-3-13　DAC0832 12 位 D/A 转换器

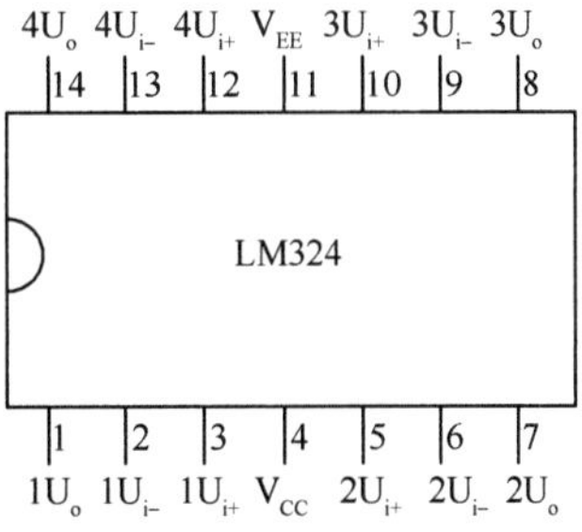

附图 A-3-14　LM324 通用四运放

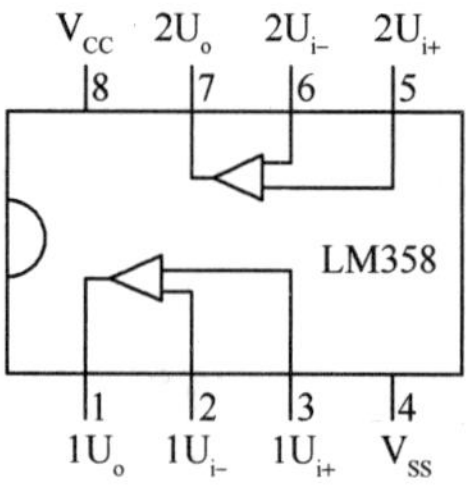

附图 A-3-15 LM358 低功耗双运放

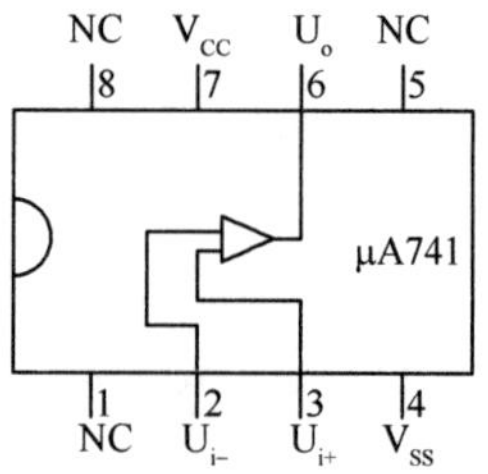

附图 A-3-16 μA741 通用型运算放大器

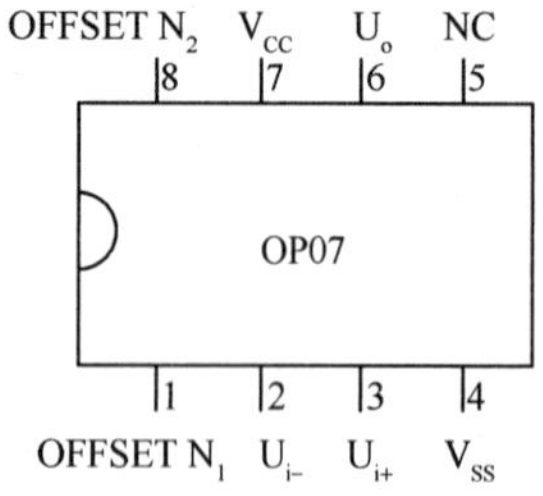

附图 A-3-17 OP07 低噪声运放

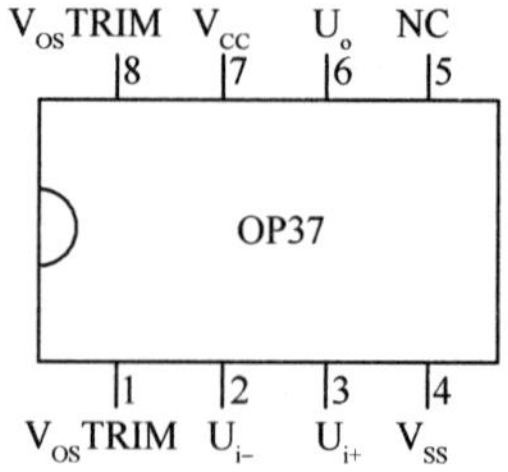

附图 A-3-18 OP37 超低噪声精密运放

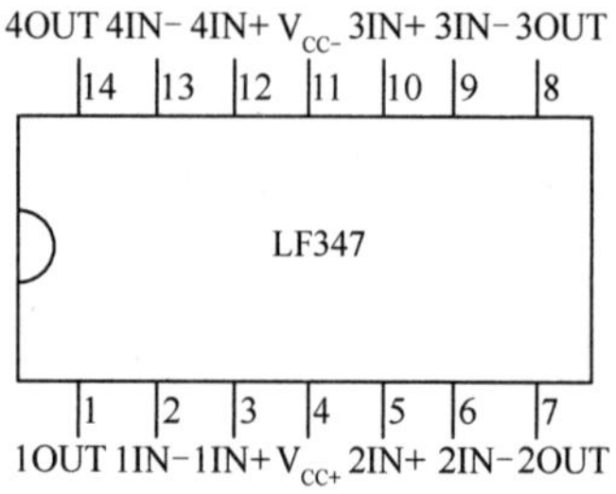

附图 A-3-19 LF347 四路通用 JFET 输入运算放大器

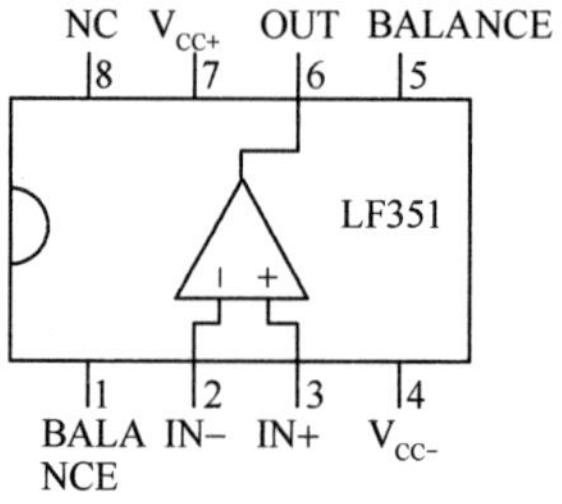

附图 A-3-20 LF351 宽带 JFET 输入运算放大器

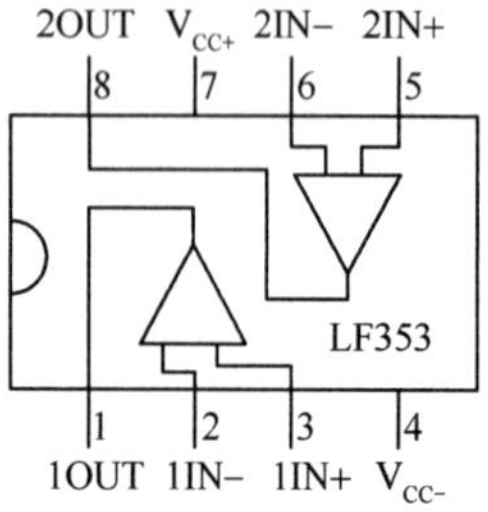

附图 A-3-21 LF353 双运算放大器

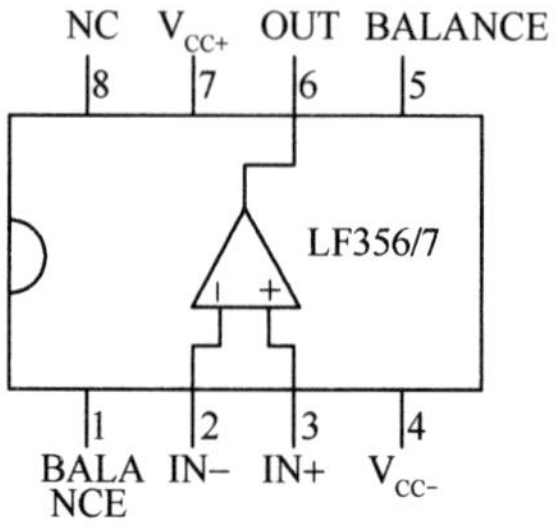

附图 A-3-22 LF356/7 JFET 输入运算放大器

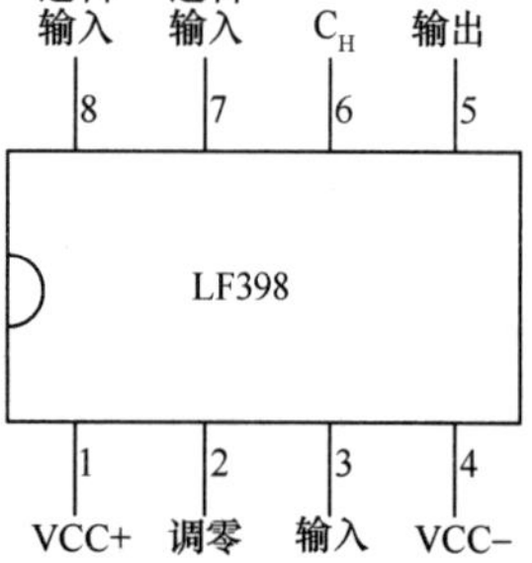

附图 A-3-23 LF398 反馈型采样/保持放大器

附图 A-3-24 NE555 电路

附录 B　仿真软件使用介绍

随着科学技术的发展，许多电子电路的验证由原来的实物电路转化为“实物＋仿真”的方式，甚至有的电路仅靠虚拟仿真就能达到实物电路验证的效果。由此可见，仿真软件的出现给电子设计带来了极大的方便，既减小了设计的工作量，又节约了设计时间和成本。因此，仿真软件上市以来，受到了广大电子行业工作者的青睐。

目前，市场上盛行的电路仿真软件种类很多，有 Multisim、Proteus、PSpice、Protel 99、Protel DXP 等。这些软件所具备的功能各不一样，其特点也不完全相同。本附录主要针对 Multisim 14 这款教学型仿真软件，着重介绍其仿真功能的使用。

附录 B-1　Multisim 14 电路仿真软件介绍

Multisim 是 Interactive Image Technologies（Electronics Workbench）公司推出的以 Windows 为平台的仿真工具，主要适用于板级的模拟/数字电路的设计工作。它包含了电路原理图的图形输入、电路硬件描述语言输入方式，具有丰富的仿真分析能力。

1. Multisim 14 的基本操作

（1）界面简介。Multisim 14 软件以图形界面为主，具有一般 Windows 应用软件的界面风格，Multisim14 界面分为主菜单栏、虚拟仪器工具栏、元器件库工具栏、仿真工具栏、项目管理区和电路工作区，如附图 B-1-1 所示。通过对各部分的操作可以实现电路图的输入与编辑，并根据需要使用虚拟仪器工具栏的各种仪表对电路参数进行相应的观测和分析。用户可以通过菜单栏或工具栏改变主窗口的视图内容及视窗大小等。

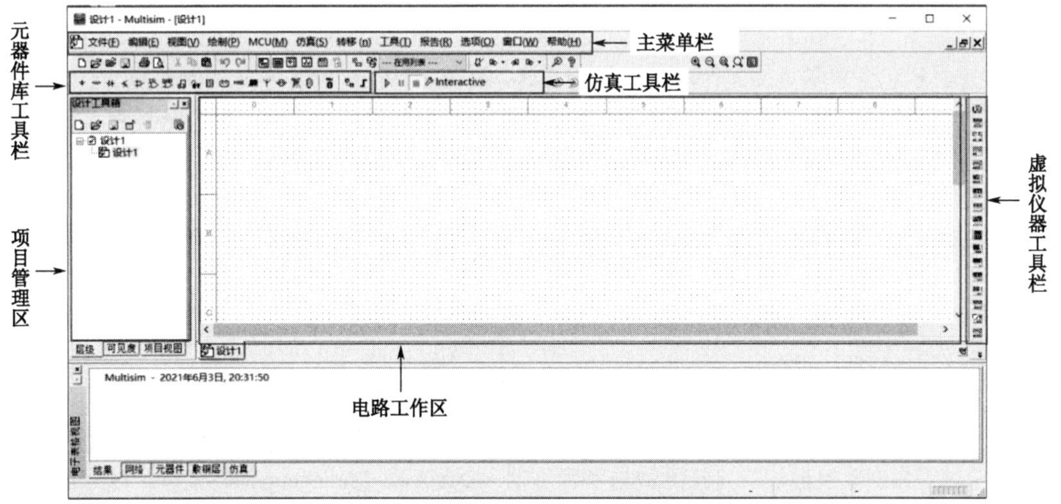

附图 B-1-1　Multisim 14 主界面

（2）菜单介绍。Multisim14 汉化版对 90%以上的菜单进行了汉化，使得用户操作起来比较容易。其主菜单栏如附图 B-1-2 所示，位于主界面的上方，通过各项菜单可以对 Multisim 14 的所有功能进行操作。

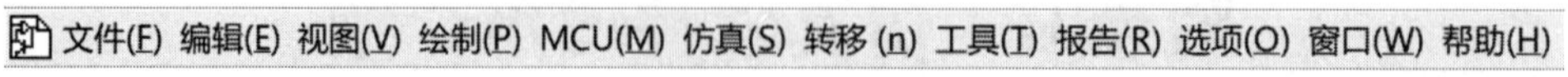

附图 B-1-2　主菜单

该菜单栏中有一些功能菜单项均与 Windows 平台上的应用软件一致，如文件（File）、编辑（Edit）、视图（View）、选项（Options）、窗口（Window）、帮助（Help）等。此外，还有一些专用的菜单项，如绘制（Place）、MCU、仿真（Simulate）、转移（Transform）、工具（Tools）以及报告（Reports）等。现对专用菜单项的功能进行简单介绍。

绘制（Place）菜单：主要提供电路图输入工具。通过绘制菜单中的各项命令可在电路图输入时执行绘制器件、节点、导线、总线、注释、文本、新建子电路等操作，同时包括创建新层次模块、层次模块替换、新建子电路等关于层次化电路设计的选项。

MCU 菜单：主要提供单片机调试时的各种操作命令，如调试视图格式、MCU 窗口等，菜单中还包括一些调试状态的选项，如单步调试、断点调试、暂停运行、执行到光标处等调试命令。

仿真（Simulate）菜单：主要包含与电路仿真相关的各种设置命令。通过仿真菜单中的命令可对项目进行运行、暂停、停止、仪器选择、电路数据分析以及仿真设置等操作。

转移（Transform）菜单：转移菜单提供的命令可以将所搭建的电路及分析结果传输给其他应用，如 PCB、MathCAD 和 Excel 等。

工具（Tools）菜单：主要可完成元器件数据库的管理、元器件编辑、电气规则检查、屏面捕捉等功能。

报告（Reports）菜单：可输出项目的材料清单、元件详细报告、网络表报告、对照报告、原理图统计、多余门报告等各类报表。

（3）常用工具栏简介。Multisim 14 提供了多种工具栏，并以层次化的模式加以管理，用户可以通过“视图”→“工具栏”方便地将顶层的工具栏打开或关闭，再通过顶层工具栏中的按钮来管理和控制下层的工具栏。通过工具栏，用户可以方便直接地使用软件的各项功能。

顶层的工具栏主要有标准工具栏、视图工具栏、主要工具栏、模拟元器件工具栏、信号源元件工具栏、仪器工具栏、仿真工具栏等。

标准工具栏包含了常见的文件操作和编辑工具。视图工具栏提供工作窗缩放工具，工作窗的缩放也可通过鼠标滚轮的滚动来实现，缩放时以鼠标指针所在位置为中心。主要工具栏包含显示或隐藏设计工具箱及电子表格工具栏、数据库管理、电气规则检查等操作选项，同时提供各种记录仪，可用来进行仿真参数分析。元器件工具栏的每个按钮都对应一类元器件，其分类方式和元器件数据库中的分类相对应。电源工具栏提供虚拟的电源。信号源元件工具栏提供虚拟仿真信号。仪器工具栏集中了所有虚拟仪器仪表，可以通过按钮选择需要的仪器对电路进行观测。通过仿真工具栏中的按钮、选项可以控制电路仿真的开始、暂停和结束，同时提供单步调试、执行到光标处调试等各种调试方式供操作者选择。

2. 元器件的管理与取用

（1）元器件管理。Multisim 提供了丰富的元器件，并以库的形式管理元器件，通过菜单“工具”→“数据库”→“数据库管理器”可打开数据库管理器（Database Management）窗口，对元器件库进行管理。

在数据库管理器窗口中的数据库名称（Daltabase Name）列表中有 3 个数据库：主数据库、企业数据库和用户数据库。其中，主数据库中存放的是软件提供的元器件，用户数据库是为用户自建元器件准备的数据库。用户单击“编辑”按钮可对 Multisim 主数据库中的元器件进行编辑。

为方便取用元件，可以建立一个常用的元件库。具体操作步骤为：找到主数据库中需要的元器件并单击，单击“复制”按钮，在弹出的对话框左侧选择对应的元件组，单击元件类型图标后，选择“添加系列”，此时可在“输入系列名”中输入该元件的名称，最后单击“确定”按钮即可。只要将自己认为比较常用的元件找到，加入用户数据库中，下次使用时便可直接进入用户数据库（User Database）快速获取常用的元器件，不必每次都从成千上万个元件中查找自己需要的元件，非常方便，且对用户数据库里的元件进行编辑也不会影响软件主数据库中元器件的参数。

（2）元器件库工具栏。如附图 B-1-3 所示，从左到右依次是电源库、基本元件库、二极管库、晶体管库、模拟元器件库、TTL 元器件库、CMOS 元器件库、其他数字元器件库、模数混合元器件库、指示器元器件库、功率元器件库、混合元器件库、外设元器件库、RF 元器件库、电机元器件库、NI 元器件库、连接元器件库、MCU 元器件库、层次块调用库、总线库。

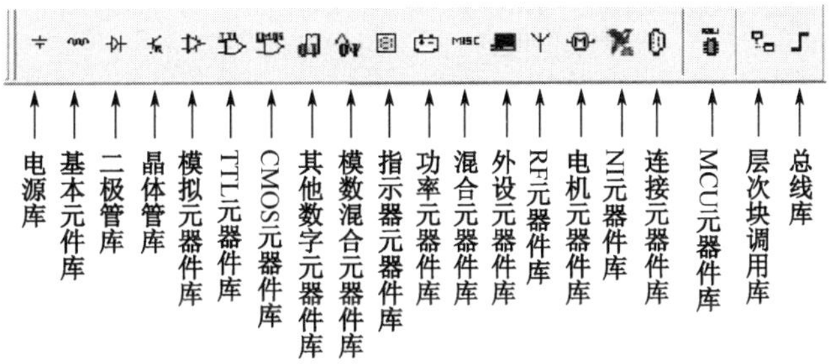

附图 B-1-3 元器件库工具栏

电源库：包含接地端、直流电源、交流电源、受控电源、方波、时钟脉冲等多种电源和信号源。

基本元件库：包含虚拟元件、排阻、开关、变压器、Z 负载、继电器、连接器、可编辑的电路图符号、插座、电阻、电容、电感、电位器等多种元件。

二极管库：包含虚拟二极管、普通二极管、稳压二极管、发光二极管、单相整流桥、肖特基二极管、晶闸管、变容二极管、PIN 二极管等多种器件。

晶体管库：包含虚拟晶体管、双极型晶体管、绝缘栅型场效应管、MOS 管等多种晶体管。

模拟元器件库：包含虚拟模拟集成电路、运算放大器、比较器、宽频运算放大器等器件。

TTL 元器件库：包含与、或、非门，各种复合逻辑运算门、触发器、中规模集成芯片、74××系列和 74LS××系列等 74 系列数字电路器件。

CMOS 元器件库：包含 40××系列和 74HC××系列等多种 CMOS 数字集成电路系列器件。

模数混合元器件库：包含 555 定时器等模数混合器件。

（3）元器件的取用。在 Multisim 主数据库中有实际元器件和虚拟元器件，它们之间的根本差别在于：一种是与实际元器件的型号、参数值以及封装都相对应的元器件，在设计中选用此类元器件，不仅可以使设计仿真与实际情况有良好的对应性，还可以直接将设计导出到 Ultiboard 中进行 PCB 的设计；另一种器件的参数值是该类器件的典型值，不与实际器件对应，用户可以根据需要改变器件模型的参数值，只能用于仿真，这类器件称为虚拟元器件。它们在工具栏和对话窗口中的表示方法也不同。

在元器件工具栏中，虽然代表虚拟元器件的按钮的图标与该类实际元器件的图标形状相同，但虚拟元器件的按钮有底色（软件中为深绿色），而实际元器件则没有。相同类型的实际元器件和虚拟元器件的按钮并排排列，但并非所有的元器件都设有虚拟类的器件。在元器件类型列表中，虚拟元器件类的后缀均标有 Virtual，这也是虚拟元器件的独特特征。

在取用元器件时，由于库中元器件种类、个数很多，因此可利用库中的分类筛选工具。例如，要找 1N4148 二极管，可按以下步骤操作。

单击“放置”按钮，选择“选择元件（Component）”打开“选择元件”对话框；也可直接单击元器件工具栏中的任意图标打开“选择元件”对话框，如附图 B-1-4 所示。在“选择元件”对话框的“组”下拉列表框中选择器件类型“Diodes”，即二极管类型。在“系列”列表框中选择“DIODE”选项。在“元件”列表框中选择“1N4148”选项。单击“确定”按钮，即可获取需要的二极管，在工作窗中相应位置单击后即可将该二极管放置在工作窗中。

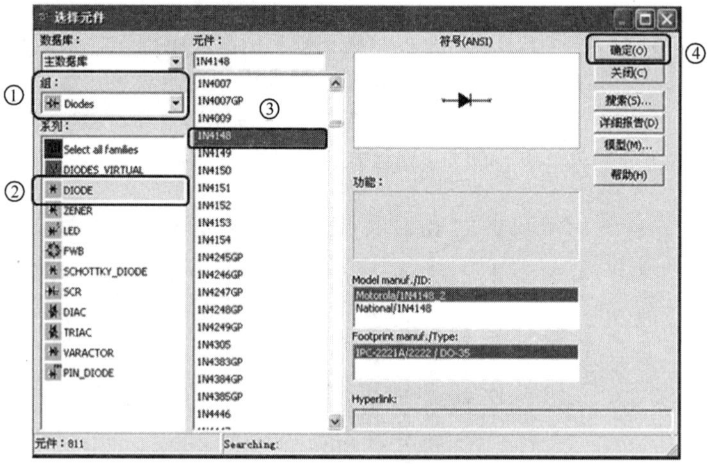

附图 B-1-4　选择元件-二极管 1N4148

当不知道 1N4148 二极管器件所在的组和所属的系列时，也可使用查找的方法快速找到需要的器件。打开“选择元件”对话框之后，单击“搜索”按钮，打开“搜索元件”对话框。在“搜索元件”对话框中的“元件”一栏输入需要查询的元件型号“1N4148”，单击“搜索”按钮，系统便能迅速查找出元件库中对应型号的元件。在搜索结果对话框中单击“确定”按钮即可获取该元件。如果元件数据库中符合搜索条件的元件有多个时，会在弹出的对话框中的“元件”列表中一一列出。若没有符合条件的元件型号时，则在弹出的对话框中的“元件”列表中显示为空。

（4）元件的放置。在“选择元件”对话框中获取元件后，将鼠标指针移至工作窗指定位置，单击即可放置该元件。

对已放置的元件用户可以进行复制（Ctrl＋C）、粘贴（Ctrl＋V）、剪切（Ctrl＋X）、删除（Delete）、旋转、镜像等操作。操作步骤为：将鼠标指针移至需要操作的元件上并右击，在弹出的快捷菜单中做出相应的选择即可。Multisim 14 中元件旋转或镜像的模式有 4 种：顺时针旋转 90°（Ctrl＋R）、逆时针旋转 90°（Ctrl＋Shift＋R）、水平镜像（Alt＋X）、垂直镜像（Alt＋Y）。

（5）导线的连接。当元件与元件、元件与仪器、电源与元件等进行引脚连线时，只需将鼠标指针置于引脚最外端后单击一次，然后将鼠标指针移动到另一引脚外端点处再次单击即可；如果只需要从元件引脚连接至工作窗的任意位置，那么可在终点的位置双击即可；如果需要从工作窗的任意位置开始连线，那么只需将鼠标指针置于该位置后双击即可。

3. Multisim 14 虚拟仪器介绍

Multisim 14 提供了多种虚拟仪器用来对电路工作状态进行测试，这些仪表的使用方法和外观与真实仪表相当，感觉就像实验室使用的仪器。可通过菜单“视图”→“工具栏”→“仪器”打开虚拟仪器工具栏，如附图 B-1-5 所示。

在虚拟仪器工具栏中单击需要的仪器图标后便能将仪器选中并放置到工作窗中。在仿真开始后，只需双击工作窗仪器符号，虚拟仪器便能以面板的方式显示在电路中，将其正确连入电路，即可像操作实验仪器一样对其按钮、旋钮和各种参数进行调整。

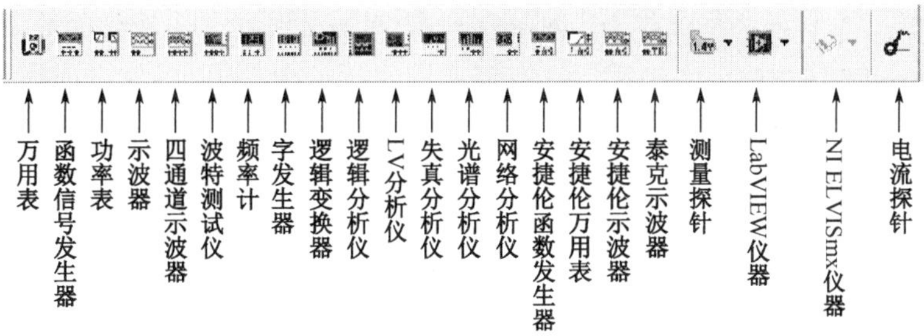

附图 B-1-5　虚拟仪器工具栏

下面介绍万用表、函数信号发生器和示波器的使用方法。

1）万用表

Multisim 14 软件中的万用表可用来测量交直流电压、电流、电阻、增益等，可以自动修正量程，所以在测量过程中不必调整量程。使用万用表测量直流电压的基本方法如附图 B-1-6 所示。

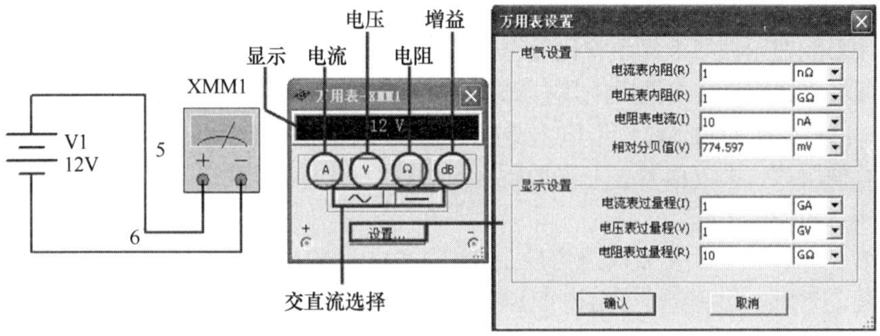

附图 B-1-6　使用万用表测量直流电压的基本方法

按附图 B-1-6 所示连好电路，单击“开始仿真”按钮后，双击万用表的电路符号即可打开万用表的功能选择与显示界面。在打开的界面中选择测量功能为“电压”（V），交直流选择为“直流”（—），此时，万用表上显示的“××V”即测得的直流电压值。

在万用表界面中单击“设置”按钮可以打开“万用表设置”对话框，必要时用户可根据需要进行相关参数的设置。为使设置的参数及时更新，建议用户设置完成后先关闭“仿真开关”，然后再重新开启“仿真开关”。

2）函数信号发生器

Multisim 14 中的函数信号发生器能提供正弦波、三角波、方波 3 种波形，信号的参数如频率、振幅、偏移等均可调。使用时，应将函数信号发生器的公共端接地，正接线柱提供的波形是正信号，负接线柱提供的波形是负信号，通常使用正输出端接至电路的信号输入端即可。当需对信号发生器的参数进行设置时，只需双击函数信号发生器的电路符号即可打开设置界面，如附图 B-1-7 所示。在“波形”选项区域中可选择正弦波、三角波或方波输出，在“信号选项”选项区域中可用键盘输入数值，直接对频率、振幅、偏移等进行设置。相应的信号参数单位也可在下拉列表中进行选择。

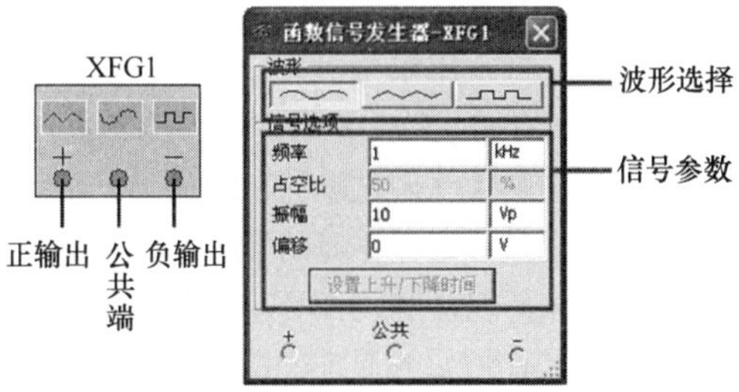

附图 B-1-7　函数信号发生器及其设置界面

3）示波器

示波器主要用来显示信号波形和测量波形参数。附图 B-1-8 所示为使用函数信号发生器产生频率为 1kHz、幅度峰值为 1V 的正弦波信号，再用双踪示波器对该信号进行观察与测量。示波器与电路连接时，只需将A、B通道中任意一个通道标有“＋”的引脚连入电路测试点，标有“－”的引脚接电路的参考地即可使用。

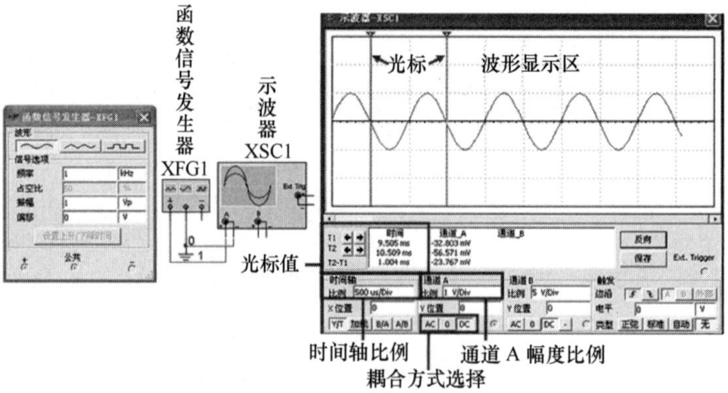

附图B-1-8　示波器及其设置界面

为了使波形能在示波器上显示得比较合适，应对示波器的时间轴比例和幅度比例进行适当的调整。单击时间轴“比例”文本框后，其右侧会出现增减按钮，直接用鼠标单击该按钮即可改变时间轴“比例”中的值。时间轴“比例”值主要决定信号在示波器上显示的疏密程度。当要计算该信号的周期时，可使用该值乘以信号一个周期所占的格数即可。如附图B-1-8所示，测得该信号的周期为“500μs/Div×2Div＝1ms”。

通道A/B的“比例”值主要决定信号在显示界面上的幅度大小，其调整方法与时间轴“比例”调整方法相同。计算波形幅度时可用该“比例”值乘以信号峰与峰之间垂直方向上所占的格数即可。由附图B-1-8可知，该信号的幅度峰-峰值为“1V/Div×2Div＝2V”。

对于示波器的每个通道，还有“AC”交流耦合、“0”接地、“DC”直流耦合等耦合方式的选择。一般来说，测量不带直流分量的交流信号选择“AC”交流耦合即可，测量直流信号或者叠加直流分量的交流信号选择“DC”交流耦合即可。

光标测量值可在“光标值”一栏中显示出来。如附图B-1-8所示，由光标1和光标2测得的时间差值即该信号的周期值。通过“T2-T1”所显示的值可知该信号周期为1.004ms。

附录B–2　Proteus 7电路仿真软件介绍

Proteus ISIS是英国Lab Center Electronics公司开发的电路分析与实物仿真软件。它运行于Windows操作系统上，可以仿真、分析各种模拟器件和集成电路。该软件的主要功能介绍如下。

（1）实现了单片机仿真和SPICE电路仿真相结合。具有模拟电路仿真、数字电路仿真、单片机及其外围电路组成的系统的仿真、RS232动态仿真、I^2C调试器、SPI调试器、键盘和LCD系统仿真的功能；有各种虚拟仪器，如示波器、逻辑分析仪、信号发生器等。

（2）支持主流单片机系统的仿真。目前支持的单片机类型有68000系列、8051系列、AVR系列、PIC12系列、PIC16系列、PIC18系列、Z80系列、HC11系列及各种外围芯片等。

（3）提供软件调试功能。在硬件仿真系统中具有全速、单步、设置断点等调试功能，同时可以观察各个变量、寄存器等的当前状态，因此在该软件仿真系统中，也必须具有这些功能；同时支持第三方的软件编译和调试环境，如Keil C51 uVision 2等软件。

（4）具有强大的原理图绘制功能。

总之，该软件是一款集单片机和SPICE分析于一身的仿真软件，功能极其强大。

这里主要介绍 Proteus 7 软件的工作环境和一些仿真的基本操作。

1. Proteus 7 基本操作简介

Proteus 7 软件主界面同样采用了图形化的风格，采用菜单、热键、工具栏相结合的方式，符合 Windows 的典型风格，使用起来比较容易熟悉和掌握。

进入 Proteus 7 只需双击桌面快捷图标或执行“开始”→“所有程序”→“Proteus 7 Professional”→“ISIS 7 Professional”命令。下面介绍几种常用的操作。

1）文件操作

文件操作通常包括新建、打开、保存、另存为、打印等。Proteus 7 中对文件的操作也可以用两种方式实现，即 File 菜单和菜单工具栏。在 File 菜单下的子菜单中，同样包含上述工具栏中的所有功能。

2）缩放与平移

对于编辑窗口的显示，可以通过缩放与平移两种途径改变。具体操作如下。

（1）缩放。对原理图可按以下几种方式进行缩放。

① 鼠标指针移动至需要缩放的位置，滚动滚轮进行缩放。

② 鼠标指针移动至需要缩放的位置，按 F6 键放大，按 F7 键缩小。

③ 按住 Shift 键，鼠标左键拖曳出需要放大的区域。

④ 使用工具栏中的 Zoom In（放大）、Zoom Out（缩小）、Zoom All（全图）、Zoom Area（放大区域）进行操作。

注意：按 F8 键可以在任何时候显示整张图纸。使用 Shift Zoom 及滚轮均可应用于预览窗口。在预览窗口进行操作，编辑窗口将发生相应的变化。

（2）平移。在编辑窗口中由如下几种方式进行平移操作。

① 按下鼠标滚轮，出现鼠标指针，表示图纸已处于提起状态，可以进行平移。

② 把鼠标指针置于想要平移到的位置，按 F5 键进行平移。

③ 按下 Shift 键的同时，在编辑窗口移动鼠标，进行平移（Shift Pan）。

④ 若想平移至较远的位置，最快捷的方式是在预览窗口单击显示该区域。

⑤ 使用工具栏中的 Pan 按钮进行平移。

注意：在图纸提起状态下，也可以使用鼠标滚轮进行缩放操作。

掌握以上操作将会大大提高原理图绘制效率。特别是滚轮的使用，不仅可以用于缩放，还可以进行平移。

3）器件取用

（1）进入器件库。绘制原理图进行电路仿真时必须从 Proteus 器件库中获取元件，进入器件库的方法有两种：单击对象选择器上方的 P 按钮（快捷键 P），或在编辑窗口空白处右击，然后在弹出的快捷菜单中选择“放置”（Place）→“器件”（Component）→“From Libraries”选项。

（2）查找器件。器件库中器件较多，要挑选到合适的器件比较困难，借助器件库中的器件类别筛选（Category）查找功能或关键字（Keywords）搜索功能则能快速找到需要的器件。

采用器件类别筛选查找的操作方法为：在 Category 种类栏中选择器件所属的类别，然后到结果栏（Results）中直接选择需要的器件。

采用关键字搜索功能查找器件更为简单，但这要求使用者必须记住器件在器件库中的大致名称。使用该方法查找器件应按以下步骤操作：在器件库 Keywords 栏中直接输入需要查找的器件型号即可。例如，查找 AT89C52 芯片，只需在 Keywords 栏中直接输入 89C52 即可在结果中找到 AT89C52 芯片。

（3）放置器件。单击图标进入元件模式，此时，对象选择器中会显示出已找到的元件。

将鼠标指针置于对象选择器中需要选择的器件上单击，再将鼠标指针移至编辑窗口需要放置器件的位置单击即可放置一个器件。如果需继续放置相同型号的器件，可将鼠标指针移至目的地直接单击左键即可。当需要放置不同器件时，则需重新从对象选择器中选择需要的器件进行放置。

（4）调整器件。器件的调整通常包括移动、旋转、翻转与删除。

① 器件移动。方法一：单击一次器件，使器件由黑色变为红色（处于激活状态），然后按住鼠标左键将器件拖到合适位置，松开鼠标左键即可。方法二：右击器件后在弹出的快捷菜单中选择“Drag Object”选项，器件即可随鼠标指针一起移动。鼠标指针移动到合适位置后单击左键将器件释放，在空白处单击即可取消器件的激活状态。

② 器件旋转与翻转。在器件上右击，在弹出的快捷菜单中选择相应的旋转或翻转方式即可使器件旋转或翻转一次。其中，“Rotate Clockwise”为顺时针旋转90°（快捷键NUM－），“Rotate Anti－Clockwise”为逆时针旋转90°（快捷键NUM＋），“Rotate 180 degrees”为180°旋转，“X－Mirror”为X方向翻转（快捷键Ctrl＋M），“Y－Mirror”为Y方向翻转。

③ 器件删除。在器件上双击鼠标右键或单击鼠标右键后在弹出的快捷菜单中选择“Delete Object”选项均可删除该器件。

（5）元件标签。Proteus中每个元件都有一个对应的编号，电阻、电容等还有相应的量值。这些都是由ISIS的工具菜单下的实时标注（Real Time Annotation）命令实现的。

元件标签的位置和可视性完全由用户控制——可以改变取值、移动位置或隐藏这些信息。通过编辑器件（Edit Componet）对话框可以设置元件名称、量值及隐藏选项。

注意：同一个原理图中相同的元件标签只允许出现一次。若有两个电阻，则必须分别标为R1和R2。如果全部标为R1或R2，就会出错。

4）连线

连线即信号连接。在Proteus中信号的连接有以下两种方式。

一种是直接连接，需要连接的两个端口直接用导线连在一起。具体操作为：将鼠标指针置于器件需要连线的端口，这时器件引脚处会显示一个红色小框，单击后松开，移动鼠标指针连线便开始跟着移动。将鼠标指针移至需要与之连接的另一个引脚处，待出现红色小框后单击即完成两个端口的导线连接。这种方式主要适用于连线相对较少、电路比较简单的场合。

另一种是通过连线标签进行连接。具体操作为：将需要连接的两个端口各引出一段连接线，然后将鼠标指针置于其中一根导线上并右击，在弹出的快捷菜单中选择“Place Wire Label”选项，在弹出的对话框中输入该导线的名称，该名称一般用简单的英文、数字或二者组合即可。在同一个设计文件中，标签相同的导线默认为其电气特性相互连接。

删除连线的方法较为简单，将鼠标指针指向需要删除的导线，双击鼠标右键或单击鼠标右键后在弹出的快捷菜单中选择“Delete Object”选项即可将导线删除。

5）开始仿真

在仿真工具栏中包含开始仿真按钮、单步执行按钮、暂停按钮、停止按钮等，需要进行仿真操作时只要单击相应的按钮即可。

6）模式工具栏使用

模式工具栏包含选择模式、元件模式、终端模式、虚拟仪器模式、发生器模式、电流探针模式、电压探针模式等，如附图B-2-1所示。

附图B-2-1 模式工具栏

以上各种模式中常用的模式与图形对应关系如附表B-2-1所示。

附表 B-2-1　常用的模式与图形对应的关系

图　标	英　文　名	名　称	功　能
	Selection Mode	选择模式	取消当前鼠标已执行的所有功能
	Component Mode	元件模式	当前器件栏中显示事先已选择的元器件
	Terminals Mode	终端模式	列出可选终端，包括电源、地等
	Generator Mode	激励源模式	列出软件包含的单脉冲、信号源等供选择
	Voltage Probe Mode	电压探针模式	提供电压测试探针
	Current Probe Mode	电流探针模式	提供电流测试探针
	Virtual Instruments Mode	虚拟仪器模式	提供各种虚拟仪器设备

2. Proteus 7 虚拟仪器介绍

虚拟仪器是仿真软件中提供给用户进行电路仿真参数、信号参数等测量的工具。此工具类似于实验室中调试电路用的仪器。其操作方法与实际仪器类似。

当模式工具栏选择为虚拟仪器模式时，在左侧的当前器件列表中便会显示出软件提供给用户的所有虚拟仪器，如附图 B-2-2 所示。

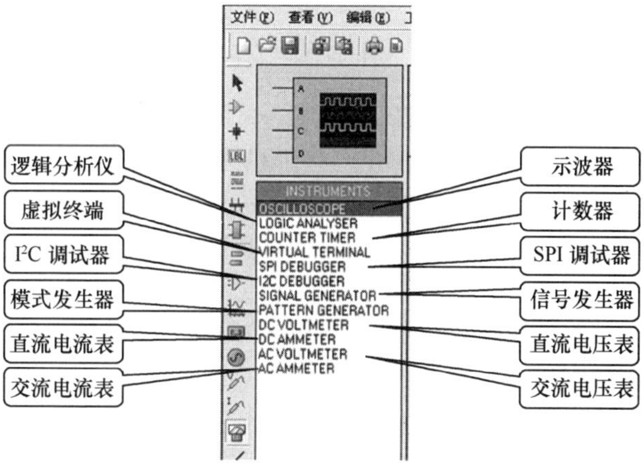

附图 B-2-2　虚拟仪器名称

虚拟仪器的使用，只需按照实际仪器的操作方式将其对应的端口用虚拟的连线接至电路中的测试端和地即可。开始仿真时，仪器都会自动弹出其操作面板，若没有弹出，则可双击该仪器符号或单击“Debug”菜单项，在下拉菜单底部选中对应仪器名称即可。常用的测量仪器仪表的英文名称、中文名称和电路中的符号对应关系如附表 B-2-2 所示。

附表 B-2-2　常用的测量仪器仪表的英文名称、中文名称和电路中的符号对应关系

英 文 名 称	中 文 名 称	电 气 符 号
OSCILLOSCOPE	四踪示波器	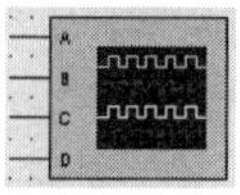
SIGNAL GENERATOR	信号发生器	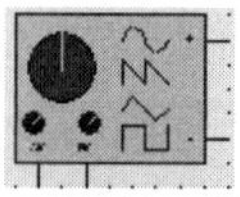
DC VOLTMETER	直流电压表	
DC AMMETER	直流电流表	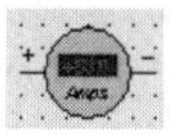

Proteus 7 所提供的虚拟仪器种类较多，下面将以最常用的几种仪器（电压表、电流表、信号发生器、示波器）的使用方法为例进行介绍。

1）**电压表和电流表**

Proteus 7 中的电压表包含直流电压表、交流电压表，电流表包含直流电流表、交流电流表。其使用方法：电压表应并联在电路中，而电流表应串联在电路中。使用直流电流表和直流电压表测量流过发光二极管 VD_1 的电流及灯泡两端的电压，如附图 B-2-3 所示。

2）**信号发生器**

信号发生器主要为电路测试提供正弦波、方波、三角波等信号。开始仿真后，信号源便会自动弹出其操作界面，如附图 B-2-4 所示。用户通过旋钮和按钮可以对其产生波形的种类及参数进行设置。

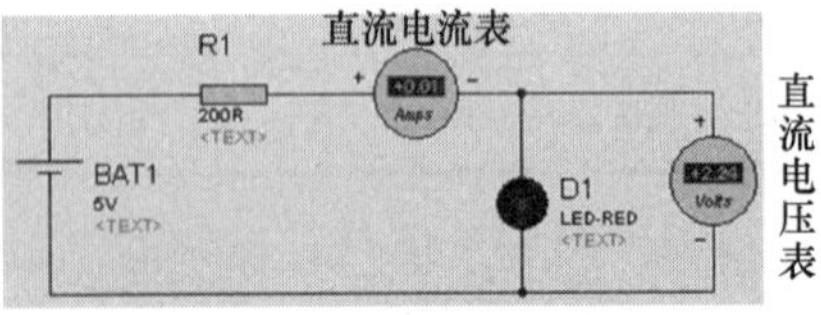

附图 B-2-3 测量直流电流和电压

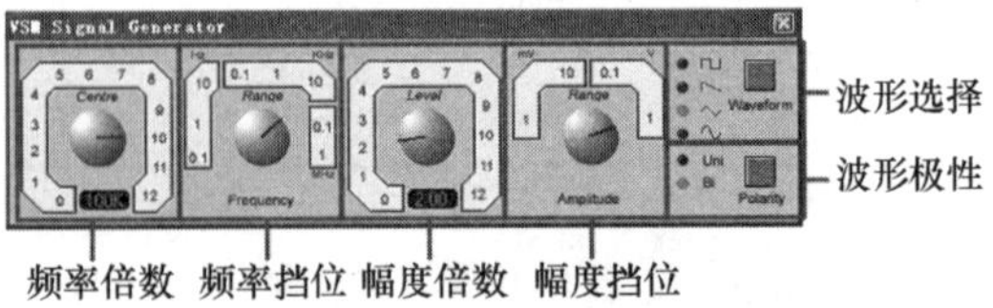

附图 B-2-4 信号发生器操作界面

附图 B-2-4 中通过“波形选择”（Waveform）按钮可选择输出不同的波形，包括方波、锯齿波、三角波、正弦波等。通过“波形极性”（Polarity）按钮可选择单极性输出（Uni）和双极性输出（Bi）。该设置主要针对方波信号而言，方波信号若选择单极性输出，则输出波形的幅度始终在 0V 以上。通常情况下，该设置选择为双极性输出。

波形频率的改变可通过频率倍数旋钮和频率挡位旋钮结合进行调整。输出波形的频率值等于频率挡位乘以频率倍数所得的值。如附图 B-2-4 所示，频率值应为“10kHz×10＝100kHz”。同理，波形幅度的改变方法与此相同。

3）**示波器**

Proteus 7 中提供给用户一台四踪示波器。该示波器可同时观察 4 路（A、B、C、D）信号的波形。其操作界面如附图 B-2-5 所示。

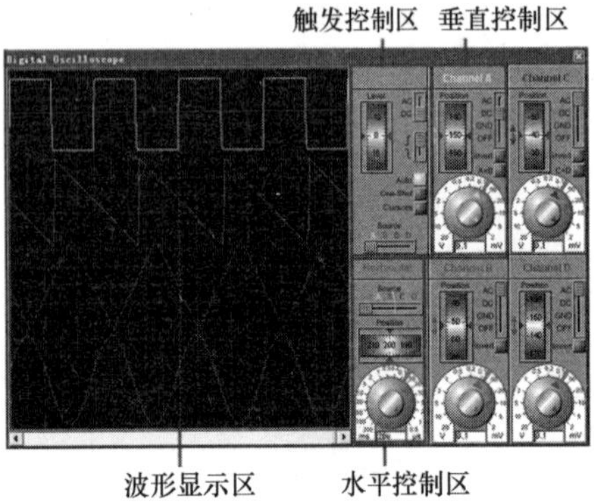

附图 B-2-5 示波器操作界面

虚拟示波器与真实示波器类似，同样包括水平控制区、垂直控制区、触发控制区和波形显示区等。

触发控制区可选择“AC/DC”交流/直流耦合，上升沿/下降沿触发，触发源的通道 A/B/C/D 以及触发电平（Level）。触发电平只需直接滚动 Level 对应的滑轮即可。

水平控制区同时控制 4 个通道的水平参数。通过“Position”滑轮左右滚动可改变波形显示的水平位置，而水平扫描时间则由该部分底部的大小两个旋钮组成。大的旋钮对水平扫描时间进行粗调，小的旋钮则进行细调。

垂直控制区一共有 4 组，每组分别控制对应的某一通道。以“ChannelA”为例，“Position”下对应的滚轮为波形显示垂直位置的调整，“AC、DC、GND、OFF”为耦合方式的选择，分别为“交流、直流、接地、关闭”等耦合方式。“Invert”按钮可控制波形是否反向显示，“A＋B”按钮则控制 A 通道与 B 通道的波形是否需要叠加。该部分底部的大小旋钮分别对垂直方向的伏/格参数进行粗调和细调。B、C、D 3 个通道的垂直控制区与 A 通道相似。

附录 B-3　仿真软件实验练习

电路仿真软件是一种实践性较强的软件，只要勤动手、多练习、多操作，就能较快地掌握其使用技能与窍门；反之，光看书不练习则只会产生事倍功半的效果。因此，学习仿真软件时，建议先快速地将书本浏览两遍，然后按照书中的实例边看书边进行操作练习，遇到不懂的再查书解决，这样就能快速学会仿真软件的使用。

1．LM555 设计施密特触发器实验

这里以利用 LM555 设计一个施密特触发器实验为例，介绍采用 Multisim 14 软件进行设计仿真的全过程。

1）输入并编辑仿真电路图

输入电路图是分析和设计工作重要的一步，进行电路仿真前根据自己所设计的电路选择合适的元器件和虚拟仪器放置在电路图中并连接起来，为分析和仿真做准备。

双击“NI Multisim 14.0”图标打开软件，打开后工作界面如附图 B-3-1 所示。若在已有设计情况下需要新建设计文件，则选择“文件”→“新建”→“设计”选项，即可在工作页面左侧“设计工具箱”窗格查看自己新创建的文件。

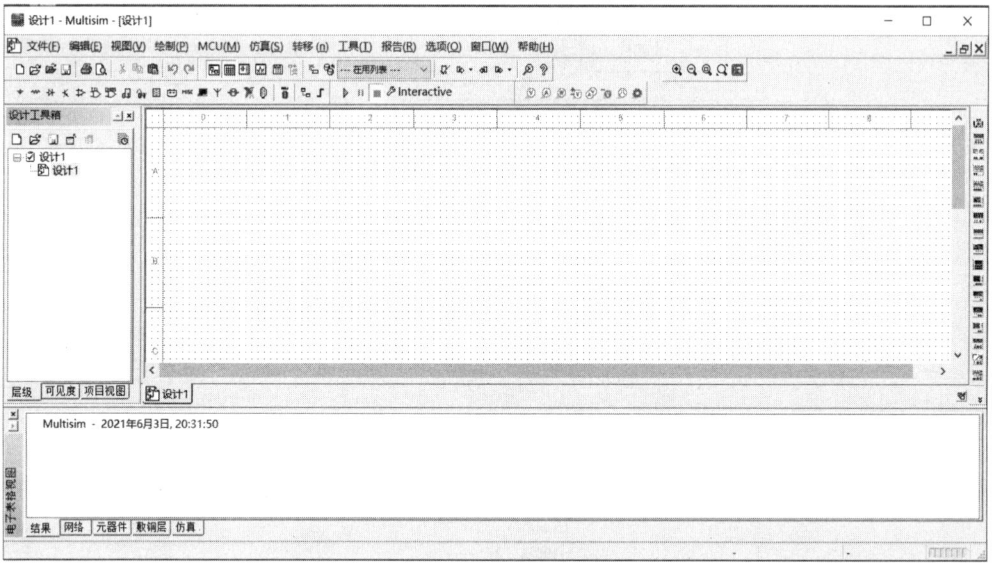

附图 B-3-1　软件打开后初始工作界面

元器件的取用见附录 B-1 中的相关内容，可通过“绘制”→“元器件”选项选择电路所需元器件，也可以直接从“元器件库工具栏”选择元器件。从“元器件库工具栏”→“模数混合元器件库”→“TIMER”中，选择“LM555CN”；从“元器件库工具栏”→“基本元件库”→“RESISTOR”中，选择两个“1kΩ”电阻；从“元器件库工具栏”→“基本元件库”→“CAPACITOR”中，选择“10nF”电容；从“元器件库工具栏”→“基本元件库”→“CAP_ELETROLIT”中，选择“2.2uF”电容；从“元器件库工具栏”→“电源库”→“POWER_SOURCES”中，选择“DC_POWER”和“AC_POWER”；从“元器件库工具栏”→“电源库”→“SIGNAL VOLTAGE SOURCES”中，选择“AC_VOLTAGE”；从“元器件库工具栏”→“电源库”→“POWER_SOURCES”中，选择“GROUND”，并复制粘贴 3 次。

元器件具体设置可以通过双击元器件进行修改。例如，“DC_POWER”默认值为 12V，双击该电源，可出现元器件设置页面，在“值”选项卡中可修改电压等参数。这里，将“电压”修改为“5V”，

单击“确认”按钮保存。双击“AC_VOLTAGE”，在“值”选项卡中将“电压”（pk）修改为“5V”，“频率”修改为“1kHz”，单击“确认”按钮保存。

在“虚拟仪器工具栏”中选择“示波器”，并将其 A 通道连接在施密特触发器电路的输入端，B 通道连接在施密特触发器电路的输出端。

连接电路时，直接依次单击需要进行连接的接口即可。鼠标指针移至接口附近时会变为十字形状，单击即可进行连接，在另一端再次单击，即可完成电路连接。连接好的电路图如附图 B-3-2 所示，电路图输入完毕后应及时保存。

2）电路仿真分析

连接完成后单击“仿真开关”工具栏中的“运行”按钮或通过执行“仿真”→“运行”命令即可开始仿真。双击示波器符号，将示波器水平扫描时间和垂直灵敏度调至合适大小，即可观察到仿真结果。施密特触发器电路图及仿真结果如附图 B-3-2 所示。

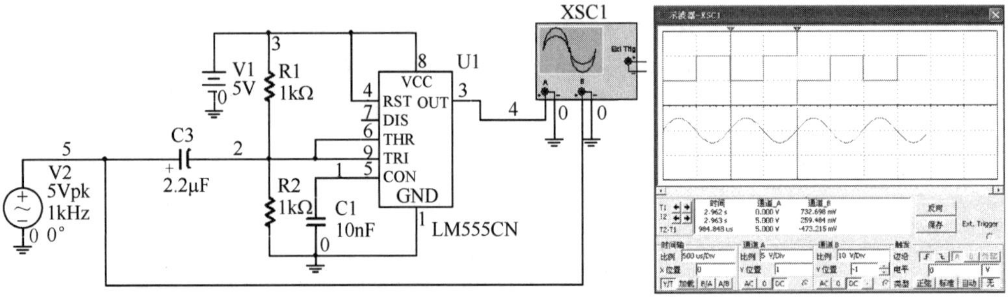

附图 B-3-2 施密特触发器电路图及仿真结果

如果需暂停仿真，单击“仿真开关”工具栏中的“暂停”按钮或执行“仿真”→“暂停”命令。如果需停止仿真，单击“仿真开关”工具栏中的“停止”按钮或执行“仿真”→“停止”命令。

2. 晶体管单管放大电路的仿真实验

本实验以晶体管单管放大电路为例，学习采用直流分析来测试静态工作点（直流工作点），采用瞬态分析来分析波形参数，采用交流分析来测试通频带，进一步熟练掌握晶体管单管放大电路的特性和分析方法。

仿真电路如附图 B-3-3 所示。

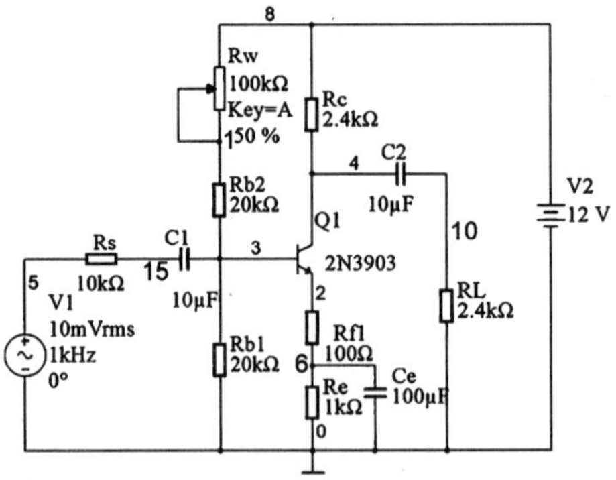

附 B-3-3 晶体管单管放大电路仿真电路图

1）测试静态工作点

对实验电路节点 3、4、2（晶体管的 B、C、E 三级）做直流工作点分析。晶体管发射结电压 V_{BE}=节点 3 电压 V(3)−节点 2 电压 V(2)，集射极电压 V_{CE}=节点 4 电压 V(4)−节点 2 电压 V(2)。具体操作如附图 B-3-4 所示，从主菜单开始，依次选择“仿真”→“分析”→“直流工作点”选项，弹出“直流工作点分析”对话框，将 V(2)、V(3)、V(4)添加到“已选定用于分析的变量”列表框中，并添加表达式 V(3)−V(2)和 V(4)−V(2)。

确认正确后，单击“仿真”按钮，系统开始仿真计算，弹出如附图 B-3-5 所示的静态工作点分析结果。V_{BE}=0.74V，V_{CE}=6.8V，可判断工作在放大区。

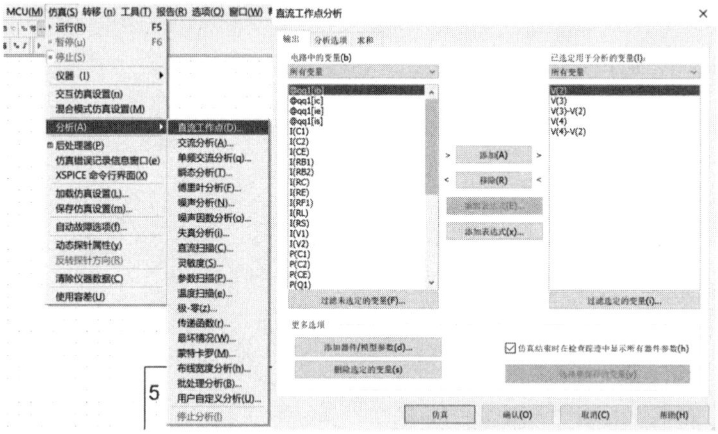

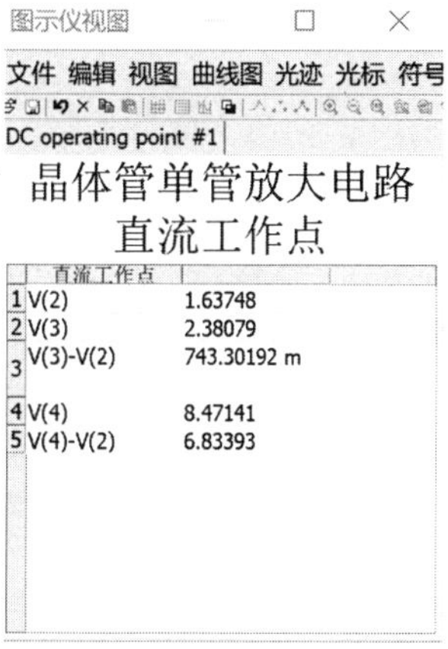

附图 B-3-4　静态工作点测试设置　　　　附图 B-3-5　静态工作点分析结果

2）观察放大电路的波形

输入幅度有效值为 10mV、频率为 1kHz 的正弦信号，从主菜单开始，依次选择“仿真”→“分析”→“瞬态分析”选项，弹出“瞬态分析”对话框，在右侧“分析参数”选项卡中设置开始时间为 0s、结束时间为 0.002s，即观察 2 个周期，在“输出”选项卡中将电路的输入信号 V(5)和电路的输出 V(10)作为分析对象。单击“仿真”按钮，弹出如附图 B-3-6 所示的瞬态分析结果，执行“光标”→“显示光标”命令，通过调整光标的位置可以读出任意时刻的波形参数。

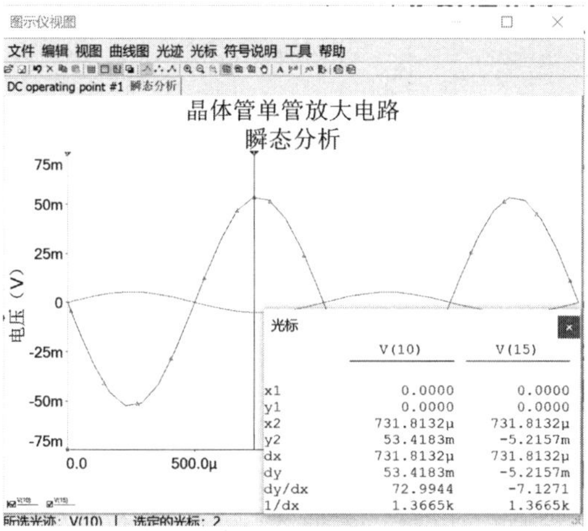

附图 B-3-6　瞬态分析结果

3）测试通频带

通过交流分析可以测试放大电路的通频带。从主菜单开始，依次选择“仿真”→“分析”→“交流分析”选项，弹出“交流分析”对话框，在“频率参数”选项卡中设置停止频率为 10GHz、垂直刻度为“分贝”，其他为默认设置，在“输出”选项卡中将电路的输出 V(10)作为分析对象。单击“仿真”按钮，弹出如附图 B-3-7 所示的交流分析结果。执行“光标”→“显示光标”命令，在幅度曲线上用光标分别选取增益较最大值下降约 3dB 处，就可计算出带宽约为 1.72MHz。

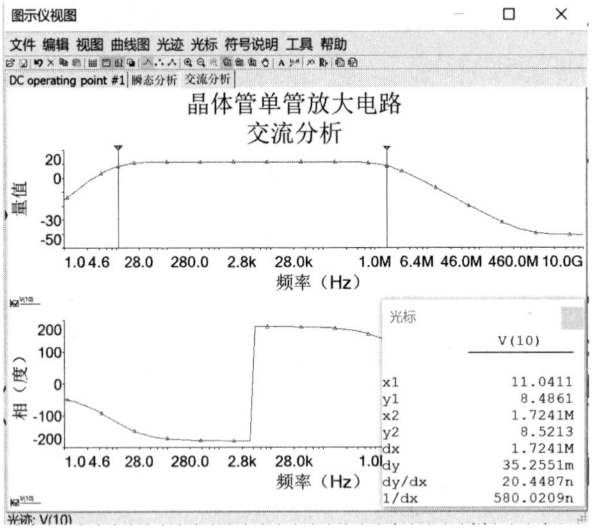

附图 B-3-7　交流分析结果

3．积分运算电路的仿真实验

积分运算电路是使输出信号与输入信号的时间积分值成比例的电路，主要用于波形变换、放大电路失调电压的消除及反馈控制中的积分补偿等场合。积分运算的仿真电路如附图 B-3-8 所示。

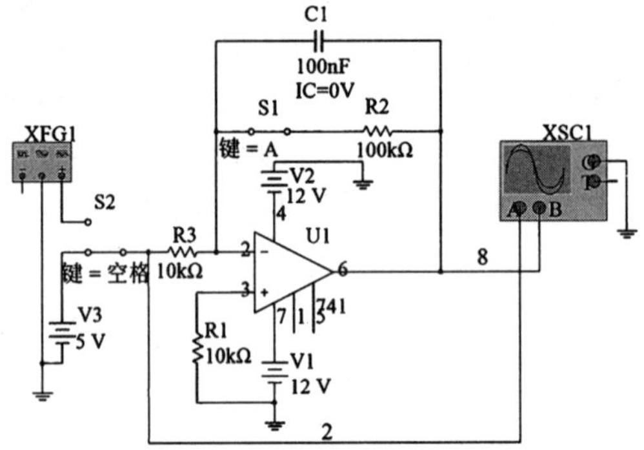

附图 B-3-8　积分运算的仿真电路

1）直流分析

采用直流扫描分析来测试电路的直流传输特性。将开关 S1 闭合、S2 接至电源 V3（设置 V3=5V，可以取任意值）。从主菜单开始，依次选择“仿真”→“分析”→“直流扫描”选项，弹出“直流扫描”对话框，在“分析参数”选项卡中选择“源 1”为电源 V3，将 V3 的起始值设置为-5V，停止值设置为 5V，增量设置为 0.1V。然后在“输出”选项卡中将 V(8)添加到“已选定用于分析的变量”列表框中。设置完成后，单击“仿真”按钮，开始仿真分析。观察系统弹出的图示仪视图，如附图 B-3-9 所示，分析电路的直流传输特性。

2）瞬态分析

对电路进行瞬态分析。将开关 S2 接至信号源 XFG1 并将信号源的输出信号设置为频率 100Hz、振幅 4V 且占空比 50%的矩形波。从主菜单开始，依次选择“仿真”→“分析”→“瞬态分析”选项，弹出“瞬态分析”对话框，在“分析参数”选项卡中选择初始时间为 0s，结束时间为 0.04s，然后在“输出”选项卡中将 V(2)和 V(8)添加到“已选定用于分析的变量”列表框中。设置完成后，单击“仿真”按钮，开始仿真分析。观察系统弹出的图示仪视图，如附图 B-3-10 所示，分析电路的瞬态分析结果，可以看出积分电路能实现矩形波到三角波的转换。

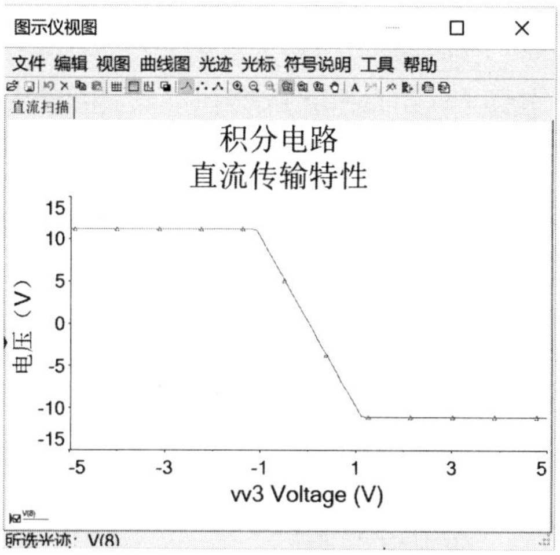

附图 B-3-9 积分电路直流传输特性

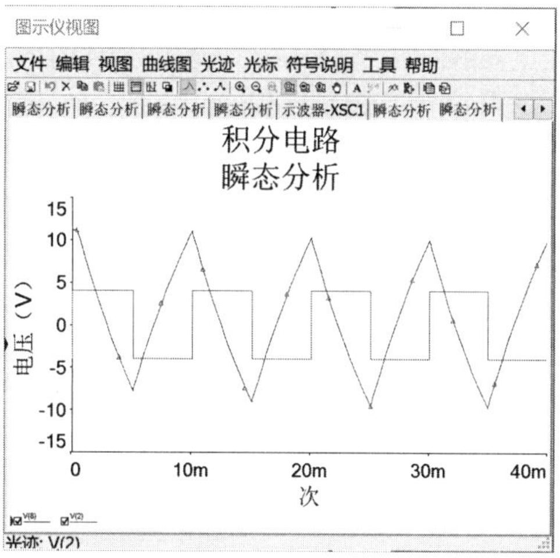

附图 B-3-10 积分电路瞬态分析

4．有源低通滤波器的仿真实验

滤波器能使有用频率信号通过而同时抑制无用频率信号，常用于信号处理、数据传输和干扰抑制等方面。有源低通滤波器由集成运放、无源元件电阻和电容构成，它允许从零到某个截止频率的信号无衰减地通过，而抑制其他频率的信号，通常可以用来有效抑制高频干扰信号。有源低通滤波器的仿真电路如附图 B-3-11 所示。

通过交流分析可以测试有源低通滤波器的通频带。从主菜单开始，依次选择“仿真”→“分析”→“交流分析”选项，弹出“交流分析”对话框，在“频率参数”选项卡中设置起始频率为 100Hz、停止频率为 1MHz、垂直刻度为“分贝”，其他为默认设置，在“输出”选项卡中将电路的输出 V(7) 添加到“已选定用于分析的变量”列表框中。单击“仿真”按钮，弹出如附图 B-3-12 所示的交流分析结果，不难看出这是一个典型的低通滤波器。执行“光标”→“显示光标”命令，在幅度曲线上用光标分别选取增益较通带增益下降约 3dB 处，就可计算出截止频率约为 1.58kHz，即得出通频带约为 1.58kHz。

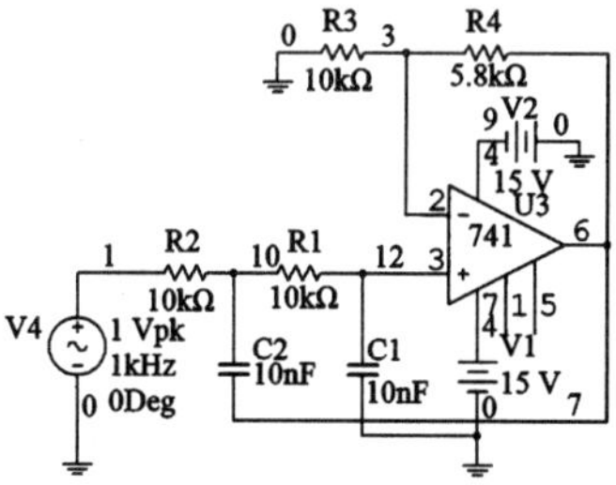

附图 B-3-11 有源低通滤波器的仿真电路

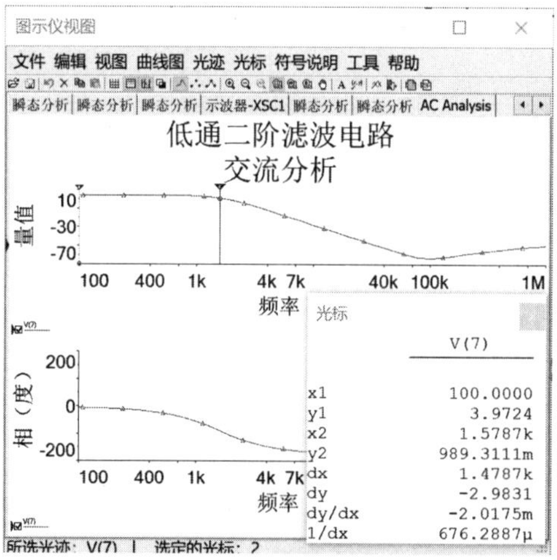

附图 B-3-12 交流分析结果

5．74LS47 显示译码器的仿真实验

本实验以 74LS47 为例，学习显示译码器的特性。74LS47 是输出低电平有效的七段字形译码器，通常与共阳极数码管配合使用。从“TTL 元器件库”→“74LS”中，选择“74LS47D”，将～LT、～

RBI、～BI/RBO3 个引脚连接至 5V 电源，使能 74LS47D；从“虚拟仪器工具栏”选择“字发生器”，字发生器的低四位输出依次与 74LS47D 的 A、B、C、D 输入端相连；从“指示器元件库”→“PROBE”中，选用 4 个“PROBE_RED”与 A、B、C、D 输入端相连，用来指示 BCD 码；从“指示器元件库”→“HEX_DISPLAY”中，选用“SEVEN SEG COM A”（红色共阳极数码管）与 74LS47D 输出端相连。搭建好的有源低通滤波器的仿真电路如附图 B-3-13 所示。

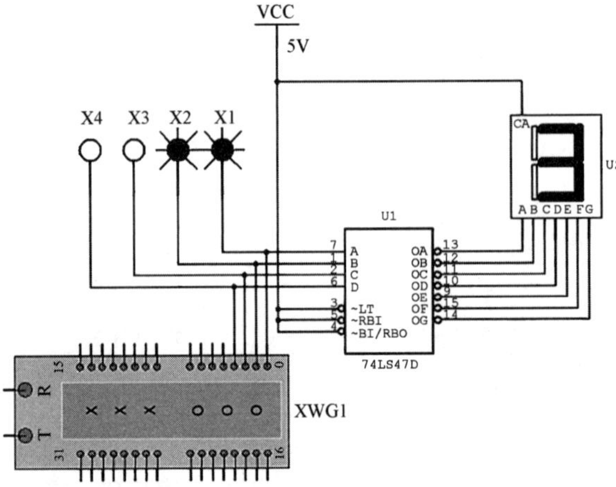

附图 B-3-13　有源低通滤波器的仿真电路

1）字发生器的设置

双击字发生器，弹出“字发生器”对话框，循环生成 0～9 的 BCD 码、内部触发、频率为 100Hz，如附图 B-3-14 所示。

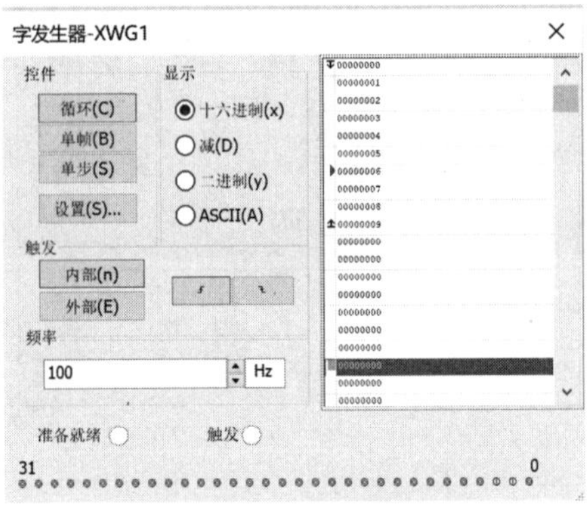

附图 B-3-14　字发生器设置

2）仿真结果分析

单击“仿真”按钮，开始仿真，×4×3×2×1 循环显示 0000～1001，数码管循环显示 0～9。单击“暂停”按钮，由附图 B-3-15 可知，当字发生器输出 4 时，×3 红色 LED 亮起，即输出 0100，为 4 的 BCD 码，通过译码芯片，数码管显示数字 4，结果与真值表相同。

将～RBI、～BI/RBO 两个引脚连接至 GND，启动“仿真”后数码管无显示，实现“灭零”功能，如附图 B-3-16 所示。

将～LT 和～RBI 两个引脚连接至 GND，～BI/RBO 连接至 VCC，启动“仿真”后数码管全亮，实现“试灯”功能，如附图 B-3-17 所示。

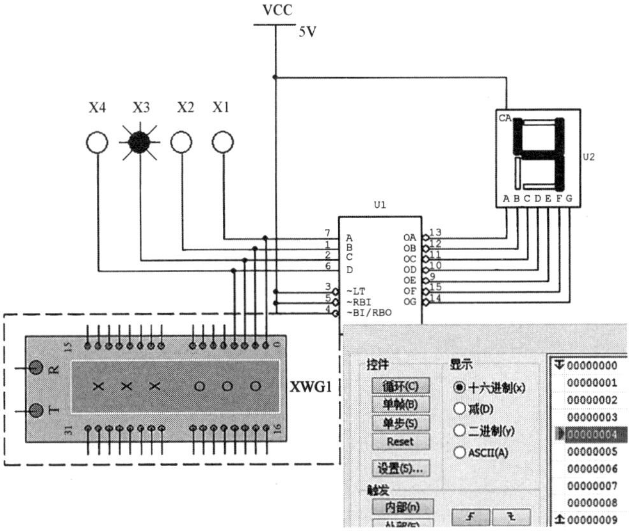

附图 B-3-15　正常显示的仿真结果

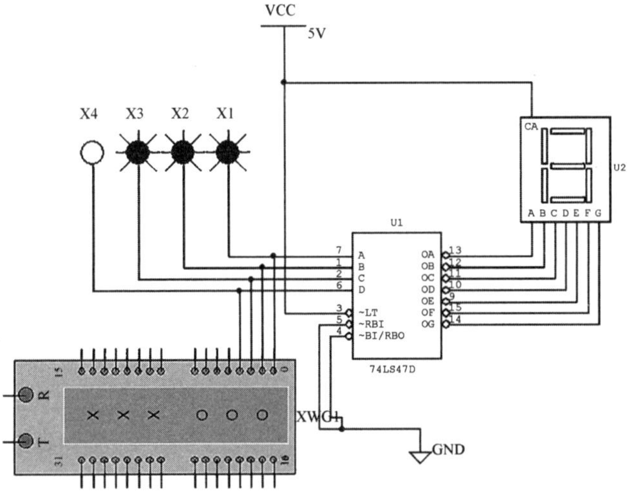

附图 B-3-16　“灭零”的仿真结果

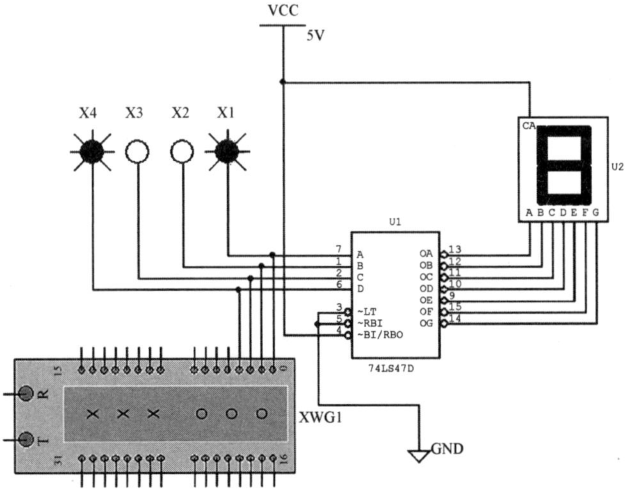

附图 B-3-17　“试灯”的仿真结果

6．8051单片机方波发生器实验

（1）输入并编辑电路原理图。通过“文件”菜单新建一个项目，然后在新建项目的工作空间进行原理图的输入。原理图输入完毕后应及时保存。8051 单片机方波发生器的实验电路如附图 B-3-18 所示。

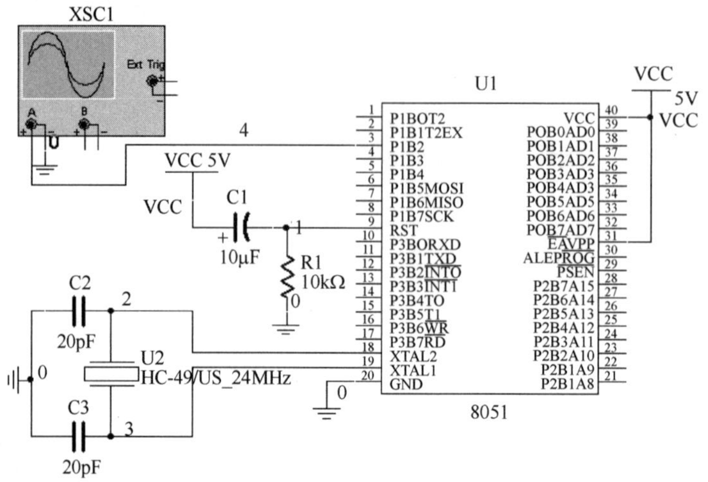

附图 B-3-18　8051 单片机方波发生器的实验电路

值得注意的是，使用 Multisim 14 进行单片机仿真时，取用单片机要进行一些基本设置，具体操作方法如下。

① 通过“元器件库工具栏”→“MCU 元件库”→“805x”，选择“8051”，单击“确定”按钮。

② 弹出“MCU 向导”对话框，在该对话框中选择保存路径并输入英文文件名，单击“下一步”按钮，在弹出对话框的“项目类型”中选择“外部十六进制文件”，在“项目名称”文本框中输入英文名称。单击“下一步”按钮，选择“创建空项目”，单击“完成”按钮即可。

③ 在工作窗双击单片机元件，弹出“805x”对话框，主要用来设置单片机的时钟脉冲速度和代码属性。单击“代码”的“属性”后，弹出代码属性设置对话框，选择项目文件名后单击“浏览”按钮，添加单片机程序通过编译后产生的机器文件（HEX 文件）。

（2）添加机器代码并开始仿真。单片机是一种可编程器件，因此在开始仿真前必须先加入需要运行的程序代码。Multisim 14 要求在使用单片机时添加“HEX”格式的机器代码。进行单片机程序开发时，通常采用汇编语言或 C 语言，此处，需要用户使用 Keil C 或其他单片机程序开发软件对程序进行编译，并产生“HEX”格式的机器代码。

获取了“HEX”格式的机器代码后，按照本节上文介绍的方法，添加“HEX”文件路径即可。此时，单击“仿真开关”，即可看到程序和电路运行的结果，在 8051 单片机的 P1.2 口产生一个 500Hz 的方波。

（3）汇编语言程序源代码。该程序采用汇编语言编写，用 Keil C 软件进行编译。程序实现了在单片机 P1.2 口产生一个 500Hz 的方波。使用软件中的模拟示波器便可以观察到仿真结果，可在计算机上按例子的流程操作一遍，以加深印象。程序的说明及源代码如下。

```
；时钟：24MHz           CPU：8051
；软件：Keil C51        编辑：LLZFRY
；时间：2019年3月
；功能：P1.2产生500Hz方波
ORG 0000H
AJMP MAIN
```

```
ORG 000BH
AJMP QUFAN
ORG 0030H
MAIN:
MOV TH0，#0F8H        ；2000次
MOV TL0，#30H
MOV TMOD，#01H        ；定时器模式设置
MOV TCON，#10H
SETB ET0              ；允许T0中断
SETB EA               ；总中断允许
AJMP $                ；原地等待
QUFAN:
MOV TH0，#0F8H        ；重装初值
MOV TL0，#30H
PUSH ACC              ；压栈
PUSH PSW
PUSH DPL
PUSH DPH
CPL P1.2              ；P1.2取反
POP DPH               ；出栈
POP DPL
POP PSW
POP ACC
RETI                  ；中断返回
END                   ；程序结束
```

7. Proteus 7 仿真练习

使用 Proteus 7 进行单片机设计的虚拟仿真实验练习。设计一个从单片机 P1.2 口输出 500Hz 方波信号的仿真设计实现过程，着重介绍从取用元件、绘制原理图直到添加 HEX 文件，即能快速掌握 Proteus 软件的基本应用。

（1）取用元件。打开 Proteus 7 软件，在元件模式下进入器件库后利用关键字查找的方法找到此设计要用到的基本元器件 AT89C52。

（2）输入并编辑原理图。利用选择好的元件在编辑窗口绘制出该设计的电路原理图。绘制完毕在虚拟仪器工具栏中找到示波器并加入到电路图中，将示波器 A 通道接入单片机的 P1.2 引脚，以备后续测试中观察 P1.2 引脚的波形，电路图如附图 B-3-19 所示。

（3）设置单片机的仿真参数。双击原理图中的单片机元件，弹出对话框，输入“晶振频率”（Clock Frequency）为 24MHz，并单击“编程文件”（Program File）右边对应的文件夹图标，浏览至 500Hz 方波产生的源程序编译后所产生的十六进制文件“square.hex”（实际电路中需要下载到单片机中的机器码文件）所对应的路径，单击“OK”按钮即可（此过程相当于将单片机机器代码虚拟地下载到用于仿真的单片机芯片中了）。

（4）开始仿真。单击开始仿真按钮，此时可以观察到示波器自动启动，并显示出所需波形。通过波形图可证实此电路和源程序设计都正确。

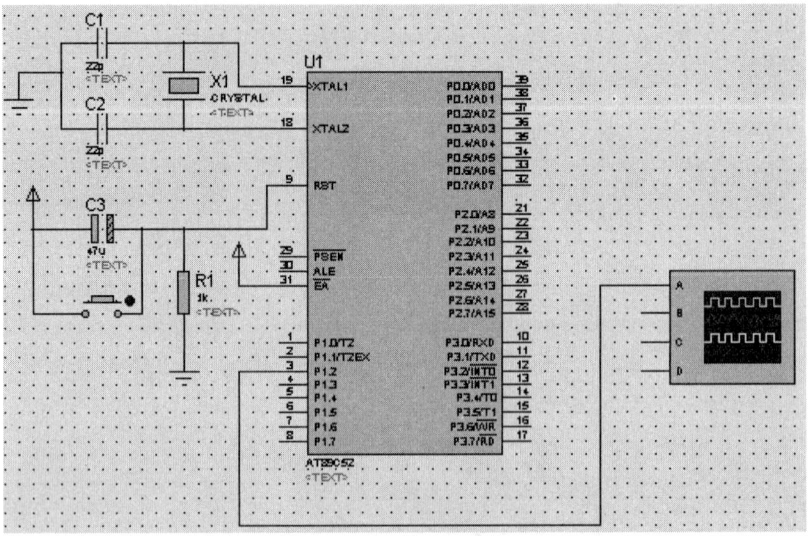

附图 B-3-19　电路图

（5）单片机源程序。上述仿真实验的单片机程序用汇编语言编写，源代码已给出，仅供参考。如果要编译产生能仿真使用的 HEX 文件，请使用相关的编译软件进行编译，如 Keil C51、Wave 6000 等，都支持 51 单片机汇编语言的编译。单片机 P1.2 口产生 500Hz 方波的源代码同上述 Multisim 14。

附录 C　实验板介绍

附录 C-1　单片机最小系统介绍

1. 硬件系统

1）单片机最小系统硬件整体结构

实验用单片机最小系统由时钟电路、复位电路、片外 RAM、片外 ROM、按键、数码管、液晶显示器、外部扩展接口等部分组成，附图 C-1-1 至附图 C-1-3 分别给出了单片机最小系统的结构框图、实物图和原理图。

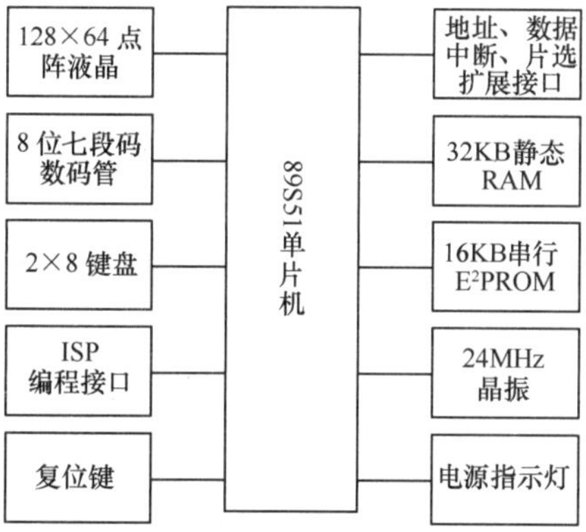

附图 C-1-1　单片机最小系统的结构框图

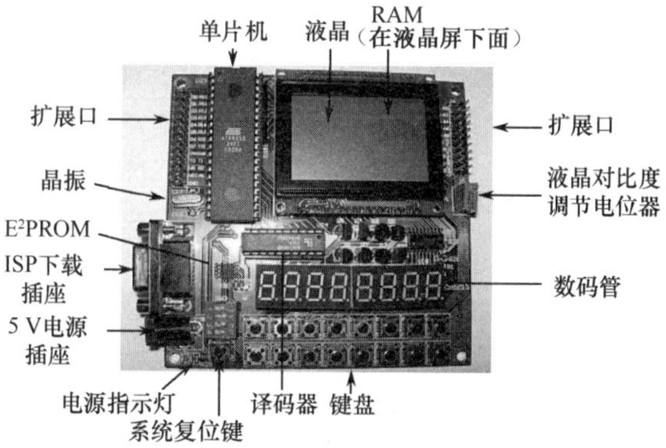

附图 C-1-2　单片机最小系统的实物图

2）单片机最小系统硬件地址译码电路

最小系统上的全部硬件除 E^2PROM 之外均是采用总线方式进行扩展的，每个硬件均占用特定的物理地址。为了减少芯片的使用数量和降低 PCB 布线的复杂度，本系统使用小规模可编程逻辑器件 GAL 代替 74 系列芯片实现译码电路。具体硬件如附图 C-1-3 中的 U24，译码逻辑表达式如下。

```
LED _CS     =   (A == 0xA0) & (! WR);
KEY_CS      =   ! ((A == 0xA1) & (! RD));
LCD_E       =   (A≥0xA2) & (A≤0xA3) & (! (WR&RD));
LCD_L_CS    =   (A == 0xA2);
LCD_R_CS    =   (A == 0xA3);
OUT1_CS     =   (A == 0xA4) & (! (WR&RD));
OUT2_CS     =   (A≥0xA8) & (A≤0xC7) & (! (WR&RD));
OUT3_CS     =   (A≥0xC8) & (A≤0xFF) & (! (WR&RD));
```

其中：

A 为单片机高 8 位地址 $A_{8...15}$，WR 与 RD 为读写控制信号。

LED_CS 为数码管显示器片选信号，高电平有效，物理地址范围为 0xA000～0xA0FF，因为小系统上只有 8 个数码管显示器，实际只用到 0xA000～0xA007 8 个地址。

KEY_CS 为键盘片选信号，低电平有效，物理地址范围为 0xA100～0xA1FF，实际地址仅用到了 0xA100。

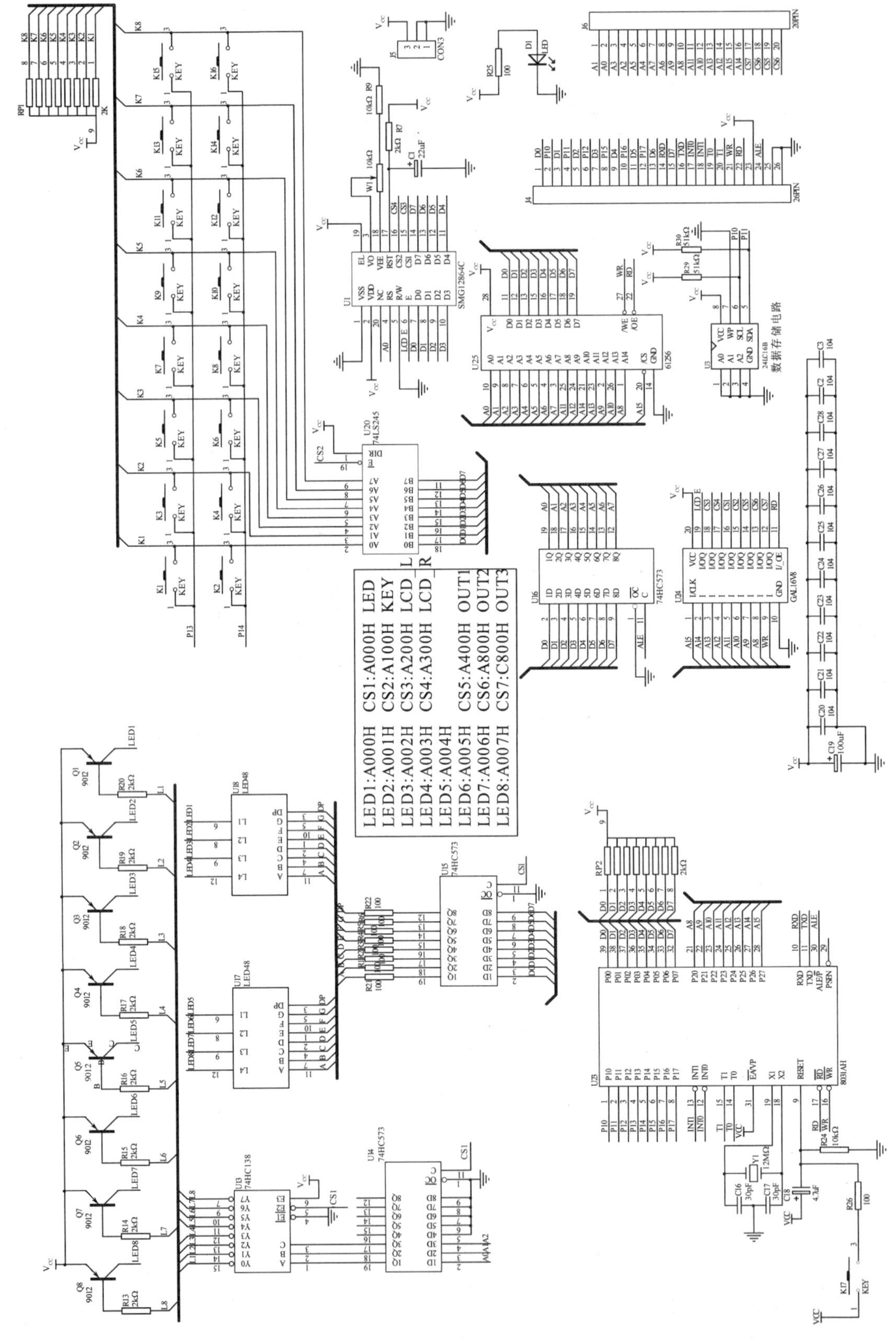

附图 C-1-3　单片机最小系统的原理图

LCD_E 为液晶使能信号，高电平有效，物理地址范围为 0xA200～0xA3FF，实际地址仅用到 0xA200 和 0xA300 两个地址。

LCD_L_CS 为液晶左半部分片选信号，高电平有效，物理地址范围为 0xA200～0xA2FF，实际地址仅用到 0xA200。

LCD_R_CS 为液晶右半部分片选信号，高电平有效，物理地址范围为 0xA300～0xA3FF，实际地址仅用到 0xA300。

OUT1_CS、OUT2_CS、OUT3_CS 为外部扩展片选信号，在小系统外部以总线的方式扩展其他硬件设备时可以利用其作为片选信号，高电平有效，地址范围分别为 0xA400～0xA4FF、0xA800～0xC7FF、0xC800～0xFFFF。用户可以根据自己的需要修改三者的逻辑表达式，只要保证不与 LED_CS、KEY_CS、LCD_L_CS、LCD_R_CS、LCD_E 和片外 RAM 地址冲突即可。

2. 软件设计实例

1）按键、数码管综合应用程序设计

在编写程序时考虑到单片机的资源利用情况，使用一个定时器为键盘扫描和数码管显示更新提供定时服务，T0 中断处理函数流程如附图 C-1-4 所示。定时器定时间隔为 2ms，每次进入中断调用一次显示更新函数，每两次进入中断调用一次扫描键盘函数（保证每隔 4ms 读取一次键盘的数值）。

附图 C-1-5 给出了利用以上给出的键盘扫描和数码管显示以及中断函数实现一个最简系统的主程序流程。在主程序中通过查询方式判断 getkey（获得有效按键标志位，当获得一个有效按键后键盘扫描函数将其置 1），当获得有效按键后，令所有的数码管显示按键的数值。

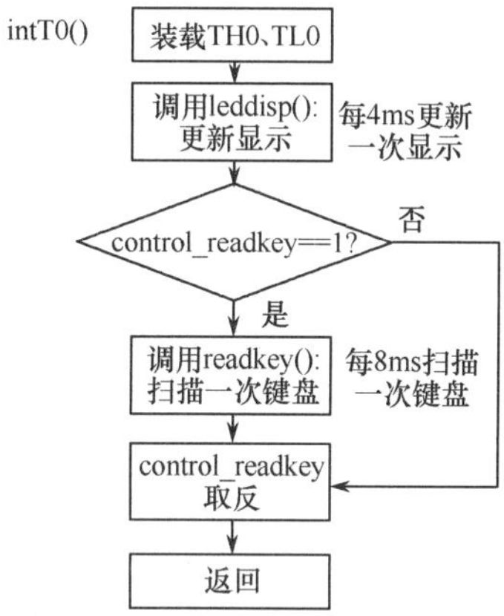

附图 C-1-4　T0 中断处理函数流程

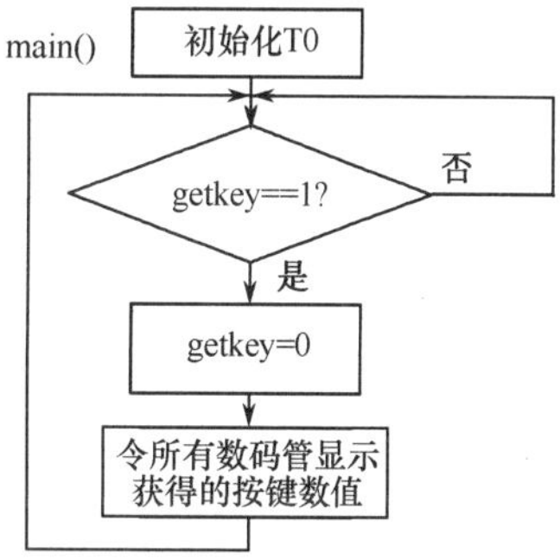

附图 C-1-5　最简系统的主程序流程

根据程序流程图编写的 C 语言程序代码如下。

```
#include <absacc.h>
#include <reg51.h>
#include<intrins.h>
#define uchar unsigned char
/*数码管物理地址*/
#define LED1 XBYTE [0xA000]
#define LED2 XBYTE [0xA001]
#define LED3 XBYTE [0xA002]
#define LED4 XBYTE [0xA003]
#define LED5 XBYTE [0xA004]
#define LED6 XBYTE [0xA005]
#define LED7 XBYTE [0xA006]
#define LED8 XBYTE [0xA007]
/*键盘物理地址*/
```

```
#define KEY XBYTE [0xA100]
/*扫描键盘使用的变量 */
sbit first_row = P1^4;        //键盘第一行控制
sbit second_row = P1^3;      //键盘第二行控制
bit first_getkey = 0, control_readkey = 0;    //读键盘过程中的标志位
bit getkey = 0; //获得有效键值标志位，等于1时代表得到一个有效键值
bit keyon = 0;   //防止按键冲突标志位
uchar keynum = 0;   //获得的有效按键值寄存器
/*数码管显示使用的变量和常量*/
uchar lednum = 0;   //数码管显示位控制寄存器
uchar led[8] = {0, 0, 0, 0, 0, 0, 0, 0};   //数码管显示内容寄存器
uchar code segtab[18] =
{0xc0, 0xf9, 0xa4, 0xb0, 0x99, 0x92, 0x82, 0xf8, 0x80, 0x90, 0x88, 0x83, 0xc6,
0xa1, 0x86, 0x8e, 0x8c, 0xff}; //七段码表
   // "0", "1", "2", "3", "4", "5", "6", "7", "8", "9", "A", "B", "C",
// "D", "E", "F", "P" ,"black"
/*函数声明*/
void leddisp(void); //数码管显示更新函数
void readkey(void); //键盘扫描函数
/ *T0 定时中断处理函数*/
void intT0()interrupt 1
{
TH0 = -4230/256;        //定时器中断时间间隔 2ms
     TL0 = -4230%256;
     leddisp();                //每次定时中断显示更新一次
     if(control_readkey == 1)  //每两次定时中断扫描一次键盘
{
readkey();
}
     control_readkey = ! control_readkey;
}
/*主函数*/
void main(void)
{

TMOD = 0x01;     //设定定时器T0工作模式为模式1
 TH0 = -4230/256;   //定时器中断时间间隔 2ms
 TL0 = -4230%256;
TCON = 0x10;
    ET0 = 1;
    EA = 1;

   while(1)          //等待获得有效按键
{
         if(getkey == 1)  //判断是否获得有效按键
         {
          getkey = 0;        //当获得有效按键时，清除标志位
           led[0] = keynum;   //令全部数码管显示按键值
          led[1] = keynum;
          led[2] = keynum;
          led[3] = keynum;
          led[4] = keynum;
          led[5] = keynum;
```

```
                led[6] = keynum;
                led[7] = keynum;
            }
        }
}

/*****************************************              键盘扫描函数
原型:   void readkey(void);
功能:   当获得有效按键时，令getkey=1，keynum为按键值

*****************************************/
void readkey(void)
{
uchar M_key = 0;    //键盘数值暂存单元
    first_row = 0;
    second_row = 0;
    M_key = KEY;
    if(M_key ! = 0xff)  //如果有连续两次按键按下，认为有效按键按下
//消除按键抖动
      {
        if(first_getkey == 0)
            {
            first_getkey = 1;
         }
         else    //当有效按键按下时，进一步识别是哪一个按键
         {
            if(keyon == 0)//防止按键冲突，当还有未释放的按键时不响应其他按键动作
            {
                first_row = 0;          //扫描第一行按键
                second_row = 1;
                M_key = KEY;
                if(M_key ! = 0xff)
            {
                switch(M_key)
                {
                    case 0xfe:
                        keynum = 0x00;
                        break;
                      case 0xfd:
                        keynum = 0x01;
                        break;
                    case 0xfb:
                      keynum = 0x02;
                        break;
                    case 0xf7:
                        keynum = 0x03;
                        break;
                    case 0xef:
                        keynum = 0x04;
                        break;
                    case 0xdf:
                        keynum = 0x05;
                        break;
```

```
                        case 0xbf:
                            keynum = 0x06;
                            break;
                        case 0x7f:
                            keynum = 0x07;
                            break;
                    }
                }
                else
                {
                    second_row = 0;      //扫描第二行按键
                    first_row = 1;
                    M_key = KEY;
                    switch(M_key)
                    {
                      case 0xfe:
                         keynum = 0x08;
                         break;
                      case 0xfd:
                         keynum = 0x09;
                         break;
                      case 0xfb:
                         keynum = 0x0a;
                         break;
                      case 0xf7:
                         keynum = 0x0b;
                         break;
                      case 0xef:
                         keynum = 0x0c;
                           break;
                      case 0xdf:
                           keynum = 0x0d;
                           break;
                      case 0xbf:
                           keynum = 0x0e;
                           break;
                      case 0x7f:
                           keynum = 0x0f;
                           break;
                    }
                }
                getkey = 1; //获得有效按键数值
                  keyon = 1;   //防止按键冲突，当获得有效按键时将其置1
            }
            }
}
    else
{
first_getkey = 0;
keyon = 0;     //防止按键冲突，当所有的按键都释放时将其清零
}
}

/********************************************************************
```

```
                数码管显示函数
    原型：   void leddisp(void);
    功能：   每次调用轮流显示一位数码管

    ******************************************************************/
    void leddisp(void)
    {
    switch(lednum)  //选择需要显示的数码位
         {
           case 0:
           LED1 = segtab[led[0]];
              break;
           case 1:
              LED2 = segtab[led[1]];
              break;
            case 2:
              LED3 = segtab[led[2]];
              break;
            case 3:
              LED4 = segtab[led[3]];
              break;
            case 4:
              LED5 = segtab[led[4]];
              break;
            case 5:
              LED6 = segtab[led[5]];
              break;
            case 6:
              LED7 = segtab[led[6]];
              break;
           case 7:
              LED8 = segtab[led[7]];
              break;
          }

    if(lednum == 0)//更新需要显示的数码管位置
            {
           lednum = 7;
            }
            else
            {
           lednum = lednum-1;
    }
    }
```

2）***液晶驱动程序***

根据地址译码器提供的地址及信号 A_0，可以得出向液晶左、右两个控制器中写入命令和数据的物理地址。下面给出在C语言中的具体定义。

```
#define  LCD_L_DATA  XBYTE [0xA201]  //左半边液晶数据地址
#define  LCD_R_DATA  XBYTE [0xA301]  //右半边液晶数据地址
#define  LCD_L_Command  XBYTE [0xA200]//左半边液晶命令地址
#define LCD_R_Command XBYTE [0xA300]  //右半边液晶命令地址
```

为了使液晶能够显示字符、汉字及图形，需要对其进行正确的设置，具体过程如下。

（1）在系统上电后对其进行初始化设置。向左右两部分控制器写入控制字 0xC0，设置显示的初始行。向左右两部分控制器写入控制字 0x3F，将液晶的左右两部分显示开启。此部分功能由后面给出程序中的 lcd_initial()函数完成。

（2）在液晶指定位置显示给定的数据。完成液晶的初始化以后，通过写入命令字确定显示的列地址和页地址，然后写入需要显示的数据。

以下给出了在液晶指定位置显示大小为 8×8 字符、16×16 汉字及 128×64 图形的 C 语言程序，用户可以根据需要利用函数 lcd_write_byte()编写显示任意大小图形和文字的函数。

```
/***********************************************/
/**            单片机小系统测试程序            **/
/**            作者：关永峰                    **/
/**            时间：2006/12/20                **/
/***********************************************/
#include <absacc.h>
#include <reg51.h>
#include<intrins.h>
#define uchar unsigned char
#define LCD_L_DATA XBYTE [0xA201] //左半边液晶数据地址
#define LCD_R_DATA XBYTE [0xA301] //右半边液晶数据地址
#define LCD_L_Command  XBYTE [0xA200]//左半边液晶命令地址
#define LCD_R_Command  XBYTE [0xA300]//右半边液晶命令地址

uchar code G[8] = {0x00, 0x00, 0x3e, 0x41, 0x49, 0x49, 0x7a, 0x00}; /*G*/
uchar code U[8] = {0x00, 0x00, 0x3f, 0x40, 0x40, 0x40, 0x3f, 0x00}; /*U*/
uchar code O[8] = {0x00, 0x00, 0x3e, 0x41, 0x41, 0x41, 0x3e, 0x00}; /*O*/
/*-- 宋体12;  此字体下对应的点阵为：宽×高=16×16  --*/
/*-- 文字：  国  --*/
uchar code guo[32] =
{0x00, 0xFE, 0x02, 0x0A, 0x8A, 0x8A, 0x8A, 0xFA, 0x8A, 0x8A, 0x8A, 0x0A, 0x02,
0xFE,
0x00, 0x00, 0x00, 0xFF, 0x40, 0x48, 0x48, 0x48, 0x48, 0x4F, 0x48, 0x49, 0x4E,
0x48, 0x40,
0xFF, 0x00, 0x00};
/*-- 文字：  防  --*/
uchar code fang[32] =
{0x00, 0xFE, 0x22, 0x5A, 0x86, 0x02, 0x08, 0x08, 0xF9, 0x8E, 0x88, 0x88, 0x88,
0x08, 0x08,
0x00, 0x00, 0xFF, 0x04, 0x08, 0x47, 0x20, 0x18, 0x07, 0x00, 0x00, 0x40, 0x80,
0x7F, 0x00,
0x00, 0x00};
/*-- 文字：  科  --*/
uchar code ke[32] =
{0x10, 0x12, 0x92, 0x72, 0xFE, 0x51, 0x91, 0x00, 0x22, 0xCC, 0x00, 0x00, 0xFF,
0x00, 0x00,
0x00, 0x04, 0x02, 0x01, 0x00, 0xFF, 0x00, 0x04, 0x04, 0x04, 0x02, 0x02, 0x02,
0xFF, 0x01,
0x01, 0x00};
/*-- 文字：  技  --*/
uchar code ji[32] =
{0x08, 0x08, 0x88, 0xFF, 0x48, 0x28, 0x00, 0xC8, 0x48, 0x48, 0x7F, 0x48, 0xC8,
0x48, 0x08,
0x00, 0x01, 0x41, 0x80, 0x7F, 0x00, 0x40, 0x40, 0x20, 0x13, 0x0C, 0x0C, 0x12,
0x21, 0x60,
0x20, 0x00};
```

```
/*-- 文字: 大 --*/
uchar code da[32] =
{0x20，0x20，0x20，0x20，0x20，0x20，0xA0，0x7F，0xA0，0x20，0x20，0x20，0x20，
0x20，0x20，
0x00，0x00，0x80，0x40，0x20，0x10，0x0C，0x03，0x00，0x01，0x06，0x08，0x30，
0x60，0xC0，
0x40，0x00};
/*-- 文字: 学 --*/
uchar code xue[32] =
{0x40，0x30，0x10，0x12，0x5C，0x54，0x50，0x51，0x5E，0xD4，0x50，0x18，0x57，
0x32，0x10，
0x00，0x00，0x02，0x02，0x02，0x02，0x02，0x42，0x82，0x7F，0x02，0x02，0x02，
0x02，0x02，
0x02，0x00};
/***********************************
  液晶驱动函数声明
***********************************/
void lcd_initial(void);
void lcd_write_byte(uchar xpos，uchar ypos，uchar *byte);
void lcd_write_char(uchar char_xpos，uchar char_ypos，uchar
*char_source_addr);
void lcd_write_hanzi(uchar hanzi_xpos，uchar hanzi_ypos，uchar
*hanzi_source_addr);
void lcd_clear(void);
void lcd_fill(void);
void  delay(uchar time_nop);

void main(void)
{

lcd_initial(); //初始化液晶
lcd_clear();   //液晶清屏

lcd_write_char(0，0，G);   //显示“A”
lcd_write_char(1，0，U);   //显示“B”
lcd_write_char(2，0，O);   //显示“C”

lcd_write_hanzi(2，2，guo);  //显示“国”
lcd_write_hanzi(4，2，fang); //显示“防”
lcd_write_hanzi(6，2，ke);   //显示“科”
lcd_write_hanzi(8，2，ji);   //显示“技”
lcd_write_hanzi(10，2，da);  //显示“大”
lcd_write_hanzi(12，2，xue); //显示“学”
while(1){}
}
/******************************************
                   延时函数
函数原型: void delay(uchar time_nop);
功能:      延时time_nop个nop
******************************************/
void  delay(uchar time_nop)
{
uchar i;
```

```
for(i=0; i<time_nop; i++)
{
_nop_();
}
}
/****************************************
            LCD初始化
原型:  void lcd_initial(void);
功能:  将LCD进行初始化，设置初始行并开显示
****************************************/
void lcd_initial(void)
{
delay(5);
LCD_L_Command = 0xC0;     //设置显示初始行
delay(5);
LCD_R_Command = 0xC0;
delay(5);
LCD_L_Command = 0x3F;     //开显示
delay(5);
LCD_R_Command = 0x3F;
delay(5);
}
/****************************************
            向LCD中写入一个字节数据函数
原型:  void lcd_write_byte(uchar xpos, uchar ypos, uchar byte);
功能:  将1字节数据byte写入液晶的(xpos, ypos)位置处，此处将液晶的显示区按照二维坐标进
行定义，xpos为横坐标，从左到右顺序为0～127；ypos为纵坐标，从上到下顺序为0～7
****************************************/
void lcd_write_byte(uchar xpos, uchar ypos, uchar *byte)
{
if(xpos <= 63)  //坐标位置处在液晶的左半部分
{
delay(5);
LCD_L_Command = xpos + 0x40;   //设定写入数据的列地址
delay(5);
LCD_L_Command = ypos + 0xB8;   //设定写入数据的行地址
delay(5);
LCD_L_DATA = *byte;            //向(xpos, ypos)处写数据
delay(5);
}
else      //坐标位置处在液晶的右半部分
{
delay(5);
LCD_R_Command = (xpos - 64)+ 0x40;   //设定写入数据的列地址
delay(5);
LCD_R_Command = ypos + 0xB8;   //设定写入数据的行地址
delay(5);
LCD_R_DATA = *byte;            //向(xpos, ypos)处写数据
delay(5);
```

```
    }
    }
    /*****************************************
    在LCD指定位置显示一个ASIIC字符函数  字符大小为8×8
    原型： void lcd_write_char(uchar char_xpos, uchar char_ypos, uchar
*char_source_addr);
    功能： 将一个字符数据写入液晶的(char_xpos, char_ypos)位置处，此处将液晶的显示区按照
二维坐标进行定义，char_xpos为横坐标，从左到右顺序为0~15；char_ypos为纵坐标，从上到下顺序为
0～7
    *****************************************/
    void lcd_write_char(uchar char_xpos, uchar char_ypos, uchar
*char_source_addr)
    {
    uchar i = 0;

    for(i=0; i<=7; i++)
    {
    lcd_write_byte(char_xpos * 8 + i, char_ypos, char_source_addr + i);
    }
    }
    /*****************************************
    在LCD指定位置显示一个汉字函数    字符大小为16*16
    原型：void lcd_write_hanzi(uchar hanzi_xpos, uchar hanzi_ypos, uchar *hanzi_
source_addr);
    功能： 将一个汉字数据写入液晶的(hanzi_xpos, hanzi_ypos)位置处，此处将液晶的显示区按
照二维坐标进行定义，hanzi_xpos为横坐标，从左到右顺序为0～4(以半个汉字字符为单位)；hanzi_ypos
为纵坐标，从上到下顺序为0～6(以半个汉字字符为单位)
    *****************************************/
    void lcd_write_hanzi(uchar hanzi_xpos, uchar hanzi_ypos, uchar
*hanzi_source_addr)
    {
    uchar i = 0;

    for(i=0; i<=15; i++)//写汉字的上半部分
    {
    lcd_write_byte(hanzi_xpos * 8 + i, hanzi_ypos, hanzi_source_addr + i);
    }
    for(i=0; i<=15; i++)//写汉字的下半部分
    {
    lcd_write_byte(hanzi_xpos *8+i, hanzi_ypos+1, hanzi_source_addr+16+i);
    }
    }
    /*****************************************
    LCD清屏
    原型：  void lcd_clear(void);
    功能： 将LCD清屏
    *****************************************/
    void lcd_clear(void)
    {
```

```
uchar i, j;
uchar byte[1] = {0x00};

for(i=0; i<=127; i++)
{
for(j=0; j<=7; j++)
{
        lcd_write_byte(i, j, byte);
}
}
}
/*****************************************
LCD填充
原型:  void lcd_fill(void);
功能:  将LCD填充为黑色
****************************************/
void lcd_fill(void)
{
uchar i, j;

uchar byte[1] = {0xFF};
for(i=0; i<=127; i++)
{
for(j=0; j<=7; j++)
{
        lcd_write_byte(i, j, byte);
}
}
}
```

附录 C-2 FPGA 核心板介绍

（1）基本配置。

① 支持+5V 直流电源输入，也支持从扩展板取电。

② 核心 FPGA 芯片为 Altera 公司的 EP2C20Q240C8。

③ 片内 18752 个 LE，239616bit RAM，52 个 9 位乘法器，4 个 PLL。

④ 内核电压 1.2V，I/O 口电压 3.3V。

⑤ 最大可提供 142 个可用 I/O 口。

⑥ 支持 JTAG、AS 等多种加载配置模式。

⑦ 提供 50MHz 有源晶振输入，满足高速设计要求。

（2）FPGA 核心板实物图及示意图如附图 C-2-1 及附图 C-2-2 所示。

附图 C-2-1　FPGA 核心板实物图

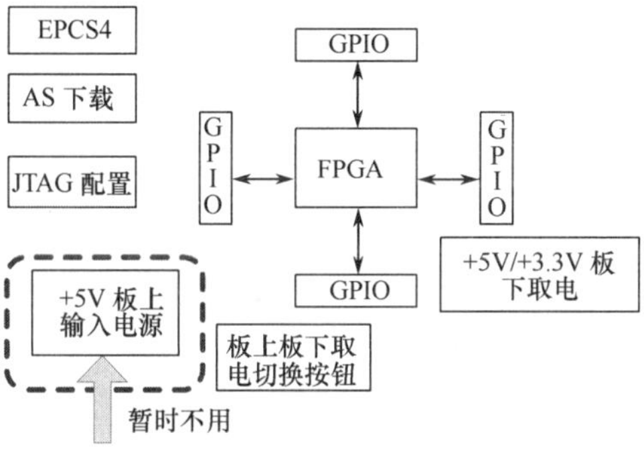

附图 C-2-2　FPGA 核心板示意图

（3）核心板与扩展板 I/O 口对应关系如附表 C-2-1 所示。

附表 C-2-1　核心板与扩展板 I/O 口对应关系

序号	J1	EP2C20	J2	EP2C20
1	GND		RAM_A8	78
2	GND		RAM_A10	79
3	GND		RAM_A11	80
4	MCU_D4/LCD_D6	8	RAM_A13	84
5	MCU_P15/LCD_D5	9	RAM_A9	86
6	MCU_D3/LCD_D4	11	RAM_A15	87
7	MCU_P12/LCD_D3	13	RAM_D8	88
8	MCU_D2/LCD_D2	14	RAM_D9	90
9	MCU_P11/LCD_D1	15		
10	MCU_D1/LCD_D0	16	RAM_D11	96
11	MCU_P10/LCD_E	18	RAM_D13	97
12	MCU_D0/LCD_RS	20	RAM_D10	100
13	KEY2	30	RAM_D15	105
14	KEY1	31	RAM_D12	106
15	KEY4	34	RAM_D14	109
16	KEY3	35	GND	

续表

序号	J1	EP2C20	J2	EP2C20
17	KEY6	212	RAM_BLE	110
18	KEY5	213	RAM_BHE	111
19	ROM_SDA	44	RAM_OE	113
20	ROM_SCL	46	RAM_A7	114
21	RAM_A14	47	RAM_A6	116
22	RAM_A12	49	RAM_A5	117
23	RAM_D6	50	VGA_VS	118
24	RAM_WE	51	VGA_HS	119
25	RAM_D2	52	VGA_B1	125
26	RAM_D4	54	VGA_B2	126
27	RAM_A0	55	VGA_G2	128
28	RAM_D0	56	VGA_B0	150
29	RAM_A4	64	VGA_G0	131
30	RAM_A2	65	VGA_G1	132
31	RAM_A1	66	VGA_R0	134
32	RAM_A3	67	VGA_R1	135
33	RAM_D1	68	232_RXD	136
34	RAM_CS	70	232_TXD	137
35	RAM_D5	72	KB_DATA	139
36	RAM_D3	73	KB_CLK	140
37	GND		OUT_1.8V	
38	RAM_D7	58	MOUSE_DATA	141
39	GND		OUT_3.3V	
40	GND		MOUSE_CLK	149
序号	J3	EP2C20	J4	EP2C20
1	GND		GND	
2	GND		GND	
3	DA1_D8	173	MCU_P16/LCD_D7	238
4	DA1_D9	171	MCU_P17/LCD_CS2	237
5	DA1_D6	170	MCU_D5/LCD_CS1	236
6	DA1_D7	168	AUDIO	235
7	DA1_D4	167	MCU_ALE/LED_CS	234
8	DA1_D5	166	MCU_RD/SEG_DCS	233
9	DA1_D2	165	MCU_WR/SEG_LCS	232
10	DA1_D3	164	MCU_T1/LEDKEY_D7	231
11	DA1_D0	162	MCU_T0/LEDKEY_D6	230
12	DA1_D1	161	MCU_INT1/LEDKEY_D5	228
13	DA2_D9	159	MCU_INT0/LEDKEY_D4	226
14	DA1_CLK	130	MCU_TXD/LEDKEY_D3	223
15	DA2_D7	157	MCU_D7/LEDKEY_D2	222
16	DA2_D8	156	MCU_RXD/LEDKEY_D1	218

续表

序号	J3	EP2C20	J4	EP2C20
17	DA2_D5	155	MCU_D6/LEDKEY_D0	216
18	DA2_D6	57	MCU_A15/KEY_LINE2	214
19	DA2_D3	42	MCU_A11/KEY_ROW2	208
20	DA2_D4	21	MCU_A13/KEY_LINE0	203
21	DA2_D1	37	MCU_A9/KEY_ROW0	200
22	DA2_D2	38	GND	
23	DA2_CLK	39	MCU_A10/KEY_ROW3	199
24	DA2_D0	41	MCU_A8/KEY_ROW1	197
25	DDS_RESET		MCU_A14/KEY_LINE3	195
26	DDS_D7		MCU_A12/KEY_LINE1	194
27	DDS_D6		AD_OE	192
28	DDS_D4		AD_CLK	177
29	DDS_D5		AD_D9	191
30	DDS_D3		AD_D8	189
31	DDS_D2		AD_D7	188
32	DDS_D0		AD_D6	187
33	DDS_D1		AD_D5	186
34	DDS_FQUD		AD_D4	185
35	DDS_WCLK		AD_D3	184
36	DDS_QOUT		AD_D2	178
37	DDS_QOUTB		AD_D1	175
38	GND		AD_D0	174
39	VCC		GND	
40	VCC		GND	

参 考 文 献

[1] 高吉祥，库锡树．电子技术基础实验与课程设计[M]．3 版．北京：电子工业出版社，2011.
[2] 《无线电》编辑部．无线电元器件精汇[M]．北京：人民邮电出版社，2001.
[3] 李桂安．电工电子实践初步[M]．南京：东南大学出版社，1999.
[4] 杨圣，江兵．电子技术实践基础教程[M]．北京：清华大学出版社，2006.
[5] 朱卫东．电子技术实验教程[M]．北京：清华大学出版社，2009.
[6] 梁宗善．新型集成电路的应用——电子技术基础课程设计[M]．武汉：华中理工大学出版社，1998.
[7] 徐建仁．数字集成电路应用与实验[M]．2 版．长沙：国防科技大学出版社，1999.
[8] 苏文平．新型电子电路应用实例精选[M]．北京：北京航空航天大学出版社，2000.
[9] 高吉祥．刘原．电路分析基础[M]．2 版．北京：电子工业出版社，2011.
[10] 高吉祥．模拟电子技术[M]．3 版．北京：电子工业出版社，2011.
[11] 高吉祥，丁文霞．数字电子技术[M]．3 版．北京：电子工业出版社，2011.
[12] 高吉祥．高频电子线路[M]．3 版．北京：电子工业出版社，2011.